中国工程院咨询项目

# 高放废物地质处置战略研究

潘自强　钱七虎　主　编

原 子 能 出 版 社

**图书在版编目(CIP)数据**

高放废物地质处置战略研究/潘自强,钱七虎主编.—北京:原子能出版社,2009.4(2012.2重印)

ISBN 978-7-5022-4600-6

Ⅰ.高… Ⅱ.①潘…②钱… Ⅲ.放射性废物处置—地下处置—研究—中国 Ⅳ.TL942

中国版本图书馆CIP数据核字(2009)第060361号

**高放废物地质处置战略研究**

| | |
|---|---|
| **出版发行** | 原子能出版社(北京市海淀区阜成路43号　　邮编:100048) |
| **责任编辑** | 孙凤春 |
| **责任校对** | 冯莲凤 |
| **责任印制** | 丁怀兰　刘芳燕 |
| **印　　刷** | 保定市中画美凯印刷有限公司 |
| **经　　销** | 全国新华书店 |
| **开　　本** | 787 mm×1092 mm　1/16 |
| **字　　数** | 558千字 |
| **印　　张** | 22.375 |
| **版　　次** | 2009年4月第1版　2012年2月第2次印刷 |
| **书　　号** | ISBN 978-7-5022-4600-6 |
| **定　　价** | **98.00元** |


　**网址:http://www.aep.com.cn**

中国工程院咨询项目

# 高放废物地质处置战略研究

**项目负责人**：潘自强　钱七虎

## 项目组成员

**综合组**

组　长：潘自强　钱七虎

成　员：刘元方　李焯芬　赵鹏大　谢和平　从慧玲　王　驹
尹卫平　刘　华　李　承　李俊杰　陈竹舟　范　仲
林　森　罗嗣海　杨春和　郑华铃　徐国庆

执笔人：王　驹　郑华铃　潘自强　钱七虎

**处置安全组**

组　长：潘自强

副组长：陈　式

成　员：尹卫平　孙庆红　陈竹舟　陈伟明　李廷君　李金轩
范智文　郭择德　康玉峰　程　理

执笔人：陈　式　孙庆红　范智文　潘自强　郭择德　陈竹舟

**选址和场址评价规划组**

组　长：赵鹏大

副组长：徐国庆

成　员：卢耀如　王　驹　闵茂中　苏　锐　张伟星　金远新
周文斌　郭永海　常向东

执笔人：徐国庆　王　驹

**处置工程和地下实验室组**

组　长：钱七虎

副组长：王　驹　罗嗣海

成　员：王思敬　李焯芬　谢和平　冯夏廷　刘晓东　孙东辉
　　　　李廷君　杨春和

执笔人：罗嗣海　杨春和　李廷君　钱七虎　王贵宾　赖慧敏
　　　　杨普济

**处置化学研究组**

组　长：刘元方

副组长：郑华铃　叶国安

成　员：刘春立　刘德军　刘峙荣　陈繁荣　范显华　罗上庚
　　　　姚　军　崔大庆（瑞典）

执笔人：郑华铃　姚　军　刘德军

注：项目组成员按姓氏笔画排列。

# 总 目 录

中国工程院咨询项目

# 高放废物地质处置战略研究

## 摘　要

# 目　录

随着我国核工业的飞速发展，高放废物的处理和处置即将成为一个重大的安全和环保问题。这体现在如何最终安全处置核武器研制和生产过程中业已产生的高放废物、核电站乏燃料后处理产生的高放废物，以及我国存在的某些可能不宜后处理的乏燃料。

高放废物的安全处置，是一个与核安全同等重要的问题，是落实科学发展观、建设和谐社会、确保我国核工业可持续发展和环境保护的重大问题。从现代科学技术看，高放废物采用地质处置方法是安全的，可以实现的；但需要较长时间的研究，解决许多科学技术问题。在研究和开发方面，高放废物安全处置还存在一系列科学技术难题，要得到解决，还需要几十年坚持不懈的努力。在公众接受方面，则存在一些需要认真解决的重大社会学问题。西方国家的核能开发情况表明，安全处置核废物，尤其是高放废物，已成为制约核能工业可持续发展的最关键因素之一。

为推进我国高放废物地质处置工作，中国工程院开展了"高放废物地质处置战略研究"咨询项目。报告分析了我国和国际相关研发工作的现状与存在的问题，提出了我国高放废物地质处置发展战略构想及相关政策建议。

# 1 高放废物安全处置是核能可持续发展的重要保障

高放废物是一种放射性强、毒性大、核素半衰期长并且发热的特殊废物，对其进行安全处置难度极大，面临一系列科学、技术、工程、人文和社会学的挑战，其最大难点在于使高放废物与生物圈进行充分、可靠的永久隔离，且隔离时间超过 1 万年。目前公认的安全可靠，且技术上可行的方法为地质处置方法，即在地表以下 300～1 000 m 深建造"矿山式"处置库，通过工程屏障和天然屏障永久隔离高放废物。

高放废物的安全处置受到国际组织和世界各国的高度关注。国际原子能机构成员国大会于 1997 年通过了"乏燃料管理安全与放射性废物管理安全联合公约"，明确条约签字国安全处理处置乏燃料和放射性废物的责任。各有核国家也均在国家层面上高度重视高放废物安全处置的工作。他们大部分通过制定国家政策、颁布法律法规、成立专门机构、筹措专门经费、建立专门的地下研究设施和开展长期研究等方式，从政策、法规、机构、经费、设施和科研等方面确保高放废物的安全处置。例如，美国 1982 年颁布"核废物法案"，并在能源部成立"民用放射性废物管理局"，专门负责安全处置美国的 7 000 t 军工高放废物和 63 000 t 民用核电站乏燃料。美国还制订了长期的研究开发计划，并在内华达州尤卡山建造地下研究设施，开展现场工程研究。经过 45 年的基础研究和场址评价工作，尤卡山场址于 2002 年获美国总统布什批准，预计将于 2018 年建成高放废物处置库。

高放废物安全处置的研究开发具有长期性的特点。需要进行长期的基础研究、技术开发和工程研究，方可实现安全处置的目标。美国于 1957 年提出高放废物地质处置的设想并开始研究和技术开发，到 2018 年才能建成处置库，历经 62 年。芬兰于 1976 年开始研究，到 2020 年建成处置库，将历经 45 年。

高放废物地质处置还具有成本高、投资大、投资周期长的特点。国际上每吨乏燃料处置的平均成本约为 66 万美元。例如，美国整个处置计划耗资 575 亿美元，日本的整个处置计划耗资 3 万亿日元。

高放废物处置经费一般来自政府投资和核电站中一定比例的经费(一般按核电站电费收入的 1% 左右收取高放废物地质处置基金,美国每年约能收取 6 亿美元)。前者用于处置军工设施的高放废物,后者用于处置民用核电站的高放废物。研发资金一般占总投资的 10%～15%,如美国的总研发经费为 65 亿美元,前期的年度研发经费达 1.5 亿～2 亿美元。

西方国家多年以来的经验表明,安全处置高放废物是核能可持续发展的重要保障。高放废物是核能工业的必然产物,对其安全处置是核能工业界义不容辞的任务。对于此项工作,社会各界均广泛关注。关注之深,在某种程度上足以影响政府对核能发展的政策。芬兰是一个成功的实例,由于其乏燃料安全处置扎实推进,卓有成效,民众支持核电建设,欧洲的第一台 EPR 机组已在芬兰开始建造。

# 2 我国高放废物地质处置进展和存在的问题

据估计,我国的核军工设施已暂存了一定量的高放废液,急需进行玻璃固化和最终地质处置。我国目前运行的 11 个核电机组每年约产生 370 t 乏燃料。

根据 2007 年 10 月国务院批准的《核电中长期发展规划(2005—2020 年)》中的核电规模,我国大陆到 2020 年投入运行的核电装机容量将达到 4 000 万 kW,在建装机容量 1 800 万 kW。以此为基础计算,到 2020 年我国将累积有约 10 300 tHM 乏燃料(其中压水堆乏燃料约 7 000 tHM 和重水堆乏燃料约 3 300 tHM)。《核电中长期发展规划(2005—2020 年)》中于 2020 年之前建成的反应堆,加上届时在建的 18 座反应堆,全寿期最终共将产生82 630 t乏燃料。关于 2020 年以后新建核电站产生的乏燃料数量,按每增加一座百万千瓦级的核电站,每年将多产生约 22 tHM 乏燃料,每座堆全寿期共产生约 1 320 t 乏燃料。如果我国核电规模达到 100 GW,则所有这些核电站产生的乏燃料总量将达到 138 070 tHM。对这些军工高放废物和核电站产生的高放废物进行最终安全处置,是确保我国的环境安全和核工业可持续发展的必然要求。

我国高放废物地质处置研究工作于 20 世纪 80 年代中期起步,20 多年来,在选址和场址评价、核素迁移、处置工程和安全评价等方面均取得了不同程度的进展。核工业北京地质研究院等单位开展了高放废物处置库场址预选研究,在对华东、华南、西南、内蒙古和西北 5 个预选区进行初步比较的基础上,重点研究了西北甘肃北山地区,在地质调查和水文及工程地质条件、地震地质特征等研究基础上,施工了 6 口深钻孔,获得了深部岩样、水样和相关资料,初步掌握了场址特性评价方法。在工程方面,研究了内蒙古高庙子膨润土作为缓冲/回填材料的性能,以及低碳钢、钛及钛钼合金等材料在模拟条件下的腐蚀行为。在核素迁移方面,建立了模拟研究试验装置及分析方法;研究了镎、钚、锝在特定条件下的某些行为。在安全评价方面,初步进行了一些调研。总的说来,我国高放废物地质处置研究工作,在经费十分有限、条件很困难的情况下,做了不少工作,特别是在选址和场址特性评价方面取得了一定进展,但从总体上说还处于研究工作的前期阶段,距完成地质处置任务的阶段目标任务还相差甚远。

2003 年我国发布了《中华人民共和国放射性污染防治法》,其第四十三条中明确规定

“高水平放射性固体废物实行集中的深地质处置”，这从国家层次明确了深地质处置的地位。2006 年原国防科工委、科技部和原国家环保总局联合发布《高放废物地质处置研究开发规划指南》，明确了深地质处置开发的主要技术路线和开发的总体设想。2007 年，国务院批准《核电中长期发展规划(2005—2020 年)》，明确提出 2020 年建成我国高放废物地质处置地下实验室的目标，从而使高放废物地质处置研究进入了新的阶段。

但是，我国目前的高放废物地质处置研究也面临一些问题：

(1) 没有国家级高放废物地质处置专项规划

对高放废物地质处置如此重大的高难项目，目前还没有国家级高放废物地质处置专项规划，也没有列入国家重大科技工程、973 计划和国家自然科学基金重大研究计划等。目前我国的高放废物地质处置项目仅在国防科工局“核设施退役和放射性废物处理处置”专项中予以支持，其力度小，远远不能满足需求。

(2) 政府法规和标准基本上还是空白

《中华人民共和国放射性污染防治法》明确了高放废物实行集中的深地质处置的原则，但至今尚没有制定相关的法规和技术标准，如《高放废物地质处置规定》、《高放废物处置库选址标准》、《高放废物处置安全评价标准》等，这就严重影响了选址、场址评价、安全评价和工程设计等工作的推进。

(3) 尚没有明确实施高放废物地质处置工程的责任主体

高放废物地质处置是国家行为，应由政府总体负责。但具体实施，还需要由政府的专门部门或政府授权的机构负责。目前，我国尚未有这样的实施主体单位，已对当前工作的推进产生严重影响。

(4) 决策机制不健全

高放废物地质处置时间跨度长、技术难度大、影响面广，是关系到子孙后代的万年大计，必须科学决策、民主决策，让公众和利益相关者广泛参与决策。这就需要设计一个好的决策机制。但是，我国目前决策机制和决策程序不明确，尤其是没有明确国家层次的决策机制。目前有关高放废物地质处置的政府行为只停留在部委一级层面上，没有达到国家级层面(如全国人大和国务院)，因此一些必须在国家级层面决策的事项(如政策和技术路线、政府部门分工、决策机制等)难以进行。

(5) 经费投入极少，核电废物处置的筹资机制空缺

目前，高放废物地质处置工程科研仅有原国防科工委“军工核设施退役和三废治理专项”这一个经费渠道，但它要解决的既有军工高放废物问题，又有民用核电站的高放废物问题，而后者的废物量却占绝大部分。我国“十五”高放废物地质处置的平均年度经费仅为 400 万元左右。“十一五”虽有增加，可达到年均 1 000 万元的强度，但仍然很低，远不能满足高放废物地质处置的各项需求。更为重要的是，还没有建立从核电电费中收取高放废物地质处置所需资金的筹资机制，相关基础研究也未列入国家计划。

(6) 研究开发力量薄弱，缺乏研究平台

目前我国从事高放废物地质处置的专职科研人员很少，与涵盖地质、工程、化学和安全评价等领域的高放废物地质处置的艰巨任务相比，这支队伍力量极为薄弱。另外，还严重缺

乏高放废物地质处置的研究平台，一些重大科学问题还没有解决、大量工程尺度课题根本就无法开展，距完成地质处置任务的阶段目标还相差甚远。

# 3 我国高放废物地质处置规划设想及经费预测

## 3.1 规划设想

我国高放废物地质处置的总目标是：在我国领土内选择地质条件和社会经济环境适宜的场址，在 21 世纪中叶建成高放废物地质处置库，通过工程屏障和地质屏障的包容、阻滞，保障国土环境和公众健康不会受到高放废物的不可接受的危害。

研究开发和处置库工程建设可分为三个阶段：

（1）实验室研究开发和处置库选址阶段（2009—2020）。其目标是，完成各学科领域实验室研究开发任务，初步选出处置库场址并完成初步场址评价。确定地下实验室场址，完成地下实验室的可行性研究，并建成地下实验室。

（2）地下现场试验阶段（2021—2040）。其目标是，完成地下实验室现场试验，完成场址详细评价，并最终确认处置库场址。掌握处置库建造技术，完成处置库设计和可行性研究。

（3）处置库建设阶段（2041—21 世纪中叶）。其目标是，2050 年前后，建成处置库，开展示范处置，并开始接受高放废物。

## 3.2 研究内容(2009—2020)

### （1）战略、规划、法规、标准研究

开展战略、策略和规划方案研究，提出我国高放废物地质处置研究和开发的中长期规划。开展管理体系、法规和标准研究。制定高放废物地质处置的安全目标、环保要求、审批程序和责任制度；建立高放废物地质处置技术标准，规定高放废物地质处置的选址、设计、建造、运行、关闭和监护的工程技术与安全防护技术要求。制定玻璃固化体性能标准、高放废物处置库选址标准和安全评价标准等。

### （2）选址和场址评价研究

开展处置库场址和地下实验室场址的选址和场址评价。确定地下实验室场址。开展甘肃北山地区预选地段评价和对比研究，推荐出 1～2 处处置库预选地段，提交初步评价报告；对甘肃北山的场址评价研究成果开展回顾性审评；在“十一五”之后，确定处置库预选区，初步选出处置库场址。主攻甘肃北山花岗岩场址，兼顾其他地区场址和其他围岩类型。对通过国家主管和审管机构审批的预选区和预选地段开展综合研究。开展区域构造研究、地震安全性评价、未来气候和地质变化趋势研究、第四纪地质特征和环境演化研究。通过地面调查和钻孔施工等手段，开展地质研究、水文地质研究、工程地质研究、地球物理测量、综合场址评价方法研究、岩体质量评价技术研究。开展场址建模技术研究、建立处置库预选场址地学信息库。

(3) 处置工程研究

开展地下实验室工程设计,建成地下实验室。开展处置库概念设计。根据目前我国高放废物的现状和今后我国核能发展规划,预测拟处置废物的来源、类型、数量、总活度、核素组成和其他物化特性等。开展工程屏障系统研究,开展包装容器、缓冲材料等工程屏障系统的材料筛选、结构及性能验证;开展地下硐室稳定性研究和水—热—力等多场耦合条件下工程屏障特性研究。建立处置工程信息库。

(4) 安全评价研究

开展废物源项调查和源项预测。开展安全评价方法学研究,构建技术体系框架,建立安全和环境评价信息系统;开展高放废物地质处置系统的总体安全目标和辅助安全指标研究,开展情景分析和后果分析方法、模式和参数体系、灵敏度分析和不确定性分析方法研究。以预选出的场址和处置工程概念设计为基础,开展安全评价研究,完成本阶段高放废物处置库安全评价报告。反馈处置系统安全评价结果。

(5) 核素迁移研究

研究高放废物、乏燃料及 α 废物在处置条件下的性能,开展核素迁移研究,建立核素迁移模型、数据库和高放废物玻璃固化体性能标准;开展关键核素在地下水中的化学反应行为实验室研究,掌握相应的测试技术和方法;完成关键核素在近场处置条件下的化学形态及胶体行为研究;掌握关键核素在近场屏障体系的化学反应及迁移机理,完成关键核素在近场围岩及混合回填材料中的吸附、扩散等迁移参数测定;系统获取安全评价所需的核素迁移数据。初步掌握现场核素迁移试验技术和方法。研究乏燃料及高放废物的内、外包装材料及其处置条件下的腐蚀行为等长期稳定性。

## 3.3 经费预测

(1) 经费预测

全部处置我国《核电中长期发展规划(2005—2020 年)》中所有核电站(58 个)全寿期产生的 82 630 t 乏燃料所需的成本约为 1 343 亿元人民币(不含后处理成本),这一数值仅占所有核电站总电费收入的 1.25%。在 2020 年规划之后建成的每一座百万千瓦级核电站,按运行 60 年,共产生 1 320 t 乏燃料来计算,所需的处置费用为 21.4 亿元人民币。研发经费是高放废物处置中的重要组成部分,一般占处置库总经费的 10%~15%,因此,我国高放废物处置的研发经费至少应为 134 亿元人民币。关于 2020 年之前的经费测算、选址和场址评价费用约为 5 亿元人民币,研究开发的费用约为 3 亿~5 亿元人民币,建造地下实验室的费用约为 4 亿~5 亿元人民币。若以建成地下实验室为工程目标,从现在起至 2020 年,我国每年应当保证 1 亿~1.5 亿元人民币的研究开发资金投入,以解决建造地下实验室之前的各项工作需要。

(2) 经费筹措渠道

我国高放废物地质处置的资金筹措应当采取两种渠道。一是从核电的电费中提取,这部分费用主要是用于核电站产生的高放废物的最终处置;二是由政府财政支出,其主要用途是处置核军工产生的高放废物以及公益性单位产生的高放固体废物。国外从核电电费中收取的高放废物处置基金的筹资费率一般为核电电价的1%，如美国为0.001美元/(kW·h)，日本为0.13日元/(kW·h)。按真实比价理论和实际汇率的平均值估算(即1美元=4.9元人民币)，我国的地质处置筹措费率可初步定为0.005元/(kW·h)，仅相当于电价的1.25%。

(3) 经费管理方式

国家应当建立乏燃料和高放废物安全处置基金，并交由国家授权的单位管理，以确保执行单位的运行、研究开发、地下实验室和处置库建造、运行和关闭等的资金需求。

# 4 推进我国高放废物地质处置工作的几点建议

(1) 建立高放废物地质处置法规和标准体系

在正在制定的《原子能法》或“放射性废物管理条例”中明确高放废物地质处置的原则要求和经费来源。建议国务院制定“高放废物地质处置条例”，条例应当包括地质处置的要求、技术路线、进度、审管和主管单位的职责、经费来源和实施主体等。

为了满足当前工作的需要，在正在制定的“放射性废物安全管理条例”中，应明确规定选址和处置工程等要求和审批程序，并尽快制定“放射性废物地质处置”、“放射性废物处置设施安全评价”和“地质处置设施选址”等标准。

(2) 开展顶层设计

为了更有效地组织当前高放废物地质处置的科研工作，建议在“指南”的基础上，尽快制定“高放废物处置科研项目指南”。与此同时，全面开展顶层设计，包括法规体系、管理模式、技术路线、规划目标和筹资机制等。作为第一步有必要对已有工作进行总结和回顾性审评。

(3) 尽快开展对现已进行的选址工作进行回顾性安全审评

明确中国核工业集团公司作为高放废物处置的实施主体单位。建议中国核工业集团公司组织核工业北京地质研究院等单位对已有选址工作进行总结并向主管部门和审管部门提出报告，审管和主管部门对报告进行回顾性审评，以鉴明现有工作的成果，明确下一步工作的方向。在进一步全面深入开展预选区工作之前，应该完成回顾性安全审评。

(4) 建立国家高放废物地质处置研究平台

在2020年前建立以地下实验室为核心的国家高放废物地质处置研究平台。研究平台包括地下实验室以及相关的，包括处置工程、场址评价、核素迁移和安全评价等在内的实验研究平台。

在继续积极推进处置地质研究的同时，要特别注意加强处置工程和安全评价的研究工作。在制定计划时要注意各方面的协调发展和相互联系。遵循工程牵引的原则。在开展核素迁移研究时，应注意与安全评价的联系。

(5) 增加研究费用强度和渠道

高放废物地质处置研究开发和工程建造需要较多经费(2020年之前选址和场址评价费

用约为5亿元人民币,研究开发的费用约为3亿～5亿元人民币,建造地下实验室的费用约为4亿～5亿元人民币)。但当前经费与需求很不适应。建议:① 政府增加投入,包括增大军工三废专项对高放废物地质处置的投资,以及在核能科研专项中明确列入高放废物地质处置项目等;② 在正在制定的《核电站乏燃料处理处置基金管理条例》的规定中明确地质处置费用比例。根据各国调查结果,这一费用约为每度电0.5分人民币;③ 建议在国家发改委设立"高放废物地质处置"国家重大科技开发专项;④ 在国家自然科学基金重大项目和/或重大研究计划、科技部"国家科技支撑计划"和"973计划"中设立高放废物地质处置专项。

**(6) 加强国际合作**

高放废物处置研究工作在国际上是透明、公开的。我国高放废物处置研究工作一直得到了国际原子能机构的支持,取得了良好的效果。今后,在继续争取国际原子能机构支持的同时,有必要开拓或加强双边合作。

中国工程院咨询项目

# 高放废物地质处置战略研究

## 总 报 告

# 目　录

# 1 引 言

高水平放射性废物(简称高放废物)是一种放射性强、毒性大、含有的核素半衰期长并且发热的特殊废物,对其进行安全处置难度极大,面临一系列科学、技术、工程、人文和社会学的挑战,其最大难点在于使高放废物与生物圈进行充分、可靠和长期的隔离,且隔离时间长达一万年甚至更长。

随着我国核工业的飞速发展,高放废物的处理和处置,即将成为一个重大的安全和环保问题。这体现在如何最终安全处置核电站乏燃料后处理产生的高放废物、核武器的研制和生产过程中业已产生的高放废物,以及我国存在的某些可能不宜后处理的乏燃料。

对高放废物的安全处置,是落实科学发展观、确保我国核能工业可持续发展和环境保护的重大问题,同时,也是一个与核安全同等重要的问题。在研究和开发方面,高放废物安全处置还存在一系列科学技术难题,需要几十年坚持不懈的努力加以解决。在公众接受方面,则存在一些需要认真解决的重大社会学难题。西方国家的核能开发情况表明,安全处置核废物,尤其是高放废物,已成为制约核能工业可持续发展的最关键因素之一。

我国高放废物地质处置研究从 1985 年起步,开展了跟踪性的研究。近年来,在原国防科工委的支持下,我国高放地质处置库选址、场址评价和核素迁移研究工作取得了一定的进展。2006 年 2 月,原国防科工委联合科技部和原国家环保总局发布了我国《高放废物地质处置研究开发规划指南》[1],使我国这项工作进入了有政府正式文件指导的全新的阶段。但是,我国目前的高放废物地质处置工作还面临着需要加快立法进程、理顺管理关系、明确责任主体、明确资金渠道、加大资金投入、推进项目实施、加强研究开发等一系列的实际问题。为推进我国高放废物地质处置工作,中国工程院开展了“高放废物地质处置战略研究”咨询项目研究。报告汲取了国外高放废物地质处置的经验教训,分析了我国相关研发工作的现状与存在的问题,并根据核能事业发展的需求,提出了我国高放废物地质处置发展战略构想及相关政策建议。

## 1.1 高放废物的来源

### (1) 高放废物的定义

高放废物主要是指乏燃料后处理产生的高放废液及其固化体,在这里也包括 α 废物在内;对实行“一次通过”政策的国家,高放废物也包括乏燃料。

根据我国放射性废物分类,高放废物分为高放废液和高放固体废物两类。高放废液的放射性浓度大于 $4\times10^{10}$ Bq/L。高放固体废物,第一类是其核素的半衰期大于 5 年,但低于或等于 30 年，释热率大于 2 kW/m³或活度大于 $4\times10^{11}$ Bq/kg；第二类是废物中的核素其半衰期大于 30 年，释热率大于 2 kW/m³或活度大于 $4\times10^{10}$ Bq/kg。

高放废物总的特点是高放废物的放射性活度大、核素半衰期长、毒性大并且发热。高放废物在所有放射性废物中只占有很少的体积，却包含了 99%的放射性。

(2) 高放废物的来源

我国的高放废物主要来源于压水堆核电站、国防核设施、CANDU 反应堆和将来可能建造的高温气冷堆。压水堆乏燃料经后处理将产生高放玻璃固化体、高放固体废物和 α 废物。国防核设施生产和军工核设施治理和退役，也将产生高放玻璃固化废物、高放固体废物和 α 废物。关于 CANDU 反应堆和将来可能建造的高温气冷堆的乏燃料，目前还没有相关政策。此外，研究堆和核潜艇的乏燃料经后处理后也将产生高放废物，但其数量较少。另外，需要进行深地质处置的还包括长寿命中放废物和高危险度放射源。

## 1.2　地质处置的特点

(1) 地质处置的概念

对于高放废物最终处置，曾经提出"太空处置"、"深海沟处置"、"冰盖处置"、"岩石熔融处置"、"深钻孔处置"等方案[2-4]。经过多年的研究，目前普遍接受的可行方案是深地质处置，即把高放废物埋在距离地表深约 300～1 000 m 的地质体中，使之永久与人类的生存环境隔离。埋藏高放废物的地下工程即称为高放废物处置库。高放废物处置库普遍采用的是"多重屏障系统"设计。各国根据地质条件的不同，选择了不同岩性作为天然屏障[5-6]。所选的处置库场地在区域构造和工程地质稳定性方面要符合选址要求，处置库围岩的渗透性要低，对核素的吸附性要好，地下水的流速要缓慢，这些是选择天然屏障的最基本要求。对人工工程屏障不仅要考虑它们的工程强度，还要考虑它们在化学上和热学上的稳定性，以及它们抗辐射的能力。

(2) 地质处置的特点

由于高放废物中含有镎、钚、镅、锝等放射性核素，它们具有放射性强、毒性大和半衰期长等特点，因此，对其进行地质处置的难度极大，其难点在于如何使高放废物与人类生存环境可靠地隔离、如何使公众相信能够保证高放废物处置的安全、如何说服建库地点的居民同意建造处置库等。同时整个处置过程前人从未经历过，缺乏实际工程经验。因此，对该类废物的处置是一项极其复杂的系统工程，它具有长期性、复杂性、艰巨性、综合性和探索性等的特点，这主要表现在：

1) 研究开发难度大

建造高放废物地质处置库这样的地下工程，在科学、技术和工程上面临一系列重大难题，包括：如何选择符合条件的场址、如何评价场址的适宜性、如何选择隔离高放废物的工程屏障材料、如何设计和建造处置库、如何评价万年以上的时间尺度下处置系统的安全性能等难题。它们涉及的均是前沿交叉科学问题，涉及的学科包括地质学、水文地质学、放射化学、岩石力学、工程科学、材料科学、矿物学、热力学、核物理、辐射防护、计算机科学，以及社会科学、经济科学等。另外，开发处置库是一个长期的系统化的多学科联合攻关的过程，一般需要经过基础研究、处置库选址、地下实验室研究、处置库建设等阶段。

2）安全评价期极长

国际上一般认定的安全评价期约为1万年（现在美国要求有更长的安全评价期）[7]。这是世界上迄今为止要求安全评价期最长的工程，缺乏可借鉴的前人经验，因此，具有很大的探索性。由于安全评价期要求极长，这就给预测漫长的时间长河中天体、地质和人类生存环境的变化，增加了许多不确定性。

3）研究开发周期很长

从目前国际上的实践经验来看，一般从高放废物处置库场地预选到处置库建成需要50年左右时间[5-6,8-9]。例如，美国于1957年提出高放废物地质处置的设想并开始研究和技术开发，预计到2010年才能建成处置库（最近由于审批问题，估计要推迟到2018年），历经62年。芬兰于1976年开始研究，到2020年建成处置库，将历经45年，足见其工作的长期性。

4）研究开发投资大

投资数额视各国具体情况而定，如美国处置库场地尤卡山（Yucca Mountain），从选址到建成和运行整个处置库的生命周期内的总预算是575亿美元（最近上调至962亿美元），到目前为止已使用71亿美元。因此，在高放废物地质处置研究开发时，不仅要考虑处置工程的稳定性、核安全性和技术上的可行性，还应进行代价—利益分析，以便取得合理的经济效果。

此外，社会公众对高放废物安全处置极为关注，公众接受工作的成败在很大程度上决定处置工程的成败。社会公众、政治、伦理和地方政府等因素的影响，有时甚至会起到推迟或取消原定计划的作用。

## 1.3 地质处置的安全目标、安全要求和安全评价的时间尺度

地质处置的安全目标是，把经过整备的高放废物封隔在深部的地质处置库内，使之与生物圈长期隔离，以确保被释放和迁移到生物圈的放射性核素对人类和环境的影响处于可接受的低水平，并极大地降低人员无意闯入的可能性。

地质处置的安全要求是，为了实现既定的安全目标，必须满足规定的管理要求和技术安全要求，包括地质处置设施的规划、研发、运行、关闭和关闭后监护的要求。其中特别需要强调的是政府、审管机构和执行机构的责任要求，处置库场址安全要求，工程屏障安全要求，以及安全评价和与之相关的安全案例（Safety Case）要求。

安全评价的时间尺度是一个有争议的问题。它起因于高放废物中含有相当数量的长寿命放射性核素，可能会对人类和环境带来长达万年或更长时间的影响。从当前科学技术上看，在数千年时间范围内进行定量的剂量和危险评价是有可能实现的。但更长时间尺度的评价具有较大的不确定性。

# 2 高放废物地质处置现状和存在的问题

## 2.1 国外高放废物地质处置现状

高放废物的安全处置受到国际组织和世界各国的高度关注。国际原子能机构成员国大会于 1997 年通过了“国际乏燃料安全与放射性废物安全公约”，明确条约签字国安全处理处置乏燃料和放射性废物的责任。各有核国家也均在国家层面上高度重视高放废物安全处置的工作。他们大部分通过制定国家政策、颁布法律法规、成立专门机构、筹措专门经费、建立专门的地下研究设施（地下实验室）和开展长期研究开发等方式，从政策、法规、机构、经费、设施和科研等方面确保高放废物的安全处置。这些国家包括美国、瑞典、芬兰、法国、德国、比利时、瑞士、日本、韩国、加拿大、俄罗斯、西班牙、捷克、斯洛伐克、英国、匈牙利等国。

### 2.1.1 各国概况[4-6,8-12]

（1）美国　有 104 个民用反应堆正在运行，核电占总发电量的 19.4%。其乏燃料连同军事高放废物将在一起最终处置。到 2030 年，将积累 $9.0\times10^3$ t 国防高放废物和 $8.5\times10^4$ t从商用反应堆中卸出的乏燃料。地质处置计划由能源部负责执行，其下属的民用放射性废物管理办公室以及尤卡山场址特性评价办公室具体负责实施。采取乏燃料直接处置的技术路线，处置库为平巷型，位于包气带中，处置后的乏燃料可在 100 年内回取。2002 年 7 月，美国总统布什已批准内华达州尤卡山处置库场址，预计 2018 年建成处置库。整个处置计划约需 575 亿美元（最近上调至 962 亿美元），经费主要来自电费的提成，每年约能收取 6 亿美元。在新墨西哥州的地下岩盐层中还建造了废物隔离中间试验工厂（WIPP），用于处置其总量达 $1.7\times10^5$ $m^3$超铀废物。该处置库已于 1999 年 3 月运行。

（2）瑞典　有 10 个核电机组运行，核电占总发电量的 46%。到 2010 年，预计累计产生的乏燃料将达 $7.9\times10^4$ t。由核电站出资成立的瑞典核燃料与废物管理公司（SKB）负责地质处置工作，技术路线是用深部地质处置方法在结晶岩（花岗岩）中处置乏燃料。从 20 世纪 70 年代开始研究工作。20 世纪 80 年代，在 Stripa 铁矿建造了地下实验室，1995 年又建成了位于花岗岩中的 Äspö 地下实验室。已筛选出两处场址（Oskarshamn 和 Forsmark），并已完成对这两个场址的详细特性评价，预计将于 2009 年确定最终场址。

（3）德国　有 17 个核电机组运行，核电占总发电量的 26%。德国将采取对乏燃料直接处置的技术方案，处置库围岩为岩盐（盐丘），除把放射性废物划分为高放、中放和低放废物外，还按废物的发热情况，把废物分为发热废物和非发热废物。据预测，到 2040 年将有 $2.97\times10^5$ $m^3$非发热废物和 $2.4\times10^4$ $m^3$ 发热废物。发热废物中，908 $m^3$ 为高放废液玻璃固化体，$2.814\times10^3$ $m^3$为中放废物，其余为乏燃料。负责放射性废物处置工作的有关机构是：联邦环境、自然保护和核安全部（BMU）及联邦经济和技术部（BMWi）。于 20 世纪 60 年代选定岩盐作为放射性废物处置库的围岩，并开始研究。60 年代建造有位于 Asse 盐矿中的地下实验室。Gorleben 盐矿于 1977 年被选为高放废物地质处置库候选场址，1994 年建成 2 个深达 840 m 的竖井，1996 年起开展了综合的坑道场址调查工作。2000 年德国绿党执政之后，暂停了 Gorleben 场址的工作。

(4) 瑞士　有 5 个核电机组，核电占总发电量的 43%，其乏燃料总量将达到 $3.0\times10^3$ t，相关工作由瑞士核废物处置合作机构 (Nagra)负责进行。采用深部地质处置方式，处置库围岩为花岗岩或黏土岩。建有 2 个地下实验室：位于花岗岩中的 Grimsel 地下实验室和位于黏土岩中的 Mont Terri 地下实验室，大量的现场试验正在进行。

(5) 法国　有 59 个核电机组，核电占总发电量的 77%。预计到 2040 年将有 $5.0\times10^3$ $m^3$ 的高放废物玻璃固化体和 $8.3\times10^4$ $m^3$ 的超铀废物需要处置。国家放射性废物处置机构 (ANDRA)负责高放废物处置工作。采用深部地质处置技术路线，选择的围岩为花岗岩和黏土岩。选址工作始于 20 世纪 80 年代，到目前为止已筛选出 3 处场址：Meuse/Haunt Marne 场址(黏土岩)、Vienne 场址(花岗岩)和 Gard 场址(黏土岩)。Meuse/Haunt Marne 场址已获当地民众同意，2000 年开始建地下实验室，并于 2004 年建成。评价工作已于 2006 年完成，目前仍在开展实验。预计 2025 年建成处置库。法国比较强调高放废物的可回取性。

(6) 加拿大　有 18 台核电机组运行，核电占总发电量的份额为 14.7%。预计将产生的废物量为 14 470 $m^3$ 乏燃料。加拿大核废物管理机构(NWMO)负责有关高放废物的处置研究工作。处置库将位于深 500～1 000 m 的花岗岩中。已建有位于花岗岩中的 White Shell 地下实验室，并开展了大量现场试验。目前正筹划选址工作。2004 年 6 月 NWMO 公布了 3 种高放废物长期管理的概念设计方案供公开评议：反应堆场区扩展储存方案、中央扩展储存方案和深地质最终处置库方案(考虑了可回取性)。NWMO 将根据公开评议的结果向加拿大政府提供高放废物长期管理的建议。

(7) 日本　有 17 座核电站(53 个机组)，核电占总发电量的 27.5%。目前这些核电站退役后，将总共产生 $5.3\times10^4$ t 乏燃料。乏燃料经后处理、玻璃固化之后，将被最终处置。为实施高放废物地质处置，2000 年成立了高放废物地质处置实施机构(NUMO)，负责具体的选址和建库工作。该机构于 2002 年启动了高放废物处置库的选址工作，其方法是向日本的 3 239 个社区征集志愿建库的社区。但是至今为止，尚无一处场址。目前正在建设瑞浪和幌延 2 个地下实验室。前者位于花岗岩中，设计深度 1 000 m。后者位于沉积岩中，深度 500 m。

(8) 芬兰　有 4 个机组运行，核电占总发电量的 29%。目前仅积存 $1.2\times10^3$ t 乏燃料，按核电站运行 60 年计算，有 $4.0\times10^3$ t 乏燃料。采用地质处置的技术路线最终处置乏燃料，处置库为 KBS—3 型多重屏障系统，拟建在深 500 m 左右的花岗岩基岩之中。地质处置的总费用为 46 亿芬兰马克(不包括研究开发费用)。2001 年 5 月，芬兰国会以 159 票赞成 3 票反对的表决结果，最终确定 Olkiluoto 核电站的花岗岩体为处置库场址。目前正在该处建造 ONKALO 地下实验室，以评估场址的适宜性。若合适，则该地下实验室将改建成处置库。其乏燃料处置库计划于 2010 年开始建造，2020 年拟投入运行。

### 2.1.2　国外高放废物管理特点

#### (1) 强调国家主导、公众参与和接受

由于核问题的敏感性，高放废物深地质处置库不仅是一项纯技术性的地下工程，更是一项政治和社会关注的工程，世界各国都是国家主导，并在国家层面上进行决策和推进。国际

社会认为，政府对高放废物的安全处置负有最终责任。许多国家动用了立法、行政和司法的力量，体现了国家公权的力量和国家意志。国家主导主要体现在政策、战略、法律法规、规划计划、审管、执行、监督等关键环节上。国家的主导作用不仅体现在针对高放废物处置建立法规标准、设置审管机构和提供资源保证，而且还体现在通过法律规定，分别授权给高放废物处置执行机构、咨询机构和资金管理机构来从事政府指定的工作，以及通过法律规定分别给予公众、地方政府和其他利益相关者参与国家决策的机会。国际上高放废物管理决策的主要特点有：① 按照组织机构的职责划分和程序来进行决策；② 分步决策；③ 多因素、多目标决策；④ 公众和地方政府参与决策。

公众参与和接受及透明性是许多国家的强制性要求。如瑞典环境法要求瑞典核燃料和废物管理公司在处置库选址等问题上必须与公众商议。瑞士法律规定，在颁发执照的过程中，任何人都有两次机会提出建议或提出书面反对意见。美国《核废物政策法》规定，应确保公众和受影响的土著部落参与到处置库的决策过程中。公众和地方政府参与是北美和欧洲的一些国家进行高放废物管理决策的新的方式，其特征是从传统的“决策、宣布和辩护”模式向“对话、合作和决策”模式转变。各国经验表明，国家主导和公众参与是高放废物地质处置工作的根本保证。

**(2) 重视法律法规体系和管理体制建设**[7-8,10]

多数国家高放废物立法和管理体制共同的特征是：① 都有较完备的法律法规体系，可以较好地掌控高放废物管理的长期活动。② 采取立法、执行、审管三分离原则，分别设置独立的机构；许多国家也设立了独立的监督机构、独立的资金管理机构和独立的咨询机构。③ 构建了完整的管理体制，包括执行、审管、监督、资金管理、咨询等机构。④ 政府在执行计划的制订上都起着决定性作用；所有国家都采取逐步推进的方法来开发它们自己的高放废物长期管理计划。⑤ 都成立了执行机构，他们在各国的研究开发上都起着领头和组织实施的关键性作用。⑥ 都从废物生产者筹集资金，设立了筹资机制和资金管理机构。⑦ 有关决策的共同经验是：重大决策必须由政府和国会做出，包括处置方式决策和选址最终决策；公众、有关地方政府和其他利益相关者也必须参与决策；在实施和立法两方面都采取谨慎的分阶段战略和小步前进的方式以实现普遍能够接受的有限目标；都按照组织机构的职责划分和程序进行。在这里“决策”被赋予了新的意义：“决策”不意味着连续、长久的完全解决方案，而应该是保持当代人和后代人安全和安宁的，同时并不剥夺后代选择权的谨慎的调查和选择过程中的一个步骤。⑧ 法律不仅规定了每项决策的具体程序，而且规定了每个程序的终端负责者。以美国为例，如总统负责批准拟进行场址特性评价的候选场址，国会负责批准最终场址，核管署负责处置库建造许可证的颁发，环保署负责基本环境标准的制定，能源部负责废物处置的实施等。

国际社会非常重视高放废物处置的法律、法规和标准的建设。在国际原子能机构(IAEA)的主导下，有关国家已共同签署了《乏燃料管理安全和放射性废物管理安全联合公约》。国际原子能机构正在按照安全法则、安全要求和安全导则三个层次制订放射性废物安全系列标准。美国涉及高放废物处置的法律有 1982 年《核废物政策法》、1987 年《核废物政策法(修正案)》、1992 年《能源政策法》第三部分“高放废物”、2004 年《核废物政策法(修正案)》。法国 1991 年颁布的《放射性废物管理研究法》，规定对三种技术路线(地质处置、分离/嬗变、长期储存)进行长达 15 年的研究后，再确定高放废物管理的技术路线。2006 年，法国国会通过了《放射性物质和废物管理计划》法案。法案对三种技术路线研发规定同时开展分离/嬗变、可回取的地质处置和地表储存研究，并规定 2025 年完成一座地质处置库的建造。国外高放处置研发实践表明：健全的法律法规体系和管理体制是顺利推进研究开发的必要前提。

在标准层次上，IAEA 和国际放射防护委员会(ICRP)已制定了部分高放废物处置标准。IAEA 已出版或正在制定的与高放废物地质处置有关的安全标准主要有：《放射性废物管理原则》(安全法则层次)、《放射性废物地质处置》(安全要求层次)、《地质处置设施选址》、《放射性废物地质处置设施设计和运行》、《放射性废物处置设施安全评价》、《放射性废物处置设施和活动的安全管理体系等》(安全导则层次)。ICRP 已发布《固体放射性废物处置的辐射防护原则》、《潜在照射的防护：概念框架》、《放射性废物处置的放射防护政策》、《用于长寿命固体放射性废物处置的辐射防护建议》等出版物，对高放废物地质处置的安全目标和安全评价方法学提出了建议。其中，1999 年的《用于长寿命固体放射性废物处置的辐射防护建议》明确提出了适用于地质处置的放射防护体系，并具体规定了委员会建议的在长寿命固体放射性废物处置方面的应用原则，包括保护后代、关键组、潜在照射、防护最优化、技术及管理原则、与辐射防护原则的一致性等方面。

**(3) 筹资机制和经费管理的比较完善**

由于高放废物长期管理的许多活动将要持续几十年或更长时间(可能在废物生产者们已脱离业务之后)，因此确保高放废物处置的经费是至关重要的大事。国际上对军工设施产生的高放废物，均由国家财政出资处置。而对非军工设施高放废物，国际上普遍认可的做法是，在废物生产者仍在运行时就收取费用，以供将来长期管理的营运之需。根据谁产生废物谁负责治理的原则，多数国家都要求废物生产者提供废物处置的资金。筹资机制主要有两种：基金制、储备金制。计价方式主要有两种：在核电电价中征收[以$(kW \cdot h)^{-1}$计价]；按废物量(重量或体积)计价。基金广泛采用收取年费的办法。储备金是废物生产者根据法律法规确定的计价办法，自己测算每年储备金数量，按年度注入自己财务系统中独立的储备金账户中。所有国家都是政府负责制定(或审批)资金的计价和管理规则。各国的基金管理机构多数是政府机构或政府内高层次的机构，有的国家由民营的废物基金委员会或执行机构管理基金。各国通常采用低风险的方式来管理基金，如注入国家账户、投资国债等使其保值增值。国际实践表明，完善的筹资机制和经费管理措施是高放废物地质处置研究开发必不可少的经济基础。

1) 高放废物地质处置库的成本估算(以美国和日本为例)

美国对高放废物地质处置的成本进行了估算，估算前提条件包括：处置库运行 100 年，处置所有高放废物，此后关闭；处置库在高温模式下运行；处置库建成后，将可以处置 83 800 tHM商业乏燃料(包括混合氧化废料)、政府所属的大约 2 500 tHM 乏燃料(包括海军舰艇的乏燃料)，以及大约 22 000 个高放废物罐(包括含有钚元素的玻璃固化高放废物的废物罐)等。处置总成本为 575.2 亿美元(2001 年计价)，包括 4 大部分：处置库成本(420.7 亿美元)、废物接收储存和运输成本(68 亿美元)、计划的整合(40.7 亿美元)、项目体制性成本(45.8 亿美元)。处置库成本包括处置库的研究和开发(65.8 亿美元)、地面设施(77 亿美元)、地下设施(89.8 亿美元)、废物包与金属防水罩(132.9 亿美元)、监管和基础设施及管理支持(32.5 亿美元)，以及性能确认(22.7 亿美元)等；废物接收储存和运输成本包括相关的研发成本、废物接收与运输的准备和获准、内华达运输专用线的施工成本、废物接收与运输设备及其退役的成本、废物接收与运输、废物接收与运输的运行成本等，但不包括运输前的暂存成本。计划整合的成本包括质量保证、计划管理与集成、美国核管署和核废物技术评审委员会的费用及曾发生的核废物协调办公室的费用。项目体制性(Institutional)成本包括核废物政策法规规定的相应费用，主要有：等量纳税(PETT)、补助金、180(c)条款的费用及财政与技术援助。

日本对其高放废物处置的成本进行过估算。其前提是，未来处置库的处置对象为经后处理的玻璃固化体；场址未定，围岩按软质岩石和硬质岩石两大类考虑。处置成本估算时将人员、材料、机械设备等直接成本和设施管理与行政等非直接成本两大类成本相加。据此，共做了 11 种典型情形的费用估算，其总费用为 27 000 亿～31 000 亿日元。其中，技术开发约 1 100 亿日元，勘查和土地征收约 2 000 亿日元，设计及建设费约 10 000 亿日元，运营费约 8 000 亿日元，处置库退役及关闭费约 850 亿日元，处置库监测费约 130 亿日元，项目管理费约 5 500 亿日元。

2）若干国家的单位处置成本及初步分析

美国处置 97 000 tHM 乏燃料的总费用为 575 亿美元，单位成本为 59.3 万美元/tHM；芬兰处置 5 600 tHM 乏燃料的费用为 25 亿欧元，单位成本为 53.0 万美元/tHM；瑞典处置 7 800 tHM 乏燃料的费用为 320 亿瑞典克朗，单位成本为 47.5 万美元/tHM；日本处置 32 000 tHM经后处理的乏燃料的总费用约为 27 500 亿日元，单位成本为 73.0 万美元/tHM；加拿大处置 73 000 tHM CANDU 堆乏燃料的总费用为 162 亿加元，单位成本为 16.7 万美元/tHM。这些结果表明，由于各国处置的规模不同、概念设计不同、处置条件不同、估算假设不同，所得的单位处置成本结果有一定的差别。上述国家中，轻水堆乏燃料处置成本在 50 万～80 万美元/tHM 之间，重水堆乏燃料处置成本为 16.7 万美元/tHM。总的来说，乏燃料处置平均成本为 58.8 万美元/tHM。采用后处理时处置成本似高一些，平均在 75.6 万美元/tHM。处置库的规模与单位成本的相关性不密切。

3）高放废物管理与处置成本的筹措费率

各国因为对废物管理和处置估算的成本不一样，基金涵盖的范围不一样，因此收取的费率也不一样。美国、日本、瑞典、瑞士、捷克等国家从核电中征收的废物管理费为 0.001～0.007 7 美元/(kW·h)，多在 0.003 美元/(kW·h)之下。其中美国为 0.001 美元/(kW·h)，瑞典为 0.01 瑞典克朗(约 0.001 2 美元)/(kW·h)，瑞士为 0.01 瑞士法郎(约 0.007 7 美元)/(kW·h)，日本为 0.13 日元(约 0.001 1 美元)/(kW·h)。

**(4) 研究设施先进，研发队伍力量很强**

安全处置高放废物需要有技术能力的保证，为此，北美、西欧和日本、韩国等国家和地区对处置技术的开发极为重视，纷纷建立了较为完善的地面及地下研究设施，配置了很强的研究开发队伍，并开展了内容广泛、形式多样的国际合作。在研究设施方面，地面实验室已经成为各国开展高放废物地质处置研究开发的必需和常规手段，模拟处置库温度、压力和氧化还原条件的设施在北美、西欧和日韩等地已经发挥了重要作用，开展真实放射性核素迁移实验的装置也在各国逐步完善，开展模拟处置库工程屏障的全尺寸实验设施在美国、瑞典、法国、比利时、日本、韩国已经建成，并获得了举足轻重的成果[12]。典型的设施有日本的 QUALITY、ENTERY，比利时的 MOCK-UP，瑞典的膨润土全尺寸实验装置，捷克的

Czech-MOCK-UP 等。以地下实验室为代表的地下研究设施已经成为开展高放废物地质处置工程尺度实验和处置工程示范以及开展公众接受必不可少的工具。著名的地下实验室有瑞典的 Stripa 和 Äspö，德国的 Asse 和 Gorleben，加拿大的 URL，日本的东浓和釜石以及正在建造的瑞浪和幌延，瑞士的 Grimsel 和 Mont Terri，比利时的 Mol，美国尤卡山的 ESF 设施、Climax 和 G-Tunnel 以及 WIPP，芬兰的 ONKALO，法国的 Meuse/Haunt Marn 和 Tournemine，韩国的 URT 等。以雄厚的经费和研究设施支持，有关国家吸引了一大批开展高放废物地质处置研究开发的科学研究和技术开发的人员，他们不仅包括废物处置实施单位的项目管理技术人员，还包括承担项目研究的各个研究所、大学和私营公司的研究人员。这支队伍为开发高放废物地质处置技术提供巨大的理论、技术和方法的支持。

国际合作是高放废物地质处置研究开发的传统。自 20 世纪 60 年代以来，高放废物地质处置国际合作项目超过百项，围绕的关键科学问题包括：① 处置库场址演化的精确预测；② 深部地质环境特征；③ 深部岩体的工程性状及其在多场耦合条件下岩体的行为；④ 多场耦合条件下工程材料的行为；⑤ 放射性核素的地球化学行为及其随地下水的迁移行为；⑥ 处置系统的安全评价。研究内容涉及了高放废物地质处置的社会科学、自然科学、技术科学和工程实施等各个方面，具体包括处置库开挖技术研究、工程开挖损伤研究、废物罐可回取性研究、场址特性评价方法研究、场址水文地质特性研究、放射性核素迁移试验、放射性废物处置效应研究、工程屏障制造和性能研究、地质处置系统长期性能综合试验、原型处置库、天然类比研究、人工类似物研究和安全评价研究等。

### 2.1.3 国际高放废物地质处置技术进展

#### (1) 项目实施方面的进展

最近 20 年世界各国在高放废物地质处置方面取得了重要进展，也遇到一些阻碍，突出表现在一些典型事例上。

1) 美国专门用于处置国防超铀废物的废物隔离中间试验工厂（WIPP）于 1999 年 3 月正式接受废物。WIPP 的运行为高放地质处置的研发提供了很好的示范和借鉴。

2) 2002 年 2 月美国能源部长向总统正式推荐尤卡山场址，布什总统 2002 年 2 月批准了该场址，并于 2004 年 7 月得到确认。预计于 2018 年建成处置库。

3) 2001 年 5 月芬兰议会批准在 Eurajoki 地区的 Olkiluoto 建造高放废物地质处置库，当地公众高票赞成，这在世界上尚属首次。目前，建造工作正在进行。

4) 法国 15 年内先后颁布两部法案，即 1991 年 12 月发布的《放射性废物管理研究法》和 2006 年 6 月发布的《放射性物质和废物管理计划》，要求对高放长寿命废物的三种长期管理技术路线同时平行研究 30 年，影响深远。

5) 1998 年 3 月，加拿大原子能有限公司的研发结果未得到专家认可和公众的广泛支持，选址工作暂停。开发中的不确定性导致计划推迟数年甚至数十年。

6) 各国先后建成十几座地下实验设施并开展了大量现场实验研究，获得丰硕成果，有力地推动了地质处置研发的进展。

7) 在地下实验室中开展原型处置库实验，验证地质处置技术。瑞典已经在 Äspö 地下实验室 450 m 深处的一个坑道中开展了“原型处置库实验”。2004 年欧盟与西欧 9 国签署了一份《废物处置库设计工程研究与验证》(ESDRED)合作协议，将利用工业规模的原型装置，验证深地质处置库设计、建造、运行和关闭等各类相关活动的技术可行性。

8）可回取性、可逆转性、分步决策等新意向被更多国家接受。荷兰、法国、美国通过立法或政府行政要求规定了地质处置的可回取性、可逆转性。瑞典、瑞士、加拿大和英国也在为实现更长时间内的可回取性进行开发研究。OECD/NEA 明确表示，可逆转性是贯穿（高放）废物管理全过程的一个目标，而分步决策、可改变的分阶段方案、小步伐推进方式等是与可逆转性相配套的决策程序。

9）在拥有大量放射性废物的 40 个国家中，有将近一半选择地质处置作为最终解决高放废物问题的方式，约 10 个国家制订了场址计划，还有几个国家选择了先实行百年尺度的暂存，再视情况开展地质处置的管理方案。

10）若干消极事件影响地质处置进展。许多国家的深地质处置库计划或地下实验室计划曾有过被否决或被推迟的经历。英国曾拟建设一个名为"岩石特性调查设施"的地下实验室，但在当地公众意见征询中失利；德国新政府于 1999 年反对 Gorleben 作为高放废物处置库址；瑞典选址工作早期集中在瑞典北部，遭到反对；2003 年，意大利政府在当地居民抗议 2 周后，撤销了将 Scanzano Jonico 作为处置库指定场址的决定；荷兰立法推迟了地质处置计划，2003 年开始了其长期储存库（百年以上）HABOG 的运行；加拿大 AECL 的环境评价报告被独立专家组否决。

**(2) 科学技术方面的进展**

1）处置工程

深部地质处置已成为公认的高放废物永久处置方法。就总体而言，地质处置所必需的工程技术（处置库设计和工程技术等）已经具备，但某些技术及其施工经验尚缺乏。针对不同的处置概念，提出了不同的工程屏障设计，并对其在处置库条件下的性能及其与天然屏障的作用有了深刻的了解；以结晶岩为围岩的处置库，将采用膨润土作为回填材料。其他进展包括：① 地下实验室的设计技术、建造技术日臻成熟，已建成若干高放废物地质处置地下实验室，并进行了大量处置工程技术研究；② 岩盐处置库的设计技术、建造技术在美国 WIPP 建造和运行中得到验证；③ 废物容器材料、容器结构设计、封装工艺、容器长期稳定性、高放玻璃固化体及乏燃料的抗浸出性能和长期稳定性研究、缓冲/回填材料筛选、配方及性能等研究，获得了丰富多样的阶段成果；④ 安排了一批原型处置库示范验证实验，以验证处置库长期性能；⑤ 可回取性或可逆转性技术的开发力度加大；⑥ 启动了一批大型工程试验。另外，许多国家对地质屏障的局限性和工程屏障的重要性有了更深入的了解和认识。地质屏障的局限性使工程屏障更受重视，研制的废物容器寿命更长。

2）选址和场址评价

① 对天然系统认识的深化，使得场址特性评价由过去对地质数据相对无序的收集变成了以收集性能评价所必需的关键数据为目的的定向技术活动；② 对地质环境不均一性、不确定性加深了认识；③ 在围岩选择方面，针对花岗岩、岩盐、黏土岩、凝灰岩的研究不断深入；④ 在选址标准、场址特性评价方法等方面形成了许多共识、标准、导则和程序，推动了场址选择工作；⑤ 在处置地质的基础研究方面取得明显进展，如岩石强度及力学特性，地应力及岩体稳定性，开挖损伤和开挖扰动，节理发育等；⑥ 建立了比较系统的场址评价方法。在天然系统研究、场址评价方法、现场测试方法和技术、数据测量技术、准确判断系统的不确定性和不均一性等方面获得了突破性的进展。

3）核素迁移（处置化学）

在以下几方面取得进展：① 核素形态：主要是处置环境下的水溶液化学，即核素的溶解、浸出、水解、络合、价态、氧化还原、核素形态等；② 介质的化学行为：如围岩、包装材料、固化体的高温稳定性及长期抗腐蚀能力等；③ 核素与介质的作用：包括地质及工程介质与核素的物理、化学反应；④ 特殊作用：高放废物地质处置中有许多特殊作用，如热—水—力—化学耦合作用，辐射分解作用，胶体、微生物、有机质、气体的作用、低浓界面化学作用等；⑤ 现场核素迁移研究：开发了许多数据库、物理模型、计算机数学模型，这些数据库和模型汇聚了众多的实验室和现场试验研究成果，为长时间跨度的性能评价应用创造了条件。

4）安全评价

① ICRP提出了高放废物地质处置的基本安全要求；② IAEA和其他一些国际组织，如OECD/NEA，建立了处置安全国际标准和安全评价方法学；③ 许多国家建立了国家标准并开展安全评价实践活动。已建立了基本的方法学框架。在技术层面，国际上对处置库性能评价十几年来所取得的重要进展包括：处置系统总性能评价方法和技术日渐成熟。另外，天然和人工类似物研究为提高地质处置的置信度发挥了重要作用，大部分国家均完成了阶段性的处置系统性能评价报告。

### 2.1.4 国际高放废物地质处置面临的问题和挑战

尽管国际高放废物地质处置取得了显著进展，但还面临一系列的问题和严峻挑战，包括：

（1）如何构建公众信任是一项关键性的挑战。尽管放射性废物管理的专家认为地质处置是安全的，技术上是可行的，但仍然有公众持怀疑态度。如何获得公众支持，尤其是处置库所在地政府和公众的支持，已成为许多国家高放废物处置执行机构面临的最大挑战。

（2）不确定性因素对地质处置的影响。处置库所处的外围环境是一个开放系统。然而，要对一个开放系统及其演化进行完整的描述和精准计算是十分困难的，这主要是因为这种系统的演化具有不确定性，其演化过程很难精确描述，并且，它还受系统边界以外的、具有不确定性特征的自然因素和人为因素的影响。有些不确定性客观存在，但又难于定量评价，如地表环境或生物圈百万年尺度的演化、剂量—效应关系等。总之，这一系列不确定因素给安全评价带来极大挑战。

（3）地质处置库如何实现核保障的要求。一般来说，处置库关闭之后即不必进行连续的监控。但是，有些处置库中处置的是乏燃料，而乏燃料中含有Pu等核材料，如何确保处置库满足IAEA核保障的要求是处置库设计面临的又一挑战。

（4）废物的可回取性。已有越来越明显的趋势，要求在处置库的设计中考虑废物的可回取性和废物处置过程的可逆转性，但是，目前针对可回取和可逆转所作的研究及技术开发极少，这一要求会如何影响处置工程的进展，目前所知甚少。

（5）在技术开发方面，以下课题仍需要进一步深入研究：① 高导水率通道对核素迁移的影响；② 地下水补给和入渗；③ 气体对岩石及屏障性能的影响；④ 天然胶体及处置环境中形成的胶体及其对核素迁移的影响；⑤ 有机质作为络合剂对核素迁移的影响；⑥ 地质体的天然变化和诱发变化；⑦ 气候与地质事件对处置库的影响；⑧ 多因素耦合作用，如THMCR（热—湿—力—化学—辐射）耦合作用及其数值模拟；⑨ 废物罐腐蚀产物的物理、化学作用(如氧化还原特性,吸附性能等)及其影响模式;⑩ 安全评价大型(长时间尺度和大空间范围)模拟软件开发及计算能力的提升。

(6)“代际公平”的争论持续不断。一方观点认为:放射性废物永久处置是“今人应该做的事,不能留给后代”。如果“没有最终处置的手段,各国的废物问题就仍然存在,就会变成后代人的负担,而子孙后代并未从现有乏燃料及后处理所生产的核能中受益,因而有悖于代际公平之原则”。但是,反对者认为,后代在享受着前人开发出的核能技术的恩惠时,也应该继承前人经过很大努力但仍没能完全解决的高放废物处置难题,这才是公平的。高放废物的地质处置项目是诠释“社会公平”(包含了“代内公平”、“代际公平”及“地区公平”、“环境公平”、“环境与伦理原则”等概念的内容)的典型案例。这场争论还将继续下去,并对高放废物处置项目的进展带来影响。

### 2.1.5 国际现状总体评述

总的态势是:进展实实在在,却又阻力重重,研究开发曲折前行。

一方面:世界上第一座长寿命废物处置库 WIPP 投入运营;美国和芬兰的场址得到确定;许多国家提出了高放废物深地质处置库的构想;开发出了实施深地质处置所需的一系列技术;地下实验室和场址特性评价积累了许多资料和经验;立法和管理法规、标准方面,有了很大发展;国际组织和国际合作有力地促进了深地质处置发展。

另一方面:某些国家还存在一些怀疑、拖延和反对的意见;研究开发工作的反复导致计划或工程实施的拖延或受阻;除个别工程之外,绝大多数最终处置设施距离其营造开工日期仍很远;一些国家选择长期储存或观望的政策,或要求对废物管理的其他途径进行比较研究。造成计划或工程实施不能顺利推进的原因有:① 未得到公众信任;② 深地质处置研究开发比原先设想的难得多;③ 技术进步与社会交流的改进比期望的速度慢得多;④ 政党政治因素干扰;⑤ 认识偏颇、决策失误、策略不周等。

## 2.2 我国高放废物地质处置研究开发的现状和问题

我国高放废物地质处置研究工作于 20 世纪 80 年代中期起步,20 多年来,在选址和场址评价、核素迁移、处置工程和安全评价等方面均取得了不同程度的进展[13-21]。核工业北京地质研究院等单位开展了高放废物处置库场址预选研究,在对华东、华南、西南、内蒙古、西北和新疆 6 个预选区进行初步比较的基础上,重点研究了西北甘肃北山地区,在地质调查和水文及工程地质条件、地震地质特征等研究基础上,施工了 6 口深钻孔和 8 口浅钻孔,获得了深部岩样、水样和相关资料,初步掌握了场址特性评价方法。在工程方面,研究了内蒙古高庙子膨润土作为缓冲/回填材料的性能,以及低碳钢、钛及钛钼合金等材料在模拟条件下的腐蚀行为。在核素迁移方面,建立了模拟研究试验装置及分析方法;研究了镎、钚、锝在特定条件下的某些行为。在安全评价方面,初步进行了一些调研。总的说来,我国高放废物地质处置研究工作,在经费十分有限,条件很困难的情况下,做了不少工作,特别是在选址和场址特性评价方面取得了一定进展,但从总体上说还处于研究工作的前期阶段,距完成地质处置任务的阶段目标任务还相差甚远。

2003 年我国发布《中华人民共和国放射性污染防治法》[22],其第四十三条中明确规定

“高水平放射性固体废物实行集中的深地质处置”，这从国家层次明确了深地质处置的地位。2006 年原国防科工委、科技部和原国家环保总局联合发布《高放废物地质处置研究开发规划指南》，明确了深地质处置开发的主要技术路线和开发的总体设想。2007 年，国务院批准《核电中长期发展规划(2005—2020 年)》，明确提出 2020 年建成我国高放废物地质处置地下实验室的目标，从而使高放废物地质处置进入了新的阶段。

但是，我国目前的高放废物地质处置研究也面临一些问题：

(1) 没有国家级高放废物地质处置专项规划

对高放废物地质处置如此重大的高难项目，目前还没有国家级高放废物地质处置专项规划，也没有列入国家重大科技工程、973 计划和国家自然科学基金重大项目研究计划等。目前我国的高放废物地质处置项目仅在原国防科工委“核设施退役和放射性废物处理处置”专项中予以支持，其力度小，远远不能满足需求。

(2) 政府法规和标准基本上还是空白

《中华人民共和国放射性污染防治法》明确了高放废物实行集中的深地质处置的原则，但至今尚没有制定相关的法规和技术标准，如《高放废物地质处置规定》、《高放废物处置库选址标准》、《高放废物处置安全评价标准》等，这就严重影响了选址、场址评价、安全评价和工程设计等工作的推进。

(3) 地质处置的责任主体不明确

高放废物地质处置是国家行为，应由政府总体负责。但具体实施，还需要由政府的专门部门或政府授权的独立的机构负责。目前，我国尚未有这样的实施主体单位，已对当前工作的推进产生严重影响。

(4) 决策机制不健全

高放废物地质处置时间跨度长、技术难度大、影响面广，是关系到子孙后代的万年大计，必须科学决策、民主决策，让公众和利益相关者广泛参与决策。这就需要设计一个好的决策机制。但是，我国目前决策机制和决策程序不明确，尤其是没有明确国家层次的决策机制。目前有关高放废物地质处置的政府行为只停留在部委一级层面上，而没有达到国家级层面，因此一些必须在国家级层面决策的事项(如政策和技术路线、政府部门分工、决策机制等)难以进行。此外，在公众参与方面存在信息公开不充分；涉及内容不全面；公众参与的覆盖面较小，代表性不强；未充分发挥地方政府和环保组织的作用；缺乏公众参与的具体、细致、明确的法律规定等问题。

(5) 经费投入极少，核电废物处置的筹资机制空缺

目前，高放废物地质处置工程科研仅有原国防科工委“军工核设施退役和三废治理专项”这一个经费渠道，但它要解决的既有军工高放废物问题，又有民用核电站的高放废物问题，而后者的废物量却占绝大部分。我国“十五”高放废物地质处置的平均年度经费仅为 400 万元左右。“十一五”虽有增加，预期可达到年均 1 000 万元的强度，但仍然很低，远不能满足高放废物地质处置的各项需求。更为重要的是，还没有建立从核电电费中收取高放废物地质处置所需资金的筹资机制，相关基础研究也未列入国家计划。

(6) 研究开发力量薄弱，缺乏研究平台

目前我国从事高放废物地质处置的专职科研人员较少，涵盖地质、工程、化学和安全评

价等领域，与高放废物地质处置的艰巨任务相比，这支队伍力量极为薄弱。另外，还严重缺乏高放废物地质处置的研究平台，一些重大科学问题还没有解决、大量工程尺度课题根本就无法开展，距完成地质处置任务的阶段目标还相差甚远。

# 3 我国高放废物安全处置研发工作的迫切需求

## 3.1 保护人类健康和环境的需求

IAEA《放射性废物管理原则》(安全丛书第 111-F 号)中明确了放射性废物管理的九项原则，其中第一项原则和第二项原则分别为保护人类健康和保护环境，保护人类健康和环境是放射性废物管理的最终目标。

当前，我国正处于并将长期处于社会主义初级阶段，生产力不发达，资源相对不足，生态环境比较脆弱，经济结构不合理。在快速发展中出现了一些突出问题：经济增长方式转变缓慢，能源资源消耗过大，环境污染加剧，环境形势非常严峻。与此同时，广大人民群众的环境意识不断提高，对环境问题的关注程度也在不断提高，“公众参与”逐渐成为环境保护工作的重要环节。我国在“十一五”规划中提出了“建设资源节约型、环境友好型社会”，“加大环境保护力度，坚持预防为主、综合治理，强化从源头防治污染和保护生态，坚决改变先污染后治理、边治理边污染的状况”。

高放废物处置是全世界面临的难题，目前这些废物均处于暂存状态，同时也就存在着巨大的环境风险。因此，积极探索开发高放废物处置技术是核工业系统面临的一项刻不容缓、责无旁贷的任务。

## 3.2 建设和谐社会、落实科学发展观的需求

改革开放以来，我国经济发展取得了举世瞩目的巨大成就，但不可否认，也存在一系列突出的矛盾和问题。针对当前我国经济、社会发展中存在的突出问题和矛盾，在十六届三中全会中共中央提出“坚持以人为本，树立全面、协调、可持续的发展观，促进经济社会和人的全面发展”。树立和落实科学发展观，必须纠正一些地方和领域出现的重经济指标，轻社会进步；重物质成果，轻人的价值；重眼前利益，轻长远福祉的偏颇。在核工业领域也存在只重视发展，不重视环境保护的现象，各地政府热衷于核电建设，愿意投入大量资金，因为核电可带来经济效益，推动经济发展，而很少有人关心核电产生的放射性废物的最终去向，不愿意提供废物处置场所。关于核电后端基金，相当一部分人认为只是乏燃料后处理基金，而不包括高放废物地质处置的费用。

国发[2005]39 号《国务院关于落实科学发展观加强环境保护的决定》中提出，为全面落实科学发展观，加快构建社会主义和谐社会，实现全面建设小康社会的奋斗目标，必须把环境保护摆在更加重要的战略位置。2006 年 10 月 11 日中国共产党第十六届中央委员会第六次全体会议通过的《中共中央关于构建社会主义和谐社会若干重大问题的决定》再次强调了构建社会主义和谐社会必须坚持以人为本、必须坚持科学发展观，加强环境治理保护，促

进人与自然相和谐。

因此,开展高放废物安全处置研发工作是全面落实科学发展观的需要。

## 3.3 保证我国核工业可持续发展的需求

我国的原子能事业从20世纪50年代起步以来,为加强我国的国防力量做出了不可估量的贡献,原子能和平利用还为我国的国民经济、文教卫生和科学事业的振兴及发展发挥了巨大作用。但是,核能的发展不可避免地要产生放射性废物,如果放射性废物的处理和处置问题不妥善解决,就会影响核能的可持续发展。

相对于其他的能源而言,核能是清洁的能源,核能发电的安全系数近年来有显著提高,而经济性能可与火电竞争。更重要的是,核能储量丰富且高度浓集。但是,核电快速发展必然造成放射性废物(特别是高放废物)累积越来越多,高放废物不能实现安全处置,环境风险会越来越大,最终势必成为约束核电发展的主导因素。我国军工事业发展也产生了一定数量的高放废物,目前暂存在现场,储存的时间越长,环境风险就越大,这些废物也亟待安全处理和处置。因此,核工业要做到可持续发展,必须解决高放废物安全处置问题。

## 3.4 保护后代的需求

IAEA关于放射性废物管理原则的第四条原则为:保护后代。放射性废物的管理须使对后代健康的预测影响不大于现今可接受的相应水平。同时,放射性废物的管理不得给后代造成不适当的负担。目前,乏燃料和高放废物均处于暂存状态,等待处理和整备。地质处置设施与环境隔离的时间长达万年,甚至十万年,将会影响几代人。作为当代人,我们有责任有义务去积极开发研究高放废物安全处置技术,而不能将这些废物留给后人去处理;坚持"代际公平"的原则,本着负责任的态度,不将风险转移给后代。

## 3.5 安全处置我国高放废物的需求

### 3.5.1 研发工作难度大、周期长

高放处置是一项极其复杂的系统工程,涉及许多学科领域,具有长期性、艰巨性的特点。地质处置概念从诞生到现在已有50多年的历史,虽然近年来处置技术取得了突破性的进展,但还没有一个处置库投入运行,足以说明研究开发工作的周期是非常漫长的,同时也说明研发工作是非常迫切的。

### 3.5.2 选择适宜的场址难度大、过程漫长

处置库是一个由多重屏障构成的系统,在多重屏障系统中,工程屏障的寿命是有限的,随着时间的推移,天然屏障对于处置系统的安全将起到越来越重要的作用。因此,在处置库进入工程设计阶段之前,要用较长的时间进行处置库的选址工作。处置库的选址是由多种因素控制的过程,场址的适宜性要求并非是确定场址的唯一要求。世界各国的选址实践经

验表明，社会经济因素和公众态度也是最终确定场址时不可忽视的因素，而且选址过程漫长，要经过几十年甚至数十年的场址特性调查和论证。

在处置技术和经验方面，我们可以引进国外技术，借鉴国外成功经验，少走弯路。但是，在选址方面几乎没有捷径可走，我们要依靠自己的力量在自己的国土上解决高放废物安全处置问题，必须踏踏实实按照选址的不同阶段开展相应的场址特性调查工作。

### 3.5.3 废物量逐年增加、环境风险加大

根据2007年10月国务院批准的《核电中长期发展规划(2005—2020年)》，到2020年我国大陆投入运行的核电装机容量将达到4 000万kW，在建装机容量1 800万kW，运行的压水堆核电机组有41台，运行寿期为60年。此外，秦山三期2台重水堆核电机组的运行寿期为40年。以此为基础计算，到2020年我国将累计有10 300 tHM乏燃料，其中有约7 000 tHM压水堆乏燃料和3 300 tHM重水堆乏燃料。2020年我国乏燃料年卸料量将达到1 000 tHM/a，其中有约810 tHM压水堆乏燃料和约190 tHM重水堆乏燃料。《核电中长期发展规划(2005—2020年)》中于2020年建成的反应堆，加上届时在建的18个反应堆，最终将产生82 630 t乏燃料。其中，已建成的压水堆共产生46 070 t，2020年在建的压水堆建成后最终共产生23 760 t乏燃料，重水堆共产生12 800 t。关于2020年以后的乏燃料数量，每增加一座百万千瓦级的核电站，每年将产生22 tHM乏燃料，每个堆运行60年共产生1 320 t乏燃料。

另外，如果我国核电规模达到100 GW，则所有这些核电站产生的乏燃料总量将达到138 070 tHM。

为了减小如此多乏燃料带来的环境风险，应尽快妥善处理处置乏燃料，并对乏燃料后处理后产生的高放废物进行地质处置。

### 3.5.4 不确定因素多

下列不确定因素会影响高放废物处置库的建造规模和场址选择，因此，应积极开展高放处置研发工作和相关领域的研发工作，同时密切关注国家政策和法规的变化，以及技术的发展进步，充分考虑这些变化带来的影响。

(1) 新堆型特性和燃料燃耗：随着世界各国新堆型的出现，燃料燃耗不断加深，从反应堆中卸出的乏燃料也会减少。当前，国际上出现了“第四代核能系统”的概念，其目标是更好地解决核能的安全性、经济性和废物处理处置问题。

(2) 2021年以后的核电规划将直接影响乏燃料产生量。

(3) 混合氧化物(MOX)燃料规划及其乏燃料管理政策：MOX燃料可在压水堆或快堆中利用。但是，MOX燃料在反应堆辐照过程中产生了更多的高放射毒性核素，并且裂变热要远远高于压水堆乏燃料。目前MOX乏燃料后处理工艺还没有达到工业化水平，暂时考虑对其进行直接处置。

(4) 快中子堆规划及其乏燃料管理政策：快中子堆可以提高铀资源利用率，并可以焚烧长寿命锕系元素和裂变产物，减轻高放废物最终处置的难度。快堆的发展和完善会大大减少需要最终处置的高放废物量。

(5) 高温气冷堆规划及其乏燃料管理政策：高温气冷堆的特点是反应堆安全性高、燃料

燃耗水平高。但目前缺少对 PBMR 乏燃料的处理处置研究。

(6) 后处理规模：如果我国仍将采用闭合燃料循环方式，就需要进一步扩大乏燃料后处理的规模以满足核电发展。

(7) 分离/嬗变技术：将高放废物中的裂变产物和次要锕系元素废物分离出来并进行嬗变，可显著地减少地质处置废物量。研究数据表明，通过分离/嬗变可将废物总量和放射毒性减少 100～200 倍。目前我国在高放废液分离技术上已取得了一定的进展，其工程化在不久的将来是可以实现的，而嬗变技术则需要更长的时间才能达到工业化水平。

(8) 先进核燃料循环：先进核燃料循环以“再循环战略”为基础，包括分离/嬗变法处理高放废液技术。经过这种循环后，可提高铀资源利用率、减少废物的放射毒性和衰变热。与一次通过式核燃料循环相比，先进核燃料循环使得同样大小的处置库可接受 5～20 倍核电规模的废物。

(9) 废物固化技术：提高固化体的包容率，可大大减少废物的数量。

(10) 去污和整备技术：核设施退役和乏燃料后处理会带来大量的高放固体废物和 α 固体废物，它们远比高放玻璃废物的体积大。如果改进去污和整备技术以使废物放射性水平降级或去 α 化，可大大减少需要深地质处置的废物量。

## 3.6 关于处置库的建成时间和处置库的规模

确定处置库废物量是决定处置库规模的基础。由于废物量是一个受核能政策影响且技术敏感性很强的动态值，因此在确定处置库废物量时也需要分步进行，并及时进行调整。

### 3.6.1 处置库的建成时间

我国的军工高放废液预计将在“十一五”期间开始进行玻璃固化，固化后的高放废物需要尽早进行地质处置。关于民用高放废物，根据我国大型核燃料后处理厂的规划和现有状况，预计该厂将于 2020 年前后运行，届时将产生高放废物和 α 废物。高放玻璃固化废物释热量大，需要进行数十年的中间储存冷却，然后才能送至处置库进行深地质处置，按此推算，我国应当在 2040 年前后开始建设高放废物处置库，在 2050 年前后开始接受高放废物，并对其进行处置。

### 3.6.2 处置库的规模

处置库的规模一方面与废物量有关，另一方面还与规定的处置废物类型有关，此外，还与废物处置技术有关。

如美国有两个深地质处置库：一个是正在运行的处置军用超铀废物的 WIPP 厂，另一个是处置乏燃料和高放废物的尤卡山处置库。而法国、瑞士等大多数欧洲国家由于国土狭小，只规划建造一个处置库来处置高放废物、α 废物和长寿命的中低放废物。我国目前通过法律确定了进行深地质处置的废物类型，但还没有确定这些废物是分别处置在不同处置库中，还是在同一个处置库中。这也是影响处置库规模的重要因素。

# 4 我国高放废物地质处置若干关键问题

## 4.1 加速高放废物管理立法进程

在高放废物管理中，如何将国家主导、公众参与和接受的国际经验转化为国内的实践，是一个值得深入研究的课题。法规体系是全面体现国家主导和公众参与的一个总纲，高放废物管理涉及的主要问题必须通过立法加以解决。

为了改变我国高放废物管理缺少法律依据的现状，在较短时间内加速建立法律、条例、规章和标准的完整体系，一方面需要研究和总结我国从制订《放射性污染防治法》到修订《放射性同位素与射线装置防护条例》的成功经验，另一方面还应借鉴美国和法国分步骤完善其法规体系的立法实践经验。

制订《放射性污染防治法》在很长一段时期进展也很慢，最后几年却明显加速。原因是后期深入地研究了现实工作中有哪些问题迫切需要在法律层面上解决，因而立法目标明确。有了这个上位法，反过来又加速了下游条例的制订和修订。因此，立法过程是一个自下而上，再自上而下的互动过程。在修订《放射性同位素与射线装置放射防护条例》时，由于有了上述经验，在做法上是对该条例和相关的下游规章与标准同时进行研究，并分别召开了有关生产、销售、使用单位的座谈会。条例通过后不久，下游规章与标准也出台了，这就增加了条例的可操作性。

前面已介绍了美国和法国相关法律的立法经验，即是在立法的目标上更加注重法律的适用性，不过分追求完美，也不企图一次解决所有问题，而是在不断修订法律的过程中有步骤地解决问题。这些经验非常适合我国的情况。

## 4.2 转变政府职能和完善管理体制与决策机制

(1) 涉及高放废物管理的政府职能

完善高放废物管理体制要从转变政府职能做起。2002 年党的“十六大”报告把政府的经济职能定位为经济调节、市场监督、社会管理和公共服务。与一般企业放射性废物管理相关的政府职能主要是社会管理，即控制可能由废物带来的放射性污染，化解社会矛盾和冲突。与高放废物处置相关的政府职能除了社会管理以外，还有公共服务，即为废物产生者提供废物处置服务。换句话说，高放废物处置是政府的责任。政府对高放废物管理的双重职能是国家主导高放废物管理的依据所在。应据此来完善高放废物管理体制和决策机制，包括组织机构的配置和管理制度的创新。

(2) 政府决策机构的建立

按照国外的经验，负责高放废物管理决策的主要机构有国会和政府两级，地方政府和公众也要参与决策。决策的主要内容包括：是否需要对乏燃料进行后处理，选择高放废物处置技术路线，批准地质处置库选址规划，批准拟进行场址特性评价的场址，批准最终场址等。

我国当前应首先建立政府一级的决策机构，以适应早期工作的需要。建议在国务院成立高放废物管理领导小组（也可考虑合并到已有的核电领导小组中去），由一位副总理牵头，成员包括有关部委的负责人；该领导小组下设办公室，可放在主管部门内。建议在原国防科工委设置“放射性废物管理处”，以实施行政管理。同时，原国家环保总局（国家核安全局）也要加强对高放废物管理的控制。

### (3) 审管机构的性质与审管制度

在国际上，审管机构是受权批准和检查受管制活动并强制实施特定法律和法规的组织。审管机构有别于责权宽泛的政府行政管理部门，它的任务比较单一，就是在规定的范围内依法执行行政许可制度。核设施和核活动的行政许可，特别是涉及高放废物处置这样的对安全和技术要求非常高的行政许可，必须由专业性组织实施。因此各国都设立了专门的核安全审管机构，同时政府的有关行政管理部门也要对审管机构进行行政监督。我国环保总局所属核安全局就是核安全审管机构。我国《行政许可法》第十二条第（二）款规定：“直接关系公共利益的特定行业的市场准入等，需要赋予特定权利的事项”可以设定行政许可。高放废物处置是属于政府社会管理和公共服务职能范围内的事，它对安全和环保的高度敏感性要求实施垄断型行业准入，符合上述第（二）款规定，在国外称之为“特许”，有别于一般放射性废物管理执行的“普通许可”。《行政许可法》对特许事项做了若干特别规定，如听证会等，建议在制订高放废物管理的相关条例时予以明确。

### (4) 执行机构的性质与类型选择

应强调高放废物处置执行机构的特许受权性质。执行机构必须以符合法规规定的方式组成；它以确保处置安全为首要职责，主要资金来源于核电站交纳的法定后端基金和国防拨款；它的运营方式遵循法规的规定和政府的指令，向用户提供安全、方便、稳定的服务，并接受比普通许可更加严格的监督检查，直至在严重违反许可证条件时撤销特许；它在处置库关闭后再经过一段主动监护期即结束使命，把责任归还政府。国外高放废物处置的执行机构有政府行政机构、政府所属公司和民营公司等不同类型。根据我国的情况，政府正处于摆脱过多事务的职能转变时期，在此大背景下采用行政机构作为执行机构显然不合时宜，而国内民营公司尚无力承担此项重任，因此应着重考虑国营公司方案。依据法令重组的法国放射性废物管理公司是工商性质的国营机构，在工业、环保、科技和卫生等行政管理部门的监督下开展工作，并接受审管机构的审管。它的董事会成员由国会议员、政府各部代表和参股的核电业代表等组成，较好地体现了国家主导和利益相关者参与的思想。法国的经验可供我国建立类似的执行机构时参考。由于中国核工业集团公司对高放废物处置已进行多年的早期研发，为了保持工作的延续性，并充分发挥中核集团所属各科研设计院所的技术优势，我们建议当前可将执行高放废物处置的公司置于中核集团公司之下。

### (5) 咨询机构的设置

高放废物处置的咨询机构一方面为政府的科学决策提供技术支持，另一方面还兼有技术监督的职能。目前，原国防科工委已设立了专门的高放废物地质处置专家组，原国家环保总局早已设立了非专门的核安全与环境专家委员会。建议对各级咨询机构依法提供开展独立研究的费用，以保证其咨询工作的客观性。

(6) 地方政府和公众参与决策的制度化

国外的经验已经表明,公众参与是影响高放废物最终处置进展的关键因素之一。因此地方政府、公众和其他利益相关者参与高放废物管理决策应当成为一项制度。建议此项制度的主要内容包括各自的权利和义务、参与决策的程序、参与方式、必要的资源保证等。与此相伴的是,政府还应当在促进处置库场址所在地的经济发展方面做出安排。

## 4.3 建立稳定的经费渠道,确保研发经费

高放废物深地质处置工程是一项系统的、复杂的工程,需要有专门的研究经费和项目经费的支持,才能保证处置库的正常建造、运营及关闭,为此欧美日等有核国家和地区都对处置库的建造成本进行了分析,制定了专门的法律法规、拨付了专门的经费对处置库的开发进行长期的研究。

### 4.3.1 经费预测

全部处置我国《核电中长期发展规划(2005—2020 年)》中所有核电站(58 个)全寿期产生的 82 630 t 乏燃料所需的成本约为 1 343 亿元人民币(不含后处理成本),这一数值仅占所有核电站总电费收入的 1.25%。折合成每台机组,则处置费用为 23.2 亿元/台机组。其计算依据如下。

前已述及,《核电中长期发展规划(2005—2020 年)》中于 2020 年建成的反应堆,加上届时在建的 18 个反应堆,最终将产生 82 630 t 乏燃料。关于 2020 年以后的乏燃料数量,可以按每增加一座百万千瓦级的核电站,每年将多产生 22 tHM 乏燃料,每个堆共产生 1 320 t 乏燃料来计算。

按国际上乏燃料处置的平均单位成本(66.3 万美元/tHM)估算,处置我国 82 630 t 乏燃料需要的总资金约为 548 亿美元,约合 4 110 亿元人民币(按 1 美元=7.5 元人民币计算,未按真实比价)。

若按真实比价理论换算,1999 年人民币对美元的真实比价为 1 美元=2.214 8 元人民币,2000 年人民币对美元的真实比价为 1 美元=2.192 2 元人民币。

显然,按真实比价理论换算的人民币比值显然偏高。本报告采用美元的真实比价和现今汇率的平均值来计算,即 1 美元=(2.2+7.5)/2=4.9 元人民币。这样,处置我国 82 630 t乏燃料需要的总资金约合 2 685 亿元人民币。

由于我国采用对乏燃料进行后处理的政策,这样,处置成本将降低约 50%,那么,全部处置我国 82 630 t 乏燃料所需的成本约为 1 343 亿元人民币(不含后处理成本)。

在 2020 年规划之后建成的每一个百万千瓦级核电站,按运行 60 年,共产生 1 320 t 乏燃料来计算,所需的处置费用为 21.4 亿元人民币。

### 4.3.2 研发资金、研发成本及其投入

研发经费是高放废物处置中的重要组成部分,国外一般占处置库总经费的 10%~15%。我国的高放处置研究工作始于 1985 年,研发经费非常少,处置库的研发工作进展缓慢。据测算,2020 年之前选址和场址评价费用约为 5 亿元人民币,研究开发的费用约为

3 亿～5 亿元人民币，建造地下实验室的费用约为 4 亿～5 亿元人民币。若以建成地下实验室为工程目标，从现在起至 2020 年，我国每年应当保证 1 亿～1.5 亿元人民币的研究开发资金投入，以解决建造地下实验室之前的各项工作需要。此外，若以保证在 21 世纪中叶建成高放处置库为目标，中国当前应参考国际研发经费的投入办法，加大处置库研发的投资力度。

### 4.3.3 经费筹措渠道

高放废物处置库建设资金高达数十亿至数百亿美元，投资年限长达数十年至上百年，单位废物处置成本高达数十万美元/tHM。为确保建设资金，国际通行的方法是建立法定的筹资机制和标准。参照国际做法，我国应开展相应的立法和法规的制定工作，开展管理成本估算并建立费用分摊机制。

我国高放废物地质处置的资金筹措应当采取两种渠道。一是从核电的电费中提取，这部分费用主要是用于核电站产生的高放废物的最终处置；二是由政府财政支出，其主要用途是处置核军工产生的高放废物，以及公益性单位产生的高放固体废物。

国外从核电电费中收取的高放废物处置基金的筹资费率一般为 0.001 美元/(kW·h)(美国)，0.13 日元/(kW·h)(日本)。按真实比价理论和实际汇率的平均值估算(即 1 美元＝5.1 元人民币)，我国的地质处置筹措费率可初步定为 0.005 元/(kW·h)。

### 4.3.4 经费管理方式

从长远考虑，我国应当建立乏燃料和高放废物安全处置基金，并交由国家授权的单位管理，以确保执行单位的运行、研究开发、地下实验室和处置库建造、运行和关闭等的资金需求。

### 4.3.5 处置成本的可承受性分析

2005 年，我国核电站的总发电量为 530.83 亿 kW·h，如果按 0.005 元/(kW·h)收取地质处置费用，则总计为 2.65 亿元，仅为同期核电站电费总收入[212 亿元，按 0.4 元/(kW·h)计算]的 1.2%。

以 2005 年的发电量为基数，一台百万千瓦级的机组一年的发电量为 75 亿 kW·h，按 60 年寿期计算，将总共发电 4 500 亿 kW·h。如果按 0.005 元/(kW·h)收取地质处置费用，则为 22.5 亿元，仅为核电站电费总收入(1 800 亿元)的 1.2%。而处置一台百万千瓦级机组运行 60 年产生的 1 320 t 乏燃料，所需的处置费用约为 21.4 亿元人民币。可见，按 0.005 元/(kW·h)收取地质处置费用，既可以满足地质处置的需求，也在核电站合理和可承受范围内。

## 4.4 我国高放废物地质处置若干问题的讨论

### 4.4.1 以工程需求牵引，加强研究开发

要完成高放废物地质处置工程，必须扎实做好研究开发工作，并对研发成果进行全尺寸

工程验证。高放废物地质处置难度极大，需要多学科长期攻关、需要有相当的科学、技术和工程基础积累之后，才可付诸工程实施。研究开发一般包括方法学研究、实验室基础研究、地面全尺寸实验研究、地下实验室全尺寸现场试验研究和验证试验等，这些工作时间跨度很长。

我国的高放废物地质处置虽然于1985年起步，但由于长期经费投入过低，与工程设计和建造有关的实质性工作至今没有启动，就连处置库概念设计的设想研究也没有开展，严重制约处置工程领域的研究。根据我国目前研发工作的实际情况和经费的投入规模，应当集中力量、集中经费，以有限的力量和经费，以工程需求为牵引，开展研发工作。应当考虑确定参考场址，并以之为基础开展处置工程设计的方法学研究及地下实验室和处置库的概念设计。此后围绕提出的概念设计，逐渐开展工程领域的全尺寸试验和验证工作，并开展安全评价。鉴于我国已针对甘肃北山花岗岩开展了重点工作，因此，在“十一五”期间，应当以花岗岩为主要参考岩性，开展相关试验和工程设计工作。也应当开展其他岩性，特别是黏土岩的相关试验和工程设计等研究。

## 4.4.2 协调开展各领域的研究开发工作

高放废物地质处置的研究开发，主要涉及选址和场址评价、工程设计和建造、安全评价和核素迁移研究以及相关的基础性研究，如地质、水文地质、处置化学和物理、岩石力学等。这几方面的工作应当围绕工程目标，互为依托，相互协调、相互促进、共同发展。

(1) 选址和场址评价是前提和基础。场址的参数是工程设计和安全评价的前提，它将为处置库的设计和建造及安全评价提供场址的基础数据。通过场址评价所获得的地质演化、岩性、断裂、裂隙、水文、地球化学、核素迁移特性、土壤和生物圈数据及社会经济数据，将为安全评价提供基本资料，而岩性、构造、水文和地应力等资料又是确定处置库深度、处置巷道形状和布局等的重要基础。

(2) 设计和建造出符合安全标准的处置库是高放废物地质处置的工程目标。设计工作既以场址条件为基础，又向它提出数据要求。处置库设计本身又是安全评价工作的基础，反过来又接受安全评价结果的反馈，从而对工程设计进行优化。

(3) 核素迁移研究是关键。核素迁移研究可揭示高放废物中的放射性核素在工程屏障和天然屏障中的迁移和阻滞机制，为安全评价提供直接的参数，并为工程设计和场址选择提供重要参考。

(4) 安全评价贯穿于处置库开发的全过程。安全评价是以场址条件和相应的处置库设计为基础进行的。反过来，安全评价的结果既有效地指导场址评价工作，使之更有针对性，又为处置库设计提供反馈意见，为修改、优化处置库设计，并最终批准之提供依据。安全评价是一迭代的过程，从处置库概念设计和选址工作开始就应该进行。

(5) 基础研究和现场实验是支撑。由于场址评价、安全评价和处置库设计均没有现成的经验可借鉴，因而基础研究及通过地下实验室现场实验提供实际经验就成为整个处置库开发支撑性的工作。

针对我国目前的研发现状，除了要继续加强选址和场址评价工作外，还急需加大工程设计、核素迁移和安全评价研究的力度，以使各项研究开发工作并驾齐驱，协调发展。

### 4.4.3 在2020年建成我国高放废物地质处置地下实验室

地下研究实验室是开发高放废物处置库过程中必不可少的关键设施，它在处置库开发过程中起着了解深部地质环境、获取深部岩石和水样品、开展工程尺度验证实验、考验工程屏障性能、开发施工和建造技术、优化工程设计方案、估算建库费用、进行示范处置、培训技术和管理人员、提高公众信心等重要作用。地下实验室包括“普通地下实验室”和“特定场址地下实验室”。前者主要用于开发处置技术，与未来处置库场址的具体位置没有特定的联系。后者建造于未来的处置库的场址上，起着场址评价、开发技术、集成和验证安全评价技术等重要作用，并极有可能逐步演变成真实的处置库。

考虑到我国的国情和国外已有大量的“普通地下实验室”和“特定场址地下实验室”的经验，我国的地下实验室可以考虑与预选处置库场址结合。

关于建造地下实验室的时间问题。基于我国高放废物地质处置研究在“十一五”和“十二五”将会有较大进展，场址评价研究和工程研究对地下现场试验将有迫切需求，因此，在“十二五”末期(即2015年左右)确定地下实验室场址，并在“十三五”末期，即2020年建成地下实验室是非常必要的。同时，应当尽快对地质处置国家实验室正式立项，建设一个以地下实验室为中心的地质处置国家实验室，以凝聚力量，吸引人才，推动高放废物地质处置工作的深入开展。

### 4.4.4 充分考虑花岗岩和黏土岩作为高放废物处置库围岩的可行性

世界各国根据不同的地质条件及不同的社会经济条件，选择了花岗岩、黏土岩(泥岩、板岩、塑性黏土)、凝灰岩和岩盐作为高放废物地质处置库的围岩。对这些围岩的各种特性进行了室内研究和地下实验室现场研究，认为各种围岩均有其优缺点，通过增设工程屏障，在这些围岩中均可以建造满足安全要求的处置库。各国选择不同的围岩取决于各国的地质条件和社会经济条件。

花岗岩具有分布范围广、岩体规模大、机械强度高、导热好、导水率低、溶解度低、地下巷道稳定等优点，但也具有因存在裂隙并且岩体裂隙较难评价等缺点。通过增设以膨润土为缓冲回填材料的工程屏障，可以有效弥补花岗岩裂隙的弱点。大量现场实验和安全评价证明，花岗岩可以作为高放废物处置库的围岩，并且已有多国选择花岗岩作为处置库围岩并在其中建造了地下实验室，而瑞典和芬兰已决定在花岗岩中建造处置库。

黏土岩具有岩层延伸稳定、导水率极低、岩石具有裂隙自愈合能力、对放射性核素和地下水具有强烈的阻滞作用等优点，但也具有层理发育、导热性能较差、机械强度低、地下巷道需全程支护、建造难度较大及废物回取困难等缺点。通过采用地下工程支护、使需处置的废物充分冷却等措施，可以有效弥补黏土岩的弱点。大量现场实验和安全评价证明，黏土岩可以作为高放废物处置库的围岩，并且已有多国选择黏土岩作为处置库围岩并在其中建造了地下实验室。

我国国土辽阔，各种围岩种类齐全，花岗岩、黏土岩、岩盐和凝灰岩等均有发育。考虑到我国的地质演化、地质条件、水文地质条件、各种岩性及岩性组合的特点、岩石的分布及我国的社会经济等条件，从当前已经掌握的资料看，我国的高放废物处置库围岩既可以选择花岗岩，也可以选择黏土岩。我国目前已开始对花岗岩开展研究，但研究深度不够，今后应当依托已有的预选花岗岩场址对其开展全面深入的研究。与花岗岩相比，我国还没有对黏土岩开展研究，今后应当考虑开展对黏土岩的研究，尤其要选择产状平缓、厚度较大并且稳定的黏土岩，对其建库的可行性开展研究。

高放废物处置库围岩类型的选择不是单纯的科学技术问题，还取决于社会经济条件和公众接受等因素。围岩类型的选择要以工程需求牵引，要结合场址的实际情况选择合适的围岩。鉴于我国目前尚处在处置库选址的前期阶段，宜充分考虑各种岩性的可行性。

但是，目前的初步研究工作表明，甘肃北山地区的花岗岩岩体完整、规模较大、裂隙较少，且位于荒无人烟的戈壁干旱地区，可以考虑作为我国高放废物处置库的主攻围岩之一，应当继续对北山地区深入开展工作，同时查明北山地区是否有影响场址安全的颠覆性的因素，尤其要查明北山的区域地壳稳定性、地应力特征，以及是否有大规模的快速导水通道。我国目前正处于高放废物处置库选址的前期阶段，因此，极有必要对甘肃北山的场址评价研究成果作回顾性审评，以确认今后的工作方向。

### 4.4.5 统筹规划处置库场址筛选的战略和步骤

统筹规划好我国处置库场址筛选的战略和步骤，确定选址标准和选址程序，明确审批程序，是一个当前需要迫切解决的问题。

高放废物处置库的选址目的是要选出能够满足安全要求的场址。考虑到我国是一个大国，并且场址审批需要考虑多场址，因此，至少需要有两个预选区的场址供比选。

我国高放废物处置库的选址工作在过去 20 年中，大致从全国预选到地段预选走了一遍。但是，由于投入经费极少，且没有规范，所做的工作是极为初步的，缺乏系统性，确定预选区和场址的数据也不太充分。更为关键的是，这些工作没有经过国家审管部门的正式程序审评。20 年后的今天，国家的经济社会条件又发生了重大变化，原先确定的预选区的各种条件更是变化巨大。按照我国核电发展规划，我国在沿海地区将大规模建设核电站，使该地区成为乏燃料的主要产生地。在筛选场址时，这是务必考虑的重要因素。因此，目前还不满足对已有各预选区进行比选的条件。

甘肃北山预选区是目前考虑的高放废物处置库重点预选区，是国内目前工作程度最深的场址。1989 年以来的研究成果表明，该区目前没有颠覆性问题，是一个有远景的预选区。但是，对甘肃北山所做工作的深度、广度、权威性和规范性仍然不够，仍需作大量论证工作。特别要加强对北山按相关程序进行全面性和规范性的场址评价工作。

为使我国高放废物处置库的选址工作扎实可靠，应当考虑在经费和条件许可的情况下，再选择一个预选区供比选，以便国家最终决策。至于另一个预选区的岩性，既可以是花岗岩，也可以是黏土岩。只要预选区的社会经济条件和地质条件许可，花岗岩或黏土岩均可以作为处置库的围岩。另一个预选区的位置，既可以位于西北，也可以位于华东或华南。

### 4.4.6 重视地质处置的可逆转性和高放废物的可回取性

基于处置技术和安全的不确定性、资源的可再利用价值及公众健康和环境的考虑，部分国际组织和国家提出了处置过程的可逆转性和废物的可回取要求。但是，可回取的时间限度不一，一般为 100 年到 300 年。可逆转性和可回取性问题，涉及道义、社会、保险、安全与技术等方面，是近年来越来越引起关注的问题，但关于它的确切含义，尚待做出更明确的阐释。

可逆转性是放射性废物管理始终的目标之一，也是高放废物地质处置的目标之一。这就要求，在完成其他方案的探索前，不应当对场址作最后的指定，设计方案不应当过早地定型，处置库的启动、运行和关闭应当采取小步骤推进的方式，以便使每一步骤都得到充分的考虑。而全部过程的逆转，即回取原来放置的废物，是最具挑战性且最有争议的问题。因为，技术简单、操作简便的可回取性与最大限度的隔离是一对固有的矛盾。而在经济方面，带有可回取的方案设计要比不可回取的方案复杂得多，在设计和建造技术方面提出了更多的要求，比如工程寿命要求和关闭前的运行期可能更长、工程布局要有利于回取时的操作，且要有相应的工程机械等。这样，费用也就相应地大大增加。

鉴于高放废物处置库工程国外还没有成功建成和运行的先例，尚存在许多不确定性因素，因此，我国的高放废物地质处置工作必须对可回取性问题给予一定的重视，并在研究开发和工程设计及未来的建造过程中予以充分考虑。

# 5 我国高放废物地质处置发展战略构想

## 5.1 总目标

我国高放废物地质处置研究开发的总目标是：在我国领土内选择地质条件和社会经济环境适宜的场址，在 21 世纪中叶建成高放废物地质处置库，通过工程屏障和地质屏障的包容、阻滞，保障国土环境和公众健康不会受到高放废物的不可接受的危害。

## 5.2 指导思想

我国高放废物地质处置，应当按照科学发展观的要求，坚持以人为本和全面协调可持续发展的指导思想，根据核工业发展和环境保护对高放废物地质处置的要求，以工程需求为牵引，协调开展各方面的研究开发。其总体战略思路是：统筹规划、协调发展、分步决策、循序渐进。

(1) 统筹规划、协调发展

以研究和开发为先导，以建造一个国家处置库为最终目标。整个工作可分为研究开发和工程建设两个阶段，研究开发约需 40 年，工程建设需要 10 多年。高放废物地质处置需要众多学科、全国核心单位和众多配合单位的长期研究开发，要保证研究开发工作有条不紊、高效协调进行，就必须加强统一领导，明确实施高放废物安全处置的责任主体单位。必须总揽全局，统筹规划和协调发展，以高放废物处置规划网络图为主纲，全面协调开展各方面工作。

(2) 分步决策、循序渐进

高放废物地质处置工程，从选址开始，到建成处置库，需要 40 多年甚至更长的时间，期间要做许多重要的决策。由于时间长，且具有探索性和政治、社会敏感性及公众接受等的要求，需要我们分步决策、循序渐进。

## 5.3 阶段划分和阶段目标

研究开发和处置库工程建设可分为三个阶段：

(1) 实验室研究开发和处置库选址阶段(2009—2020)，其目标是：完成各学科领域实验室研究开发任务；初步选出处置库场址并完成初步场址评价；确定地下实验室场址，完成地下实验室的可行性研究，并建成地下实验室。

(2) 地下现场试验阶段(2021—2040)，其目标是：完成地下实验室现场试验；完成处置库场址详细评价，并最终确认处置库场址；掌握处置库建造技术，完成处置库设计和可行性研究。

(3) 处置库建设阶段(2041—21世纪中叶)，其目标是：2050年前后，建成处置库，开展示范处置，并开始接受高放废物。

## 5.4 立法和管理体制规划构想

我国高放废物管理立法规划的指导思想应当是法规标准先行，依法行政。第一步可较多地参照国外的蓝本建立体系，第二步应在执法实践中不断地积累经验，每隔几年对现行的法规标准进行一次修订，做到自始至终有法可依。作为第一步，建议在"十一五"期间完成急需的条例和标准的编制，在"十二五"期间基本完成高放废物管理法规编制体系的建设。具体建议是：

(1) "十一五"完成《放射性废物安全管理条例》的编制，对高放废物处置的特许审批和安全监督管理制度作出规定，特别需要明确规定选址和处置工程设计的审批程序和要求，以满足前期工作的需要。

(2) "十一五"完成《核电站乏燃料处理处置基金管理条例》的编制，综合地解决乏燃料后处理、高放废物处置和核电站退役所需基金的筹措和监督管理问题。

(3) "十一五"完成《放射性废物地质处置》、《地质处置设施选址》、《地质处置设施安全评价》和《玻璃固化体性能要求》等项技术标准的制定，以满足当前技术安全审评工作的迫切需要。

(4) "十二五"完成《原子能法》的编制，对高放废物的管理体制、决策机制和公众接受等重大问题作出规定。

(5) 建议"十二五"考虑有关高放废物处置专门法律法规问题。

我国高放废物管理体制是《原子能法》的基本组成部分，应尽早进行规划和开展研究。建议重点研究以下内容：

(1) 我国高放废物处置的立法、审管、执行、咨询和资金管理五类机构的总体构架及其相互关系。

(2) 我国高放废物处置分阶段的决策程序，包括地方政府、公众和利益相关者参与决策的制度等。

## 5.5 研究开发规划构想

### 5.5.1 实验室研究开发和处置库选址阶段(2009—2020)

开展战略、规划、法规和标准研究,选址和场址评价,地下实验室和处置库概念设计、核素迁移、安全评价及地下实验室建设等研究开发和工程建设,其中,高放废物地质处置地下实验室是这一阶段的重要标志性和里程碑式的工程。各项研究内容如下:

(1) 选址和场址评价研究

开展处置库场址和地下实验室场址的选址和场址评价。确定地下实验室场址。开展甘肃北山地区预选地段评价和对比研究,推荐出1~2处处置库预选地段,提交初步评价报告;对甘肃北山的场址评价研究成果开展回顾性审评;在"十一五"之后,确定处置库预选区,初步选出处置库场址。主攻甘肃北山花岗岩场址,兼顾其他地区场址和其他围岩类型。对通过国家主管和审管机构审批的预选区和预选地段开展综合研究。开展区域构造研究、地震安全性评价、未来气候和地质变化趋势研究、第四纪地质特征和环境演化研究。通过地面调查和钻孔施工等手段,开展地质研究、水文地质研究、工程地质研究、地球物理测量、综合场址评价方法研究、岩体质量评价技术研究。开展场址建模技术研究、建立处置库预选场址地学信息库。

(2) 处置工程研究

开展地下实验室工程设计,建成地下实验室。开展处置库概念设计。根据目前我国高放废物的现状和今后我国核能发展规划,预测拟处置废物的来源、类型、数量、总活度、核素组成和其他物化特性等。开展工程屏障系统研究,开展包装容器、缓冲材料等工程屏障系统的材料筛选、结构及性能验证;开展地下硐室稳定性研究和水—热—力等多场耦合条件下工程屏障特性研究。建立处置工程信息库。

(3) 安全评价研究

开展废物源项调查和源项预测。开展安全评价方法学研究,构建技术体系框架,建立安全和环境评价信息系统;开展高放废物地质处置系统的总体安全目标和辅助安全指标,开展情景分析和后果分析方法、模式和参数体系、灵敏度分析和不确定性分析方法研究。以预选出的场址和处置工程概念设计为基础,开展安全评价研究,完成本阶段高放废物处置库安全评价报告。反馈处置系统安全评价结果。

(4) 核素迁移研究

研究高放废物、乏燃料及α废物在处置条件下的性能,开展核素迁移研究,建立核素迁移模型、数据库和高放废物玻璃固化体性能标准;开展关键核素在地下水中的化学反应行为实验室研究,掌握相应的测试技术和方法;完成关键核素在近场处置条件下的化学形态及胶体行为研究;掌握关键核素在近场屏障体系的化学反应及迁移机理,完成关键核素在近场围岩及混合回填材料中的吸附、扩散等迁移参数测定;系统获取安全评价所需的核素迁移数据。初步掌握现场核素迁移试验技术和方法。研究乏燃料及高放废物的内、外包装材料及其处置条件下的腐蚀行为等长期稳定性。

### 5.5.2 地下现场试验阶段(2021—2040)

2021—2040年的研究开发将重点依托地下实验室开展。在本阶段应最终确定场址和处置库设计,应当着重开展处置库设计优化、地下实验室中的全尺寸试验、原型处置库实验、场址详细评价、现场核素迁移、安全评价等研究开发和工程建设,其中,高放废物地质处置库的最终设计和建造技术的确定,是这一阶段的重要标志。

(1) 处置工程技术研究

开展处置库设计优化研究,并最终完成处置库的施工设计。开展工程建造试验,研究开挖对围岩的影响,掘进过程中岩石应力的变化测试,掘进过程中水文地质系统的变化,包括水流系统的监测和地下水取样分析,封闭技术研究与测试,地质处置库多因素耦合条件下固化体、废物罐、外包装材料、缓冲材料等的行为研究,灌浆、衬砌、通风、处置巷道和处置库封闭等技术研究;处置库的辐射防护技术研究等。处置库施工、运行、关闭、监测技术研究,工程运行管理研究,废物的可回取技术研究等。

(2) 场址评价研究

开展以地下实验室为基础的场址详细特性评价,开展现场断裂和裂隙构造研究,地下硐室稳定性研究,岩石强度测试,原地应力测量研究,水文地质实验研究,地质演化特征研究等,为处置库的设计和最终建造提供场址的详细数据。

(3) 核素迁移研究

开展现场条件下放射性核素的化学行为研究和现场核素迁移研究,固化体及包装材料长期稳定性验证,辐射化学及效应研究等。

(4) 安全评价研究

掌握安全评价方法及模式开发和验证、参数获取、不确定度分析等关键技术。以处置库设计和处置库预选场址为基础,建立特征、事件和过程(FEPs)清单,并筛选出情景,开展安全评价及相应的灵敏度分析、不确定性分析和后果分析。完成处置设计和建造阶段的安全评价报告。

(5) 地下综合试验、论证和评价

开展综合试验研究,包括放射性核素的释放和迁移行为研究、扩散实验研究、地下水—废物容器—废物体—回填/缓冲材料—花岗岩的相互反应实验研究、加热试验,开展原型处置库试验、气体渗透及影响实验、大规模渗透试验、多因素耦合试验、微生物作用研究等;综合评价各领域技术成果的适用性和不确定度。

### 5.5.3 处置库建设阶段(2041—21世纪中叶)

到2040年左右,我国应当完成高放废物地质处置的大部分研究开发工作。从2040年开始,开展原型处置库验证实验,并开始处置库的建设。在处置库建设的同时,验证处置库施工技术,继续开展处置库运行、管理、关闭、监测技术研究。处置库建设应当采取分步建设的措施,先开展示范处置,即利用真实的高放废物进行处置实验,验证处置库全系统的整体性综合功能,然后再逐步开挖处置区,处置高放废物。

# 6 结论和建议

高放废物地质处置是核能可持续发展的主要科技和工程问题之一。是一项难度很大、综合性很强和研究开发周期很长的系统工程。

我国高放废物地质处置研究工作于20世纪80年代中期起步,20多年来,在处置地质、处置化学、处置工程和安全评价等方面均取得了不同程度的进展,但发展不平衡。其中处置地质方面取得了明显的进展,处置工程和安全评价方面开展工作较少。核工业北京地质研究院等单位,开展了高放废物处置库场址预选研究,在对华东、华南、西南、内蒙古和西北5个片区进行初步比较的基础上,重点研究了西北甘肃北山地区,在地质调查和水文及工程地质条件、地震地质特征等研究基础上,施工了四口深钻孔,获得了深部岩样、水样和相关资料,初步掌握了场址特性评价方法。参与了有关国际研究计划。开展了天然类比研究。在工程屏障方面,研究了高庙子膨润土作为缓冲/回填材料的性能,以及低碳钢、钛及钛钼合金等材料在模拟条件下的腐蚀行为。在核素迁移方面,建立了模拟研究试验装置及分析方法;研究了镎、钚、锝在特定条件下的某些行为。在安全评价方面,初步进行了一些调研。总的说来,我国高放废物地质处置研究工作,在经费十分有限(20多年来,政府总投入约6 000万元),条件很困难的情况下,做了不少工作,特别是在选址和场址特性评价方面取得了较明显的进展,但从总体上说还处于研究工作的前期阶段。

2003年我国发布了《中华人民共和国放射性污染防治法》,在其第四十三条中明确规定了"高水平放射性固体废物实行集中的深地质处置"。从国家法律层次,明确了高放废物处置的方法为深地质处置。2006年原国防科工委、科技部和原国家环保总局联合发布了《高放废物地质处置研究开发规划指南》,明确了深地质处置开发的主要技术路线和开发的总体设想。高放废物地质处置目前进入了一个新的阶段,即高放废物处置研究开发正式启动阶段。为作好今后工作,建议:

**(1) 建立高放废物地质处置法规和标准体系**

在正在制定的《原子能法》中应明确高放废物地质处置的原则要求和经费来源。建议国务院制定"高放废物地质处置条例",条例应当包括地质处置的要求、技术路线、进度、审管和主管单位的职责、经费来源和实施主体等。

为了满足当前工作的需要,在正在制定的"放射性废物安全管理条例"中,明确规定选址和处置工程等要求和审批程序,并尽快制定"放射性废物地质处置"、"放射性废物处置设施安全评价"和"地质处置设施选址"等标准。

**(2) 开展顶层设计**

为了更有效地组织当前高放废物地质处置科研工作,建议在《高放废物地质处置研究开发规划指南》的基础上,尽快制定"高放废物处置科研项目指南"。与此同时,全面开展顶层设计,包括法规体系、管理模式、技术路线、规划目标和筹资机制等。作为第一步有必要对已有工作进行总结和回顾性审评。

**(3) 尽快开展对现已进行的选址工作进行回顾性安全审评**

建议中国核工业集团公司组织核工业北京地质研究院等单位对已有选址工作进行总结并向主管部门和审管部门提出报告,审管和主管部门对报告进行回顾性审评,以鉴明现有工作的成果,明确下一步工作的方向。在进一步全面深入开展预选区工作之前,应该完成回顾性安全审评。

**(4) 建立国家高放废物地质处置研究平台**

在2020年前建立以地下实验室为核心的国家高放废物地质处置研究平台。研究平台包括地下实验室及相关的,包括处置工程、场址评价、核素迁移和安全评价等在内的实验研究平台。

在继续积极推进处置地质研究的同时,要特别注意加强处置工程和安全评价的研究工作。在制订计划时要注意各方面的协调发展和相互联系。遵循工程牵引的原则。在开展核素迁移研究时,应注意与安全评价的联系。

**(5) 增加研究费用强度和渠道**

高放废物地质处置研究开发和工程建造需要较多经费(2020年之前选址和场址评价费用约为5亿元人民币,研究开发的费用约为3亿~5亿元人民币,建造地下实验室的费用约为4亿~5亿元人民币)。但当前经费与需求很不适应。建议:① 政府增加投入,包括增大军工三废专项对高放废物地质处置的投资,以及在核能科研专项中明确列入高放废物地质处置项目等;② 在正在制定的"核电站乏燃料处理处置基金管理条例"的规定中明确地质处置费用比例。根据各国调查结果,这一费用约为每度电0.5分人民币;③ 建议在国家发改委设立"高放废物地质处置"国家重大科技开发专项;④ 在国家自然科学基金重大项目和/或重大研究计划、科技部"国家科技支撑计划"和"973计划"中设立高放废物地质处置专项。

**(6) 加强国际合作**

高放废物处置研究工作在国际上是透明、公开的。我国高放废物处置研究工作一直得到了国际原子能机构的支持,取得了良好的效果。今后,在继续争取国际原子能机构支持的同时,有必要开拓或加强双边合作。

## 参考文献


1 国防科工委,科学技术部,国家环保总局. 高放废物地质处置研究开发规划指南,2006.

2 National Research Council of the United States. The Disposal of Radioactive Waste on Land. National Academy of Sciences. Washington, USA, 1957.

3 Neil Chapman, Ian McKinley. 核废物的地质处置. 谢运棉,刘春秀,俞军,等译. 北京:原子能出版社,1990.

4 OECD/NEA. 国际放射性废物地质处置十年进展. 王驹,张铁岭译. 北京:原子能出版社,2001.

5 Witherspoon P A. Geological Challenges in Radioactive Waste Isolation, Third World Review. California USA, December 2001;王驹,张铁岭,郑华铃,等译. 世界放射性废物地质处置. 北京:原子能出版社,1999.

6 Witherspoon P A. Geological Problems in Radioactive Waste Isolation, Second World Review. California USA, September 1996.

7 郝建中,等. 国外高放废物地质处置法规汇编. 北京:原子能出版社,2007.

8 OECD/NEA. Geological Repository: Political and Technical Progress, Workshop Proceedings, Stockholm,Sweden, 7-10 December 2003.

9 国防科工委. 国防科工委高放废物地质处置研讨会文集,2005.

10 IAEA. TECDOC-1323. 高放废物和/或乏燃料管理组织机构框架. 国防科工委高放废物地质处置研讨会高放废物地质处置资料汇编,2005,1-16.

11 Zhang Chunliang, Wang Ju, Su Kun. Concepts and tests for disposal of radioactive waste in deep geological formations. Chinese Journal of Rock Mechanics and Engineering, 2006, 25(4): 750-767.

12 王驹,陈伟明,苏锐,等. 高放废物地质处置及其若干关键科学问题. 岩石力学与工程学报,2006,25(4):801-812.

13 中国核工业总公司科技局. 高放废物地质处置研究论文集,第一集(1985—1991). 1992.

14 张华祝. 中国高放废物地质处置:现状和展望. 铀矿地质,2006(4).

15 王驹,范显华,徐国庆,等. 中国高放废物地质处置十年进展. 北京:原子能出版社,2004.

16 王驹,徐国庆,等. 甘肃北山区域地壳稳定性研究. 北京:地质出版社,2000.

17 徐国庆. 2000—2040 我国高放废物深地质处置研究初探. 铀矿地质,2002(3).

18 王驹. 我国高放废物地质处置战略规划探讨. 铀矿地质,2004(4):196-204.

19 中国科学院. 高放废物地质处置. 第 260 次香山科学会议文集,北京,香山. 2005.

20 中国岩石力学与工程学会. 首届废物地下处置研讨会论文集. 2006.

21 中国岩石力学与工程学会. 第二届废物地下处置研讨会论文集. 2008.

22 中华人民共和国放射性污染防治法. 2003 年 6 月 28 日.

中国工程院咨询项目

# 高放废物地质处置战略研究

## 地质处置安全研究

# 目　录

# 1 引 言

高放废物的安全处置是关系到核能工业持续发展和保护环境、保护公众健康的重大问题。目前，国际上普遍接受的可行方案是对高放废物实施地质处置。为了确保高放废物地质处置库的长期安全，需要开展高放废物地质处置的安全评价，这一工作将贯穿于地质处置库工程研发、选址、建造、运行、关闭和关闭后的全过程。

高放废物具有强放射性（活度浓度极高）、高毒性（所含 α 辐射体的生物毒性高）、长半衰期（几千年、上万年甚至几十万年）以及高释热率等特点，处置不当，会造成重大的环境后果和社会影响。因此，高放废物的最终安全处置（使其与人类生物圈长期隔离）一直是世界上广泛关注的一个重要问题，也是有关各国政府长期以来致力解决的一个世界性难题。

## 1.1 高放废物来源

高放废物包括高放废液和高放固体废物两大类。按照国家标准《放射性废物的分类》（GB 9133—1995）的定义，高放废液指放射性活度浓度大于 $4\times10^{11}$ Bq/L 的放射性废液；高放固体废物则指：① 含半衰期大于 5 年、小于或等于 30 年（包括 $^{137}Cs$）的放射性核素、释热率大于 2 kW/ $m^3$ 或活度浓度大于 $4\times10^{11}$ Bq/L 的固体放射性废物；② 含半衰期大于 30 年的放射性核素、释热率大于 2 kW/$m^3$ 或活度浓度大于 $4\times10^{10}$ Bq/L 的固体放射性废物。

高放废物主要来源于反应堆堆芯替换出来的“燃烧”后的燃料棒（即乏燃料）或乏燃料后处理过程中产生的高放废液（或玻璃固化体）。以 1 GW 压水堆核电站为例，其每年从堆芯卸出的乏燃料约 30 t，除含有大量铀、钚外，还含有长寿命的锕系元素及裂变产物。

我国高放废物将主要来源于压水堆核电站乏燃料后处理产生的玻璃固化体、CANDU 反应堆（秦山三期）和将要建造的高温气冷堆核电站的乏燃料（对后两种核电站乏燃料的管理政策尚未确定）。研究堆和核潜艇的乏燃料经后处理也产生高放废液，但数量相对较少。此外，核武器研制和生产过程也产生一定数量的高放废物。

## 1.2 地质处置概念、特点及发展历程

### (1) 地质处置概念

关于高放废物处置的研究，20 世纪 50 年代就已经开始。曾先后提出“地质处置”、“深海处置”、“冰盖处置”、“岩石熔融处置”和“太空处置”等处置概念和方案，经过数十年的研究讨论，目前普遍接受的、认为从技术和工程上看都是可行的安全处置方案是地质处置。目前正在进行研究的分离/嬗变方法可以减少废物量，但它不可能取代地质处置。

高放废物的地质处置是指将高放废物置于在离地表 500～1 000 m 的深部岩石中建造的处置工程——处置库中，利用工程屏障和地质屏障对放射性核素的包容和滞留作用使高放废物与人类生存环境长期、永久的隔离。其中，工程屏障是指废物体、废物罐及其外部包裹的缓冲回填材料；地质屏障则指工程屏障外的围岩（花岗岩、黏土岩、凝灰岩或岩盐等），以及周围的地质体。工程屏障和地质屏障构成了高放废物的“多重屏障系统”，确保放射性废物与人类生存环境相隔离。

**（2）地质处置的特点**

地质处置因高放废物所具有的放射性强、毒性大、寿命长及释热量高等特点，要求长期（万年甚至百万年）与人类生命环境隔离，这就使高放废物地质处置工程成为难度极大的复杂的系统工程，具有如下主要特点：

1）国际上广泛关注。国际舆论、各国政府和广大公众高度关注高放废物的安全处置，关注高放废物地质处置研究开发工作的进展，并把它作为制约核能发展的关键因素之一。各有核国家也都在国家层面上重视和安排高放废物地质处置的研发工作。通过制定政策和法律、法规，成立专门组织机构，筹措专门经费，建立地下研究设施及开展相关的研究工作等，推进高放废物地质处置。

2）安全评价期极长。目前，国际上一般认定的评价期为 1 万年，某些国家（如美国）则提出更长的评价期。可以看出，这是世界上迄今为止要求安全期最长的工程，缺乏可供借鉴的经验，工程的实验验证更是难上加难，是一项全新的探索性工程。由于在如此的时间长河中，天体、地质和人类生命环境等均有大的变化，这使评价增加了许多不确定性。

3）技术工程难度大。建造高放废物地质处置库这样的地下工程，具有极大的技术和工程难度，面临一系列重大难题。诸如如何选择及评价符合条件的场址、如何选择隔离高放废物的工程屏障材料、如何设计和建造处置库，以及如何评价以万年计的时间尺度下处置系统的稳定性、安全性等，涉及的不仅有地质学、水文地质学、放射化学、岩石力学、工程科学、材料科学、矿物学、热力学、核物理、辐射防护、计算机科学等自然科学，还涉及法律、人文、伦理等社会科学。其中，如何获得公众的理解和接受也是一个突出的难题。

4）研究开发和设计、建造的周期很长。从目前国际上的实践经验看，从处置场的预选到处置库建成，一般需要 50 年时间或更长。以美国为例，从 1957 年提出地质处置的设想并开始研究和开发设计，到 2002 年才确定了位于尤卡山的地质处置库场址，预计到 2017 年才能建成处置库，前后经历 60 年。芬兰预期 2020 年建成处置库，而研究工作始于 1976 年，前后历经 45 年。

5）投资数额巨大。处置库研发与设计建造的投资数额因各国具体情况不同而异，但总的看，投资数额巨大。美国尤卡山处置场从选址到处置库的生命周期，总预算为 575 亿美元，到目前为止已使用 71 亿美元。

6）公众的可接受性将极大地影响处置库建设。广大公众对高放废物地质处置库的建设表示极大关注，公众的可接受性在相当程度上影响甚至左右了处置库的建设周期，甚至是成败。为了推进处置库建设、加强与公众沟通，取得公众的理解和接受将是至关重要的。

**（3）发展历程**

1957 年，美国国家科学院提出高放废物地质处置的设想。此后，不少有核国家相继开展了高放废物地质处置的研究开发工作。在经历了约半个世纪的实践之后，如今地质处置已从原来的概念设计、基础研究、地下实验室研究，发展到大部分处置概念已基本成型、部分处置库设计已初步确定，部分国家已确定场址。特别是近十年来，高放废物地质处置工作取得显著进展，各国在法律和法规体系建设、处置规划制定、处置技术研究、选址和场址特性评价、工程屏障研究、地下实验室规模试验、国际合作及安全评价方法研究、开发等方面都取得进展，并获得大量研究成果。其中，安全评价方法在不断开发和完善，大规模的安全评价计算机程序和特定场址的计算程序也在日趋完善。天然类比和人工类似物的研究为提高地质处置的置信度起到重要作用。

高放废物地质处置突破性的进展特别反映在芬兰于 2001 年确定了 Okiluoto 场址，计划 2020 年建成乏燃料处置库；美国于 2002 年确定尤卡山场址，计划 2017 年建成高放废物处置库。此外，欧盟已于 2002 年通过导则，敦促成员国 2008 年制定选址计划，2018 年确定各国的最终场址。

我国于 1985 年开始开展高放废物地质处置的跟踪性研究，开展了场址筛选和场址初步评价、回填材料性能研究、放射性核素迁移和天然类比等初步研究，并在甘肃北山地区开展了深部地质环境研究，初步建立了一些场址评价方法。但由于缺乏国家规划，相关法律、法规缺位，经费投入严重不足等原因，我国高放废物地质处置的研究开发工作明显落后于其他有核国家，特别是有关安全评价技术的研究、开发进展甚小，总体上处于研究工作前期阶段。

## 1.3 本专题研究的意义和目标

高放废物地质处置是一项十分复杂的高科技环境保护工程，为保证处置库在长达万年以上的时间周期里的长期稳定、安全，对处置库的选址、设计、建造、运行、关闭直至关闭后监护的全过程实施安全评价是至关重要的。由于评价的时间尺度太长，处置库又是个极为复杂的系统，包括大量的子系统（废物子系统、废物罐子系统、缓冲材料子系统、回填材料子系统、近场子系统、远场子系统、地下水子系统、生物圈子系统、环境子系统等），且受各种因素的耦合作用，因此给安全评价带来了极大的难度和挑战。目前国际上关于安全评价的研究（包括评价模式的开发）已取得很大的进步，评价方法、评价模式在不断完善。但在我国，有关安全评价的研究开发工作进展相对缓慢，加大投入和加快速度地开展安全评价的研究是十分必要的。

本研究专题作为工程院咨询项目“高放废物地质处置战略研究”的子项之一，将在深入调查国外高放废物地质处置安全研究的现状、已取得成果及发展趋势的基础上，结合我国具体情况，通过分析研究，提出我国开展高放地质处置安全研究的对策和建议。

具体的研究目标是：掌握国外高放废物地质处置安全研究在如下主要方面的现状、经验教训和发展趋势：法律、法规、政策与规划、相关管理体制、安全原则、安全目标、安全要求（选址安全要求、工程屏障安全要求）、安全评价方法、评价技术等。

对安全评价相关的几个关键问题进行分析、讨论并提出相关建议，例如关于评价与防护的时间尺度，环境公平与公众可接受性。

提出我国开展高放废物地质处置安全评价研究的对策和建议。

# 2 高放废物处置安全的重要性

## 2.1 高放废物处置安全的内涵

高放废物地质处置安全是地质处置工程设施的一种令人满意的状态，在该状态下首先要满足安全目标的要求，即是在规定的长时期内，使地质处置系统包容的放射性物质所致公众成员的最大个人剂量和危险，达到法定的可接受的水平，并防止发生放射性物质的环境污染；其次要满足技术性能的要求，即是使高放废物处置系统各个组成部分，如地质屏障、工程屏障与管理屏障的技术性能均达到标准规定的水平。

高放废物地质处置安全还可派生出分阶段的要求，如处置库选址阶段的安全、设计建造阶段的安全、运行阶段的安全、关闭与关闭后监护阶段的安全等。

目前还存在一些对高放废物处置安全的片面认识。例如，以为只要遵守技术性能标准的规定就够了，或者以为只要计算出来的剂量或危险不超标就行了。安全的目标和手段应当是统一的，只有同时实现这两个方面的防护与安全要求，才能够完成高放废物处置承担的保护人类健康、保护环境和保护后代的任务。

## 2.2 高放废物处置安全的特点

为了实现高放废物同生态环境及人类社会的长期有效隔离，根据核科技界多年的研究结果，高放废物地质处置系统的安全性应具备如下的主要特点：

（1）整体性：要求处置系统具有规定的总体安全目标，包括总屏障能力和长期保持屏障能力的时间。

（2）多重性和互补性：要求处置系统采用多重屏障，各子系统优化搭配，性能指标合理分配；当某些子系统性能不足时，可通过增强其他子系统性能来补偿。

（3）动态性：放射性衰变、系统性能随时间衰减和各子系统失效不同步，使性能指标的分配具有动态性特征。

（4）可预测性：各子系统的技术性能和处置系统总体的安全性能均可预测。

（5）可监控性：各子系统的技术性能和处置系统总体的安全性能均可验证、检查和监控。

（6）过程可逆转性：处置库的选址、设计、建造、运行和关闭均采用小步骤推进方式，以便保留过程逆转的可能性。

（7）废物可回取性：通过恰当的设计和运行，在有限时期内保留处置后废物回取的可能性。这是正在探讨的系统特征。

全面了解高放废物地质处置安全的特点，对于正确把握地质处置工作的重点和难点具有重要的指导意义。例如，屏障的多重性和互补性及保持屏障能力的长期性对处置工程概念设计工作提出了很高的要求，处置系统特别是地质屏障系统性能的动态性对试验研究工作提出了苛刻的要求，处置系统长期性能的可预测性则要求辐射防护与辐射源安全科学及其他相关科学的进一步发展和完善。对废物处置系统安全特性的分析结果表明,高放废物地质处置将是一项长期而艰巨的研究与开发任务。

## 2.3 高放废物处置安全的地位和作用

对高放废物地质处置来说,处置安全占有极为重要的地位。在策划和实施地质处置的全过程中,必须始终坚持安全第一的思想,排解一切带有颠覆性的安全问题,确保在每个阶段和每一步骤中,都能够满足合理选定的并经过批准的安全目标和安全要求。

高放废物地质处置安全的作用可以从以下两个方面加以阐述。首先,对外部的作用是:国家审批的先决条件,公众接受的说理基础,与核电安全媲美的废物安全系统工程的形象标志。其次,对地质处置系统内部的作用是:科技攻关中多学科内在连接的纽带,实现复杂的多重屏障系统整体优化的手段,确定系统各组成部分性能要求的依据。前三个作用是外部看得见的,因而也是最重要的;后三个作用尽管只在专业圈内表现出来,但其意义不可忽视,是实现前三个作用的基础。因此,在高放废物地质处置的长期研究与开发规划中,必须重视地质处置安全的研究。

应当指出,我国高放废物地质处置的研究与开发起步较晚,而其安全研究的进展则更加滞后,这与对处置安全的重要性认识不足有很大的关系。国外地质处置的研究与开发经历了半个世纪的历程,对处置安全重要性的认识越来越加深。因此我们必须通过对国外进展的深入具体的了解,吸取其经验教训,以增进对高放废物地质处置安全的认识。

# 3 国外高放废物地质处置安全研究的现状与趋势

本节介绍国际组织和部分国家在高放废物地质处置安全方面的研究、实践及发展趋势,涵盖国家基础结构、安全原则和安全目标、安全要求、安全评价、公众参与和接受等内容。在此基础上,总结了高放废物地质处置安全的国际经验和教训。

## 3.1 国家基础结构

国际原子能机构(IAEA)等6个国际组织共同倡议的《国际电离辐射防护和辐射源安全的基本安全标准》[1]指出,为了使政府能够履行其对辐射防护与安全承担的职责,其中包括政府强制实施基本安全标准和提供某些必要的辐射防护与安全服务,必须建立国家基础结构。国家基础结构必不可少的组成部分是:法律和条例;受权批准和检查受管制活动并强制实施法律和条例的审管机构;足够的资源和相当数量受过培训的人员。

在讨论高放废物处置安全这样的重大问题时,国家基础结构还有更深一层的含义。国际社会已经确认,高放废物处置是国家行为,政府对高放废物的安全处置负有最终责任。国家的主导作用不仅体现在针对高放废物处置建立法规标准、设置审管机构和提供资源保证,而且还体现在通过法律规定分别授权给高放废物处置执行机构(不是一般的运营组织)、咨询机构(不是一般的学术团体)和资金管理机构(不是一般的企事业财务管理机构)来从事政府指定的工作,以及通过法律规定分别给予公众、地方政府和其他利益相关者参与国家决策的机会。没有国家主导及公众参与和接受就没有高放废物处置,这是高放废物处置与企业一般放射性废物管理的重要区别。本节将介绍国外在高放废物处置方面国家起主导作用的经验。

### 3.1.1 法规和标准体系

#### (1) 高放废物处置的国际法规和标准体系

在法规方面,国际社会为了保证放射性废物和乏燃料的长期安全管理,制定了《乏燃料管理安全和放射性废物管理安全联合公约》[2]。该公约共分 7 章,即公约的目标、定义和适用范围;乏燃料管理安全;放射性废物管理安全;一般安全规定;其他规定;缔约方会议;最后条款和其他规定。其中包括了对高放废物与乏燃料处置设施的选址、设计建造、安全评价、运行和关闭等方面的安全规定。

在标准方面,IAEA 正在制订有关放射性废物安全的系列标准,包含通用标准、处置前管理、处置、退役和环境整治五个方面,区分安全法则、安全要求和安全导则三个层次。其中已出版和正在编制的与高放废物地质处置有关的安全标准有:

安全法则:放射性废物管理原则[3];

安全要求:放射性废物的地质处置[4];

安全导则:地质处置设施的选址[5],放射性废物地质处置设施的设计和运行[6],放射性废物处置设施的安全评价[7],放射性废物处置设施和活动的安全管理系统[8]。

#### (2) 美国高放废物处置的法规

美国在高放废物处置方面的法律主要有《核废物政策法》和《能源政策法》。

1982 年《核废物政策法》[9]、1987 年《核废物政策法(修正案)》[10]和 2004 年《核废物政策法(修正案)》[11],详细地规定了美国国会、总统、联邦政府各有关部门和相关州政府对高放废物地质处置的责权范围及其相互关系。其中明确规定了总统负责批准拟进行场址特性评价的候选场址,国会负责批准最终场址,核管会负责处置库建造许可,环保局负责基本环境标准的制订,能源部负责高放废物处置的实施,并在能源部成立"民用放射性废物管理办公室"作为高放废物处置的执行机构。设置了核废物基金并由财政部负责基金的管理,还要求建立独立的"核废物技术评审委员会"和"核废物谈判人办公室"。该法律还规定了州和部落参与决策并与联邦政府签订协议,处置库选址、建造和运行时间表,以及地下实验室在地质处置研发计划中的地位和作用等事项。

1992 年美国《能源政策法》第三部分"高水平放射性废物"[12],确立了高放废物永久处置的国家政策,即高放废物是国家的问题、高放废物处置是联邦政府的责任、废物产生者应支付费用、州及公众的参与是必要的、应保护当代及未来人类的健康与安全和保护环境。

在行政法规方面,美国核管会制订了《高水平放射性废物的地质处置》[13]和《在内华达州尤卡山处置库中的高水平放射性废物处置》两个联邦规定[14]。前者是关于高放废物地质处置的通用规定,而后者则是具体地针对尤卡山场址的。同样,美国环保局也制订了通用的《乏燃料、高水平放射性和超铀放射性废物管理与处置的环境辐射防护标准》[15]和针对尤卡山场址的《内华达州尤卡山公众安全和辐射防护标准》[16]。

### (3) 其他国家的高放废物处置法规

2000年日本颁布了《特定放射性废物最终处置法》[17]，所谓特定放射性废物指的就是乏燃料后处理产生的高放废物。该法要求政府制定高放废物最终处置的基本政策和计划，成立专门的实施组织，通过废物产生者付费保证高放废物处置的经费来源，确定选址过程，制定高放废物处置安全规定等。

1991年法国颁布了《放射性废物管理研究法》[18]，确定了要对长寿命放射性核素的分离和嬗变、高放废物的地质处置及在地面长期中间储存三个科研方向进行为期15年的研究。在此工作基础上，2006年6月法国通过了指导放射废物管理研发的《放射性物质与废物可持续管理规划法》[19]。该法律规定了放射性物质和废物管理的国家政策、组织机构和经费，其最具特色的规定是综合各方面的研究结果，选定了高放废物管理的技术路线。

除了美、日、法以外，加拿大等国也制定了专门针对高放废物处置的法律。

## 3.1.2 组织机构

IAEA于2002年完成了对20个成员国的问卷调查报告《高放废物和/或乏燃料长期管理的组织机构框架》[20]。该报告表明，高放废物和乏燃料长期管理的组织机构应包括以下五类：

(1) 负责制定政策、立法和决策的机构；

(2) 审管机构；

(3) 负责高放废物和乏燃料处置的执行机构；

(4) 咨询机构；

(5) 资金管理机构。

表1列出了几个国家高放废物处置的组织机构。图1和图2分别给出了美国和法国的组织机构框架。

**表1 有代表性国家高放废物处置的组织机构**[20]

| | 立法和决策 | 审管 | 执行 | 咨询 | 资金管理 |
|---|---|---|---|---|---|
| 美国 | 国会；总统 | 核管会(NRC)；环保署(EPA) | 能源部放射性废物管理办公室 | 核废物技术评审委员会 | 财政部 |
| 法国 | 国会；政府(工业、环境、科技、卫生部) | 核安全与辐射防护总局(DGSNR) | 国家放射性废物管理公司(ANDRA) | 国家评估委员会 | 国家放射性废物管理机构 |
| 日本 | 国会；政府(经济通产省) | 经济通产省核工业安全处 | 核废物管理公司(NUMO) | 原子能委员会；<br>核安全委员会；<br>能源咨询委员会 | 放射性废物基金管理中心 |
| 瑞典 | 国会；政府(环境部) | 环境部；核电管理委员会(SKI)；辐射防护机构(SSI) | 核燃料和废物管理公司(SKB) | 核废物国家委员会 | 核废物基金管理委员会 |

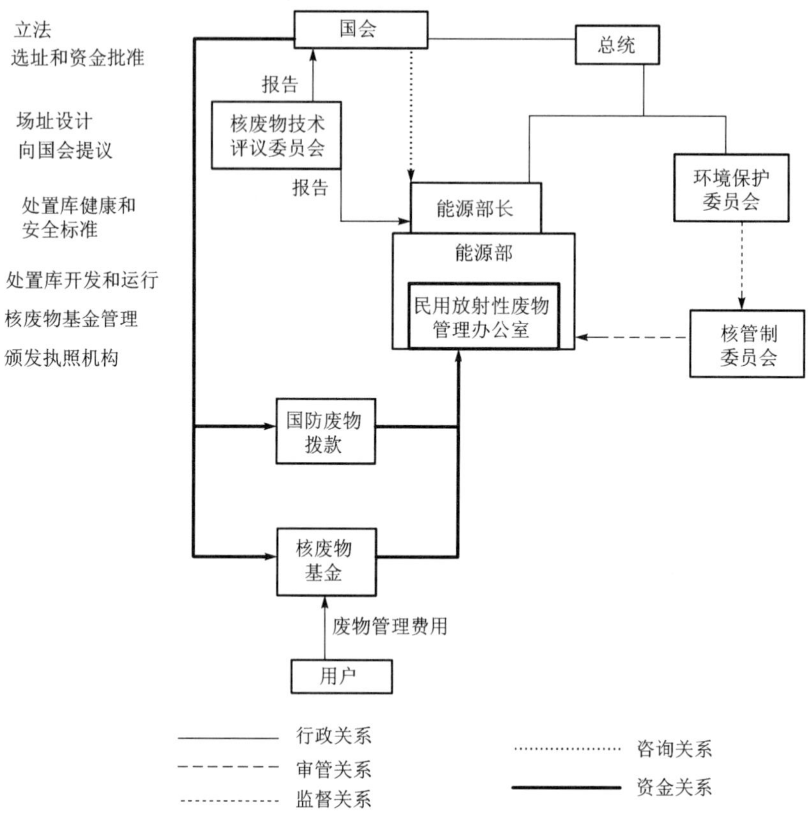


图 1 美国高放废物处置的组织机构框架[20]

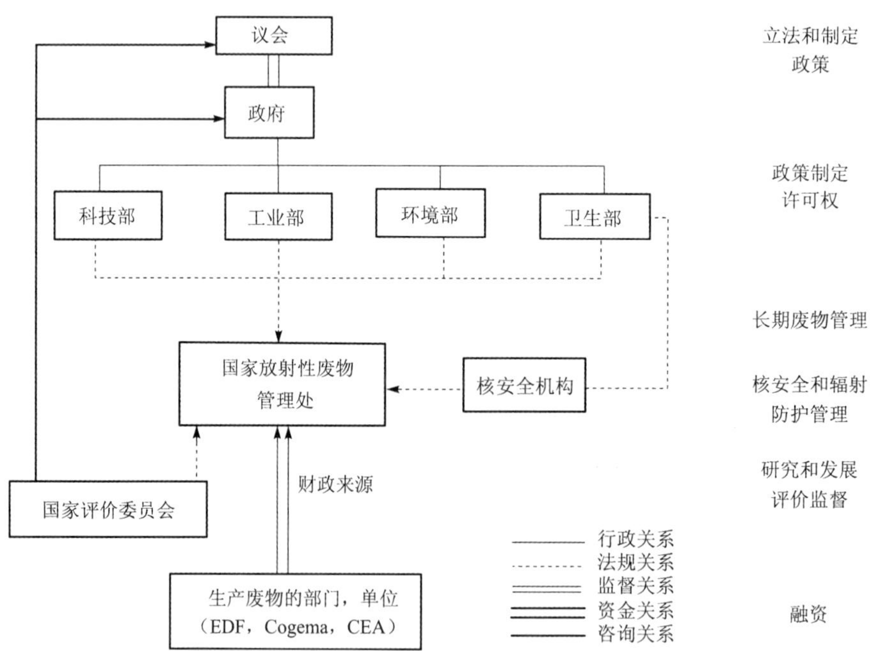


图 2 法国高放废物处置的组织机构框架[20]

该报告表明，对于高放废物和乏燃料的处置工作，多数国家实现了立法、审管和执行机构三分离的原则，同时也倾向于设立独立的咨询机构和资金管理机构。上述机构的职能和权利都是由法律或条例规定的。

许多国家都设立了独立的执行机构。但各国执行机构的职责是不尽相同的。在一些国家，如芬兰、日本、美国，设立的执行机构专职为高放废物和乏燃料处置。在另一些国家，如比利时、法国、西班牙、瑞典，设立的执行机构有广泛的责任，包括在地质处置库开发期间的乏燃料长期储存、长寿命中低放废物的处置、核电站退役产生的废物和高放废物与乏燃料的处置。各国的执行机构具有不同的类型，表 2 列出了被调查国的执行机构及属性。

**表 2　执行机构的类型[20]**

| 已经设立的机构 | 准备设立的机构 |
|---|---|
| 国家或中央政府管理部门<br>德国[BMU(环境、资源与核安全部)的 BFS(辐射防护办公室)承担处置的责任，DBE(一个德国的废物处置库建设和营运的公司)被授权分包执行处置任务]<br>美国(OCRWM)能源部民用放射性废物管理办公室<br>南非(NECSA) | |
| 政府所属公司<br>比利时(ONDRAF/NIRAS)<br>捷克共和国(RAWRA)<br>法国(ANDRA)<br>立陶宛(RATA)<br>匈牙利(PURAM)<br>俄罗斯(Minatom institutions) | 保加利亚 |
| 私人公司(某些公司只是部分的私人公司)<br>芬兰(Posiva Oy)<br>日本(NUMO)<br>荷兰(COVRA)<br>斯洛伐克(Slovak Electric plc.)<br>西班牙(ENRESA)<br>瑞典(SKB)<br>瑞士(NAGRA 和 ZWILAG) | 加拿大 |

此外韩国和英国还没有决定他们的执行机构是否由政府机构来承担。

关于咨询机构的设置、人员组成及职责、经费和条件保证等，一些国家已有明确的法律规定。美国 1987 年《核废物政策法(修正案)》[10]创建了核废物技术评审委员会。该机构的成员由国家科学院推荐的 22 名候选人中产生的 11 人组成，由总统任命，要求成员具有独立性，每届任期 4 年。委员会将对场址特性评价活动及与高放废物和乏燃料的包装与运输相关的活动，从技术上和科学上进行有效性评估。有权召开听证会、获取相关的信息和获得规定的支持服务。委员会每年不少于两次向国会和能源部长提交报告。法国根据1991年法令[18]成立的国家评估委员会，由国会和政府指定的12名科学家组成。每年对高放废物研究和开发项目从科技方面进行评估，并向国会和政府提交报告。

由于高放废物和乏燃料长期管理的许多活动将要持续几十年或更长时间（可能在废物产生者们已脱离业务之后），因此多数国家在废物产生者仍在运行时就收取高放废物管理所需费用，以供将来之用。基金和储备金（funds and reserves）是两种最常见的财务方式。基金广泛采用收取年费的办法，其计算和确定的基础是在某年的发电量或产生的废物量（即根据在该年度产生的与废物相关的未来责任来确定）。基金通常由独立于废物产生者的机构来管理。

### 3.1.3 决策机制和决策重点

#### (1) 高放废物管理决策的主要方式

1）按照组织机构的职责划分和程序来进行决策

有些国家如美国、法国、芬兰等为高放废物地质处置制定了详细的决策程序。这些决策是分层次的。一般来说，执行机构主动提出方案；政府在做出行政决策前要预先听取审管机构和咨询机构的意见；有些重大问题要由国会做出最终决策；政府和国会在决策前还要与地方政府和其他利益相关者协商。

2）分步决策

高放废物处置工程的复杂性和影响的长远性决定了许多国家对其决策持慎重态度，多采用分步决策方式。这是考虑到：① 任何处置方案的研究和开发都需几十年的时间，每次决策均取决于测量、试验、验证或评价的结果。人们的认识不可能一步到位。② 涉及高放废物长期管理的任何重大决策都伴有全面的、不同范围的公众和利益相关者反复参与，其中包括目前尚未出生的利益相关者。公众，特别是当地公众，不愿意接受不够熟悉或不太理解的不可逆技术方案。③ 因此，“决策”不意味着一劳永逸的解决方案，每走一步都只能实现有限的目标，应该为下一步留下多种选择的余地。

3）多因素、多目标决策

高放废物处置是受自然环境、生态环境、社会环境、安全、经济、技术、管理等多个方面因素影响，涉及对当代人和未来后代及环境的保护，因此，高放废物地质处置决策是典型的多因素、多目标决策过程。

4）公众和地方政府参与决策

综合几十年来地质处置研发的经验与教训，在北美和欧洲的一些国家形成了一种新的决策方式，可以表征为由传统的“决策、宣布和辩护”模式向“对话、沟通和合作”模式转变。许多国家已经给予广大公众和受影响的地方政府的代表发表他们对场址选择过程的看法和意见的机会。作为这类国家的代表，加拿大、日本、瑞士、美国在选址过程的每一个阶段或时间都提供这种机会，经常包括由执行机构举行的听证会和演示会，然后让公众和地方政府发表他们的看法和意见。捷克、芬兰、瑞典等国家则是在对候选场址开始进行物理勘测之前给公众和地方政府提供提意见的机会。

#### (2) 高放废物管理决策的重点

技术路线决策是高放废物管理的重大战略决策，各国对此都非常慎重。如法国[19]经过

15 年的研究，比较了分离/嬗变、地质处置和地面长期储存三种技术路线，国会于 2006 年最终批准了地质处置技术路线，并要求在研发计划中保留另外两条技术路线的应有位置。

场址最终决策大多由国会、政府或总统等最高立法或行政机构批准，并在批准前广泛征求公众、候选场地所在地方政府、受影响群体的意见。如美国高放废物处置库场址即是在经过长时期研发后，由能源部部长向总统推荐，总统同意后提交国会，国会于 1987 年批准将尤卡山指定为唯一的处置库候选场址，并取消了在其他候选场址的进一步工作。

## 3.2 安全原则和安全目标

放射性废物管理的安全原则及高放废物地质处置的安全目标是开展地质处置安全研究的出发点和依据，涉及防护的对象、防护的程度和防护的时间尺度等问题。目前国际社会对放射性废物管理原则已基本取得共识，而对地质处置的安全目标尚存在一些问题需要继续研究。

### 3.2.1 国际组织对安全原则的规定

《国际电离辐射防护和辐射源安全的基本安全标准》[1]汇总了分别由国际放射防护委员会(ICRP)和国际核安全咨询组(INSAG)制定的防护与安全基本原则。这些原则可简要地概括如下：① 只有在某种实践给受照个人和社会带来的利益足以超过该实践引起的或可能引起的辐射危害时，才会实施这种会引起或可能引起辐射照射的实践(实践的正当性)；② 个人从所有相关实践的综合照射中所受的剂量或危险不应超过规定的剂量限值或危险限值(个人剂量与危险限值)；③ 应该为辐射源和核设施提供在通常情况下最有效的防护与安全措施，以致在考虑到经济和社会因素之后，照射大小、可能性及受照人数应保持在可合理达到的尽量低水平上，并且照射产生的剂量和带来的危险应加以限制(防护与安全最优化)；④ 只要干预是正当的，就应该通过干预减少非实践部分的辐射源的辐射照射，并且干预措施应该是最优化的(干预的正当性和干预措施最优化)；⑤ 受权从事涉及辐射源的某种实践的法人应该承担防护与安全的主要责任(防护与安全的主要责任)；⑥ 应该反复灌输用以支配所有与辐射源有关的个人和组织机构对防护与安全的态度和行为的安全文化(安全文化素养)；⑦ 纵深防御措施应该纳入辐射源的设计和运行程序中，以弥补防护或安全措施中的可能失误(纵深防御)；⑧ 应该通过优质管理和良好的工程实践、质量保证、对人员的培训和资格审查、对安全的综合评价和注意从经验与研究中吸取教训来确保防护与安全(优质管理)。

当上述防护与安全原则应用于放射性废物管理时，IAEA 提出了放射性废物管理的九项原则[3]，即：① 保护人类健康。这涉及公众照射和职业照射的防护，此时适用个人剂量与危险限值和防护与安全最优化原则。② 保护环境。可包括环境污染的防治和非人类物种的保护。这涉及持续照射的防护，此时适用干预的正当性与干预措施最优化原则。③ 考虑境外影响。这是保护人类健康和保护环境在空间上的延伸。④ 保护后代。这是保护人类健康和保护环境在时间上的延伸。特别对高放废物处置这一类长时间的活动来说，活动的实施和产生的后果是分开的，更需要重视此项原则。⑤ 不给后代留下不适当的负担。在近几代人和后代人之间，享受高放废物处置带来的利益和承担管理的责任可能是不平衡的，故需要重视此项原则。⑥ 建立国家法律框架。此问题已在上一节讨论。⑦ 放射性废物最少化。通过适当的设计措施、运行和退役实践，使废物在放射性活度和体积两方面都达到最少，既有利于防护与安全，又有利于经济上的节约。⑧ 废物的产生和管理各步骤之间的相互依赖。这是放射性废物管理的整体优化和全过程优化思想的一种表述。⑨ 放射性废物管理设施安全。这涉及潜在照射的防护，此时适用纵深防御原则。该原则在高放废物处置中表现为多重屏障系统，是地质处置的研究与开发最核心的任务之一；一旦潜在照射转化为现实照射，又将面临应急照射的防护。放射性废物管理的这些原则对于高放废物处置都是适用的。

值得注意的是，自从美国国家辐射防护和测量委员会（NCRP）在 1991 年发表《电离辐射对水生生物的影响》报告[21]以来，国际上对非人类物种的保护越来越受到重视，它已经成为环境保护原则不可分割的组成部分。ICRP 和 IAEA 正在此领域内积极开展工作。

## 3.2.2 国际组织对地质处置安全目标的建议

高放废物地质处置的安全目标是辐射防护与辐射源安全原则和放射性废物管理原则的具体体现和在一定范围内的定量化。地质处置系统总体安全评价就是以是否达到安全目标为评判依据的。

ICRP 先后出版了《固体放射性废物处置的辐射防护原则》[22]、《潜在照射的防护：概念框架》[23]、《放射性废物处置的放射防护政策》[24]、《用于长寿命固体放射性废物处置的辐射防护建议》[25]等多个出版物，对高放废物地质处置的安全目标提出了建议。这些出版物所持的观点有一个不断发展和完善的过程。主要建议的要点如下：① 通过实行有约束的防护最优化对公众受到的来自废物处置的照射进行控制。由于地质处置同时存在现实照射和潜在照射，因此对地质屏障和工程屏障中的天然过程来说，要考虑发生概率和照射大小，并与剂量约束或危险约束进行比较。推荐的剂量约束值为 0.3 mSv/a，与之等效的危险约束值为 $10^{-5}$/a 量级。② 为了使安全目标更具可操作性，需要采用可通过环境监测加以查验的导出约束，即放射性核素从处置库释放后经地质介质迁移到生态环境中的通量或累积浓度值等辅助安全指标，来弥补剂量约束或危险约束之不足。③ 定量的约束只在有限的时间范围内才有意义。随着时间的增加，个人剂量的大小和受照人群的多少二者的不确定性都在增大。而且关于剂量和危害之间的关系，现在的判断对于未来的群体可能不适用。总体上对超过数千年时间的集体剂量预测及超过数百年时间健康危害的预测皆应严格审查。对遥远的未来时期来说，剂量和危险约束更多地应视为一种参考水平，此时安全评价可能还需要借助于天然类比或人工类似物的研究。④ 对人员入侵的控制是作为天然过程以外的另一类安全问题单独对待的。有约束的防护最优化不适用于人员入侵的控制，控制人员入侵的最有效办法是减少这类事件的发生概率。⑤ 人员入侵可能对未来个人产生应急照射或持续照射，因此在必要时应实施干预。现有年剂量约 10 mSv 可以用作一般的参考水平，低于 10 mSv干预不大可能是正当的；现有年剂量约 100 mSv 可以作为另一种参考水平，高于 100 mSv 干预总是正当的。

IAEA 已在辅助安全指标方面开展研究，发表了《不同时间范围内放射性废物地下处置库安全评价的安全指标》[26]和《放射性废物处置安全评价的安全指标》[27]等报告。

IAEA 在《放射性废物的地质处置》[4]中指出，浓缩和封隔放射性废物并使之与生物圈隔离是被公认的放射性废物管理策略,因此高放废物地质处置的目标是:① 封隔废物,直至大部分放射性尤其是与短寿命放射性核素有关的放射性已经衰减;② 将废物与生物圈隔离,并极大地降低人员无意闯入废物环境的可能性;③ 延迟放射性核素向生物圈的任何明显迁移,直至遥远的将来大量放射性已经衰减;④ 确保最终到达生物圈的任何水平的放射性核素今后可能产生的放射性影响都处于可接受的低水平。经济合作组织核能机构(OECD/NEA)在《深地质处置库长期安全信心》[28]报告中也指出,处置库的主要目的是包容和隔离废物。实际上不可能保证在长时期内完全实现对废物的包容和隔离,因此处置库的第二个目的是保证任何可能的放射性释放都不会产生不可接受的风险。

## 3.2.3 部分国家对地质处置安全目标的规定

表 3 综合了 OECD 国家高放废物处置的目标/标准[29]。

**表 3 OECD 国家高放废物处置的目标/标准[29]**

| 组织/国家 | 主要目标/标准 | 其他主要特性 | 建议 |
|---|---|---|---|
| NEA(1984) | 最大个人风险目标 $10^{-5}$/a(所有源) | 个人风险/剂量是判断长期可接受性的最好标准 | 没有与 ALARA/优化原则一致 |
| ICRP 46 号出版物(1985) | 常规情景 1 mSv/a;<br>概率情景 $10^{-5}$/a(所有源) | 概率和剂量都应该被考虑到 ALARA 原则中 | ALARA 是有用的,特别是对于可选项的比较,但可能不是最重要的选址因素 |
| IAEA 安全序列 99(1989) | ICRP 46 号出版物 | | 也包括处置系统特征的技术标准、安全分析及质量保证的作用 |
| 加拿大 AECB 法规文件 R. 104(1987) | 最大个人风险目标 $10^{-6}$/a | 证明 1 万年期间,1 万年以后没有突然和巨大的增加 | 额外的定性的,管理文档中没有规定的要求和导则,没有要求详细的优化 |
| 法国 | 参照 ICRP 46 号出版物制定 | | 场址技术标准于 1987 年建立 |
| 德国 辐射防护法令,45 节,第一段(1989) | 对所有合理情景,个人剂量小于 0.3 mSv/a | 计算 1 万年的个人剂量 | |
| 北欧国家 咨询文件(1989) | 对于正常情景,个人剂量小于 0.1 mSv/a;<br>对于突发事件,个人风险小于 $10^{-6}$/a | | |
| 西班牙 核安全委员会声明(1987) | 在任何情景下个人剂量小于 0.1 mSv/a;<br>个人风险小于 $10^{-6}$/a | | |

续表

| 组织/国家 | 主要目标/标准 | 其他主要特性 | 建议 |
| --- | --- | --- | --- |
| 瑞士<br>法规文件 R—21<br>(1980) | 任何时候对于合理可能的情景，个人剂量小于 0.1 mSv/a；<br>对于低概率情景，个人风险小于 $10^{-6}$/a | | |
| 英国 | 对 HLW 没有特定标准，不过很可能应用与现有 L/ILW标准相似的原则，来自于单个设施的个人风险标准小于 $10^{-6}$/a | 对于特定的定量评价，没有时间框架 | 应用 ALARA 原则到实用而合理的程度 |
| 美国环保局<br>40 CFR 191<br>(1985) | 限制放射性核素释放到环境 | 个人剂量(1 000 年)小于等于 0.25 mSv/a，针对饮用水污染物的其他要求 | 1985 年 EPA 标准……<br>许多条文在 1992 年法律中采用 |
| 美国环保局<br>40 CFR 191<br>(1993) | 与 1985 标准相同 | 1 万年期间，来自所有环境途径的个人剂量小于 0.15 mSv/a。要求保护地下饮用水源不超过最大污染水平 | 没有适用于尤卡山。除个人剂量和地下水条文外，与 1985 年标准相同 |
| 美国核管会<br>10 CFR 60 | 性能的最低水平：废物包(本质上完整包容 300～1 000 年)；<br>工程屏障系统(处置库关闭后 1 000 年释放小于总量的 $10^{-5}$/a)；<br>废物放置前，在扰动区和可达到的环境之间的地下水输运时间大于 100 年 | | NRC 子系统的要求旨在实现与 EPA 标准的一致性，如果适合，两者择一的标准可能被证明 |

这里特别介绍美国国家科学院出版的《尤卡山标准技术基础》[30]，该书的目的在于分析研究尤卡山场址标准的科学基础，为 EPA 制订高放废物地质处置的公众健康和安全标准提供依据，以保护公众免受尤卡山处置库存储或处置的放射性物质释放的危害。该书的主要结论如下：① 使用个人风险标准，而非个人剂量标准。个人风险标准的要素有三：a. 将提供什么水平的防护(什么样的风险水平是可接受的，这不是一个科学问题，而是一个公众政策问题)；b. 谁是被保护者[是关键组(critical group)，即相对类似的一组公众群体，他们的处所和生活习惯使他们代表了因放射性核素释放而接受最大剂量期望值的人]；c. 多长时间(数十万年)。② 使用峰值风险进行评价，峰值风险可能发生在数千年到数十万年之间甚至

未来更远。③ 不考虑人员入侵处置库的风险计算。书中认为，基于风险标准这个观点，考虑的是整个系统的性能，所以过分提高子系统的性能要求可能导致处置库的非最优设计。

美国、加拿大、英国等一些国家已将保护非人类物种的指标列为地质处置的安全目标之一，值得引起关注。

### 3.2.4 防护的时间尺度

高放废物中含有相当数量的长寿命核素，可能会对人类和环境带来长期的影响，并且这些核素在衰变到对人类不产生显著危害需要很长的时间跨度，在人类可预见的将来几乎是不可能的，这是高放废物实施深地质处置的原因之一。但由于地质处置的特性，这些长寿命核素迁移进入人类环境也需要很长的时间，而依据目前的认识，对处置设施及其环境在如此长的时期内的变化又无法准确预测，而且这种不确定性会随着时间的延长而增加，故关于地质处置的防护和评价的时间尺度一直是讨论的热点问题之一。

**(1) ICRP 的观点**

ICRP 第 77 号和第 81 号出版物的建议已如前述[24-25]。按照 ICRP 的观点，由于评价时存在的不确定性随时间的延长而增大，因此定量的剂量和危险预测适用的时间尺度是在千年量级上，但不排除以参考水平为非定量指标的超长期安全评价。而对人员入侵则不要求进行定量评价。

**(2) 美国的观点**

2001 年美国 40 CFR 191[15] 和 40 CFR 197[16] 规定：处置库关闭后 10 000 年内的公众个人最大剂量不得大于 0.15 mSv/a；对于人员入侵景象，如果分析结果表明入侵可能会发生在处置库关闭 10 000 年后，则评价报告要对这种入侵后果进行分析；评价只考虑在处置库关闭后 10 000 年内发生概率超过万分之一的事件。也就是说，这两个法规对高放废物处置安全评价时间尺度的规定都是 10 000 年。

2004 年美国哥伦比亚区上诉巡回法庭判决认为：40 CFR 197 中关于公众健康和环境保护时间跨度为 10 000 年的规定，不符合美国国家科学院《尤卡山标准的技术基础》[30] 中的结论，应规定处置库关闭后公众所接受的峰值剂量标准。2005 年 8 月美国 EPA 发布了 40 CFR 197修改的征求意见稿[31] 增加了一条：处置库关闭后的 1 万年到 100 万年间公众成员个人剂量约束值是 3.5 mSv/a（不高于当前该县其他地区居民受到的天然辐射剂量水平）。这意味着已将评价的时间尺度扩展到处置库关闭后 100 万年。

**(3) 瑞典的观点**

瑞典 SSI 的《与乏燃料和核废物最终管理相关的保护人类健康和环境的规定》[32] 和 SKI 的《核材料和核废物处置安全规定》[33] 中都规定：处置库关闭后的最大个人年健康危害风险不得大于 $10^{-6}$；对于关闭后 1 000 年内处置库防护能力的评价应基于对人类和环境影响的定量分析；对于关闭 1 000 年后的评价应基于处置库特性、环境和生物圈的各种可能后果。也就是说，瑞典设置的风险标准没有明确的时间限制，但要求做定量分析的时间尺度是 1 000 年。

**(4) NEA 的观点**

NEA 专门召开了一个关于处置库关闭后安全评价的会议，并出版了专门的文集[34]，认为：评价应达到审管部门所规定安全指标的最大值，不应设置时间尺度；但同时也指出，同其他废物（如化学污染物）处置的安全要求相比，放射性废物处置所要求的安全期限明显偏长。

## 3.3 安全要求

高放废物地质处置安全要求回答的问题是：为了实现既定的安全目标，应当如何进行安全防护。它既有管理要求又有技术安全要求。其技术安全要求是属于技术准则层次的规定，地质处置系统各实体屏障的性能评价就是以是否满足技术安全要求为评判依据的。

### 3.3.1 国际组织对地质处置安全要求的规定

IAEA 出版了高放废物地质处置安全要求级别的标准《放射性废物的地质处置（草案）》[4]。该标准详细地规定了 23 条地质处置的安全要求，其整体框架如下：

A. 关于规划地质处置设施的安全要求

（一）法律和组织框架

（1）关于政府责任的要求

（2）关于审管机构责任的要求

（3）关于运营者责任的要求

（二）最低限度安全要求

（4）关于研发过程中安全重要性的要求

（5）关于非能动安全的要求

（6）关于充分了解安全和安全置信度的要求

（三）安全设计准则

（7）关于多重安全功能的要求

（8）关于封隔的要求

（9）关于隔离的要求

B. 关于地质处置设施的研发、运行和关闭的要求

（一）地质处置的框架

（10）关于循序渐进地研发和评价的要求

（二）安全案例和安全评价

（11）关于准备安全案例和安全评价的要求

（12）关于安全案例和安全评价范围的要求

（13）关于以文件说明安全案例和安全评价的要求

（三）地质处置设施研发、运行和关闭的步骤

（14）关于场址特性评价的要求

（15）关于地质处置设施设计的要求

（16）关于地质处置设施建造的要求

（17）关于地质处置设施运行的要求

（18）关于地质处置设施关闭的要求

（四）安全保证和核保障

(19) 关于废物验收的要求

(20) 关于监测计划的要求

(21) 关于关闭后控制和有组织地管制的要求

(22) 关于核保障的要求

(23) 关于管理系统的要求

在场址安全要求方面，IAEA 出版了安全导则级别的标准《地质处置设施的选址》[5]。该导则从地质条件、未来自然变化、水文地质、地球化学和人类活动 5 个方面提出了安全要求，并对每个方面的安全要求进行详细的解释和提出需要收集资料的要求。这 5 个方面的场址安全要求可概括为：① 场址的地质条件能满足处置库的总体要求，其几何、物理和化学特性能在所要求的时间范围内阻滞放射性核素从处置库向环境中迁移；② 在未来动力地质作用（气候变化、新构造活动、地震活动、火山作用、成丘作用）的影响下，围岩和整个处置系统的隔离能力不应达到不可接受的地步；③ 水文地质特征应有助于限制地下水在处置库中的流动，并能在所要求的时间内保证废物的安全隔离；④ 地质环境和水文地质环境的物理化学特征和地球化学特征应有助于限制放射性核素由处置设施向周围环境的释放；⑤ 场址及其附近的现有的和未来的人类活动不会影响处置系统隔离能力和导致不可接受的严重后果，这种活动的可能性应该减少到最低程度。

## 3.3.2 部分国家对场址安全要求的规定

场址安全要求是处置库选址和场址特性评价的重要依据和前提条件。起步稍晚的国家，如芬兰和日本，在选址早期主要是应用或参照 IAEA 和其他国家的场址安全要求，到选址后期才提出自己的场址安全要求。场址安全要求的制定以专家经验为主要依据，缺少方法论的指导。

**(1) 美国**

美国能源部以联邦法规[35]的形式提出处置库选址的场址安全要求。此要求涉及水文地质、地球化学、岩石特征、气候变化、侵蚀、溶解、构造和人员入侵 8 个方面。每一个方面又划分为合格、有利、可能不利 3 个类别，甚至有的方面还划分出第四个类别，即不合格。

**(2) 法国**

法国的场址安全要求包含在法国工业部核设施安全局制定的《基本安全条例》[36]中。该条例考虑了国际组织如 ICRP、IAEA、OECD/NEA 的一系列建议，主要涉及稳定性、水文地质、力学特性与热特性、地球化学、最小深度和地下资源 6 个方面的安全要求，且认为前两项为必须满足的安全要求。

**(3) 瑞典**

瑞典 SKB 总结了可行性研究阶段的场址安全要求[37]，分为两部分：第一部分为场址必须避开的条件，第二部分为对场址有利的条件。场址必须避开的条件包括：① 可以开采矿物和供其他用途的岩类；② 基岩各向异性程度高或难以评价；③ 已知的变形区或新构造断裂带；④ 明显的地下水排泄区；⑤ 地下水地球化学异常区。对场址有利的条件包括：① 没有自然资源的普通岩石类型；② 一大片区域中几乎没有大的构造带；③ 基岩裸露面积大、简单、各向同性，裂隙和裂隙带具有规律性。

(4) 芬兰

芬兰辐射和核安全局制定了场址安全的一般要求[38]和具体要求[39]。其场址安全要求概述如下:① 处置库围岩不但要起地质屏障的作用,而且要保证工程屏障性能的长期有效性;② 处置库长期安全的重要保证之一是场址的稳定性,至少可以预测几千年并能合理地评估其变化范围;③ 场址必须避开地下应力大、地震、构造异常、地下水异常及其附近有可开采自然资源的地方;④ 不利地下水特征有:缺乏缓冲能力、深部地下水处于氧化状态、能影响工程屏障性能的物质含量太高;⑤ 不利地质条件是地质结构过于复杂,以致地质结构模型开发中存在不可接受的不确定性;⑥ 处置库应位于场址地下水流场的有利位置;⑦ 保证地表现象(冰川作用、人类干扰)的影响尽可能地低,处置库应位于地下几百米,具体深度要考虑地质结构、围岩的岩石特性、现场地应力、温度和地下水流速。

(5) 日本

日本PNC提出了与日本场址安全关系密切的5项因素[40],即地震活动、断裂活动、抬升和剥蚀、火山活动、气候变化与海平面的变化。JNC在参照国际组织和其他国家的安全要求(如IAEA,1989,1994;USDOE,1982;NAGRA,1994;SKB,1992,1995;AECL,1994),并结合日本地质特征和当时研究成果的基础上,提出了场址的安全要求[41]。场址安全要求主要涉及场址长期稳定性、对工程屏障性能产生影响的重要地质特征和能影响地质屏障性能的重要地质特征3个方面,按其重要程度可分为必要条件和有利条件两类。必要条件包括:① 场址要远离大的活动断裂(在过去几十万年曾经活动过的大断裂);② 场址要远离火山活动区域;③ 场址要远离在过去几十万年快速抬升/剥蚀的区域;④ 所选围岩要有足够的体积和深度,其上覆高渗透性的盖层不能太厚;⑤ 场址要远离矿产资源。有利条件含:① 地下水水力梯度和渗透率低;② 地下水处于还原状态,pH趋于中性;③ 围岩的地应力各向同性、温度较低。

### 3.3.3 部分国家对工程屏障安全要求的规定

(1) 美国

美国核管会认为[42],不应依赖于单一屏障的隔离性能,而应通过多重屏障系统共同作用来达到安全目标,因此不对单一屏障或子系统设置定量的性能标准。联邦法规10 CFR PART 60中技术准则(Subpart E)[43]就是这一思想的集中体现,它规定了永久关闭后各屏障的总体性能要求:① 当工程屏障系统中辐射和热力工况主要由裂变产物的衰变决定时,能够对高放废物充分包容。② 核素从工程屏障系统向外释放应该是一个渐进的过程,经过长时间迁移进入地质环境中只是很少的一部分。如果在饱和带中进行处置,应充分考虑地下设施孔隙中部分和全部充满地下水的情况,在预期过程和事件中加以分析。③ 工程屏障的设计目标是使工程屏障系统与天然屏障协同作用,满足关于处置库关闭后保护公众健康和环境的标准。

尤卡山处置库的工程屏障包括废物包装容器、防滴罩和巷道的内衬。巷道的回填作为工程屏障的一种备选设计方案。

(2) 瑞典

瑞典核电管理委员会在《核材料和核废物处置安全条例》[33]中规定:处置库的设计应满

足关闭后不需要其他措施防止或限制放射性物质由处置库向外释放，处置库关闭后的安全由被动屏障系统维持。处置库多重屏障系统分为4个子系统：乏燃料、外包装容器、缓冲/回填材料和地质圈。每一个屏障的功能应该以一种或几种方式直接或间接包容、防止或迟滞放射性物质的弥散，并对其他屏障提供保护。尽管某一屏障有缺陷，系统也能维持必要的安全性。对缓冲/回填材料的长期安全要求包括：导水率不大于$10^{-11}$ m/s、密度足够大、膨胀压力足够大。

### (3) 芬兰

芬兰规定地质处置工程屏障系统由乏燃料、外包装容器、缓冲/回填材料构成。处置的长期安全建立在冗余的屏障系统基础上，一个屏障的缺陷或地质条件变化不会危害长期安全，多重屏障在几千年内能够有效阻止放射性物质向围岩的释放。芬兰对废物包装容器、缓冲材料、回填材料的安全要求[43]见表4。

**表4 芬兰工程屏障的安全要求[43]**

| 屏障系统 | 安全要求 |
| --- | --- |
| 包装容器 | 1. 在处置库预期的演化过程和已知的工艺过程中，至少在10万年能保持完好；2. 能够承受外力；3. 保持次临界；4. 能够传导衰变热；5. 不能对其他屏障产生危害 |
| 缓冲材料 | 1. 质量传递仅限于扩散；2. 将容器与围岩进行塑性隔离，当围岩发生微小位移时保护容器；3. 能将衰变热从容器传到围岩；4. 对气体有足够的渗透率；5. 能够过滤容器表面形成的胶体；6. 具有化学和力学稳定性；7. 不能对其他屏障产生危害 |
| 回填材料 | 1. 防止隧道成为地下水的主要导体(和迁移途径)；2. 使缓冲材料和容器在处置孔中就位；3. 有助于维持隧道的机械稳定；4. 具有化学和力学稳定性；5. 不能对其他屏障产生危害 |

### (4) 瑞士

处置库的工程屏障系统由以下3部分组成：乏燃料组件/玻璃固化体，钢制外包装容器，回填的膨润土。瑞士放射性废物处置国家合作委员会对工程屏障系统提出了如下要求[44]：① 对工程屏障系统(EBS)的关键部分采用长寿命的材料，各关键组成之间应具有相容性；② 高度整体性的钢制外包装容器至少保证1万年不破损，另外腐蚀产物为还原剂，吸收核素；③ 乏燃料和高放废物体在处置库环境中应能保持长期的稳定性；④ 回填/缓冲材料：具有吸水膨胀性(自封闭性)和低的渗透性(重新饱和需要很长时间，溶质的低输运速率)、空隙水中核素的低溶解度及对核素的高吸附性；⑤ 合理选择EBS的某些组成及尺寸，以对其他屏障的性能进行补偿；⑥ 选择被证明有效的技术和材料。

### (5) 日本

日本高放废物处置库概念设计的工程屏障系统包括高放废物体本身(玻璃固化体和包装容器)、外包装容器和缓冲材料，此外处置库的回填和密封也起工程屏障的作用。表5和表6分别列出了外包装容器和缓冲材料的安全要求[45]。

**表 5 外包装容器的设计要求[45]**

| 基本要求 | | 功能/作用 | 设计要求 |
|---|---|---|---|
| 对放射性核素隔离的要求 | 物理包容放射性核素 | 在特定的时期内，阻止地下水与废物固化体接触 | 包容玻璃固化体中放射性核素的能力 |
| | | | 耐腐蚀/腐蚀裕度 |
| | | | 耐压性 |
| | | | 辐射屏蔽 |
| | | | 耐辐射 |
| | | | 耐热性 |
| 对工程屏障技术可行性的要求 | 对其他工程屏障没有显著影响 | | 足够的内部空间 |
| | | | 合适的热传导率 |
| | | | 辐射屏蔽 |
| | | | 化学缓冲作用[1] |
| | 制造与安装的技术可行性 | | 可制造性 |
| | | | 遥控密封的可能性[2] |
| | | | 遥控安放的可能性[2] |

注：1）化学缓冲作用要求有助于提供整个工程屏障系统的坚固性，是一种选择性要求。

2）这些因素基于极为保守的辐射防护考虑，因此可以减小外包装容器的厚度，而不会对缓冲材料的性能产生显著的不利影响。

**表 6 缓冲材料的设计要求[45]**

| 基本要求 | | 功能/作用 | 设计要求 |
|---|---|---|---|
| 对放射性核素隔离的要求 | 限制放射性核素的迁移 | 限制地下水的运动 | 低水力传导率（低渗透性） |
| | | 吸附溶解的核素 | 高吸附系数 |
| | | 防止胶体迁移 | 胶体过滤功能 |
| | | 对地下水化学性质的改变起缓冲作用 | 化学缓冲性[1] |
| 对工程屏障技术可行性的要求 | 制造与安装的技术可行性 | 充填安装中产生的缝隙 | 自密封能力 |
| | | 可制造性与安放特性 | 可制造性与安放后的压实性 |
| | | | 可制造性与安放后的强度 |
| | 在特定的时期内对其他工程屏障没有显著的影响 | 应力缓冲 | 塑性（变形能力） |
| | | 保证外包装容器稳定性的力学支撑 | 具有保持外包装容器处于稳定状态的强度 |
| | | 抑制玻璃固化体和缓冲材料的热状态变化 | 高的热传导率 |

注：1）化学缓冲作用有助于提供整个工程屏障系统的坚固性。

## 3.4 安全评价

高放废物地质处置的安全评价是对安全目标和安全要求实现程度的一种量度。安全评价贯穿于地质处置研发、运行、关闭和关闭后监护全过程。近十几年来安全评价研究发展很快，其进程可以概括为：ICRP 提出了安全评价方法学的建议；IAEA 和 OECD/NEA 等建立安全评价方法学的国际标准；各有关国家建立各自的国家标准和开展安全评价的研究与实践活动。这三个方面既是相互衔接的，又是互动的。近年来 IAEA 倾向于把安全评价划分为处置系统总体的安全评价和系统各组成部分的性能评价，前者以安全目标为依据，后者以技术安全要求为依据。有些国家也把处置系统总体安全评价称之为全系统性能评价。本节重点介绍处置系统总体安全评价。

### 3.4.1 国际组织在地质处置安全评价方面开展的工作

ICRP 在地质处置安全评价方法学方面提出的建议包括以下主要内容[24-25]：① 定量的安全评价（又称关键性评价）要求最终采用尽可能具有真实代表性的模式和参数，避免过分保守，以防止资源的严重浪费。这就要求最终采用特定场址和特定工程设计的评价模式，而不是完全照抄照搬现有模式。特定评价模式的开发，是在借鉴现有模式的基础上，经过长期试验研究（尤其是地下实验室的试验），反复验证和不断改进的结果。② 在定量的安全评价中，要特别注意不确定性分析的研究，这包括处置系统参数的不确定性、未来地质环境状况的不确定性和安全评价模式的不确定性。③ 要加强潜在照射和与之相关的概率安全分析方法学的研究。在长寿命放射性核素危险评价中，潜在照射的作用现在还不清楚。④ 长期环境影响评价可以采用某些简化和标准化的方法，如建立虚拟的关键居民组和虚拟的生物圈，统一设定人员入侵的情景等。这将大大减少评价方法学上的困难和避免许多无谓的争论。

IAEA 对高放废物处置安全评价方法学的研究也取得进展。已发表了《长寿命放射性废物处置中存在不确定性时的审管决策》[46]、《放射性废物处置中的关键组和生物圈》[47]等报告，对高放废物地质处置的安全评价方法学提供了若干研究总结。

OECD/NEA 在高放处置安全评价方面做了大量的工作，组织召开了多次安全评价研讨会，并出版了多个论文集。OECD/NEA 设有放射性废物管理委员会，并有多个专题工作组。在高放废物地质处置安全评价方面的主要工作是安全评价方法开发、经验总结和组织对安全评价的同行评议。在安全评价方法开发方面，先后出版了《地质处置库关闭后的安全论据》[48]、《深地质处置库长期安全信心》[28]等多个技术文件；在经验总结方面，出版了《国际放射性废物地质处置十年进展》[49]、对 10 多个国家的安全评价工作进行了分析总结；在组织同行评议方面，先后对瑞典的 SR—97、美国的尤卡山深地质处置库总体性能评价、瑞士的处置库关闭后安全评价报告进行了同行评议，为这些国家完善处置安全考虑和安全评价方法，提出了许多建设性的建议。

从国际组织的工作可知，各屏障实体的性能测试与评价技术研究可包括：地质体长期稳定性研究，地质学、水文地质学、岩石力学、地球化学等方面的性能测试与评价技术研究，场址特性综合评价研究，高放废物固化体、包装容器材料、回填缓冲密封材料和抗侵扰屏障的性能测试与评价技术研究,多因素作用下各屏障实体性能演化规律研究等。总系统的安全评价技术研究可包括:安全评价基本方法学研究,偏保守数学模式/计算机程序组合的消化和应用,核素释放与迁移过程的实体模拟试验技术及数学模式化研究,真实系统数学模式/计算机程序组合研究和在地下实验室验证,与总系统安全评价模式直接相关的参数获取技术研究,灵敏度分析与不确定性分析研究,保持可逆转和可回取能力的安全评价研究等。

## 3.4.2 部分国家的地质处置安全评价实践

### (1) 美国

美国从 1989 年开始集中进行尤卡山场址特性调查以来,已进行了多次尤卡山处置库全系统性能评价。1990 年能源部制订了全系统性能评价战略计划;1991 年由圣地亚国家实验室和西北太平洋实验室对尤卡山处置库进行了首次全系统性能评价;到 2002 年发布了尤卡山处置库场址可行性报告和最终环境影响报告[50]。

安全和环境影响评价分为短期评价和长期评价。短期评价包括工程建设、运行、监护和关闭各阶段正常作业和事故情况下对自然环境、社会环境的影响,以及对公众和操作人员的健康影响。短期评价又分为高温作业和低温作业两种模式,分别在正常作业和事故条件下估算了假想的处置库居民撤离区边界处的公众个人剂量、处置库 80 km 半径范围内居民 76 000人的集体剂量、直接操作废物搬运和放置的工作人员的个人剂量和集体剂量、其他操作的个人剂量和集体剂量。运行事故首先根据工程设计和外部环境条件建立可能导致放射性物质释放的内、外部起因的事故景象谱。内部起因的事故包括人员操作错误、设备故障及其两者的组合,主要是运输货包、废物包、裸露乏燃料元件的坠落和撞击事故;外部起因的事故包括飞行器坠落、火灾和爆炸,以及自然发生的地震和极端气象条件引起的灾害事故。然后估计各种事故的概率,并进行概率组合分析,得出每一种事故序列的总概率。经过筛选后确定了 10 种可信事故序列。最后计算一般气象条件(概率中值)和不利气象条件(概率小于 5%)两种情况下的受影响人群的辐射剂量。

美国能源部对尤卡山处置库进行的长期安全评价的重点是关闭后 1 万年内、100 万年内泄漏的放射性核素通过地下水途径所致居民的峰值辐射剂量和集体剂量。分析设计景象(nominal scenario)和意外事件(disruptive event)的影响。设计景象分析的过程包括工程屏障的性能变化、废物体的溶解、非饱和带和饱和带的水流、地震、气候变化等;分析的意外事件包括火山活动和人为意外钻孔。各类分析仍然按处置库高温作业和低温作业两种不同的模式进行。除上述的重点内容外,还分析了气态$^{14}C$释放的影响、包装材料腐蚀产生的化学有害有毒物的影响、地表温升对地面动植物的影响、临界反应的可能性等,同地下水途径的影响比较,这些影响或者很小可忽略,或不可能发生。

长期安全评价是寻求有代表性的预示,而不是准确的预测。由于处置系统的复杂性,在进行全系统性能评价时,首先是列出所有可能的特征、事件和过程(FEPs),筛选后组合为各种景象,建立数学模型,选定参数,进行评估。

尤卡山处置库的全系统性能评价的组成部分包括:工程屏障系统、废物体性能降解、废物包装和防滴水罩性能降解退化、工程屏障中核素迁移、非饱和带流场和核素迁移、饱和带流场和核素迁移、生物圈。

图 3 给出了尤卡山处置库全系统性能评价的流程。

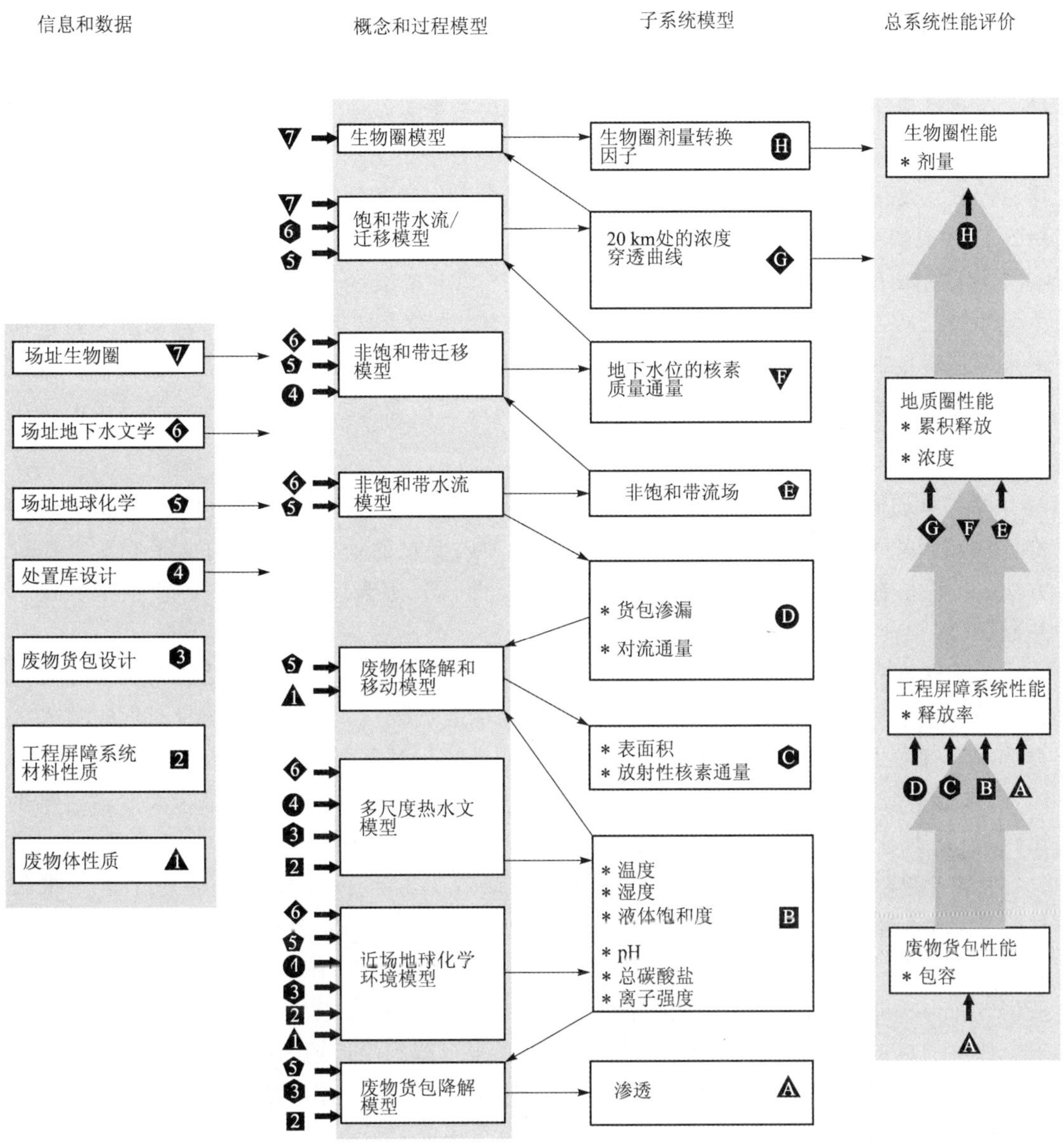


图 3 尤卡山处置库全系统性能评价流程

在设计景象分析中考虑了地震引起的废物包装的破坏。结论是：在 1 万年时间内，废物包装设计能够抵抗可能发生的地震而保持其完整性；对于 100 万年时间，未进行何时废物包装性能退化到可能被地震破坏的定量分析。

分析结果表明在关闭后的 1 万年内，高温和低温作业模式下的剂量结果相近，都很小，无论是平均剂量峰值还是 95% 剂量峰值都比美国环保局提出的处置库关闭后 1 万年内 0.15 mSv/a 的限值低 5 个数量级。在关闭 20 万年或更长些时间以后，剂量出现多个峰值，这与气候呈现的潮湿变化周期一致。计算截止到 100 万年的原因是核素的衰变已经明显降低了剂量。在 18 km 处影响剂量的主要核素及其对总剂量贡献的比例分别是：$^{237}Np$，61%；$^{242}Pu$，13%；$^{227}Ac$，5%；$^{229}Th$ 和 $^{234}U$，均为 3%；$^{233}U$，$^{210}Pb$ 和 $^{226}Ra$，均为 2%。高温作业模式下结果与低温作业模式的结果基本相同。

意外景象选定意外钻孔和火山活动事件，火山活动又分为火山喷发事件和岩浆侵入事件。分析结果表明意外钻孔事故下，居民峰值平均剂量为 $2.4\times10^{-5}$ mSv，出现时间在处置库关闭后 10 万年多一点。火山活动事件采用概率方法进行分析，分析结果表明：火山灰的再悬浮吸入是关键照射途径，约在关闭后 300 年个人剂量达到峰值 0.001 mSv/a，然后由于短寿命核素的衰变，剂量下降。主要剂量贡献核素是 $^{241}Am$，$^{238}Pu$，$^{239}Pu$ 和 $^{240}Pu$，半衰期 29.1 年的 $^{90}Sr$ 仅在早期有贡献，半衰期 432 年的 $^{241}Am$ 的衰变是 300～2 000 年剂量下降的主要原因。从 2 万年以后，岩浆侵入破坏废物包装，核素直接进入含水层，岩浆侵入通过地下水途径所致 RMEI 剂量最早出现的时间约为 2 万年，反映了核素迁移过程中的延迟作用。低温作业模式下的火山活动影响后果基本与高温作业模式相同。

(2) 日本

日本原子能委员会（AEC）提出的高放废物地质处置导则[51]中明确目前阶段安全评价旨在：① 建立适用于日本地质环境和一定范围内变化的处置库设计的可靠的安全评价方法；② 评估在日本进行安全地质处置的可能性；③ 为选址和开发安全标准提供技术基础。

关于评价的指标和时间，AEC 的导则提出：① 以辐射剂量作为地质处置系统总体安全评估的基本指标，并与其他国家管理机构提出的标准比较；② 计算个人剂量时假定将来人类活动没有发生变化，以便说明地质处置可能后果的相对重要性；③ 不规定评估的截止时间，后果分析应延续到对后代的影响达到最大；④ 为了将地质处置的后果与天然辐射水平比较，还应使用辅助安全指标，以此减少与将来人类活动相关的不确定性。

日本 1992 年发表了第一个安全评价进展报告 H3，2000 年发表了第二个进展报告 H12[51]，2005 年发布了第三个研发报告 H17[53]。虽然目前的安全评价没有针对具体的地点和岩石类型，但是特别考虑到了日本处于构造活动带的特点，在安全评价方法学的开发和应用方面力求能够适应广泛的地质条件。由于地质构造的复杂性，在场址选择之前，H12 安全评价的重点是工程屏障系统性能和处置库几十米范围内近场的屏障性能。

根据 AEC 导则的要求，为了达到全面、明晰的评价，安全评价使用了系统景象和确定论方法，其步骤如下：① 开发和应用系统的方法，在评价的景象中全面考虑所有相关的各种特征、事件和过程（FEPs）。最终将景象分为地下水景象和隔离失效景象两个系列，地下水景象系列分析核素随地下水流动并进入生物圈的影响，隔离失效景象系列分析外部干扰事件引起废物实体隔离损坏所导致的影响。② 地下水景象分析首先确定基本景象（base scenario），基本景象是若干地下水景象之一，其基本假设是评价期间内地质环境和地面环境保持稳定，未发生变化，并按设计指标考虑工程屏障性能。根据参考的处置系统、基本景象、代表性的参数和一系列的模型化假设，确定了一个参考景况（reference case）和多个选择景况（alternative cases），前者取确定的 FEPs、模型和参数进行计算，后者是增加了考虑的 FEPs，并依据工程屏障、天然屏障相关数据和模型的不确定性，组合多种景况进行评价。③ 确定一系列隔离失效事故景象和外部事件干扰地下水景象，进行定量的或定性的分析。④ 根据上面的分析结果鉴别关键的 FEPs 和不确定性。⑤ 在一系列地质和地面环境条件范围内评价处置系统的整体性能，特别关注在日本安全地质处置的可行性。

在 H12 的参考示例和选择示例的分析中应用的模型包括：核素从废物体浸出、地下水流、地下水化学、孔隙水化学、溶解度、温度场等模型，以及核素在工程屏障、主岩、断层、生物圈中的迁移模型。核素从玻璃固化体浸出模型中采用了长期实验获得的浸出数据，并根据核素源项，在玻璃体表面和膨润土中对各种同位素进行了元素溶解度分配。核素的迁移模型应用了简单的“多个一维模型”(Multi-1D model)，考虑了导水断层和基质中的对流-扩散、吸附、核素的衰变和主要衰变链子体的增长，采用了快速不可逆线性吸附、在近场外边界开挖带瞬时混合的假设。

不确定性包括景象、模型和数据三方面的不确定性，在评价中采用适当的方法处理。关于景象的不确定性，根据工程设计、大量的地质研究、实验室研究和计算成果，在 H12 报告参考示例的 FEPs 的开发过程中排除了一些认为通过适当的选址和工程设计可以避免的、或影响非常小的、或概率非常低的 FEPs，如除勘探钻孔和建井以外的其他人为意外侵入活动、陨石坠落、核临界反应、工程屏障系统和主岩的热膨胀、缓冲材料(膨润土)中的有机质和微生物，以及缓冲材料中的胶体迁移等景象。

无论是定量分析还是定性分析，各种地质环境、地表环境、工程屏障的不确定性的所有组合的数目非常之多。对于定量分析通常有两种方法，即随机模拟方法(蒙特卡罗方法)和确定论方法，在 H12 报告中采用了确定论方法，其理由是在评估处置系统对各种参数不确定性的灵敏度时，确定论方法能够给出明晰的结果。对不同的模型和参数值进行不确定性分析的结果表明，最重要的参数是地下水流速、地下水类型和岩石基质对核素滞留的参数。

参考景况分析中认为外部事件不影响处置系统性能，考虑的核素释放和迁移途径依次为：工程屏障(玻璃固化体、包装、膨润土缓冲层)、主岩基质、主要导水断层、生物圈。结果显示，只要地下水流速合理地低，工程屏障系统和近场主岩就能够有效地包容核素，虽然各种不确定性对评价的结果影响很大，但是处置库关闭后所致最大个人剂量仅约为 0.005 $\mu$Sv/a。不同时间对剂量贡献的主要核素不同，按时间先后依次是$^{79}$Se(半衰期 $6.40\times10^{4}$ a)、$^{135}$Cs(半衰期 $2.30\times10^{6}$ a)和$^{229}$Th(半衰期 $7.34\times10^{3}$ a，$^{229}$Th 是半衰期为 $2.14\times10^{6}$ a $^{237}$Np 的衰变产物)，最大剂量的主要贡献核素是$^{135}$Cs。

H12 共设计和分析了 37 种选择示例以便说明处置系统在多种条件下的整体性能选择示例评价结果。基本景象之内的选择示例主要是对工程屏障、不同的地质环境条件，以及其相关的各类参数、模型和景象的不确定性进行分析。

H12 中考虑的扰动景象包括自然现象(地面抬升和侵蚀、气候和海平面变化)、工程屏障的初始缺陷(外包装的不完整密封、不充分回填和堵塞的缺陷)、人为活动(建井和抽水)。

隔离失效景象包括人为的意外侵入、处置库附近地震、断层运动、火山活动。

根据参考景况分析与其他选择景况的比较，下面的不确定性对于处置系统整体性能是重要的或潜在重要的。对于数据不确定性，① 玻璃体溶解速率的不确定性影响关键核素$^{135}$Cs从工程屏障系统的释放速率(相对次要)；② 导水系数和水力梯度分布的不确定性和可变性，是控制工程屏障系统周围地下水流场和地质圈中核素迁移的重要参数(重要)；③ 主岩中核素分配系数的不确定性影响核素在基质孔隙表面吸附和地质圈中核素迁移(重要)。

对于模型不确定性，不同选择景况的计算表明胶体对核素迁移的影响相当小(可能次要)。而对于景象不确定性，① 地面抬升和侵蚀；② 外包装的密封不完整和回填不充分的潜在影响均表明可能是次要的。

**(3) 比利时**

处置系统性能评价的子系统包括：废物包装(废物体基质，容器)、工程屏障系统(缓冲层)、主岩黏土(工程开挖扰动带，未扰动带)、含水层、生物圈。

分析的景象包括：① 正常景象，考虑了经过筛选分类的可能 FEPs，以及可预料的处置系统的演变和诸如气候等非常可能变化的因素；② 人为意外侵入景象，考虑了勘探钻孔；③ 工程屏障失效景象，考虑了早期容器失效、放置废物的巷道密封不完善；④ 自然破坏景象，考虑了断层活动和严重冰河作用。

建立的模型包括：废物包装核素释放率模型(考虑了溶解度限制、对水的辐解作用加快腐蚀等因素引起的容器性能退化)、缓冲层和黏土层合并在一起的核素弥散迁移模型(近场包括了热—水—力—化—辐射耦合作用)、含水层的平流弥散模型、生物圈模型。采用确定论方法分析景象和模型的不确定性，采用概率论(蒙特卡罗法)分析参数的不确定性。

以处置乏燃料(不包括 420 罐高放废物)为源项的正常景象评价结果表明，所致最大个人剂量约为 8 μSv/a，出现在关闭后 $1\times10^5$ a，主要贡献核素是 $^{79}Se$ 和 $^{129}I$，其次是 $^{99}Tc$，$^{36}Cl$ 和 $^{126}Sn$。锕系核素所致剂量低，且出现在 $10^6$ a 以后，如剂量贡献最大的核素 $^{229}Th$ 在 $1\times10^7$ a 所致剂量为 0.02 μSv/a[54]。

除了基本的个人剂量指标外，还用了几种其他辅助指标表征系统性能，如在各个子系统(废物包、缓冲层、黏土、含水层)中核素的迁移时间、核素进入和出来的通量、核素衰变量，以及含水层中核素浓度等。使用这些补充指标能够清楚地显示各子系统的安全性能，同时不需要生物圈模型，避开了处置库关闭后长期生物圈变化的不确定性。

**(4) 瑞典**

处置系统由乏燃料、废物罐、缓冲/回填材料、地质圈 4 个子系统组成。

瑞典核燃料与废物管理公司对乏燃料深层地质处置的长期安全评价成果反映在《乏燃料深地质处置的 97 安全报告——处置库关闭后的安全评价(SR97)》[55-56]中。安全分析中考虑的引起处置库长期性能演变的作用因素包括：T(热演变)，H(水力演变)，M(机械演变)，C(化学演变)，总称为 THMC。另外，也涉及 R(辐射相关的演变)。

安全评价中选定的景象为：基本景象、废物罐早期破损景象、气候演变景象、地震景象和人为意外侵入景象。

基本景象是其他各景象分析的基础。在基本景象中认为处置库系统按规范设计，废物罐初始无破损，考虑了地面抬升对地下水流的影响，除地面抬升外周围环境保持现在的条件，考虑非地震引起的岩石力学性质的变化(即基本景象中不包括地震)，不考虑人为侵入。分析辐射源项和近场热、水、力、化学演变对废物罐容器的影响。

废物罐早期失效景象假设一些废物罐加工(例如废物罐盖的焊接)缺陷，悲观的假设 4 000个废物罐中有 5 个(即约 0.1%)存在 1 $mm^2$ 的穿孔，其他假设与基本景象相同。分析在热—水—力—化—辐射影响下衬层腐蚀、乏燃料和核素溶解、核素在子系统(废物罐、缓冲层、地质圈和生物圈)迁移。

气候演变景象:预期瑞典的气候在未来的长时间内会发生大的变动。受大面积冰川期的影响,目前较暖的气候在约10万年后将变冷,瑞典目前的陆地可能被海洋覆盖。在气候景象分析中不涉及地震和人类侵入。气候的变化预期不会导致废物罐的破损,只有废物罐存在初始破损的情况下,才会出现核素释放。在多数情况下,冰川带不具备植物生长和人类居住所必需的自然条件。

地震景象:研究内容包括:① 模拟地震对岩石块机械性能的影响。一般而言,在离库址100 m的范围内,7.5级的地震可以使裂隙运动达到0.1 m;在离库址1 km的范围内,8.2级的地震可以使裂隙运动达到0.1 m。② 使用现有的地震统计资料来推断未来10万年的地震情况,模拟具体库址的地震影响。初步结论认为在非常悲观的假设条件下,未来10万年内地震引起的容器破损的数量在千分之几的数量级,与废物罐早期失效景象中的假设相当。通过适当选址,避开构造活动带,在比较实际的条件下,地震不会引起容器破损。

人为意外侵入景象选定深层钻孔景象进行分析,钻孔采用现在的技术和设备,计算了钻孔穿过1个废物罐的剂量和风险。基本结论是:① 如果钻孔发生在处置库关闭后300年,则操作人员接受的剂量将显著超过天然本底所致剂量,达到现在职业照射限值。与操作人员比较,处置库附近的居民接受的剂量低很多,不会超过天然本底照射。如果假设库址中有一个穿过废物罐的废弃钻孔,直到处置库关闭后400年,钻孔附近居民接受的剂量可能超过$1.5\times10^{-5}$ Sv/a的限值。② 由于钻孔穿透废物罐的概率很低,估计为$10^{-7}$(钻孔概率估计为$10^{-5}$,穿透1个废物罐的概率是$10^{-2}$),钻孔操作人员和居民的风险都远远低于现在可接受的标准$10^{-6}$/a。

### 3.4.3 地下实验室在地质处置安全评价技术研发中的作用

安全评价技术研发的主要任务之一是建立特定场址的综合安全评价模式。由于高放废物处置涉及很长的时间和空间尺度、体系复杂且不确定因素多,实验室小尺度试验已无法满足安全评价要求,必须通过大尺度、长时间的现场试验来说明处置系统的安全性,主要手段是开展地下实验室试验。

当前世界范围内已有20多个地下实验室,包括普通地下实验室和特定场址地下实验室两种。通过地下实验室试验可以开发安全评价技术及相应的仪器设备,验证和修改安全评价模型,获取必不可少的各种数据。同时,可在地下实验室开展场址调查方法研究,获取场址特征资料;就地观察并验证实验室实验成果;可在真实环境中开展1∶1的工程屏障性能研究;进行现场核素迁移实验;开发处置库的施工、建造、废物放置、回填、封闭等技术,完善概念设计;进行人员培训;为利益相关者示范处置场的运营。一些国家开展地下实验室试验研究的经验表明,往往关键试验的失败可能推迟整个原定的废物处置计划。因此,我国应尽快建设地下实验室并开展试验研究,这是保证按计划实施高放废物安全处置的关键条件之一。

所有地下实验室都开展了大尺度的处置安全试验,目前地下实验室已开展的主要安全试验见表7[57]。

表7 已开展的地下试验室安全试验[57]

| 研发目标 | 试验内容 | 进行研究的地下实验室 |
|---|---|---|
| 核素在介质中运移的概念模型和数学模型的开发和试验 | 放射性核素的阻滞<br>非饱和带输运试验<br>溶质输运和扩散试验<br>气体-阈值-压力试验<br>示踪剂滞留试验 | 瑞士 Grimsel<br>美国尤卡山<br>加拿大 Whiteshell<br>美国 WIPP<br>瑞典 Äspö |
| 模拟放射性废物处置所产生的效应(热、核素释放、力学影响) | 热和辐射对黏土影响研究<br>平道放置废物的热模拟<br>加热试验<br>热-结构相互作用试验<br>水—热—力耦合试验 | 比利时 HADES<br>德国 Asse<br>美国 Yucca,WIPP<br>瑞典 Stripa<br>瑞士 Grimsel<br>美国 WIPP<br>加拿大 Whiteshell |
| 各种长期作用,运行后阶段,腐蚀,地质力学稳定性等 | 黏土处置概念方案验证<br>热—水力—力学耦合作用试验<br>材料界面相互作用试验<br>回填材料性能 | 比利时 HADES<br>日本 Kamaishi<br>加拿大 Whiteshell<br>美国 WIPP<br>德国 Asse |
| 验证工程屏障系统(可行性) | 钻孔封闭和缓冲材料试验<br>全规模工程屏障试验<br>高放废物罐钻孔的封闭<br>缓冲材料和容器试验<br>小规模封闭性能试验<br>处置库封闭试验 | 瑞典 Stripa<br>瑞士 Grimsel<br>德国 Asse<br>加拿大 Whiteshell<br>美国 WIPP<br>比利时 HADES |

## 3.4.4 地质处置安全评价发展现状和趋势

(1) 安全评价现状

国际上在安全评价领域进行了大量的努力,很多国家发表了具有不同阶段性的安全评价报告,经济合作发展组织核能机构根据对17个国家的安全评价的分析,总结了安全评价发展的现状[49],总体结论是已经研发了可实际应用的处置库长期安全评价方法,能够为处置系统开发全过程的决策提供较充分的基础,尽管安全评价在很多重要方面还需要改进。

就技术方面而言,安全评价必须阐述的3个主要问题[52]:① 处置库不同构成部分和可能发生的相互作用过程在确定整体安全性中的作用;② 处置库长期安全性预测,必须将核素释放的概率和后果与安全标准比较;③ 处置库长期性能预测的不确定性程度。

各国在评价方法学的很多方面达到共识,认为评价方法坚实可靠应具有以下3个特性:① 评价方法是基于良好有效性确认的真实模型和数据,或明显保守的模型。但是,保守模型不能对多重屏障系统进行优化，因此，屏障系统的每一个组成部分的模型化需要具有适当水平的真实性。② 确保分析了所有对安全性起不利作用的过程。③ 对参数的变化不灵敏。

各国普遍采用的安全评价基本方法包括景象分析和后果分析。景象分析考虑所有可能想到的影响将来处置库性能的系统特性、事件和过程，并进行筛选分组，形成景象，每一个景象描述一个演变过程，然后使用一系列后果模型评价每一个景象。模型化过程包括5个基本步骤：开发概念模型、开发计算模型、开发计算程序、验证和有效性确认、模型应用。概念模型是系统特征和过程的描述。计算模型是各概念模型及其相互关系的定量表示，或是严格的解析解，或是复杂的数值解。验证是相对直截了当的检验计算程序的正确性，通常是与已知的解析解或类似程序的计算结果进行比较。有效性确认比较复杂，是要解决计算程序中的模型是否充分正确地描述了系统和过程，理想情况下有效性确认应将计算结果与直接观测相比较，但是，由于处置库评价的时间和空间尺度，有些模型的结果不可能直接与观测相比较。数据是模型开发和应用的基础，具体模型计算必须应用特定系统数据，使用任何非特定系统数据时必须证明其是适当的，确定数据的质量是安全评价的重要内容之一。由于长期安全性评价总是存在不确定性，判断是否符合安全标准不是简单地把计算结果与标准限值进行比较，而是还需要一系列的补充证据。

NEA总结了2000年以前的10年内国际上在安全评价方法取得了重要进步的领域[49]：① 加深了对废物体性能退化的认识；② 废物罐的性能退化和损伤的模型化进一步接近实际，建立了废物罐早期损伤模型；③ 形成了比较精细复杂的地质化学计算程序和数据；④ 处置库的热变化过程；⑤ 三维地下水流场模型；⑥ 空间变化的水文地质模型；⑦ 核素在裂隙和非饱和带中的迁移；⑧ 建立了一些有较好依据的特定过程模型（例如火山影响、胶体的处理、产生的气体释放）；⑨ 建立了一些有较好根据的系统组成部分之间相互作用模型。

同时，NEA总结了安全评价技术上仍然存在问题、需进一步工作的领域[49]：① 地下水高导水通道的判断技术及其对核素迁移的影响；② 地下水入渗与补给的测定技术，处置深度地下水与降水和地表水的联系；③ 长期地质演变预测；④ 长期气象演变预测；⑤ 天然胶体和处置环境中形成的胶体及其对核素迁移的影响；⑥ 有机质作为络合剂对核素迁移的影响；⑦ 气体对天然屏障性能的影响；⑧ 人工屏障的长期性能变化影响（尤其是工程建设开挖干扰带的影响，容器的腐蚀及其腐蚀产物的物理化学作用及其影响）；⑨ 近场的THMC耦合作用核素迁移模式和远场的岩体裂隙网络中核素迁移模式的开发与验证。

### (2) 安全评价发展趋势

地质处置安全评价的研究发展趋势可归纳如下要点：① 从处置系统的整体性、多重性、互补性和动态性特性出发，加强安全评价中防护最优化方法学研究，以满足ICRP有约束的防护最优化要求；② 开展辅助安全指标的研究和制定，用于评估和证实各子系统的性能；③ 制定和完善工程屏障、场址等各子系统的技术性能标准，以满足性能评价的需要；④ 加强天然类比和人工类似物研究，为地质处置和工程屏障的长期有效性提供更有说服力的历史证据；⑤ 不断深入场址基本特征调查研究，特别是裂隙、断层快速导水通道的调查技术；⑥ 工程屏障是长期有效隔离废物的主要技术手段，并可以降低安全评价的不确定性，在处置系统安全性能中，工程屏障的作用越来越受到重视；⑦ 在特定的地下实验设施建造原型处置库进行验证试验和研究是安全评价不可缺少的重要阶段；⑧ 有限时间内保持地质处置系统的可逆转性和可回取能力等新意向影响处置库的设计和管理，同时影响安全评价研究；⑨ 不确定性研究仍然是安全评价的重要的棘手问题，不断降低安全评价结果的不确定性是必然要求；⑩ 数据库的建立和运行；⑪ 针对 NEA 总结的安全评价技术上仍然存在问题、需进一步工作的领域开展研究。

尽管放射性废物管理领域的技术专家认为可以获得有质量的安全评价结果，但其他学科的专家和部分公众仍对此信心不足。对此，一方面要不断提高安全评价的可信水平；另一方面，应明确安全评价并不能对如此长期的未来做出准确的计算，而只能给出一个合理的预期，还需要综合的人为判断。实际上，其他一些行业也有类似情形，因此，不能对放射性废物处置提出奢望。

## 3.5 环境公平及公众参与和接受

公众参与和接受对高放废物地质处置的影响日渐增加，并在有些国家变成了决定性因素。工程及安全评价所提供的安全对于公众接受是至关重要的，但并非决定公众接受唯一因素，还需要综合环境公平、公众对安全理解等因素（社会心理和伦理学问题、安保问题、政治影响问题、技术经济能力问题）。本节将重点讨论环境公平对公众接受的影响。

### 3.5.1 地质处置中的环境公平问题概述

#### (1) 对环境问题逐步重视的过程

自工业革命时代以来，随着世界人口的增长和人类对环境、资源、能源等开发利用的加剧，对环境公平和资源持续利用的呼声越来越高。20 世纪六七十年代，随着各国环境保护运动的深入，环境问题已经成为重大社会问题，一些跨越国界的环境问题频繁出现，环境问题和环境保护逐步进入国际社会生活。

1972 年 6 月 5 日至 16 日，联合国在斯德哥尔摩召开人类环境会议，来自 113 个国家的政府代表和民间人士就世界当代环境问题及保护全球环境战略等问题进行了研讨，制定了《联合国人类环境会议宣言》和 109 条建议的保护全球环境的“行动计划”，提出了 7 个共同观点和 26 项共同原则，以鼓舞和指导世界各国人民保持和改善人类环境。随后在当年 10 月召开的联合国大会上，将此次人类环境会议的开幕日 6 月 5 日定为“世界环境日”。第一个世界环境日的主题是“地球只有一个”。

在 1972 年《人类环境宣言》的影响下，各国在其宪法或环境保护基本法中确认了环境权。公民的环境权包括环境使用权、知情权、参与权和请求权。

1992 年，在巴西里约热内卢召开的联合国环境与发展大会通过的《里约热内卢宣言》和《21 世纪议程》将“可持续发展”作为世界各国当今和面向未来的战略和对策，得到世界各国的响应。

#### (2) 放射性废物处置领域的伦理问题

在过去的几十年中，放射性废物管理领域也一直非常关注废物处理与处置方面的伦理问题，向上可以追溯到 1955 年，美国国家科学院关于放射性废物处理与处置的指南。20 世纪 80 年代，OECD 和 IAEA 相继展开了放射性废物处理与处置目标及原则的讨论，伦理问题逐渐受到人们的重视。

IAEA 在《放射性废物管理原则》[3]中提出的 9 项原则包含着多个因素，如健康、环境、境外影响、后代保护、后代负担、法律、技术经济、管理、安全等。在这 9 项原则中，第 3，4，5 项属于伦理学范围，涉及"代内公平"和"代际公平"的原则，可以总称为环境公平原则，它是放射性废物管理 9 项原则的延伸和发展。

OECD/NEA 于 1995 年出版了《长寿命放射性废物地质处置环境和伦理基础：OECD/NEA 放射性废物管理委员会的观点》报告[58]。该报告中关于放射性废物处置的环境和伦理观点摘录如下：① "代内公平"涉及资源分配的平衡问题。地质处置规划的实施是开放的进程，随着科技的发展和社会可接受性的变化，规划可以不断改进，不排除在规划的某一个阶段采取其他选择的可能性。在几十年的实施过程中，感兴趣的各方可以参与该进程的所有阶段。② "代际公平"涉及可能会遗留给后代潜在风险和负担的当代人的责任问题。地质处置可以最大限度地将废物与生物圈长期隔离；同时地质处置的概念并不要求对废物的回取有明确规定，但是回取可以给后代保留选择的自由，即使关闭之后仍然能够以一定代价回取。③ 基于以上两方面的分析，OECD/NEA 认为地质处置是当前最符合环境与伦理原则的做法。

由于高放废物的特殊属性和安全目标，地质处置需要特殊的地质结构，因此处置库所在地区与核电受益地区之间，可能有极大的空间跨度，涉及不同的利益群体。高放废物需要在地质结构储存的时间以万年计，又有着很大的时间跨度，涉及人类的多个世代。高放废物的地质处置项目是诠释"代内公平"和"代际公平"的典型案例。

## 3.5.2 环境公平原则与措施

国外对环境公平问题开展研究较早，在非核领域与核领域，均已有较多的涉及环境公平的措施与实践。

### (1) "代内公平"原则与措施

1) 对当代人的健康风险控制

制定严格的高放废物管理法规标准，对当代人潜在的健康风险，加大控制的力度。

2) 负担与利益的空间分配

目前，广泛接受的理念是，一个地方既然愿意接纳能够造福于广大人群并具有潜在危险的公共设施，那么他们就应该获得公平合理的利益补偿。就"代内公平"而言，与伦理上、政治上的讨论相比，尽管经济学意义上的公平也是一个极为复杂的问题，但仍然是最具有可操作性的，也是最容易达成一致的。

目前，在许多国家中，这种跨地区的负担与利益的分配已经发生过多次。由于国情不同，国外的案例仅可以供我国参考。美国的经验是，事前要强调社会经济因素对选址、设计建造和运行的影响；事后要开展广泛、深入的社会经济影响研究，给当地部门和公众以适当的财政资助，争取实现一定程度的"代内公平"。

当某些国家自愿接受他国废物的处理或处置时，理应得到合理的报酬。同时应注意，对于那些既无合理的社会体制、又缺少必要的技术能力的国家，不应对其输出待处理或处置的放射性废物。

3）推动公众参与

“代内公平”要求广大公众了解有关信息，并参与到相关决策的制定过程当中。需要重视的一点是，一般公众可能缺少对技术问题的全面了解，因此有关单位应承担起向公众清晰准确传达有关信息的责任，积极与公众交流并达成共识。

4）污染者付费

污染者付费是环保领域广为接受的原则。放射性废物处置与其他领域相比，在污染物数量、性质、计量方面较为简单和明确，可以精确计算有关成本，便于污染者付费原则的实施。

#### (2) “代际公平”原则与措施

1）控制后代的安全风险

后代人承担的风险不能超过当代人面临的风险水平。也有人认为，既然当代人是核电的受益者，后代承担的风险水平应低于或至少不大于当代人的风险水平才可以接受。

2）平衡后代的负担与利益

讨论废弃物可能对后代造成的任何不利影响时，也应该要注意到后代可能从中得到的利益，特别是可能通过科技进步而得到更多可用能源的利益。对核能而言，具有节省石化能源蕴藏的开采，降低温室气体排放等优点。

3）减少后代的财务风险

高放废物的储存、处置和监护是相当昂贵的，如果拖延其实施进程，就意味着增加后代子孙的财务负担。因此当代人应负责为后代人建立充足的长期基金以应付可能出现的财务问题。

4）给后代以最大的选择自由

对废物/处置库提出可回取/可逆转的设计要求，保留在有限时期内回取的可能性，可以给后代以最大限度自由，但同时也可能削弱地质屏障作用和增加处置成本。因此需要找到一个适当的平衡点。

### 3.5.3 公众参与和接受

#### (1) 公众参与和接受是高放废物处置的重要影响因素

放射性废物特别是高放废物和 α 废物的处置库场址选择历来是一个非常敏感的话题。一些地质、社会经济条件非常理想的场址就是因为地方政府和当地居民的反对而被否决，这被称为“不要放在我的后院(NIMBY)”现象，这在某种程度上阻碍了放射性废物处置工作的进展，比如韩国、匈牙利失败的中低放废物处置设施选址尝试、德国放射性废物处置工作停滞不前、美国放弃的第二个高放废物处置库选址过程等都说明了这一点。部分国家迟迟无法确定高放废物处置库场址的一个原因就是因为公众的反对和不接受。

美国尤卡山高放废物处置库场址的批准过程很典型地反映了公众接受对决策的影响。2002 年 2 月能源部长根据美国地质调查局、有关的国家实验室和大学等合同单位 20 年的研究成果判断，尤卡山场址适宜建造地质处置库，并向总统正式推荐尤卡山场址，同时通知内华达州。布什总统于 2002 年 2 月 15 日批准，并向国会提出建议。但内华达州议会否决了总统的建议，2002 年 4 月 9 日内华达州长签署了不同意在该州建设这一设施的文件并提交国会。内华达州政府、公众和环保社团反对的主要理由是，今日的尤卡山地区与20多年前大不一样了，1982年政府开始在尤卡山地区进行地质处置研究时尤卡山附近几乎人迹罕至，但如今，在总数为200万人的内华达州居民中有150万人居住在拉斯维加斯及其附近地区，距离尤卡山只有90英里。在距离掩埋地最近的阿马戈萨山谷小镇还有将近1 300名居民。拉斯维加斯是世界赌城、世界各地许多恋人的结婚之都，每年各国游客数千万人，尤卡山地区继续处置高放废物的公众影响太大。此后联邦众议院和联邦参议院分别于2002年5月和7月投票(赞成/反对票分别为306/117,60/39)通过了在尤卡山修建高放废物处置库的计划，两院的联合决议推翻了内华达州议会和州长的否决，使总统的建议得以通过。但州政府联合了地方社团投诉到联邦法院，希望通过司法的介入推翻该项目。美国国家联邦法院的最终司法裁决使州政府的愿望没能实现，尤卡山选址得到司法确认。

这一场从立法开始，到行政(能源部、总统)，到立法(州议会、众议院、参议院)，再到司法(联邦法院)的角力斗争，反映出不同利益相关群体的意见分歧，说明高放废物处置的社会敏感性和政治敏感性。

公众之所以反对在自己的居住环境附近建造地质处置库，一方面是出于对大量放射性的惧怕和警惕心理；另一方面是对废物处置技术安全性的不了解和担心。更深层次的原因是由于高放废物处置造成的“地域不公平”，即由处置库所在地的政府和公众单独承受废物处置所带来的长期影响。

**(2) 加强公众接受的主要措施**

近年来一些国家和国际组织在建立公众信心方面作了大量的努力。这方面一个成功的例子是芬兰乏燃料处置的较快进展，相对美国、瑞典而言，芬兰启动地质处置较晚，但其处置库场址却最先得到了批准。一些国家在地质处置公众接受方面的主要措施有：① 让公众参与决策。IAEA的调查表明：每个国家都认识到，希望获得成功的高放废物和乏燃料处置计划必须纳入公众参与并保证透明性的活动中去。这些国家现在正在执行公众延伸计划，不仅让公众参与场址评价，参与决策过程，还通过各种措施来促进公众的理解，建立公众的信任，有的国家已以法律形式规定了公众、处置场所在地地方政府参与决策的方式和程序。② 加强安全评价研究，多层次、全方位地说明高放废物处置的安全性和适宜性。为了促进公众接受，许多国家都对高放处置的安全性进行了全面研究，特别是采用了更易被公众接受的方式，如采用天然类比、辅助安全指标，来说明处置路线的安全性。③ 加强宣传，促进公众接受。为了让公众了解放射性废物处置技术，一些国家采用多种新闻媒体宣传处置技术的安全性，专门设立接待中心来鼓励公众对研究过程、研究设施的参观了解，一些重要的文件向公众公开，并征询公众意见，通过这些方式让公众全面了解处置技术，促进公众接受。④ 充分发挥地方政府在废物处置决策过程中的作用。如美国法律规定允许地方政府对执行机构完成的研究进行独立的科学技术评审。⑤ 针对放射性废物处置带来的“地域不公平”，一些国家的法律规定对处置库所在地给予一定的财政资助，如直接的经济补偿、修建公共设施或产业设施、免税、帮助地方政府实施长期环境监测等，通过“经济杠杆”鼓励地方政府和当地群众接受。

## 3.6 高放废物处置安全研究的国际经验和教训

国际上对高放废物地质处置的研究已有50多年历史，虽然取得了重大的进展，但迄今高放废物地质处置还没有得到实施。这期间有很多的经验和教训，根据本节前面部分对国际情况的介绍，我们从高放废物处置安全方面进行了总结，以期为我国高放废物地质处置研究提供借鉴。

(1) 及早建立国家高放废物管理的法规标准体系。以法律和条例确定高放废物处置的管理体制、筹资渠道和决策方式；以标准规定技术安全要求。

实践已经表明，高放废物地质处置需要经历长期的研究和开发，地质处置对人类和环境的潜在影响及时间跨度又使其成为公众瞩目的问题。因此必须通过立法确保决策的权威性和工作的连续性。许多国家的经验展示了立法的主要任务是：① 建立责权明确和相互制约的五类组织机构，即立法、审管、执行、咨询和资金管理机构；② 为地质处置库的研发、运行、关闭和关闭后的监护提供长期经费保证；③ 确立决策机制，施行分步决策。美国和法国的迭代式立法过程本身也有启示意义，这就是法规先行一步，在实施中积累经验，每隔几年修订一次法规，做到自始至终有法可依。

(2) 选址是一个漫长的过程，要有明确的规划和实施步骤。每走完一步都需要审管机构进行合法性审查和适当级别的决策机构进行合理性决策。

高放废物处置是一项包容和隔离大量放射性物质的特殊环保工程，处置库选址不同于一般工程项目的选址。除了例行的场址筛选以外，处置库的选址研究活动具有如下独一无二的特点：① 它要在候选场址上进行多年的场址特性评价工作，而且允许进行和通过场址特性评价都是中央政府的行政决策行为，学术机构无权做出这两项决策；② 它要在地下实验室进行多年的试验研究和验证工作，甚至需要在已推荐的场址上用真实废物进行原型处置库验证，而地下实验室本身就是一项独立的需要按审批程序进行的核设施建设工程项目；③ 处置库选址是典型的多因素多目标决策过程，必须反复听取地方政府和公众的意见并签订利益协议，由国会做出最终选址决策。

(3) 高放废物地质处置是一项安全系统工程，处置安全要靠地质处置系统总体优化设计来保证。

高放废物地质处置的最终目的是确保处置库长期安全，使其对人类和环境的危害降低到可以接受的水平，并减轻后代的负担。因此各国的地质处置方案都是按照多重屏障原理进行设计的。只有对废物体、包装容器、缓冲/回填材料、处置围岩、生物圈和人类社会环境组成的大系统进行优化配置，才可能实现废物处置的长期安全，而不是片面强调某一种屏障的重要性。

(4) 安全评价贯穿整个高放废物处置的全过程，且安全评价需要经历多次迭代过程。最终安全评价应以实体模拟试验及其数学模式化为基础。

国际经验表明，高放废物地质处置的安全评价包括处置系统总体的安全评价和系统各组成部分的性能评价两个方面。同时满足法规标准规定的安全目标和技术性能要求，是获得安全许可证的基本条件。定量的安全评价只有在千年数量级的时间范围内才是可行的，但不妨碍要求进行更长时间的非定量评价。研发初期的安全评价可以是偏保守的，但处置库建造阶段的安全评价应当是特定场址和特定工程设计的评价。

（5）充分重视处置中的环境公平及公众参与和接受等社会问题的研究。

高放废物处置涉及许多伦理问题，环境公平和公众接受是其代表。事实上，在一些国家，经过多年的研究，地质处置的安全性已得到了专业认同，影响处置工程进展的主要因素是一些社会学问题，并由此引发了许多对放射性废物处置深层次的思考和争论。可以说，安全评价和公众接受是负载高放废物处置加速发展的一对车轮，必须引起重视。

# 4 我国高放废物处置安全研究的现状和对策

## 4.1 国家基础结构研究

### 4.1.1 现状与问题

全国人大常委会于2003年颁布施行的《中华人民共和国放射性污染防治法》[59]是我国核领域在完善国家基础结构方面取得的一项重大进展。该法律中有关高放废物处置的内容如下：规定“高水平放射性固体废物实行集中的深地质处置。α放射性固体废物依照前款规定处置”；要求“国务院核设施主管部门会同国务院环境保护行政主管部门根据地质条件和放射性固体废物处置的需要，在环境影响评价的基础上编制放射性固体废物处置场所选址规划，报国务院批准后实施”；要求“有关地方人民政府应当根据放射性固体废物处置场所选址规划，提供放射性固体废物处置场所的建设用地，并采取有效措施支持放射性固体废物的处置”；规定“产生放射性固体废物的单位承担处置费用”，并要求制订《放射性固体废物处置费用收取和使用管理办法》。

此外，全国人大还颁布施行了相关的《环境保护法》、《环境影响评价法》等法律，国务院颁布施行了包括《民用核设施安全监督管理条例》在内的一系列法规。我国是《乏燃料管理安全与放射性废物管理安全联合公约》的缔约国，按照要求应每三年向缔约方大会提交有关乏燃料和放射性废物安全情况报告供审议。

国家核安全局制定的《放射性废物地质处置库选址》[60]，以国际原子能机构相关标准为基础，提出了地质处置库选址的一般要求。

2006年国防科学技术工业委员会、科学技术部和国家环境保护总局联合发布的《高放废物地质处置研究开发规划指南》[61]，将研发规划正式纳入政府议事日程，是我国高放废物地质处置的重大进展。规划指南提出了“统筹规划、协调发展、分步决策、循序渐进”的总体思路；明确了在我国领土内选择地质稳定、社会经济环境适宜的场址，在21世纪中叶建成高放废物地质处置库的发展目标；划分了“实验室研究与场址选择”、“地下试验”、“原型处置库验证和处置库建设”等发展阶段；并说明了“十一五”期间的主要任务与研究内容，其中就包括了“建立高放废物地质处置法规标准体系”和“管理构架”等研究项目。在编写规划指南期间，首次对国家的主导作用和建立国家基础结构等国外情况做了认真的调研[62]。

我国高放废物地质处置研究始于1985年，在原核工业部组织下制定了初步的研究发展计划，成立了研究协调组，并从国防预研经费中拨出少量经费，安排了工程、地质、化学、安全四个领域的研究项目，取得了一定的研究成果[63]。但对国家基础结构问题未开展专门研究。

目前我国在国家基础结构方面存在的主要问题是：① 缺乏系统而又详细的针对高放废物处置的法律、条例、规章和标准，致使实际工作经常处于无法可依的状态。② 管理体制不完备，执行、咨询和资金管理机构不到位。执行机构未得到法律或政府授权，致使废物处置实施主体不明确，许多急迫要做的事情没有人牵头来做，这是当前最突出的问题；咨询机构尽管有国家环保总局和国防科工委分别设立的专家委员会，但未提升到由法律规范的、责权明确的、统一的和专门的咨询机构的地位；而资金管理机构还属空缺。③ 决策机制尚未形成，分步决策的战略指导思想尚未落实。④ 筹资渠道尚未打通，发展规划缺乏经费保证。有关资金问题将在处置工程研究的子项中进行详细讨论。

### 4.1.2 对策与建议

在本项目研究过程中，深感我国高放废物处置的国家基础结构欠账太多。我们认为当前最紧迫的工作有以下几点：

#### (1) 加速法律、条例、规章和标准的制定

我国正在制定《原子能法》和《放射性废物安全监督管理条例》，宜将有关高放废物管理事项分别纳入这两个法规文件中。建议在《原子能法》中，对高放废物处置的管理体制、决策机制、筹资与资金管理制度、地方权利与义务等做出明确规定；在《放射性废物安全监督管理条例》中，设立高放废物管理专门一章，完整地规定高放废物处置的审管制度，并据此全面启动作为审管重要依据的地质处置安全要求和导则等标准序列的研制。我们还建议在时机成熟时，制定我国高放废物管理的专门法规。为了对我国高放废物管理的立法提供借鉴，本项目组安排了国外相关法规文本的翻译和出版事宜。

在标准方面，应在充分研究国外相关标准的基础上，根据我国情况及国内对地质处置安全要求、安全导则和安全评价研究的成果，制定相关的标准。包括《地质处置安全要求》、《地质处置选址准则》、《地质处置库的设计和运行》、《地质处置库废物接收准则》、《，地质处置的安全分析与环境影响评价》和《地质处置库的监测》等。还可借鉴美国的经验，区分一般性导则和针对特定场址和特定工程设计的导则。

#### (2) 完善高放废物管理体制的几条建议

在高放废物管理中，如何将“国家主导”的国际经验转化为国内的实践，是一个值得深入研究的课题。本子项取得了以下初步研究成果：

1) 关于政府职能转变与管理体制改革

1992 年中国共产党第十四次全国代表大会提出了建立社会主义市场经济体制的目标，全面启动了我国行政管理体制的改革。2002 年党的“十六大”报告把政府的经济职能定位为经济调节、市场监督、社会管理和公共服务，从而明确了改革管理体制要从转变政府职能做起。与一般企业放射性废物管理有关的政府职能主要是社会管理，即控制可能由废物带来的放射性污染，化解社会矛盾和冲突。与放射性废物处置有关的政府职能除了社会管理以外，还有公共服务，即为废物产生者提供废物处置服务。政府对高放废物处置的双重职能是国家主导高放废物管理的依据所在。应当按照国家主导的思路来完善高放废物管理体

制，包括组织机构的配置和管理制度的创新。

在《国际放射防护委员会1990年建议书》第七章“委员会建议的实施”[64]中，曾经按照不同的职能区分了核领域的各类组织机构，包括审管机构(regulatory agencies)、运营机构(operating managements)、咨询机构(advisory bodies)，以及从事干预、独立监测和国际联络的组织。IAEA[20]则对高放废物和乏燃料长期管理的组织机构按照职能区分为立法机构(legislative bodies)、审管机构(regulatory bodies)、执行机构(implementing bodies)、咨询机构(advisory bodies)和资金管理机构(fund management bodies)。下面结合我国的情况讨论有关组织机构的性质和职能，并提出改进管理体制的建议。

2) 关于立法机构的工作建议

我国的立法机构主要是全国人大和政府。其中全国人大除立法外兼有决策和对政府实行法律监督的职能；政府除立法外兼有决策和行政监督的职能。就高放废物管理来说，当前特别需要加强政府的立法和决策职能，同时建议全国人大指定一个专门委员会(例如环境与资源保护委员会)负责有关高放废物管理问题的立法和决策研究。

3) 关于审管机构的性质与审管制度的建议

根据《放射性污染防治法》[59]，我国高放废物管理的审管机构是明确的，但对审管机构的性质还存在一些误解。按照《国际电离辐射防护和辐射源安全的基本安全标准》[1]的规定，审管机构被定义为“受权批准和检查受管制活动并强制实施法律和条例”的组织，即特定法规序列的实施组织。审管机构有别于责权宽泛的政府行政管理部门，它的任务比较单一，就是依法执行行政许可制度。对于核活动的行政许可，特别是涉及高放废物处置这样技术性要求非常高的行政许可，必须由专业性组织实施，因此各国都设立了专门的核活动审管机构，如美国的核管会等(见表1)。同时，政府的有关行政管理部门也要对审管机构进行行政监督。我国高放废物管理的审管机构应是国家环保部所属的国家核安全局。

《放射性污染防治法》并没有对高放废物处置的行政许可制度做出专门规定。我们建议以《行政许可法》为法律依据，在《放射性废物安全监督管理条例》中做出此项规定。《行政许可法》[65]第十二条第(二)款规定“有限自然资源开发利用、公共资源配置以及直接关系公共利益的特定行业的市场准入等，需要赋予特定权利的事项”，可以设定行政许可。高放废物处置是属于政府公共服务职能范围内的事，由于它对安全的高度敏感性，要求实施垄断型行业准入，符合上述第(二)款规定，在国外称之为“特许”，有别于《行政许可法》第十二条第(一)款对一般企业放射性废物管理执行“普通许可”的规定。《行政许可法》还对“特许”事项做了若干特别规定，如听证、招标等，我们建议在制定条例的相关条款时予以考虑。顺便指出，《行政许可法》对行政许可事项的分类方法遭到批评，被认为不完全符合按照行政审批机关(即审管机构)裁量权的大小进行分类的原则[66]。我国《电离辐射防护与辐射源安全基本标准》[67]由于等效采用了相关国际标准，将行政许可分为许可证、注册、备案三级，则准确体现了裁量权的递减，使放射性废物管理的不同情况可以找到各自适用的行政审批形式，我们建议采用这种比较科学的分类方法。其中对放射性废物处置(包括高放和中低放废物处置)则适用特许形式，特许是许可证类别中的一个亚类。

4) 关于执行机构的性质和归属的建议

高放废物处置的执行机构，应特别强调它的特许授权性质。执行机构必须以符合法规规定的方式组成；它不以营利为目的，而以确保处置安全为首要职责，主要资金来源于核电站交纳的法定后端基金和国防拨款；执行机构的运营方式遵循法规的规定和政府的指令，向用户提供安全、方便、稳定的服务，并接受比普通许可更加严格的监督检查，直至在严重违反许可证条件时撤销特许；执行机构在处置库关闭后再经过一段主动监护期即结束使命，把责任归还政府。国外高放废物处置的执行机构有三种类型(见表2)。其中法国的放射性废物管理公司比较适合我国情况。它根据法国1991年和1992年两个法令重组，是工商性质的国营机构，在工业、环保、科技和卫生等主管部门的监督下开展工作(见图2)。它的董事会成员由国会议员、政府各部代表和参股的核电业代表等组成[68]，较好地体现了国家主导和利益相关者参与的思想。我国应考虑建立类似的执行机构。由于中国核工业集团公司对高放废物处置已进行多年的早期研发，为了保持工作的延续性，并充分发挥中核集团所属各科研设计院所的技术优势，我们建议当前可将执行高放废物处置的国有公司置于中核集团公司之下。同时建议国防科工局设立专门的放射性废物管理处，以便政府核行业主管部门和环境保护行政主管部门都能够有效地加强对高放废物处置的监督管理。应当指出，由于我国中低放废物处置与高放废物处置的特许授权在空间范围和终止时间上，以及经费筹措方式上均存在显著差别，因此两者的执行机构不一定非得捆绑在一起。

5) 关于咨询机构设置的建议

高放废物处置的咨询机构一方面为政府的科学决策提供技术支持，另一方面还兼有技术监督的职能。目前、国防科工局已设立了专门的高放废物地质处置专家委员会，国家环保部早就有了非专门的核安全与环境专家委员会。建议对各级咨询机构提供开展独立研究的费用，使之具备咨询能力，以保障其咨询工作的客观性。

6) 关于开辟多渠道资金来源和建立核电基金管理机构的建议

根据《放射性污染防治法》[59]第二十七条第二款和第四十五条第二款的规定，放射性废物处置费用由废物产生者支付，并应预提。建议尽快研究高放废物地质处置费用构成与需求(包括研发、运行、关闭与关闭后监护)，开辟多渠道资金来源(包括核电基金、国家财政投入、国家科研投入)和建立核电基金管理机构，以明确各方面的职责。

### (3) 建立高放废物地质处置决策程序

应研究确定高放废物处置的决策点、决策机构、决策程序和决策要素。参照国外经验，宜将选址规划、批准候选场址进行场址特性评价、地下实验室开展试验研究的方案、场址最终确定、处置工程概念设计、处置库建造许可、运行许可、关闭、关闭后监护等作为决策点。《放射性污染防治法》[59]已明确了选址规划由国务院批准后实施。场址最终确定是最关键的决策点，我们建议有关方面着手研究由全国人大常委会负责处置库场址最终决策的可行性。

公众参与决策已有一个好的开端，原国家环保总局发布的《环境影响评价公众参与暂行办法》[69]规定了问卷调查和召开座谈会等参与形式。但考虑到高放废物处置问题的复杂性和长期性，建议对公众、地方政府和其他利益相关者参与决策进行全面、深入的研究，并制订一个专门的参与程序。

### (4) 保障研究开发工作的持续性

原国防科工委、科技部和原环保总局联合发布的《高放废物地质处置研究开发规划指南》[61]，为有关方面制定相关规划和计划奠定了基础，对保证研发工作的持续性具有重要意义。为了该规划指南的有效实施，应在全国范围内统一组织，加强协调和管理。我们建议发挥各方面的积极性，拓宽现有的经费渠道和吸纳优秀人才的渠道，通过适当的分工合作，把高放废物处置研究同时纳入国防科工局、科技部和环保部的科技项目计划中，从基础研究、试验研究、法规标准研究到开展国际合作提供全方位的资源投入。

## 4.2 安全原则和安全目标研究

### 4.2.1 现状与问题

我国《放射性污染防治法》[59]和《放射性废物管理规定》[70]均规定了保护人类健康、保护环境等基本原则。对放射性废物安全原则的深入研究也有相当进展[71]，其中包括对中低放废物处置长达十几年的研究。但是针对高放废物处置来理解上述原则的辐射防护与安全含义做得还不够；目前对备受关注的环境公平原则及其伦理学基础的介绍和研究也只是刚刚开始；对保护非人类物种的研究等新动向的反应则比较迟缓。

国内地质处置安全目标的研究明显滞后。[72]初步消化了ICRP相关出版物的内容，正在进行IAEA相关技术报告的消化。急需的辅助安全指标的研究尚未开始；防护最优化研究尚属空白；天然类比研究已取得一定进展；安全目标的时间尺度问题可能成为争论的焦点。

### 4.2.2 对策与建议

(1) 开展地质处置安全原则和安全目标的深入研究

为了使高放废物地质处置建立在坚固的科学基础上，我们建议开展对长期潜在照射的防护与安全研究。在非人类物种的保护研究方面，建议根据我国的生态特点，选择适当的参考物种，研究其辐射照射的后果以及对地质处置安全目标可能产生的影响。加强环境公平原则的研究很有必要，其重要性将在下文辟专节讨论。

关于地质处置的剂量与危险目标，我们建议采用ICRP第81号出版物推荐的指标[25]，即对地质屏障和工程屏障中的天然过程来说，剂量约束值为0.3 mSv/a，与之等效的危险约束值为$10^{-5}$/a量级。为了使地质处置的安全目标实际应用于多重屏障系统的设计，我们建议尽快制订地质处置的辅助安全指标，即放射性核素从处置库释放后经地质介质迁移到生态环境中的通量或累积浓度值，同时建议尽早立项开展防护最优化方法和防护目标的时间尺度研究。

(2) 对防护时间尺度的初步看法

如前所述，国际上对高放废物地质处置的防护时间尺度存在不同看法。我们经过初步分析后认为，ICRP第81号和第77号出版物的建议比较合理可行[24-25]。首先，ICRP肯定在有限时间范围内对处置后果进行定量的剂量和危险分析是必要的，这是一种对长期安全负责任和慎重的态度。根据现有不完全的经验，对不超过数千年时间的预测是有可能的。其次，ICRP认为对遥远的未来时期来说，非定量的评价仍然是需要的；此时剂量和危险约束更多地应视为一种参考水平。这一看法同美国国家科学院关于计算处置库关闭后公众所接受的峰值剂量的意见是相容的。此外,ICRP 不要求对人员入侵进行剂量和危险预评价也是一种实事求是的态度。

## 4.3 安全要求研究

### 4.3.1 现状与问题

国内对地质处置安全要求的研究几近空白,停留在国外文献调研的水平上,为确保地质处置安全究竟该做哪些事情心中无数,甚至没有提出建立一个适合国情的安全要求基本构架的研究计划。这种情况直接影响到地质处置安全研发规划的制定,往往把安全要求研究降低为安全评价研究的层次。上述情况还对处置库选址和处置工程概念设计产生不利的影响,而在国外的安全要求研究则是与选址和工程概念设计研究同步和互动式地进行的。

在场址安全要求方面,目前的主要依据是等效采用国际标准制定的国家标准《放射性废物地质处置库选址》[60]。这在选址起步时可以满足需要,但随着选址工作的进展,就应该在经验积累和深入研究后提出自己的场址安全要求和形成特定的选址策略。

在工程安全要求方面,还没有建立起整体性安全思路。国外的经验表明,地质处置工程概念设计是场址安全要求和工程安全要求的综合实施。也就是说,工程安全要求是在充分考虑了场址的有利和不利条件,以及地质屏障和工程屏障的相互作用之后,为了保证实现安全目标而提出的增强型和补足型要求。因此工程安全要求更加具有国家特色。

### 4.3.2 对策与建议

(1) 制定地质处置安全要求研究计划

当前迫切需要在消化 IAEA《放射性废物地质处置》[4] 23 条安全要求的基础上,提出包括管理要求和技术安全要求在内的完整的地质处置安全要求研究计划。其意义是调动各类专业人员的积极性,使其能够抓住要领,参加进来,全面开展安全研究,而不是把安全研究局限在安全评价圈内。

(2) 开展单项安全要求研究

应吸收各国的经验和结合我国地质处置研发工作的需要开展单项安全要求研究。当前研究的重点是:选址准则,场址特性评价要求,设计准则,废物验收要求,安全案例要求,安全评价要求。我们建议我国场址安全要求的制定分两步走。第一步,收集和消化国外资料,考虑国内选址研究工作的进展,编制我国选址准则和场址特性评价要求试用稿,并邀请国内外专家进行评审。第二步,在场址特性评价过程中不断修订和完善我国场址安全要求。

(3) 加强构建安全案例的研究

IAEA 新近着重提出了“安全案例”要求[4],并把安全案例与安全评价确定为地质处置库的研发、运行和关闭的核心工作。安全案例(safety case)是从信息角度全面支撑废物处置安全的技术、评价、管理和决策的一项基础性工作。研究和实施构建安全案例的要求,涉及安全情景与安全相关信息的收集、分析和评价,安全方案、对策与措施的论证、评价和选择,以及地质处置研发各阶段的决策过程和实施结果的详细资料,目的是使政府、公众、其他利益相关者和子孙后代更充分地了解情况，增加决策的透明度和信任度，并在必要时保留重新决策的可能性。安全案例要求是对安全评价要求的扩展和深化，对于政府审批、公众接受、国际评议和决策变更等均具有重要意义。

## 4.4 安全评价研究

### 4.4.1 现状与问题

(1) 地质处置各子系统性能测试与评价技术研究

性能测试与评价的研究不仅为安全评价所必需，而且也是处置地质、处置工程和处置化学研究不可分割的组成部分。

国内对性能测试技术的研究和应用已有相当的成绩[63,73]。大部分技术是现成的，但需要进行选择。目前技术选择的做法不够规范，缺少顶层设计，没有形成经过认可的完整测试技术体系。

国内对性能评价技术的研究，包括场址性能综合评价，地质稳定性研究和地质、水文地质、岩石力学、地球化学的性能评价研究，均取得一定进展[63,73]。但在多因素作用下各屏障实体基本性能演化规律的研究方面，只有少数值得称道的工作，如核素迁移的某些物理化学机制研究，回填材料性能研究等[63,73]，不能满足实际需要。

(2) 地质处置总系统安全评价技术研究

我国在“八五”末期和“九五”初期，安排了地质处置安全评价的少量调研工作[63]，涉及处置源项、总体安全评价方法、地下水迁移模式和生物圈模式等，形成了对地质处置安全评价工作的基本理解。但与选址研究的进展相比是极其初步的。地质处置安全评价的关键技术，包括：① 适用于情景分析和后果分析的确定论与概率论相结合的基本方法学；② 适用于场址初选和处置工程概念设计的安全评价技术；③ 实体模拟试验技术和在试验基础上数学模式化技术以及相关的参数测试技术；④ 适用于特定场址和特定工程设计的安全评价的技术；⑤ 评价结果的不确定性分析技术，都还没有完全掌握。总的来说，我国地质处置的研发起步较晚，安全评价的研究尤为滞后。不仅与国际水平相差很远，而且不能满足当前和长期地质处置研发工作的需要。由于《高放废物地质处置研究开发规划指南》已将安全评价列为重要研发内容，我们建议给予较多的资源支持，加强组织管理，促其迎头赶上。

我国中低放废物近地表处置安全评价的研究和实践已走完了全过程[74-76]。1991—1993年IAEA技术援助项目“中低放废物处置”，中国辐射防护研究院与日本原子力研究所为期13年的合作研究，广东北龙处置场的安全分析与环境影响评价，确立了近地表处置安全评价的基本思路和方法，解决了性能评价与安全评价相结合、研究结果与工程适用相协调的问题，明确了特定场址和特定处置工程设计的安全评价应以实体模拟试验研究为支撑，通过小型和中型试验、野外包气带和地下含水层的水文地质与核素迁移试验、处置场原地试验等步骤，实现数学模式化、模式验证和参数获取等目的，但是不确定性分析做得较少。以上研发过程可为地质处置安全评价研究提供借鉴。由于近地表处置与地质处置的复杂程度差异很大，上述研发成果并不能替代地质处置安全评价技术的研发。

## 4.4.2 对策与建议

(1) 开展地质处置安全评价基本方法学研究

在地质处置安全评价基本方法学的研究方面,后果分析由于有中低放废物近地表处置研究的老底子[74-76],对孔隙介质比较容易跟上去,对裂隙介质还需做更多的工作。情景分析研究基础薄弱,特别在概率安全分析方面,需要从重新组建研究队伍开始。

保护非人类物种的评价是安全评价的新课题,需要开展评价方法学研究。

(2) 加强各屏障实体性能演化规律的研究

热、辐射、力、地表和地下水流、化学反应、天然地质事件和过程、气候变化等是影响地质处置系统稳定性的因素,它们可能显著改变废物体、包装容器、回填材料、岩土介质和地下水的长期性能,使系统性能呈现动态性变化的特征。为了掌握性能演化规律,我们建议加强相关的实验室研究、地下实验室验证和现场测试与试验。这应当是性能评价研究的重点。特别是当地质稳定性和水文地质条件中出现重大的和有争论的问题时,宜在进一步深入研究的基础上做出令人满意的回答。

(3) 对引进的评价模式与计算机程序进行消化和创新

近年来引进了国外许多评价模式和计算机程序[63],而深入进行消化的范例很少[77]。从引进的数学模式中反推实体模型的能力薄弱,因而结合我国具体情况改进和创新模式的能力不足。我们建议当前第一步应引进和消化偏保守的简单评价模式的组合,以供场址初选和工程概念设计的评价使用;第二步应着重消化和借鉴复杂评价模式的组合,并在实体模拟试验的基础上,改进和创新特定场址和特定工程设计的评价模式组合,以供最终安全评价使用。

(4) 加强核素释放和迁移过程的实体模拟试验技术的研发

在地质处置中核素释放和迁移实体模拟试验技术的研究基础十分薄弱,是我国地质处置安全评价研究的一个大问题。其原因之一在于相当一部分从事地质处置研发的管理和技术人员,对安全评价的要求是拿来算算而已。为了掌握自然规律,大气扩散要做风洞模拟试验和现场模拟试验,海洋排放要做水工模拟试验,这些已被人们广泛接受。但是地质处置是一件新事物,需要有新的经验。国外地质处置研发工作已经提供了这种经验,即经过核素释放和迁移试验来建立数学模式。地质处置的核素迁移试验应包括厘米级试验、米级试验、地下实验室试验和原地试验[49];厘米级试验主要解决化学模拟问题,米级、地下和原地试验主要解决综合模拟问题。实际上在我国近地表处置的核素迁移试验中,已经历了类似的研发过程。我们建议,按照《高放废物地质处置研究开发规划指南》的要求[61],在"十一五"期间着手建立总系统模式化与相关参数获取的试验平台,建成后再经过一段时间对试验平台的使用和技术积累,为在地下实验室开展米级和原地核素释放与迁移试验创造条件。最终在地下实验室试验阶段完成评价模式与参数的集成和验证。

(5) 加强不确定性分析研究

不确定性分析是直接影响国家审批和公众接受的大问题,国内的研究基础十分薄弱。我们建议开展以下两个方面的研究:① 研究处置系统参数、未来地质环境状况和安全评价模式三类不确定性的分析方法。② 研究减少不确定性的措施，其一是在评价模式与参数体系中，按照实际需要采用概率论与确定论相结合的方法以减少不确定性；其二是加强对决定未来演化的特征、事件和过程的研究，并与汇集了各国共同经验的 FEPs 数据库进行比较以减少不确定性；其三是在承认未来生物圈与人类社会圈的不确定性无法预知的基础上，采用标准化和简化的剂量与危险评价方法。

(6) 开展工程设计中专项安全评价研究

在有限时期内保持地质处置可逆转性和废物可回取性的安全评价是工程设计中遇到的一个新问题，需要有新的探索。

由于按照 ICRP 的建议[25]，抗侵扰屏障的性能评价与应急准备需要单独处理，故应进行专门的研究。

(7) 开展综合安全评价研究

追踪国际新动向，在建立综合安全理念的基础上，开展综合安全分析方法（ISA）的研究与应用[78]，特别关注地下作业中人身伤害事故的预防。

(8) 建立地质处置安全数据库

必须十分重视安全评价的长期性和迭代性。地质处置安全评价工作跨度几十年，其间会经历法规、标准的变化，环境的变迁，社会的变革，人员的变动等。如何实现信息与知识的有效传递，保证信息与知识的可靠性是至关重要的基础工作之一。建立地质处置安全数据库，对政府、公众和子孙后代提供长期服务，也是落实安全案例要求的一项重要措施。

## 4.5 环境公平及公众参与和接受研究

### 4.5.1 现状与问题

我国保护环境、持续利用资源的思想和行动可以追溯到很早。《论语》中记载，“子钓而不纲，弋不射宿”，表明孔子对生态环境有深厚的伦理关怀。《孟子》中记载孟子与梁惠王论政时说：“不违农时，谷不可胜食也；数罟不入洿池，鱼鳖不可胜食也；斧斤以时入山林，木材不可胜用也。谷与鱼鳖不可胜食，木材不可胜用，是使民养生丧死无憾也。养生丧死无憾，王道之始也。”表现了孟子主张爱护和合理利用自然资源的思想。由此可知，我国很早就有了善待环境、珍惜资源的环境伦理思想。在今天全世界面临环境、资源、能源危机时，应当继承和发扬我国对待自然界的优良传统，与大自然和谐相处，走可持续发展的道路。

与西方国家不同，现代中国的环境保护是由政府首先推动的。20 世纪 70 年代初，周恩来总理就注意到了日本环境公害的惨痛教训，提出要重视环境问题。30 多年来，我国从将环境保护作为“基本国策”到提出“科学发展观”，充分显示了历代领导人为中华民族高度负责的历史责任感。

高放废物地质处置库作为一个长期存在的潜在污染源，与环境保护密切相关，因而也与公众、处置库所在地的地方政府、居民及其子孙后代的利益密切相关。环境公平实质上是社会公平的重要组成部分。环境公平原则作为用于调节这些社会利益关系的一种指导思想，在我国已开始受到重视。国外解决地质处置库引发的矛盾和问题的经验正在不断地被介绍进来，但独立的研究仍然很少。在《高放废物地质处置研究开发规划指南》[61]中已明确提出要求："研究公众和利益相关者参与评审、研究开发、决策的措施和程序，研究宣传、沟通及信息反馈机制。"说明社会问题已引起关注，这是一个很好的开端。

必须指出，公众接受是目的，公众参与则是达到公众接受的重要手段。在本文3.5.3节中，已全面地介绍了加强公众接受的主要措施，包括公众和地方政府参与决策，安全和安全评价研究的科学性和透明性，主动地宣传、沟通及信息反馈，依法给处置库所在地一定的财政资助等。这才是对实施环境公平原则的完整理解。

从我国的现状来说，公民的环境权利发展得还不充分，特别是知情权和参与权不落实，对于地质处置非但不是有利因素，而且埋伏着许多未来难以克服的困难。目前存在的主要问题是：① 信息公开不充分，不及时；涉及的内容不全面，缺乏系统性和持续性。② 公众参与的覆盖面较小，代表性不强；活动多集中在接受宣传教育方面，较少触及环境决策；侧重于事后的反馈和监督，事前的参与不够。③ 未充分发挥地方政府和环保社团组织的正面引导作用。④ 对全面调整经济利益关系重视不够，措施不力。要解决这些问题，还需要长期不懈地努力。

### 4.5.2 对策与建议

#### (1) 开展地质处置的社会经济影响研究

参照国外经验，针对我国不同地域社会经济发展不平衡的现状和未来发展预测，在处置库选址过程中开展高放废物处置的社会经济影响专项研究。

#### (2) 加强"代内公平"和"代际公平"措施研究

根据社会经济影响的研究结果，开展"代内公平"和"代际公平"措施研究的重点包括：① 负担与利益的时空分配，最终形成法规规定。② 工程设计中可逆转和可回取措施的可行性。

#### (3) 加强公众参与机制及其制度化研究

研究公众、地方政府及其他利益相关者了解信息、参与决策的具体办法，最终形成法规规定。研究公众对地质处置安全的关注点，与公众沟通的渠道、方式和时机，增加公众对地质处置安全的信任。

# 5 结论与建议

## 5.1 高放废物处置安全的重要性及目前存在的差距

高放废物处置安全是高放废物处置的核心。处置地质是研究如何选择合适的地质屏障，处置工程是研究如何采取适当的工程屏障，目的都是为了确保处置的安全。核素释放与迁移的研究（包括处置化学），实际上是安全评价不可分割的一部分。我国高放废物处置的研究已经开展20多年，从研究单位的角度看，已经历了全国初步筛选、地区初步预选到初步确定甘肃北山为重点预选区的过程。但从国家安全审评的角度看，这一过程没有经过任何的审评。也没有单位对安全审管方法和评价方法进行过较深入的研究，安全研究严重落后是当前急需解决的一个关键问题。

## 5.2 本研究子项的主要研究成果

(1) 树立国家主导高放废物处置的指导思想

处置安全研究是一个大系统，它包括国家基础结构、安全原则与安全目标、安全要求、安全评价等几个主要层次。没有国家主导就没有高放废物处置安全。当前迫切需要将高放废物处置纳入政府的议事日程，完善法规依据，明确管理体制，开展安全审评。

(2) 树立公众参与和接受高放废物处置的指导思想

高放废物处置必须为公众所接受，这是环境公平原则及其社会伦理学基础提出的要求。为此必须从法律上保证公众、相关地方政府和其他利益相关者的参与，并在社会经济影响评价的基础上采取扶持受影响地方发展的政策。

(3) 明确地质处置安全评价方法学研究的框架内容

地质处置各子系统的性能评价和地质处置总系统的安全评价是地质处置安全评价研究的两个主要方面。研究的重点应当是：① 国家批准进行的场址特性评价；② 地质处置库最终安全评价。地下实验室试验是开发和验证评价技术的不可逾越的阶段。

## 5.3 对当前研发工作的建议

(1) 尽快建立基本的高放废物地质处置法规体系

高放废物处置是一项需要经过几代人努力的高科技系统工程。从长远看，有必要制定专门的法律和条例。为了满足当前工作的需要，建议在正在制定的《原子能法》中设专章，明确高放废物地质处置的原则要求和经费来源。建议在正在制定的《放射性废物安全监督管理条例》中明确规定有关安全审评的基本要求和程序。为了满足当前安全审评工作的需要，建议尽快制定“放射性废物地质处置”、“地质处置设施的选址”、“地质处置设施的安全评价”和“玻璃固化体性能要求”等项技术标准。

(2) 尽快开展对预选区的安全审评

从20世纪80年代中开始，中国核工业集团公司组织开展了高放废物处置库场址预选研究，在筛选和初步预选基础上，推荐甘肃北山为重点预选区。有必要在进一步全面开展深入工作之前，完成预选区的安全审评，以避免可能存在的问题。

(3) 尽快启动地质处置安全基本问题研究

作为地质处置顶层设计和处置库初步概念设计的重要组成部分，开展地质处置安全目标、安全要求和评价时间尺度等项研究，提出相应的推荐意见。

(4) 开展安全评价技术及当前应用研究

引进和开发地质处置安全评价基本模式和程序。针对预选库址、地下实验室场址和处置工程概念设计等，开展安全评价。

## 参考文献

1 FAO,IAEA,ILO,等. 国际电离辐射防护和辐射源安全的基本安全标准. IAEA 安全丛书,IAEA,维也纳. 1997(115).

2 IAEA. Joint Convention on the Safety of Spent Fuel Management and on the Safety of Radioactive Waste Management. INFCIRC/546, IAEA, Vienna. 1997.

3 IAEA. IAEA 放射性废物管理原则. IAEA 安全丛书第 111-F 号,赵亚民,等译. 北京:原子能出版社,1997.

4 国际原子能机构放射性废物地质处置安全要求草案. 郝建中,等译. 国外高放废物地质处置法规汇编,北京,原子能出版社,2007. 1-29.

5 IAEA. Siting of Geological Disposal Facilities. IAEA Safety Standards Series No. 111-G-4.1,1994.

6 IAEA. Design and Operation of Facilities for Geological Disposal of Radioactive Waste. IAEA Safety Standards under Development, DS 334.

7 IAEA. Safety Assessment of Radioactive Waste Disposal Facilities. IAEA Safety Standards under Development, DS 355.

8 IAEA. Management Systems for the Safety of Radioactive Waste Disposal Facilities and Activities. IAEA Safety Standards under Development, DS 337.

9 United State Code. Public Law 97-425, Nuclear Waste Policy Act of 1982.

10 United State Code. Public Law 100-2003, Nuclear Waste Policy Act of 1982 as Amended.

11 美国核废物政策法(2004 年修订版). 郝建中,等译. 国外高放废物地质处置法规汇编,北京:原子能出版社,2007. 31-125.

12 United State Code. Public Law 102-486, Energy Policy Act of 1992.

13 Title 10 Code of Federal Regulations. Part 60. Disposal of High Level Radioactive Waste in Geological Repository. US. Govermental Printing Office.

14 NRC. Disposal of High-Level Radioactive Wastes in a Geologic Repository at Yucca Mountain. Nevada, 10 CFR Part 63, 2001.

15 联邦法规第 40 篇第 191 章,美国乏燃料、高放废物和超铀废物管理及处置的环境辐射防护标准. 郝建中,等译. 国外高放废物地质处置法规汇编,北京:原子能出版社,2007. 127-142.

16 美国内华达州尤卡山公众健康和环境辐射防护标准. 郝建中,等译. 国外高放废物地质处置法规汇编,北京:原子能出版社,2007. 143-152.

17 日本特定放射性废物处置法. 郝建中,等译. 国外高放废物地质处置法规汇编,北京:原子能出版社,2007. 187-210.

18 法国放射性废物管理研究法. 91-1381 号,1991.

19 法国放射性材料和放射性废物计划法案. 郝建中,等译. 国外高放废物地质处置法规汇编,北京:原子能出版社,2007. 165-185.

20 IAEA. Institutional Framework for Long Term Management of High Level Waste and/or Spent Nuclear Fuel. IAEA-TECDOC-1323, 2002.

21 NCRP 1991 National Council on Radiation and Measurement. Effects of ionsing radiation on aquatic organism. Report, 109.

22 ICRP. Radiation Protection Principles for the Disposal of Solid Radioactive Waste. ICRP Publication, 1985(46).

23 ICRP. 潜在照射的防护:概念框架. ICRP 第 64 号出版物(1993),陈竹舟 译. 北京:原子能出版社, 1997.

24 ICRP. 放射性废物处置的辐射防护政策. ICRP 第 77 号出版物(1997),赵亚民 译. 北京:原子能出版社,1999.

25 ICRP. 用于长寿命固体放射性废物处置的辐射防护建议. ICRP 第 81 号出版物(1997),赵亚民 译. 辐射防护,2001,20(增刊):1-18.

26 IAEA. Safety Indicators in Different Time Frames for the Safety Assessment of Underground Radioactive Waste Repositories. First Report of the INWAC Subgroup on Principles and Criteria for Radioactive Waste Disposal, IAEA-TECDOC-767, 1994.

27 IAEA. Safety Indicators for the Safety Assessment of Radioactive Waste Disposal. Sixth Report of the Working Group on Principles and Criteria for Radioactive Waste Disposal, IAEA-TECDOC-1372, 2003.

28 NEA. Confidence in the Long Term Safety of Deep Geological Repositories: Its Comminication and Development. NEA/OECD, Paris, 1999.

29 NEA. Procedding of Workshop Radiation Protection and Safety Criteria for the Disposal of High Level Waste. Paris, 1990.

30 National Research Council. Technical Bases for Yucca Mountain Standards. USA. 1995.

31 40 CFR Part 197. Public Health and Environmental Radiation Protection Standards for Yucca Mountain. Nevada. Proposed Rules, August, USA. 2005.

32 瑞典辐射防护研究院与乏燃料和核废物最终管理相关的保护人类健康和环境的规定. 郝建中,等译. 国外高放废物地质处置法规汇编,北京:原子能出版社,2007,219-221.

33 SKIFS 2002:1. The Sweden Nuclear Power Inspectorate's Regulations Concerning Safety in Connection with the Disposal of Nuclear Material and Nuclear Wastes. SKI, Sweden, 24 October, 2001.

34 NEA. Topical Session Proceeding of 5th IGSC Meeting on: Observations Regarding the Safety Case in Recent Safety Assessment Studies. Paris, 2003.

35 10 CFR Part 960. General Guidelines for the Recommendation of Sites for the Nuclear Waste Repositories. US Department of Energy.

36 法国工业部核设施安全局. 基本安全条例. FSR111. 2. f.

37 SKB. Feasibility Studies-Östhammar, Nyköping, Oskarxhamn, Tierp, Hultsfred and Älvkarleby. SKB Technical Report TR-01-16, 2001.

38 STUK. Government decision on the safety of disposal of spent nuclear fuel (478/1999). STUK Report STUK-B-YTO 195, 1999.

39 STUK. Guide YVL 8. 4 Long-term safety of disposal of spent nuclear fuel. Radiation and Nuclear Safety Authority (STUK), 2000.

40 PNC. H3: Research and Development on Geological Disposal of High-level Radioactive Wsate. Power Reactor and Nuclear Fuel Development Corporation, 1992.

41 JNC. H12: Project to Establish the Scientific and technical Basis for HLW Disposal in Japan. Japan Nuclear Cycle Development Institute, 2000.

42 NRC. 10 CFR Parts 2,19,20,21,etc. Disposal of High-Level Radioactive Wastes in a Proposed Geologic Repository at Yucca Mountain. Nevada; Final Rule. November 2,2001.

43 TITLE. 10 Code of Federal Regulations, Part 60. Disposal of High-Level Radioactive Wastes in Geologic Repositories. US Government Printing Office, Washington D. C.

44 Nagra. Kristallin-I, Geology and Hydrogeology of the Crystalline Basement of Northern Switzerland.

Nagra Technical Report, NTB 93-01, Nagra, Wettingen, Switzerland. 1994.

45 NUMO. Development of Repository Concepts for Volunteer Siting Environments. Nuclear Waste Management Organization of Japan, August 2004.

46 IAEA. Regulatory Decision Making in the Presence of Uncertainty in the Context of the Disposal of Long Lived Radioactive Waste. Third report of the Working Group on Principles and Criteria for Radioactive Waste Disposal, IAEA-TECDOC-975, 1997.

47 IAEA. Critical Groups and Biospheres in the Context of Radioactive Waste Disposal. Fourth Report of the Working Group on Principles and Criteria for Radioactive Waste Disposal, IAEA-TECDOC-1077, 1999.

48 NEA. Post-closure Safety Case for Geological Repository-Nature and Purpose. 2004.

49 OECD/NEA. 国际放射性废物地质处置十年进展(1999). 王驹, 等译. 北京:原子能出版社,2001.

50 DOE. Final Environmental Impact Statement for a Geologic Repository for the Disposal of Spent Nuclear Fuel and High-Level Radioactive Waste at Yucca Mountain. Nye County, Nevada. DOE/EIS-0250, USA. February 2002.

51 JNC. H12: Project to Establish the Scientific and Technical Basis for HLW Disposal in Japan. Project Overview Report. JNC TN1410 2000-001, Japan. April 2000.

52 NWMO. Status of Geological Repositories for Used Nuclear Fuel Geological Disposal. An Overview. Switzerland. 2003.

53 JNC. H17: Development and Management of the technical Knowledge Base for the Geological disposal HLW. 2005.

54 Sillen X, Marivoet J. Performance Assessment of Long-lived high-level Radioactive Waste Disposal in Boom Clay. Belgium. 访问中国辐射防护研究院报告, 2006.

55 SKB. Deep Repository for Spent Nuclear Fuel SR 97 - Post-closure Safety. Main Report Summary. Technical Repor TR-99-06, Sweden. 1999.

56 Nagra Kristallin-I. Safety Assessment Report. Nagra Technical Report NTB 93-22, Switzerland. 1994.

57 NEA. The Role of Underground Laboratories in Nuclear Waste Disposal Programme. 2001.

58 NEA. The Environmental and Ethical Basis of Geological Disposal of Long-lived Radioactive Waste. 1995.

59 中华人民共和国放射性污染防治法. 2003.

60 国家核安全局. 放射性废物地质处置库选址. 核安全导则 HAD401/06.

61 国防科学技术委员会,科学技术部,国家环境保护总局. 高放废物地质处置研究开发规划指南. 2006.

62 郑华铃. 高放废物地质处置国际发展动向评述. 国防科工委高放废物地质处置研讨会论文集,2005.

63 王驹,范显华,徐国庆,等. 中国高放废物地质处置十年进展. 北京:原子能出版社,2004.

64 ICRP. 国际放射防护委员会 1990 年建议书. 李德平,等译. 北京:原子能出版社,1993.

65 中华人民共和国行政许可法. 2003.

66 周汉华. 行政许可法:困境与出路. 洪范评论,2005,2(2):1-43.

67 中华人民共和国国家标准. 电离辐射防护与辐射源安全基本标准,GB 18871—2002,2002.

68 国家环境保护总局. 环境影响评价公众参与暂行办法. 环发 2006[28 号],2006.

69 法国审计署. 核设施退役和放射性废物管理(提交总统的报告). 2005.

70 中华人民共和国国家标准. 放射性废物管理规定,GB 14500—93,1993.

71 陈式,等. 放射性废物安全通论. 北京:原子能出版社,2006.

72 陈式. 对高放废物地质处置安全评价研究的讨论. 国防科工委高放废物地质处置研讨会论文集,

2005.

73 国防科工委. 高放废物地质处置研讨会论文集. 北京,2005.

74 陈式,马明燮,等. 中低水平放射性废物的安全处置. 北京:原子能出版社,1998.

75 李书绅,王志明,等. 核素在非饱和黄土中迁移研究. 北京:原子能出版社,2003.

76 李书绅,王志明,等. $^{237}Np$,$^{238}Pu$,$^{241}Am$ 和 $^{90}Sr$ 在包气带黄土、含水层和工程屏障材料中迁移规律研究. 北京:原子能出版社,2005.

77 周文斌,张展适,史维浚. EQ3/6 及其在核废物地质处置领域的应用. 北京:原子能出版社,2004.

78 吴德强. 综合安全理念与核燃料循环设施安全. 北京香山科学会议第 277 次学术讨论会文集,2006.

中国工程院咨询项目

# 高放废物地质处置战略研究

## 选址和场址评价规划研究

# 目　录

# 1 引 言

## 1.1 高放废物地质处置的一般特点

高放废物主要是指乏燃料后处理产生的高放废液及其固化体，在这里也包括 α 废物在内；对实行“一次通过”政策的国家，高放废物也包括乏燃料[1]。

根据我国放射性废物分类[2]，高放废物分为高放废液和高放固体废物两类。高放废液的放射性浓度大于 $4\times10^{10}$ Bq/L。高放固体废物，第一类是，其核素的半衰期大于 5 年，但低于或等于 30 年，释热率大于 2 kW/$m^3$ 或活度大于 $4\times10^{11}$ Bq/kg；第二类是，废物中的核素，其半衰期大于 30 年，释热率大于 2 kW/$m^3$ 或活度大于 $4\times10^{10}$ Bq/kg。

高放废物总的特点是放射性活度大：α 约为 $10^{12}$ Bq/kg，β 约为 $10^{14}$ Bq/kg；半衰期长：如 $^{14}C$ 为 $5.73\times10^3$ a、$^{99}Tc$ 为 $2.11\times10^5$ a，$^{226}Ra$ 为 $1.60\times10^3$ a，$^{129}I$ 为 $1.57\times10^7$ a，$^{237}Np$ 为 $2.14\times10^6$ a，$^{239}Pu=2.41\times10^4$ a，$^{241}Am=4.32\times10^2$ a；毒性大：属极毒或高毒级别。

据估计，我国的核军工设施已暂存了一定量的高放废液，急需进行玻璃固化和最终地质处置。我国目前运行的 11 个核电机组每年约产生 470 t 乏燃料。根据 2007 年 10 月国务院批准的《核电中长期发展规划（2005—2020 年）》中的核电规模，我国内地到 2020 年投入运行的核电装机容量将达到 4 000 万 kW，在建装机容量 1 800 万 kW。以此为基础计算，到 2020 年我国将累积有约 10 300 tHM 乏燃料（其中压水堆乏燃料约 7 000 tHM 和重水堆乏燃料约 3 300 tHM）。《核电中长期发展规划（2005—2020 年）》中于 2020 年建成的反应堆，加上届时在建的 18 个反应堆，最终将产生 82 630 tHM 乏燃料。关于 2020 年以后的乏燃料数量，每增加一座百万千瓦级的核电站，每年将多产生约 22 tHM 乏燃料，每个堆全寿期共产生约 1320 tHM 乏燃料。对这些军工高放废物和核电站产生的高放废物进行最终安全处置，是确保我国的环境安全和核工业可持续发展的必然要求。

## 1.2 高放废物地质处置的总要求

高放废物地质处置的总要求是让所处置的高放废物与人类的生存环境相隔绝。因此，高放废物的地质处置采用多重屏障系统，以阻止或减弱一旦在处置库系统失效后放射性核素由近场进入远场和生物圈。多重屏障包括天然屏障（处置库围岩）和人工工程屏障（包括废物体、废物容器、外包装、缓冲材料和回填材料等）两大部分。对天然屏障的基本要求包括，处置库场址在区域构造和工程地质稳定性方面要符合安全要求，处置库围岩的渗透性要低，对核素的吸附性要好，地下水的流速要缓慢等。对人工工程屏障不仅要考虑它们的机械强度，还要考虑它们的化学稳定性、热学稳定性、抗辐射能力，以及对核素的吸附性和对地下水的渗透性。

## 1.3 高放废物地质处置研发工作的主要特点

由于高放废物中含有镎、钚、镅、锝等放射性核素，它们具有放射性强、毒性大和半衰期长等特点，因此，对其进行地质处置的难度极大，其难点在于如何使高放废物与人类生存环境可靠地隔离、如何使公众相信能够保证高放废物处置的安全、如何说服建库地点的居民同意建造处置库等。同时整个处置过程前人从未经历过，缺乏实际工程经验。因此，对该类废物的处置是一项极其复杂的系统工程，它具有长期性、复杂性、艰巨性、综合性和探索性等特点，这主要表现在：

（1）研究开发难度大

建造高放废物地质处置库这样的地下工程，在科学、技术和工程上面临一系列重大难题，包括：如何选择符合条件的场址、如何评价场址的适宜性、如何选择隔离高放废物的工程屏障材料、如何设计和建造处置库、如何评价万年以上的时间尺度下处置系统的安全性能等。它们涉及的均是前沿交叉科学问题，涉及的学科包括地质学、水文地质学、放射化学、岩石力学、工程科学、材料科学、矿物学、热力学、核物理、辐射防护、计算机科学以及社会科学、经济科学等。另外，开发处置库是一个长期的系统化的多学科联合攻关的过程，一般需要经过基础研究、处置库选址、地下实验室研究、处置库建设等阶段。

（2）安全评价期极长

国际上一般认定的安全评价期约为1万年(现在美国要求有更长的安全评价期)。这是世界上迄今为止要求安全评价期最长的工程，缺乏可借鉴的前人经验，因此，具有很大的探索性。由于安全评价期要求极长，这就给预测在这漫长的时间长河中天体、地质和人类生存环境的变化，增加了许多不确定性。

（3）研究开发周期很长

从目前国际上的实践经验来看，一般从高放废物处置库场址预选到处置库建成需要50年左右时间。例如，美国于1957年提出高放废物地质处置的设想并开始研究和技术开发，预计到2010年才能建成处置库(最近由于审批问题，估计要推迟到2018年)，历经54年[3]。芬兰于1976年开始研究，到2020年建成处置库，将历经45年，足见其工作的长期性。

（4）研究开发投资大

投资数额视各国具体情况而定，如美国处置库场址尤卡山，从选址到建成整个处置库的生命周期内的总预算是578亿美元，到目前为止已使用71亿美元。因此，在高放废物地质处置研究开发时，不仅要考虑处置工程的稳定性、核安全性和技术上的可行性，还应进行代价-利益分析，以便取得合理的经济效果。

此外，社会公众对高放废物安全处置极为关注，公众接受工作的成败在很大程度上决定处置工程的成败。社会公众、政治、伦理和地方政府等因素的影响，有时甚至会起到推迟或取消原定计划的作用。高放废物处置的人才和技术可以引进，但对高放废物处置库场址来说，则不能引进。各国只能在其自己的国土上寻找场址，并处置废物。

# 2 国外高放废物地质处置选址和场址评价工作的研发现状

## 2.1 处置方案

针对高放废物处置曾提出过多种方案，如宇宙处置、海床处置、冰盖处置、岩石熔化处置、大口径钻孔处置、高放废液深孔注入处置、核素分离—嬗变处置，以及竖井—坑道处置等[4-8]。在这些方案中，大部分不具有现实意义，最现实的和可能有一定前景的只有下列几种处置方案。

(1) 高放废液深孔注入处置

这种处置方法仅在前苏联采用过，它主要是通过钻孔利用高压泵来处置中低放废液，但有时也处置部分高放废液。处置场址选在有上覆弱透水层的透水层中。据他们30年的实践，在处置层中未见核素有明显迁移现象，但以后该法未继续实施，现在已转向矿山式的竖井—坑道处置方案[7]。

(2) 矿山式处置库处置

该处置方案是把处置工程选择在稳定地区含水性差或不含水的地质建造中，由地表打竖井或斜井至深部，然后由竖井或斜井底部开挖水平坑道，废物罐有的处置在坑道中，有的处置在由坑道底板开挖下去的盲竖井(silo)或大口径钻孔中。此类处置方式是目前国际上公认的处置高放废物的最现实方式。大部分国家都采用此种处置方案，其中美国已利用这种方案建成了 WIPP 超铀废物处置库。美国尤卡山场址也将用这种方法来处置高放废物[8]。

## 2.2 选址标准

处置库预选场址应做哪些工作？工作要达到何种研究程度？为处置库选址各阶段的安全分析报告、环境影响评价报告和可行性报告需要提供哪些资料？采集哪些数据？所选场址是否合适？是否可以发放下一阶段的工作许可证？要回答这一系列问题，其依据是不同阶段的选址标准。因此，选址标准的制定是极其重要的，是我们选址工作的行动准绳，也是审管机关评定和检查选址工作的依据。因此，制定好选址标准，是执行单位、审管机关和利益相关者共同关注的极其重要的问题。

一些国际组织、区域性组织(如欧共体)和一些国家对高放废物处置库场址预选都制定过相应标准，但各国具体制定与否，这还取决于各国选址工作的实际进展情况。

总结国际上处置库选址标准的制定工作，下列一些经验可供我们制定标准时借鉴：

(1) 整个选址过程中有不同的选址阶段，不同的选址阶段应有不同的选址标准。选址标准的制定往往不是一步到位，而是统筹安排分步分阶段进行，这是因为在整个选址过程的不同阶段，认识在深化，知识在积累，数据在增加。同时，要对该阶段正在执行的标准进行定期评审，以便使后一阶段制定的标准更趋完善。瑞典和芬兰就是按此思路制定和执行选址标准的。

(2) 不同的地质背景(如处置库的围岩不同)，制定的选址标准亦应不同。如瑞士对处置库的两类预选围岩(花岗岩和沉积岩)分别制定选址标准，使制定的标准具有应用上的针对性。

(3) 标准的制定应以处置库场址性能评价大纲的要求为准绳。不同阶段选址标准的制定，应由选址不同阶段的性能评价大纲为依据，这里包括编写环境影响评价、安全分析和可行性报告所必需之资料。

(4) 选址标准考虑了各种因素。日本认为选址标准的内容主要是相关的地质活动、地下水影响和贵重矿产潜能等。韩国认为标准应涵盖相应的社会经济学、放射学和环境学。立陶宛认为制定标准时应考虑地质影响、放射性安全和环境影响。总之，制定标准时不能只考虑地质因素，还必须同时考虑放射性安全、社会经济和环境等因素。

(5) 在各国标准制定时，都考虑了IAEA的已有选址标准。如捷克在制定标准时参考了IAEA的两个标准：安全条例No.111-G-4.1(地质处置设施的选址)和TECDOC-991(放射性废物地质处置的场址选择和特性评价经验)。保加利亚认为标准的制定应遵循IAEA安全系列的No.111-G-4.1，No.99和No.63文件等。

就目前的情况来看，现有所制定的标准，都是提出一些原则性要求，缺乏量化指标，这是因为不同国家的国情不同，同时不同的具体场址，其量化的具体内容和要求也不同，因此难以对所有场址制定一个统一的量化标准。

## 2.2.1 国际原子能机构(IAEA)的选址标准

IAEA关于高放废物地质处置库的选址标准集中刊载在安全系列、技术报告系列和技术文献(TECDOC)的出版刊物中[9]。

属于安全系列的有：

(1) 地质处置设施选址，安全系列No.111-G-4.1，1994[10]；

(2) 高放废物地下处置的安全原则和技术准则，安全系列No.99，1989[11]；

(3) 放射性废物地下处置库的条例指南，安全系列No.96，1989[12]；

(4) 固体放射性废物地下处置准则，安全系列No.60，1983[13]；

(5) 放射性废物地下处置，安全系列No.54，1981[14]；

(6) 放射性废物地质处置，安全系列DS334(正在编制)[15]；

(7) 放射性废物处置设施的安全管理系统，安全系列DS337(正在编制)；

(8) 放射性废物地下处置的安全评价，安全系列No.56，1981[16]。

属于技术报告系列的有：

(1) 放射性废物地下处置场址研究技术，技术报告系列No.256，1985[17]；

(2) 大陆深部地质建造中固体放射性废物处置库的场址研究，技术报告系列No.215，1982[18]；

(3) 放射性废物处置报告，技术报告系列No.349，1993[19]；

(4) 放射性废物深部地下处置：近场效应，技术报告系列No.251，1985[20]；

(5) 废物地质处置的科学和技术基础，技术报告系列No.413，2003[21]。

属于TECDOC系列的有：

（1）高放废物和含 α 废物深部地质处置库的选址、设计和建造，TECDOC-563，1990[22]；

（2）在深部地质建造中放射性废物处置的现场实验，TECDOC-446，1987[23]；

（3）高放废物和/或乏燃料长期管理的组织机构框架，TECDOC-1323，2002[24]。

以下概略介绍上述准则或导则。

IAEA 在 1981 年和 1982 年提出过选址时要考虑的一些问题，表 1 为 1982 年提出的选址标准，但在 1981 年的文本中，还包括地貌和陨石冲击等内容。1983 年 IAEA 出版了固体放射性废物地下处置标准的建议条款，1989 年公布了高放废物地下处置有关安全原则和技术标准的安全标准报告。1994 年 IAEA 在安全系列 No. 111-G-4. 1 中发表了地质处置设施的安全导则。该导则共分 4 章：第一章为绪论，第二章为安全途径，第三章为选址步骤，第四章为选址导则和资料要求。

**表 1　1982 年 IAEA 深部地质处置选址标准**

| | |
|---|---|
| ①地形 | ⑦未来的自然事件 |
| ②大地构造和地震 | 水文变化 |
| ③地下条件 | 抬升和下沉 |
| 处置地段深度 | 地震 |
| 岩石特征：岩层厚度和展布、连续性、均匀性和纯度 | 岩浆的侵入作用和断裂作用 |
| 上覆层、下伏层和侧翼岩层的性质和展布 | 气候变化 |
| ④地质构造 | 地形变化 |
| 倾向或倾斜 | ⑧地质和工程的简略条件 |
| 断裂与节理 | 场址地区和缓冲地段 |
| 区域或当地的热梯度 | 已有钻孔和山地工程 |
| 底辟作用 | 勘探钻孔、竖井、平巷和土方工程 |
| ⑤围岩的物理和化学性质 | 废石处置 |
| 渗透率、孔隙率、溶解度和分散性 | 废物运输 |
| 气液包裹体 | 处置库的设计与施工 |
| 岩石的力学和塑性特点 | 处置库运行的安全和稳定性 |
| 热-力和热-水-力反应 | ⑨社会条件 |
| 热导率和比热容 | 潜在资源 |
| 吸附容量 | 土地价值和利用 |
| 水的矿化度 | 居民分布 |
| 辐射效应 | 土地的管理和权利 |
| ⑥水文和水文地质 | 交通和服务设施 |
| 地表水的产状、形式和容量 | 其他环境影响 |
| 地下水的产状、容量和化学成分 | 公众的态度 |

IAEA 把选址分为 4 个阶段[10]：

（1）方案设计和规划阶段；

（2）区域研发阶段；

（3）场址特性评价阶段；

（4）场址确认阶段。

在初步设计和规划阶段，应确定废物类型、数量、特征、所要处置废物的容积和处置库运行时间，据此对处置库进行初步设计。该阶段还应开发处置库的性能评价标准，以便为今后推荐场址之用。同时也要对影响选址的一些因素进行研究，如长期安全性，技术上的可靠性，以及社会经济、政治和环境等方面的问题。最后，还要对安全分析和性能评价方法进行研发。在此阶段应对处置库围岩类型进行筛选和确定。该阶段还包括下列工作计划：

1）所要完成的总任务的确定和描述；

2）不同任务的时间顺序表；

3）制定适合于场址特性的各种导则和标准；

4）拟定应用这些导则和标准的程序大纲；

5）编制一个综合性进度表；

6）成本估算；

7）长期安全的最佳方案。

区域研究阶段可分为两期：区域调查和预选场址筛选。区域调查的目的是筛选出一个或几个有利地区，供场址特性评价阶段研究之用。预选场址筛选的任务是在有利的地区经过研究推荐出预选场址。

场址特性评价阶段的目的是确定一个或几个推荐场址作进一步研究之用，在该阶段要进行一系列地表和深部的研究工作，包括场址的地质、水文地质和环境条件等研究。同时还要进行实验室的补充研究工作。其他关于运输、人口和社会条件等方面的资料也应收集。

场址确认阶段是在所推荐的场址上进行更详细的场址研究，以便确定一个最适合于建造处置库的场址。场址的最后确认，须经国家审管当局审批。

在选址过程中需要收集下列资料：

### （1）地质背景

收集区域构造、地段构造、岩石、沉积物和土壤的资料，了解处置库围岩的深度和容量，同时要求围岩的岩性和构造简单。另外，对废物处置系统所产生的气体的迁移特性亦应有所了解，以便在研究核素从处置库向环境转移时一并考虑。

### （2）未来自然变化

1）区域和当地的气候演化历史；

2）区域和当地的构造演化历史和历史地震资料；

3）新构造活动的证据（第四纪或第三纪）；

4）断裂的位置、长度、深度以及最后一次构造活动的年代；

5）区域应力场；

6）根据地震构造资料估计可能产生的最大地震的特征；

7) 热梯度和温泉特征;

8) 活火山(第四纪或第三纪)资料;

9) 底辟作用资料。

(3) 水文地质

1) 进行区域和当地地质单元的水文地质评价,详细描述和鉴定含水层;

2) 描述和鉴定区域内主要的水文地质单元(位置、延伸情况、相互关系);

3) 区域和当地水文地质单元的补给和排泄;

4) 围岩的水文地质特征(孔隙率分布、渗透系数和水力梯度);

5) 地质环境中所有含水层的地下水水流(平均流速和主要流向);

6) 地质环境中地下水和围岩的物理和化学特征。

(4) 地球化学

地球化学主要研究核素在地质介质中的迁移,包括弥散、扩散、沉淀、吸附、离子交换和化学反应等。为此需要对围岩、毗邻的地质和水文地质单元的地球化学和水化学条件以及它们的水流体系进行研究,其中包括:

1) 地质介质的矿物和岩石成分以及它们的地球化学特点;

2) 地下水化学成分。

还应评价废物体、废物罐、回填材料和处置库之间的化学和物理化学相互作用的问题。因此,要研究废物罐的腐蚀和核素从废物体中的淋滤。另外,还应收集下列资料:

1) 岩石(包括裂隙中的充填物)的化学、放射化学和矿物成分;

2) 岩石和矿物对重要放射性核素的吸附容量;

3) 地下水的放射性核素含量和化学成分(包括 pH 和 Eh);

4) 辐射和衰变热对岩石和地下水成分的影响;

5) 有机质、胶体和微生物的影响;

6) 岩石的孔隙构造和矿物表面特征(包括裂隙);

7) 核素在岩石介质中的有效扩散速率;

8) 放射性核素的溶解度和化学形态。

(5) 人类活动引起的事件

选址时应考虑在场址或场址附近实际的和潜在的人类活动情况,尽可能减少这些活动对处置库系统隔绝性能的影响,以免产生不可挽回的后果。因此,选址时应避开潜在矿产资源的开发及有热能资源的地方,应避开前人打过钻孔的地方(对前人打的钻孔应进行封填,不然,它们可能成为核素迁移的途径)和可能有洪水泛滥的地方。选址时应提供下列资料:

1) 场址附近钻探和矿山开采的记录;

2) 场址所在地区能源和矿物资源的产出信息;

3) 评定场址的地表水和地下水的实际和将来的利用情况;

4) 现有和计划开发的水体位置。

(6) 建造和工程条件

地表和地下工程的建造,都应按国家的有关规定进行。开挖工作不能与废物堆放工作相互干扰，废石碴是作为工程回填材料，还是弃之不用堆放在露天别处，都要有所考虑。此处要求提供下列资料：

1）围岩及覆盖层的详细地质和水文地质资料；

2）场址及其邻区的地形；

3）地区的洪水泛滥历史；

4）塌方、潜在不稳定斜坡、低强度物质和高液化物质地段的确定；

5）地下掘进中的不利因素（岩石的高温、高气体含量）；

6）区域历史上主要地震情况。

### (7) 废物运输条件

### (8) 环境保护

1）国家公园、自然保护区、野生动物、植物和名胜古迹所在地；

2）现有地表水和地下水资源；

3）现在陆生、水生植物和野生动植物。

### (9) 土地利用

1）现有土地资源、利用和它们的管辖权；

2）地区的土地利用计划。

### (10) 社会影响

1）人口组成、密度、分布和发展趋势；

2）经济区的职业分布和发展趋势；

3）社区服务和基本设施；

4）住房供应和需求；

5）区域的经济基础和发展远景。

IAEA 在 TECDOC-991[9] 中详细论述了放射性废物地质处置研究过程中的选址和场址特性评价经验。该文件中未对预选场址的数量作出硬性规定，预选场址可以是一个场址，也可以是多个场址。表 2 是 IAEA 1997 年推荐的选址时要考虑的一些重要因素，此表只提及在选址时要考虑的几个大的方面，没有具体要求，可操作性较差。表 3 是场址特性评价和场址确认阶段特需的若干定性参数。

**表 2　1997 年 IAEA 关于选址时要考虑的若干重要因素**

| 选址因素 | 场址特性评价和确认所需参数 |
| --- | --- |
| 地质 | 几何形态/规模、岩石学、组构/结构、不整合面/断裂 |
| 水文地质 | 渗透系数、水力梯度、孔隙度 |
| 地球化学 | 扩散系数或阻滞系数和扩散常数、吸附容量、流体化学成分、矿物成分 |
| 岩土力学和热学 | 孔隙度、容重、无侧限抗压强度、黏聚力、弹性抗剪切角、原地应力状态、热导率、比热、渗透率、水力梯度、液体黏度 |

表 3 场址特性评价和场址确认阶段要考虑的一些特定因素

| 主要要求 | 相关因素 |
|---|---|
| 长期安全性 | 气候变化、工程屏障特性、生物圈特性、地球化学、地质学、岩土力学、地貌作用、水文地质、人类的潜在闯入、早先有的钻孔和开挖工程、地震、大地构造、火山与热液活动、热稳定性、废物特性 |
| 技术上的可行性和运行上的安全性 | 洪水泛滥和塌方的概率、水文地质、岩石力学、地震、场址运输可达程度 |
| 社会经济、政治和环境因素 | 农业、文化/历史名胜、经济、职业需求、环境影响、潜在闯入行为、有核活动、工业发展、基本设施、土地所有权、水土保持、土地利用规划、政治上和公众意见、人口情况、运输 |

在 TECDOC-1323 中[24]，汇总了 20 个国家有关高放废物管理的下述问题：组织机构和法规、废物流和建议的处置库、地质处置库的选址、管理费用、融资体系、公众参与和透明度，以及其他考虑。

目前 IAEA 正在进行 DS334《放射性废物地质处置》编制工作，用于替代安全导则 No. 111-G-4. 1《地质处置设施选址》。DS334 的征求意见稿已发表于 2007-03-06，其附录 I 为《地质处置设施选址》，但按其所述内容而言，与先前发表的 No. 111-G-4. 1 安全导则并无原则区别，只是在选址阶段强调了分步决策和部分题目的文字表述上略有不同[15]。

### 2.2.2 欧共体和北欧 5 国关于高放废物处置库选址标准的建议

欧共体以导则形式公布的选址标准见表 4。

表 4 欧共体推荐的高放废物处置库选址标准

| 标准类型 | 标 准 | 限制值 | 注 释 |
|---|---|---|---|
| 岩石的物理化学性质 | 离子吸附能力 | 高 | 数值取决于岩石特性 |
| | 热行为 | 高 | |
| | 渗透性 | 低 | 好的力学性质<br>高塑性 |
| | 溶解性 | 其数值取决于岩石特性 | |
| 岩石 | 岩盐厚度<br>黏土岩厚度<br>结晶岩厚度 | >200 m<br>>100 m<br>≥500 m | |
| | 均一性和连续性 | 越高越好 | 很少或没有裂隙<br>很少或没有相变 |
| | 地表 | 取决于岩石特性 | |
| | 岩层最低埋深 | 200～300 m | |
| 地质状态 | 地下水运动 | 非常缓慢 | 远离水源 |
| | 上覆岩石的吸附性 | 高 | |
| | 地热状态 | 没有强的正异常 | 异常高 |
| | 地震裂度 | <6° | |
| | 构造活动 | 构造简单、活动缓慢 | |

1993 年北欧 5 国（丹麦、芬兰、冰岛、挪威和瑞典）的辐射防护和核安全机构出版了《高

放废物处置的若干基本准则》一书[25]，在该书中的第四章"法规要求与导则"中提到场址的地质标准，认为场址应为隔离放射性物质提供良好的天然条件，并提出下列6项具体要求：

(1) 其水文地质特征应能保证处置库内的地下水流量较低，从处置库流向生物圈的地下水流动时间较长和有利的地下水弥散性能；

(2) 其地球化学特征应能保证对废物罐材料具有较低的腐蚀率，对废物本身具有较低的分解速率以及对释放的放射性物质具有较低的溶解度和有效的阻滞作用；

(3) 位于构造及地震活动性较低的地区；

(4) 不能靠近任何在其他地区难于获得的自然资源区；

(5) 易于进行特性评价；

(6) 建造处置库的围岩要有足够深度和足够大的空间。

在该书的第五章专门论述了选址问题，分总则、选址步骤和责任3节。在总则中把选址因素分为3类：第一类是与地质介质直接有关的因素，其中包括地质构造、水文地质(水力梯度、孔隙度和渗透系数)、长期稳定性(构造活动和地震活动)和各种地球化学参数；第二类是与处置系统短期或长期安全有关的环境因素，如水、陆环境，农业和运输环境；第三类包括社会和政治因素，其中有土地所有权问题，经济条件，场址的自然资源以及随之而来的闯库风险。在责任一节中，提出实施机构的职能应与立法机构的职能尽可能分开。在选址早期可制定一般性条例，随选址工作的深入，可制定较具体的标准，目的是为了论证场址的适宜性。除了上述北欧5国提出的选址标准建议外，欧洲委员会也正在准备有关处置库选址标准的建议文件。该文件包括地下处置库和近地表处置场两部分，但只提到选址的一般原则，至于量化标准将分别取决于各处置系统的安全评价[26]。

### 2.2.3 若干国家的选址标准

开展高放废物地质处置的国家，在选址时，除考虑IAEA等一些国际组织的有关规定外，都会考虑制定适合于本国国情的选址标准。由于标准的制定是随着选址工作的进展而不断更新的，因此，选址工作研究程度较高的国家，其选址标准也制定得较为完善，如美国。以下为若干国家的实例。

**(1) 美国**

美国先后有能源部(1981)、核管署(1984)、环保局(1985)和国会(1992)等单位发布过高放废物处置库的选址标准。此外还对选址作过许多具体规定[27]。现将美国1984年提出的，并于1985年开始执行的选址导则概要地介绍如下。

该标准制定时主要考虑下列因素：场址规模、水文地质、地球化学、地质特征、构造环境、人类活动、地表特征、环境因素及潜在的社会经济影响。

1) 场址规模。场址应位于可使废物与生物圈充分隔绝，并有足够面积建造处置库的地区。处置库应建在地下足够深处，以使其不受人类活动和自然过程的影响。选定作为处置库围岩的地质体，应具有足够的厚度和体积，以容纳处置库和回填材料，并对周围环境不产生影响。

2) 水文地质。场址的水文地质条件应具有阻滞、隔绝和吸附废物的功能，应具有能降低地下水与废物的接触和阻止核素从处置库向生物圈迁移的功能。场址的水文状态应具有可模拟性，并对建造处置库不产生危害。

3）地球化学。场址应选在地球化学上具有阻滞、隔绝和吸附废物的地区。

4）地质特征。场址的地质条件应符合处置库地下开掘、运行和关闭的安全要求，处置核废物后，场址能承受地应力、化学条件、辐射热和放射性强度的变化。

5）构造环境。场址应选在构造作用影响可接受范围内的地区。场址应位于长期连续上升或下降，但对处置库场址没有影响的地区。对场址所在地区的第四纪断裂、火山活动和地震活动要加以鉴别，并确认其对处置系统不产生影响。

6）人类活动的影响。应查明场址土地利用的历史情况，场址应位于联邦政府拥有绝对所有权的地区。

7）地表特征。场址的地形和地下水对处置库的运行不产生影响，气候变化以及场址附近工厂、交通和军事工业对场址所产生的影响可通过工程措施来弥补。

8）人口。场址应位于人口密度较低的地区，要远离居民区，同时废物的运输和处置库的运行对公众的危害降低到可接受的水平。

9）环境保护。场址的选择应适当考虑对环境的影响，尽可能降低对空气、水、土地利用的影响，要考虑正常及极端的环境状态。

10）社会、经济影响。如果由于建库和运行对附近地区产生不利的社会、经济影响，则应通过移民和其他补偿手段来调节。场址应选在处置库的辅助设施不会对公众产生影响的地区。

### (2) 德国

2002 年德国处置库场址选址委员会提出下列三大选址标志：地学标志、社会学标志和安全标志。在地学标志方面，他们先采用排除法进行选址，用下列具体的地学选址标志剔除那些对选址不利的地区：大区域垂直运动、活动断裂带、地震活动、火山活动以及地下水年龄等。对选址特别有利的地区，提出了更详细的选址要求，并进行定量评价，这种详尽的选址标志在国外是很少见到的。在社会学标志方面，提出了科学规划和社会经济标志。在安全标志方面，认为在深部地质建造中采用多屏障的最终地质处置方案是最安全的。他们不同意目前国际上热议的把核废物处置后以回取的处置方案[28]。

德国联邦政府环境部提出，在先期的选址工作中还应考虑下列几点[29]：

1）没有或很少有地下水存在；

2）有利的水化学条件；

3）具有较小形成穿过该处置区域地下水流通道的可能性；

4）有利的岩石构造；

5）岩石具有良好的长期稳定性；

6）岩石具有较好的抵抗由温度变化带来的压力；

7）较少的采矿活动。

### (3) 匈牙利

匈牙利的工业、商贸和观光事业部在 62/1997(XI. 26)号法令中，对废物处置设施建设的基本地质和采矿提出下列要求[30]：

1）地质结构适宜性研究。在地质研究中要强调以下几方面：根据要求的宽度和广度，逐步进行研究；详细说明每一个研究阶段；使用最好的技术与最经济的方法和技术；储存相关数据，并可检索；考虑质量控制，其中包括地质研究中确定安全评价需要的地质数据；在最终报告中将对可能场址的地质适宜性进行论证，以及计划和建立工程屏障，使工程屏障与周围地质环境的相互作用不会危及地质屏障系统。

2）将放射性废物处置设施场址的选择以及地质适宜性研究分配到各个阶段，地质研究计划对不同阶段的内容进行详细说明。

3）依据细化的地质要求决定地质研究计划的内容。

### (4) 俄罗斯

2004 年俄罗斯科学院科拉科学中心发表了俄罗斯西北部地区放射性废物处置库场址的选址标志资料[31]（表 5），这些选址标志，不仅包括高放废物处置库场址的选址标志，也包括中低放废物处置场的选址标志。

**表 5 俄罗斯西北部地区处置库场址的选址标志**

| 标志类型 | 标 志 | 标 志 意 义 | 备 注 |
|---|---|---|---|
| 岩石的物理—化学性质 | 核素吸附 | 高 | 研究整个岩石和各个矿物 |
| | 渗透率 | 很低，不超过 $10^{-3}$ m/d | 岩石 |
| | 热导率 | 高 | |
| | 岩土力学性质 | 好：$\rho$=2.5～3.0 t/m$^3$<br>$\sigma_{压性}$不小于 100 MPa<br>$\sigma_{张性}$不小于 10 MPa | 保证开挖工程的稳定性 |
| | 与天然水接触时的化学稳定性 | 高 | 对淋滤作用的稳定性，无喀斯特形成作用 |
| | 放射性废物对工艺稳定性的影响 | 抗 γ 射线辐射能力强 | |
| | 与建筑材料的相容性 | 岩石和地下水的有利化学成分 | 混凝土和钢结构的最低腐蚀 |
| | 气-液包裹体 | 含量最低 | |
| | 工艺性质（可钻性、可挖掘性和其他特性） | 主要井巷最好用减震方式掘进，以便使工程附近地段的破坏降至最低 | |
| 建造 | 厚度 | 大于 100 m | |
| | 地表面积 | 2 km×2 km（平面面积） | |
| | 地下设施最小深度 | 50 m（低放、中放废物）<br>100～200 m（高放废物） | 取决于放射性废物的类型 |
| | 矿物成分的均匀性 | 好 | |
| | 岩石粒度 | 相当均匀 | 此因素可以决定孔隙度和渗透率 |
| | 岩石结构 | 致密、块状 | 不希望有片理构造的不致密岩石 |
| | 岩性、矿物和地层，与毗邻建造的相互作用 | 取决于具体建造，最好是具有相似性、均匀性和稳定性 | |
| | 含结合水的矿物含量最低 | 结合水含量小于 1% | |

**续表**

| 标志类型 | 标　志 | 标 志 意 义 | 备　注 |
| --- | --- | --- | --- |
| 建造 | 由同一级别构造断裂限定的单个的岩石构造块段(局部裂隙) | 由块段边界到主要工程边缘的距离不小于工程的一个跨度(指宽度) | |
| | 由线距为 1.0～1.5 m 的岩块组成的裂隙系 | 最低数量 | 开挖工程地段边缘岩石的稳定条件 |
| | 裂隙充填 | 裂隙被次生矿物充填 | |
| | 大块岩石裂隙的结合力 | 0.5～0.7 MPa | 机械结合力由实验测定 |
| | 应力状态 | 应力场中最大应力小于 0.3 ($\sigma_{压性}$) | 长期稳定性 |
| | 主要设施底板下所评估岩石的最小厚度 | 50 m | |
| | 主要设施底板下所评估岩石的最大厚度 | 200 m | |
| 地质环境 | 区域大型和中型块状构造 | 场址选在这些构造接触带之外 | 这些带为最薄弱和非均质的 |
| | 大型区域性断裂—构造活动性 | 场址要在这些断裂发育地区之外 | 这些断裂长期活动,并伴有晚期的新构造活动 |
| | 各类断裂构造的分布密度 | 场址选在这些断裂发育的中低密度地区 | 断裂和正断层的水力作用大。正断裂带中的裂隙水具有明显不利的水化学和水热特征 |
| | 区域性裂隙(裂隙带宽为 2～10 km) | 场址选在这些裂隙发育的中低密度地区 | 断裂和正断层的水力作用大。正断裂带中的裂隙水具有明显不利的水化学和水热特征 |
| | 局部裂隙(裂隙带宽为 20～2 000 m) | 场址内裂隙发育程度不超过 4 $km/km^2$ | 保证有$(500\times500)m^2$大小的未遭破坏的岩块存在或在较有利的位置 |
| | 地貌(地形切割作用) | 相对高差小于 50 m | 有时最好用坑道揭露 |
| | 重力场、磁场和电场参数 | 参数为平稳的无异常或弱异常 | 岩块在物理性质方面以均匀性为特征 |
| | 地震 | 场址选在有记录的单个地震源和地震危险区之外,地区地震活动性,按 64 型建筑物振动多道记录仪研究(MKC -64),烈度不超过 8° | |
| | 地热条件 | 始终为无明显异常的正温度场 | |
| | 覆盖层的吸附容量 | 高 | 在矿物吸附剂基础上,在坚硬岩块中,由工程屏障作补充保障 |
| | 与地下水交替层的联系 | 无 | 缺乏由工程屏障的补充保障 |

续表

| 标志类型 | 标　志 | 标 志 意 义 | 备　注 |
|---|---|---|---|
| 地质环境 | 与地表水库的联系 | 无,场址离地表水库的距离不小于1 km,处于洪水泛滥区之外 | |
| | 潜水搬运放射性核素的可能性 | 最小 | |
| | 放射性核素由潜水从废物罐中淋滤的可能性 | 最小 | |
| | 坑道充水 | 排除 | |
| | 雨水和雪融水从场址排泄 | 预先控制—调节水库 | 地表处置场 |
| | 最近300年场址的沼泽化和洪水泛滥 | 排除 | 地表处置场 |
| | 处置场底部包气带厚度 | 不小于10 m | 地表处置场 |
| | 各含水层的潜水类型和它们的特征 | 按实际情况 | 按标准事先进行水文地质详细描述 |
| | 正地形—分水岭 | 最好 | |
| | 饮用供水的地下水水源地 | 无 | 官方要求 |
| | 具有刻凿作用的多年冻土 | 场址选在这些冻土带之外的地区 | 官方要求 |
| | 预测气候变化 | 在1万年期间岩石的温度状态无变化 | 在放射性废物的处置深度处温度在0 ℃上下变动 |
| | 地质历史 | 在2万～40万年期间无周期性的水热活动 | 类似于尤卡山条件 |
| | 地质历史 | 无古断层地震 | |
| | 矿产的存在 | 无 | |
| | 总体地貌环境 | 稳定 | |
| | 总体水文地质条件 | 稳定,并应保证能预测放射性核素的行为 | |
| | 地区地形 | 保证专用道路等的建造 | |

## (5) 其他国家

加拿大原子能管制委员会(AECB)在1987年发表过放射性废物处置管理的目标、要求和导则的政策报告。瑞士在1984年制定过核废物处置导则。英国国家放射防护委员会于1991年公布了关于固体放射性废物陆地处置的文件,规定了辐射防护目标。法国于1991年公布了深部地质处置的基本安全条例,该条例对场址、处置库位置、废物包装和工程屏障等作了若干定性规定。瑞典的辐射防护和核安全当局,联合发表了一个咨询文件,作为放射性废物处置的立法指南,其中有辐射防护、安全评价和场址选择等内容。

表6为国外高放废物地质处置库场址预选情况一览表[32]。

**表 6 国外高放废物处置库场址预选情况一览表**

| 国 家 | 预 选 场 地 | 进 展 情 况 |
|---|---|---|
| 阿根廷 | Sierra del Medio | 1980—1990 年进行场址的可行性和工程第一期研究，后被该国原子能委员会(CNEA)中止。预选场址岩石为花岗岩 |
| | 区域预选 7 个省 | 1991 年启动“低、中、高放废物处置的处置库选址有利地质建造研究”。1996 年进行区域选址，并对选址标准进行了研究。1998 年国会通过放射性废物管理体制的 No. 25018 号法律。预选区域的岩石为沉积岩、火山碎屑岩和花岗岩 |
| 阿美尼亚 | 在全国周边地区共选出 12 个预选场址 | 属规划和起步阶段，实际场址工作做得不多。所选岩石类型为火山岩、花岗岩类和沉积岩 |
| 白俄罗斯 | 只进行了区域预选研究 | 把全国分成 4 个地区，其中西部的Ⅰ区和东南部的Ⅳ区对建造处置库有利。所选岩石为结晶岩、岩盐和黏土岩 |
| 比利时 | 只进行 Mol 地下实验室研究，未进行具体选址工作 | 主要通过 Mol 地下实验室对第三纪的 Boom 黏土进行了研究。另外，还对 Ieper 黏土做了些工作 |
| 保加利亚 | 2 个预选场址：Garvanski Kamak 和 Sakartzi | 始于 20 世纪 90 年代，只进行一般性地表研究，未做深部工作。场址位于东南部，在 Sakar 花岗岩岩体内 |
| 加拿大 | 只进行白壳地下实验室的研究工作，未进行具体的选址工作 | 在白壳地下实验室进行了大量高放废物处置的方法学研究和各项参数的测定工作。地下实验室围岩为花岗岩 |
| 捷克 | 待定 | 工作始于 1993 年，拟在 2015 年选定 2 个预选场址，2024 年再选定其中之一，2065 年处置库运行 |
| 芬兰 | Olkiluoto，Romuvaara，Veisivaara，Syyury，Kivetty | 1983—2000 年进行场址预选，2001 年确定 Olkiluoto 作为处置库场址，并于 2020 年建成处置库。处置库围岩为花岗岩 |
| 罗马尼亚 | 待定 | 对岩盐中假想的处置库进行了若干性能评价研究 |
| 俄罗斯 | 有两套高放废物的处置方案： | 液体废液是在 20 世纪 60～70 年代处置的。处置岩石以砂岩为主，部分为灰岩 |
| | 1. 高放废液的深孔注入法场址：<br>—西伯利亚化学联合体<br>—矿业与化学联合体<br>—核反应堆科研所 | |
| | 2. 高放固体废物处置库场址：<br>—在 Mayak 联合体地区的 5 个预选地区 | 1975 年开始此项工作，2025 年运行。此前先进行地下实验室研究。围岩为凝灰岩和熔岩角砾岩 |
| | —在克拉斯诺亚尔斯克地区的 5 个预选地区<br>—Priargunsky 矿业联合体，该地铀矿床将于 2020 年采完，准备利用采空矿山 | 1990 年开始工作，现进行详细的地质研究，2030 年处置库运行。围岩为花岗岩<br>2000 年开始工作，2030 年投入运行，属初步研讨对象。围岩为硬岩、辉绿岩 |
| | —Archipelago Novaya Zemlya，深部大口径钻孔 | 1995 年开始工作，计划 2005—2010 年投入运行。处置地层为永久冻土层 |

**续表**

| 国　家 | 预 选 场 地 | 进 展 情 况 |
|---|---|---|
| 斯洛伐克 | 预选15个场址，其中下列6个为远景场址，拟作较详细工作。在花岗岩地区有4个：<br>Tribec Mts.，Ziar Mts.，Veposke Vrchy Mts.，Stolicke Vrchy Mts.<br>在泥岩和泥质岩地区有2个：<br>Cerova vrchovina 高地，Rinavska kotlina 盆地 | 1996年开始进行1：5万和1：20万地质填图、水文地质和工程地质、构造、地震和地球化学等研究 |
| 南非 | Vaalputs | 1987年成立高放废物处置工作组(NECSA)，研究了选址标准，进行航测和3个钻孔施工。处置围岩为花岗片麻岩 |
| 法国 | Gard，Vienne，<br>Meuse/Haute－Marne | 1994年开始进行场址评价工作，主要是地表地质工作，同时在花岗岩地区也进行了一些钻探工作。1998年在Meuse/Haute-Marne场址建造地下实验室，Vienne场址因公众反对而中止工作。围岩岩性：Gard为黏土岩、Vienne为花岗岩、Meuse/Haute-Marne为泥岩 |
| 德国 | Konrad废铁矿山，Gorleben盐丘，Morsleben废盐矿 | Morsleben处置库，除堆放中低放废物外，还堆放低浓度的α废物，1998年停止运行。Gorleben工作始于1986年，并于2000年停止勘查工作。Konrad工作始于1982年，1998年以后，由于领不到进一步工作的许可证而停止工作，原来德国拟在2008年建成处置库，现在无法实现 |
| 匈牙利 | Boda | 工作始于1995年，进行地表地质、水文地质、岩土力学和坑探、钻探工作。围岩为黏土岩 |
| 印度 | Sankark | 进行了地表和深部的场址特性评价。围岩为花岗岩 |
| 意大利 | 待定 | 处于规划和地区预选阶段 |
| 日本 | 通过Horonobe(沉积岩)和Mizonami(结晶岩)地下实验室研究来选择处置库的围岩类型 | 2002年启动了高放废物处置库的选址工作，其方法是向日本的3 239个社区征集志愿建库的社区。但是至今为止尚无一处场址 |
| 韩国 | 待定 | 工作始于1997年，有个10年研究计划，进行一些选址的相关研究。预选围岩为中生代侵入岩 |
| 立陶宛 | 只有1个核电站，寿命50 a，2010—2015年关闭 | 只作初步规划设想，目前只考虑乏燃料和中间储存。预选围岩为结晶岩、岩盐和黏土岩 |
| 荷兰 | 待定 | 处置方案讨论初步阶段，无进一步选址规划。预选围岩为岩盐和黏土岩 |
| 波兰 | 预选44个场址，其中火成岩(主要为花岗岩)和变质岩17个，页岩7个，盐矿床20个 | 从20世纪90年代开始进行场址粗略预选，现对这些预选场址进行评价 |

**续表**

| 国　家 | 预 选 场 地 | 进　展　情　况 |
|---|---|---|
| 西班牙 | 2个,待定 | 执行放射废物总体规划(2000—2010),进行地质、物探、水文地质和性能评价研究。预选围岩为花岗岩和黏土岩 |
| 瑞典 | Storuman,Mala,Hultsfred,Oskarshamn,Nykoping,Tierp,Alvkarleby,Osthammar | 对东海岸附近3个地区的8个预选场址进行可行性研究。已从中筛选出2处场址(Oskarshamn 和 Forsmark),并已完成对这两个场址的详细特性评价,预计将于2009年确定最终场址。预选围岩为花岗岩 |
| 瑞士 | 2个,待定 | 1985年开始研究花岗岩作为处置库围岩。1995年开始研究Opalinas黏土岩作为处置库围岩的可能性,前者有Grimsel地下实验室,后者有Mont Terri地下实验室实验验证。2004—2031年处置库建造和运行 |
| 乌克兰 | 2个地区:乌克兰地盾结晶岩和Dnieper-Donets盆地盐丘20个预选场址:属于结晶岩的有Malakhov, Doroging, Novo-Borova, Zankovo, Volyn, Veresnjang。属于岩盐的在Donbass地区有6个层状岩盐地段和在Dnieper Donets盆地有8个盐丘地段 | 经过区域筛选,选出2个远景地区。现处于处置库场址筛选阶段。准备2020—2025年建造处置库 |
| 英国 | 1个,在Sellafield附近 | Nirex 1994年原计划在此场址建造1个地下实验室,打了29个深孔,但后被国会否决 |
| 美国 | 尤卡山 | 自1987年国会选择该预选场址作进一步研究以来,经过详细场址特征评价,包括特定场址的地下实验室研究工作,完成了可行性评价报告和环境影响评价报告,于2002年该场址得到总统和国会批准,确认为处置库的正式场址。目前正在申请处置库建造许可证 |

由表6可见:

(1) 芬兰的处置库场址是2001年由国家批准的,这比美国2002年国家批准的处置库场址要早1年,但建成处置库的时间,按原定计划,芬兰要比美国晚10年,但据最新资料,美国建成处置库的时间,可能要推迟到2018年,运行30年,并于2050年关闭[33]。原来德国拟在2008年建成处置库的计划无法实现。

(2) 国外处置库预选场址的确定,都是从小比例尺到大比例尺层层筛选出来的,同时在场址特性评价之前,预选场址应该至少有两个,而且尽可能分布在不同的地质建造中。

(3) 从目前国际上的实践经验来看,一般从处置库场址预选到处置库建成需要50年左右时间,美国和芬兰分别计划在2018年和2020年建成处置库,其他国家大都计划在2020—2040年期间建成处置库,只有捷克计划在2065年建成处置库。

## 2.3　岩石类型

### 2.3.1　高放废物处置库对围岩的基本要求

处置库围岩是处置库的天然屏障，更是远场的主要组成部分，它的选择正确与否，直接影响到处置库系统的性能评价。

作为处置库围岩的岩石类型要满足下列基本要求：

(1) 岩石所处周围的区域构造环境要稳定；

(2) 岩石工程力学性质好，岩石稳定性好；

(3) 岩石构造裂隙不发育，水流缓慢，渗透性低，热传导性好；

(4) 岩石对核素的吸附性能好；

(5) 岩石对变价元素具有较好的还原能力，因为在还原环境下核素的迁移速率较慢；

(6) 岩石有足够体积，能满足处置库容积及建造各类地下设施所需。

当然，处置库岩石类型的选择并不是孤立的，它必须与场址的选址工作同时进行，通常是先确定选区，然后在选区范围内再寻找合适的岩石类型，因此我们不能通过简单的岩石特性对比后就得出结论，孰是孰非。如美国选择人烟稀少沙漠地区的凝灰岩作为处置库围岩，我国东南沿海也有大片凝灰岩分布，但那里是我国人口稠密、经济发达之地，因此那里的凝灰岩不宜选为处置库围岩。这说明，处置库岩石类型的选择必须与处置库场址的选择相联系，要符合处置库场址选择的必要条件。另外，各国处置库围岩的选择，还与各国的地质特点和自身岩石类型的分布特点有关。如比利时只发育黏土岩，因此，他们只能选黏土岩作为处置库围岩。又如加拿大，那里的花岗岩分布很广，仅安大略省就有 60 万 $km^2$，有 1 300 多个侵入体，且岩体十分稳定(加拿大地盾 6 亿年来一直很稳定)，安大略地区 25 亿年来无明显构造运动；大部分岩体不产矿产；岩体出露地区的地形十分平缓，坡度只有 1 m/km，地下水流速缓慢。因此，加拿大选择花岗岩作为处置库围岩。

### 2.3.2　国外处置库围岩选择概况

处置库的岩石类型是处置库选址时必须要解决的问题之一。因此，不少国家在进行场址预选前，往往先选择不同岩石类型进行普通地下实验室的实验对比研究，以便选择较为合适的处置库围岩。目前只有部分国家选的是单一岩石类型处置库预选场址(见表 7)。

**表 7　国外高放废物地质处置库预选的岩石类型**

| 国　家 | 岩　石　类　型 |
|---|---|
| 阿根廷 | 黏土岩、蒸发岩、火山碎屑岩、花岗岩 |
| 阿美尼亚 | 火山岩、石膏、岩盐、黏土岩、花岗岩 |
| 白俄罗斯 | 花岗岩、岩盐、黏土岩 |
| 比利时 | 黏土岩 |
| 保加利亚 | 花岗岩 |
| 加拿大 | 花岗岩 |

**续表**

| 国　家 | 岩　石　类　型 |
| --- | --- |
| 克罗地亚 | 黏土质片岩、黏土岩、砂岩 |
| 捷克 | 花岗岩 |
| 芬兰 | 花岗岩 |
| 法国 | 泥质岩、花岗岩 |
| 德国 | 岩盐、沉积岩(鲕状赤铁矿,上下围岩为泥灰岩、黏土岩等) |
| 匈牙利 | 黏土岩 |
| 印度 | 花岗岩 |
| 意大利 | 待定 |
| 日本 | 花岗岩、沉积岩 |
| 韩国 | 侵入岩 |
| 立陶宛 | 黏土岩、岩盐、结晶岩、硬石膏 |
| 荷兰 | 岩盐、黏土岩 |
| 波兰 | 页岩、岩盐 |
| 罗马尼亚 | 岩盐 |
| 俄罗斯 | 凝灰岩、熔岩角砾岩、花岗岩、硬岩、辉绿岩、永久冻土层 |
| 斯洛伐克 | 花岗岩、变质岩、黏土岩、粉砂岩 |
| 南非 | 黏土岩、花岗岩 |
| 西班牙 | 黏土岩、花岗岩 |
| 瑞典 | 花岗岩 |
| 瑞士 | 花岗岩/花岗闪长岩、黏土岩 |
| 乌克兰 | 花岗岩、岩盐 |
| 英国 | 待定 |
| 美国 | 凝灰岩 |

由表7可见:

(1) 大部分国家选择的岩石类型为花岗岩、岩盐、黏土岩和凝灰岩。

(2) 处置库岩石类型的选择,受国家具体地质条件限制。例如,比利时只发育黏土岩,除黏土岩以外,别无他选;又如瑞典主要发育花岗岩,所以花岗岩是首选。如果一个国家里有多种岩石发育,则处置库围岩就有了多种选择,如法国、瑞士和日本等国,除选择花岗岩外,还可以选择沉积岩。

花岗岩作为处置库围岩的有利条件是[34]:

1) 岩体规模一般较大,质地均一,具有足够深度和体积,多数能满足建造处置库的要求;

2) 新鲜完整的花岗岩孔隙度较小(0.5%~2%),水渗透系数较小(在1 000 m深处可达 $10^{-12}\sim10^{-10}$ m/s),在一般情况下,含水量较小(0.1%~0.2%);

3) 工程力学性质好,有利于构筑地下处置工程,大部分地段不需要支护;

4) 导热性能好(平均热导率为2.5 W/(m·℃)),热稳定性能较好,高放废物的衰变热(<300 ℃)对其影响甚小;

5）抗辐射性能较好，受到高剂量辐射作用后，岩石性质不变；

6）花岗岩中常有各类蚀变形成的黏土类矿物，对放射性核素具有较好的阻滞性能。

花岗岩的不利条件是，在深部的岩石中往往存在一些盲构造，且其中有的还有地下水流动。由于这些盲构造的分布规律有时难以查明，因此增加了场址性能评价中的不确定性因素。为保证处置库性能，在花岗岩中的处置库中，在废物罐外围设置有缓冲材料——膨润土，可有效封堵处置库附近花岗岩中的裂隙。

黏土岩作为处置库的有利条件是[34]：

1）黏土岩是一种不透水岩石，水渗透系数极低（如法国 Meuse/Haute Marne 地下实验室的黏土岩的渗透率可达 $10^{-12} \sim 10^{-14}$ m/s），是地下水的隔水层；

2）黏土岩中含有伊利石、高岭石、蒙脱石、沸石等矿物，具有很强的离子交换能力和吸附能力，可有效阻滞放射性核素的迁移；

3）具有可塑性，可以自行封闭岩石中的裂隙；

4）具有较好的地球化学封闭性；

5）新鲜岩石中含有黄铁矿、有机碳等，使岩石具有弱还原状态。

但是，黏土岩也具有一些不利因素：

1）黏土岩常与其他成分的沉积岩类组成延伸数 km 至数十 km 的大型背斜、向斜构造，在这些地区的黏土岩层中常发育层间构造、节理和劈理，形成有承压的含水层和含水的破碎带；

2）岩石可塑性较大，在构造应力作用下将发生塑性流动；

3）黏土岩机械强度小，整个地下工程须全程支护，增大了施工费用，并且，废物一经处置，可回取的难度很大；

4）热导率低，这将造成处置库内的温度较高，同时引起黏土岩中的某些黏土矿物的相变和含水矿物脱水，降低黏土岩的性能；

5）黏土岩中的有机质会与废物包装材料发生化学反应，生成溶于水的金属元素含碳化合物，加速废物包装材料的侵蚀速率。此外，还会产生氢气等气体，造成处置库内局部压力过大，破坏处置库的完整性。

岩盐作为处置库围岩的有利条件是[34]：

1）基本不含水，岩盐仅存在于干燥的地质环境中；

2）孔隙度极小（0.5%），水渗透系数较小（$10^{-12} \sim 10^{-8}$ m/s）；

3）导热性能好（热导率为 3.34～6.28 W/(m·℃)）；

4）对自身中出现的裂隙具有特有的自封闭特性（或称自愈合能力）；

5）具有一定的可塑性和蠕动性，可以自行封闭废物容器之间的任何空间；

6）放射性核素在盐饱和水中的扩散速度极小；

7）建造处置库的工程成本低。

岩盐不利于处置放射性废物的性质有：

1）岩盐的抗辐射性能较差，当吸收辐射线剂量达到 $10^6 \sim 10^7$ Gy 时，其结构将发生一定的变化；

2）易发生蠕动，使处置其中的放射性废物有上升至地表的危险；

3）岩盐中的光卤石层在温度增高时会分解，产生多量水，可能会危及处置库安全。

凝灰岩作为围岩的主要优点有：

1）岩石中含有沸石和黏土矿物，具有较好的离子交换能力和吸附能力；

2）新鲜岩石机械强度大，导热性能好；

3）岩石脱玻化时生成石英和长石等矿物，使岩石机械强度增大；

4）热稳定性较好。

然而，凝灰岩作为处置库围岩更有一系列的不利条件，如厚度大的凝灰岩质地不均一，含有裂隙，其水文地质特性十分复杂。另外，凝灰岩的孔隙度较大，其中的地下水流动较快。

欧共体选择多个场址的不同围岩进行地质隔离系统的性能评价，包括比利时 Mol 和英国 Harwell 的黏土岩，法国 Auriat、Barfleur 和英国的花岗岩，德国 Gorleben、丹麦 Mors 及法国和荷兰的岩盐。研究表明，在一定地质环境中，在黏土岩、花岗岩和岩盐中都能安全有效地处置核废物（图 1）。

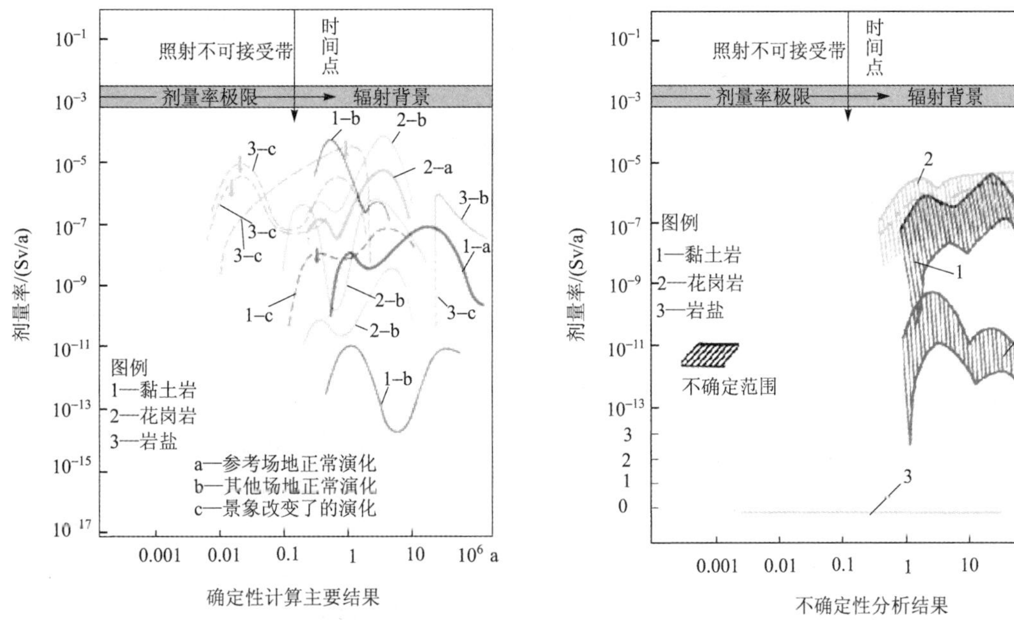


图 1 欧共体对不同围岩场址性能评价结果

## 2.4 研发程序

这里所指的研发程序，即高放废物地质处置库场址在选址过程中的步骤和具体选址阶段的划分。关于选址阶段，虽然 IAEA 等国际组织有所建议，但各国在实际执行中都有所不同。

IAEA 关于选址工作的阶段划分及其各阶段的研究任务在 2.2 节中已简要地论述过。

北欧 5 国 1993 年提出可划分为 3 个选址阶段：区域调查、场址预选、场址确认。

区域调查旨在对可能选作场址的地区进行填图，从填图中可圈出少数地段供场址预选之用。区域调查在很大程度上是要排除那些因水文地质特征、构造特征、人口密度或因具有各种自然资源而不合适作场址的地区。

场址预选的目的是确定若干可能合适的场址供进一步研究之用。为评价预选场址的特征,需拟订野外综合调查研究计划,其中包括地表地球物理测量、深部钻探和深部测试等,然后对若干个场址进行特性评价,并进行对比,从中推荐出一个合适的场址。

一旦某场址被选作为处置库的候选场址,必须进行更详细的特性评价工作,以便对其场址的适宜性进行确认。为此,需进行深入的地表地球物理测量、深部钻探和深部测试。此外,还需开掘能达到处置库设计深度的竖井。

(1) 捷克。捷克的选址步骤有 5 步:

1) 场址筛选。1992 年筛选出 7 个有远景的地区。

2) 场址选择。1998 年挑选出 6 个场址。

3) 场址调查。进行地表各种研究,期望通过工作能推荐 2 个场址进行特性评价。

4) 场址特性评价。通过对场址的进一步研究,将预选场址缩减到 1 个。

5) 场址确认。进行地下实验室研究,以进一步确认场址的适宜性。

按其工作内容,捷克的场址筛选阶段相当于通常意义上的区域调查阶段,而场址选择阶段和场址调查阶段则相当于通常意义上的场址预选阶段。捷克也把地下实验室研究视为确认场址的重要手段。

(2) 加拿大。加拿大的处置库场址至今尚未确定,但对场址的预选工作准备分两步走:

1) 概略的区域地质研究,目的是筛选出预选区;

2) 详细研究,目的是进行地表和深部的各种研究,对预选场址作出进一步评价。

(3) 美国。选址工作分为 3 个阶段:场址推荐,场址特性评价,场址的选择与批准。

但在实际执行中情况略有变化。如 1984 年 12 月 20 日环境评定委员会提出 9 个预选场址:Hanford,Yucca Mountain,Davis Canyon,Lavender Canyon,Deaf Smith,Swisher,Vachene Dome,Richton Dome 和 Cypress Creek Dome。这 9 个场址的岩石类型,除第一个为玄武岩,第二个为凝灰岩外,其他皆为岩盐。能源部选出下列 3 个场址给总统审定:Deaf Smith,Hanford 和尤卡山。后经国会批准,推荐尤卡山为处置库预选区。在该区内共研究过 15 个场址,最后确定了目前的场址。这个场址具体的工作阶段如下:

1) 初步研究阶段(1983—1986),进行场址筛选和基础地质研究;

2) 初步场址评价(1987—1990),进行基础地质研究和地球物理测量;

3) 详细场址评价阶段Ⅰ(1991—1994),主要是地表研究试验和槽探、钻探等;

4) 详细场址评价阶段Ⅱ(1994—),利用坑道填图,进行水、热和断裂等研究。

上述的"详细场址评价阶段Ⅰ和Ⅱ"也就是人们通常所说的场址特性评价阶段,该阶段的任务早已完成,同时该场址也已于 2002 年得到政府批准。

(4) 德国。1999 年德国成立了"处置库场址选址委员会",2000 年该委员会提出下列 7 个选址步骤:

1) 剔除可能具有不利地质条件的地区;

2) 识别具有有利地质条件的地区;

3) 去除具有不利社会结构的区域;

4) 选定具有预期有利地质条件的区域;

5) 选定将来公众可以接受的区域;

6) 对没有采矿活动的地区进行研究;

7）对预选场址进行评价。

上述7个选址步骤相当于IAEA选址步骤中的区域研究阶段。

（5）瑞士。瑞士在20世纪80年代初期曾预想过处置库场址预选工作分3个阶段进行：

1）进行区域研究和地表测量（如地震调查）；

2）在第一阶段区域研究的基础上，筛选出若干个较为有利的地区进行较详细的工作（钻探和详细的2D和3D地震测量）；

3）进行场址特性评价，此时要对场址进行深部研究，并全面描述场址。

（6）俄罗斯。俄罗斯的处置库场址的区域预选工作分两个阶段进行。

第一阶段用排除法进行区域筛选。俄罗斯按自己拟定的选址标准，用排除法，把矿产资源分布区、区域构造发育地区和工程地质上不稳定的岩体分布地区，全部从预选地区中剔除掉，这样只剩下10％～15％地区需进一步工作。

第二阶段对有利区域进行详细工作，筛选出有利的工作地区。在详细研究有利区域的构造、地质、水文地质、地震、古地震、地貌、地形等特征的基础上，通过分析对比，筛选出下一步需要深入研究的有利地区。如在俄罗斯的西北部，在穆尔曼斯克地区（Мурманская область）和阿尔汉格尔斯克地区（Архангельская область），就筛选出一些需要进一步工作的有利地区[5]。

总之，各国处置库场址预选的具体步骤虽不尽相同，但从中不难看出，他们大部分是遵循IAEA所提出的场址研究阶段划分的基本思路来安排工作的。

## 2.5 评价方法

场址的评价方法涉及面很宽，种类繁多，但归纳起来有下列几大类：自然地理学方法、地质学方法、地震地质学方法、水文地质学方法、地球物理学方法、地球化学方法、工程地质学方法、岩石力学方法、计算机数值模拟方法、辐射防护学和环境影响评价学方法、政治和社会经济学方法。

### （1）自然地理学方法

场址的地形应有利于运输和处置库工程的开挖。处置库场址不宜选在山洪暴发地段，滑坡塌方地段和经常暴雨成灾地段。

### （2）地质学方法

工作程序应由面到点，由表及里。手段可采用填图、剥土、槽探、井探、钻探和取样分析。一般需要进行下列工作：小比例尺和大比例尺地质填图，构造地质填图，地貌和第四纪沉积物填图，区域应力场分析，构造组合与分布规律研究，地区构造—岩浆—沉积—变质演化史研究，利用板块构造方法分析区域在板块中的位置，对区域进行构造稳定性分区，查明研究区内不同地段地壳的上升和沉降速率以及水平运动速率，研究活动构造形成年代、形成机理和活动位移量，以及为获得深部地质数据而需掌握的钻孔内各种测量技术方法等。

### （3）地震地质学方法

收集预选地区历史上的地震记录，在工作区内建立地震网站，测定预选区的地面加速度值，建立峰值加速度模型，编制地区的地震烈度图和加速度危险性图，用确定论和概率论方法对工作区地震的危险性作出评估，进行地表和处置库深处同一震级地震对工程破坏后果的对比分析。

(4) 水文地质学方法

收集预选区及邻区历年来的水文气象资料，特别是暴雨、洪水及其最高水位资料；编制预选区不同比例尺的水文地质图；编制地下水等水位线图；查明含水层和含水构的分布及其特征；查明预选区地表水和地下水的水力联系，查明区域地下水的流速、流向和流量；查明地下水的年龄、成分(包括有机质、微生物、胶体、气体和同位素)、pH、Eh(同时确定地下水的氧化还原界面)、水温和盐度；进行渗水、压水、注水和抽水试验，进行示踪和弥散试验；进行岩石渗透率、孔隙度和有效孔隙度的室内和野外现场测定；研究地下水对工程屏障的腐蚀作用，地下水与辐射热、应力和化学作用的耦合效应，以及地下水与岩石、回填材料和废物容器的相互反应；研究地下水在多孔介质和裂隙介质中的流动模式和地下水由近场到生物圈的流动模式。

(5) 地球物理学方法

包括航空、地面和深部(含钻孔和深部山地工程)3类。它在解决预选区地壳稳定性、确定深部断裂、岩体延深、岩体接触面产状和第四纪沉积物厚度等方面具有独特的功效。应收集区域航磁、区域重力场和大地热流值资料，为区域地壳稳定性分析提供必要的数据。

(6) 地球化学方法

它包括室内实验室研究、野外钻孔研究和野外地下实验室研究等。采用的方法可多种多样，但它们都是为核素在地质介质和生物圈中的迁移模式和剂量模式的计算提供可靠的参数，为场址的安全分析和环境评价服务。在地球化学研究中，要特别注意关键核素的迁移问题，以及它们对剂量的相对贡献值。

(7) 工程地质学方法

查明处置库围岩的工程地质稳定性、应力状态和岩体的质量等，以保证施工的安全性和地下工程的稳定性。

(8) 岩石力学方法

测定地表和深部预选处置库场址围岩的地下工程设计所需各类岩石力学数据。岩石力学数据的测定工作，应在模拟处置库的物理化学条件下进行。在地下工程掘进时和工程运行期间，都应对工程周边围岩的应力—应变状态进行动态监测。

(9) 计算机数值模拟方法

由于高放废物地质处置的安全期要在万年以上，因此许多有关处置库系统性能评价的实验往往难以进行，虽然用物理或化学方法可加速实验的反应速率，但也难以满足万年以上的时间尺度的要求。因此，数值模拟是必不可少的获得性能评价重要参数的一种手段。它应用于性能评价的各个领域，在建模时一般要注意下列几个问题：首先应该考虑所建的物理模型是否正确、合理；其次要考虑所采用的参数是否符合实际，是否正确、可靠；最后要尽量减少不确定性。模型建成后需要验证，同时要参考天然类似物的研究成果，使模型得到不断完善。

(10) 辐射防护学和环境影响评价学方法

任何一个重要工程上马,都要进行安全分析和环境影响评价,这对核工程尤为如此。在场址预选的不同阶段,都应进行这项工作。场址预选工作,应根据此两项报告和可行性报告的要求进行工作,否则,就是无的放矢,会造成人、财、物和时间的浪费。

(11) 政治和社会经济学方法

一个预选场址能否作为处置库的合适场址,除了地质因素以外,还取决于其他许多因素,其中特别是政治和社会经济因素。从国外历年来的选址经验中可见,有时选址的成功与否,不完全取决于技术问题,而取决于公众和当地政府的态度。因此,加强与公众和当地政府的沟通,加强选址工作的透明度,显得十分重要。这不是权宜之计,而是获取选址工作顺利进行的重要保证。除此之外,在场址评价中,还应考虑地区的经济发展远景、名胜古迹、矿产资源等与选址有关的问题。

## 2.6 相关机构

### 2.6.1 国际性机构

属国际性机构的有国际原子能机构(IAEA)、欧洲经济合作与发展组织的核能机构(OECD/NEA)、国际放射防护委员会(ICRP)以及欧洲共同体(CEA)。

(1) IAEA 是核废物管理的最大国际机构,成立于 1957 年 7 月 29 日,是联合国系统内一个独立的政府间组织。其宗旨是加速和扩大原子能对全世界和平、健康及繁荣的贡献,并尽其所能确保其自身或经其请求、或在其监督或管制下提供的援助不致用于推进任何军用目的。IAEA 现有成员国 139 个(到 2005 年 11 月止),我国于 1984 年加入此组织。该机构的废物管理计划分 3 部分:废物处理、地下处置和核能的环境问题。IAEA 经常就核废物管理问题举行各类国际讨论会,出版有关报告和安全导则,组织有关国家进行研究和技术合作计划的实施。

(2) NEA 成立于 1972 年 4 月 20 日,现有成员国 28 个,其宗旨是促进成员国在核动力的安全和规划,以及核能发展方面的合作;协调政府间的政策和实践,考察核燃料的经济技术问题,交流科技情报;协调和支持研究与发展计划。它的核废物管理计划由下列 3 部分组成:组织会议,进行成员国间的信息交流;协作国家间研究与开发活动;通过协作实验与研究计划进行国际协作。

(3) ICRP 是一个非官方组织,成立于 1928 年,有 17 个国家参加(中国 1980 年参加),它的宗旨是促进辐射防护领域的发展,出版有关辐射安全标准的备忘录,探讨有关辐射防护的原理和应用[35]。

(4) CEA 的主要任务是协调成员国之间核废物管理的研究活动,并对此提供相当数量的资金。CEA 从 1975 年起开始执行为期 5 年的 CEA 核废物管理研究计划。在第一个 5 年计划期间(1975—1979)研究了包括高放废物地质处置在内的许多问题。在第二个 5 年计划期间(1980—1984)把地质处置研究延伸到海床处置领域,并组织 MIRAGE(地质圈中核素迁移)和 PAGIS(地质隔离体系特性评价)研究。在第三个 5 年计划期间(1985—1989),

除继续完成上一个5年计划期间留下来的任务外，还进行了地下实验室研究和废物特性、工程屏障、处置库建造技术、数学模式以及风险分析等研究工作[4]。

## 2.6.2 各国高放废物管理执行机构

各国的高放废物管理部门的具体细节虽各不相同，但其组织管理系统却十分相似[24]：

(1) 国会/议会负责立法；

(2) 政府(指中央主管部门)负责制定方针、政策；

(3) 法规/监督机构负责条例、法规与标准的制定和监督，发放许可证；

(4) 执行机构负责高放废物和乏燃料处置工作的实施；

(5) 融资/资金管理，统管经费筹集和资金管理；

(6) 咨询/顾问机构，为政府决策提出建议。

几乎所有国外高放废物地质处置的立法工作都由国家最高权力机构的国会/议会来完成，充分说明各国政府对高放废物地质处置极为重视。

政府制定方针政策，是通过中央主管部门实施的。对不同国家来说，具体有哪些中央主管部门参加，情况各不相同。如瑞士由联邦环境、运输、能源和通信部负责，瑞典由环境部负责，法国由环境部、工业部、科技部和卫生部负责，德国由环境、自然资源保护和核安全联邦政府部门(BMU)负责，芬兰由工商部负责，日本由经济通产部负责等。美国的情况与其他国家略有不同，总统有权审定场址，向国会推荐场址，提请国会最后批准。

不同国家对高放废物地质处置(包括选址和场址评价)所需的费用，通过不同渠道进行融资，其基本融资方式有3种：

(1) 把高放废物的处置费用包容在核电的电费中，如美国、瑞典、捷克和立陶宛等。美国对商业乏燃料的处置费用是0.1美分/(kW·h)，捷克是50 CZK/(MW·h)。

(2) 处置费用由废物产生部门提供，包括两种形式：其一是董事会形式，各废物产生者以股份形式集资，如荷兰就是这样；其二是以基金会形式出现，如南非核电公司和ESKOM两个废物产生者组成基金会，每年向融资系统划拨一部分资金(包括从选址到处置库关闭的所有费用支出)。

(3) 对于军工高放废物的处置，其费用直接来自政府拨款。

对用于高放废物地质处置费用的管理甚为严格，层层把关，并有审计制度贯彻其中[22]。

不少国家都有咨询/顾问机构，其任务：一是评审执行部门的计划和工作成果；二是对政府的有关决策提出建议。如法国成立的国家评估委员会(CNE)是由国会和政府指定的12位科学家组成，他们对每年提出的高放废物地质处置的研发项目进行评估，并向国会和政府提交报告。匈牙利成立专门的科学咨询委员会，负责对PURAM活动的科学性进行监察。日本有能源咨询委员会，对执行机构的工作进行科学技术审查，建议透明的政策方针。瑞典有核废物国家委员会(KASAM)，它的责任是向政府提建议，也可应瑞典核电管理委员会(SKI)和瑞典辐射防护机构(SSI)的要求向它们提供建议。瑞士有两套咨询机构：一个是放射性废物工作组，处理与废物管理有关的重要问题；另一个是放射性废物管理地质委员会，提供有关地质问题的建议。英国成立放射性废物处置咨询委员会(RWMAC)，负责对主要的放射性废物管理问题提出建议。美国的咨询机构为核废物技术评审委员会(U.S. Nuclear Waste Technical Review Board)，它是由11位科学家组成，由国家科学院提名，由总统委任。下设 7 个专业组:构造地质和工程地质专业组;水文地质和地球化学专业组;工程屏障系统专业组;运输系统专业组;环境与公众健康专业组;风险和性能分析专业组和质量保证专业组。

对选址与场址评价来说,与高放废物地质处置关系最为直接的是高放废物管理的执行部门,这个部门领导和组织处置库场址的预选和场址评价工作的实施。

## 2.7 法律法规

国际机构对高放废物处置库场址预选只提出一些有关标准、指南或建议,这些标准和建议对各国场址预选具有很好的指导作用,但不具法律上的约束作用,如欧共体对其成员国曾发布过指令性建议:在 2008 年以前要决策选定处置库场址,在 2018 年前要有一个场址投入运行。但有的欧共体国家(如德国)已提出不可能接受这一时间限制[24]。高放废物地质处置研究与开发中的有关法规、政令,由各国政府自己来制定。如美国尤卡山处置库的容量是由法律规定的(70 000 tHM),日本的法规要求其处置库容量应选定在经济尺度的极限点上,即如果在这点之上再增加处置容量,单位体积废物的处置成本不再降低。

美国与选址有关的法律和法规包括[27]:

(1) 1982 年的核废物政策法令(NWPA):确立实施组织、资金系统、选址过程和时间表;

(2) 1987 年的核废物政策修改法令:修改 NWPA,是单独为尤卡山场址的调查而设计的;

(3) 1992 年的能源政策法令:专门为尤卡山指导环境保护总署发布公众健康和安全标准,要求关闭后勘察;

(4) 10 CFR Part 960:最初的能源部选址方针;

(5) 10 CFR Part 963:修改的专门针对尤卡山场址的能源部选址方针;

(6) 10 CFR Part 60:最初的非专门为地质处置库的申请许可证条例;

(7) 10 CFR Part 63:专门为尤卡山场址的申请许可证条例;

(8) 40 CFR Part 191:最初的非专门的为地质处置库环境保护健康和安全标准;

(9) 40 CFR Part 197:专门针对尤卡山场址的公众健康和安全标准。

瑞典有关的法律和法规包括:

(1) 核活动法令(1984:3):详细阐明瑞典放射性废物管理以及其他核活动的要求;

(2) 核活动条例(1984:14):规定了更详细的执行核活动条例的要求;

(3) 核设施安全条例(SKI FS 1981:1);

(4) 核材料与核废物处置有关的安全条例(SKI FS 2002:1);

(5) 乏燃料与核废物最终管理条例(SSI FS 1998:1):主要说明乏燃料处置要求;

(6) 关于乏燃料等未来费用资金的法令(1992:1537);

(7) 关于乏燃料等未来费用资金的条例(1981:671)。

日本的有关法律和法规包括:

(1) 2000 年的特定放射性废物最终处置法(法案 No. 177):涉及选址过程、执行机构、融资体系和基本选址标准;

(2) 2000 年的执行机构法(政府令 No.152);
(3) 2000 年的执行机构筹资与审计法(政府令 No.153);
(4) 2000 年的最终处置费用支出法(政府令 No.398);
(5) 2000 年的资金管理组织规章通告(政府令 No.661)。

西班牙的有关法律和法规包括:
(1) 关于核能的 25/1964 号法令;
(2) 关于建立核安全委员会的 15/1980 号法令;
(3) 关于建立国家废物管理公司的皇家 1522/1984 号法令;
(4) 关于开展国家废物管理公司功能的皇家 1899/1984 号法令;
(5) 关于核与放射性装置的皇家 1836/1999 号法令。

瑞士的有关法律和法规包括:
(1) 1959 年的原子能法;
(2) 1978 年的关于原子能法的联邦法;
(3) 1991 年的辐射防护法;
(4) 1994 年的辐射防护条例;
(5) 1983 年的核设施退役资金的联邦条例;
(6) 1993 年的放射性废物处置的防护目标。

## 2.8 公众参与和透明度

虽然高放废物地质处置研究始于 20 世纪 50 年代,但各国进行大规模的研究工作还是始于 20 世纪 80 年代。20 多年来,世界各地核废物地质处置研究高潮迭起,取得了很大进展。但在前进的道路上也出现了一些问题。究其原因,归纳起来主要有下列几点:

(1) 首先,公众对高放废物处置缺乏足够的理解和信任。这主要是执行部门与公众沟通不够,工作计划的透明度不够,同时也是由于过去的一些核事故,特别是切尔诺贝利核电站事故,对人们心理造成的不良影响所致。因此,公众对高放废物处置也怀有忧虑心理。如瑞士的 Wellenberg 预选场址和瑞典的 2 个预选研究场址都是在公民投票中遭到否决。又如日本在 20 世纪 80 年代,就打算在北海道一带预选一个高放废物处置库场址,但也因公众反对,场址预选计划被迫搁浅,这种状况一直延续至今天。因此日本至今尚未找到一个为公众所能接受的处置库预选场址。再如美国在尤卡山场址的选址过程中,在总统和国会未对处置库场址作出最后确认之前,就曾遭到了该地州政府和当地公众的反对。另外,1994 年开始研究的法国 Vienne 地下实验室场址,也由于公众反对,于 1998 年被迫取消研究工作。

(2) 其次,是现阶段在技术和科学进步方面尚有欠缺。如英国的 Sellafield 地下实验室预选场址,虽然 Nirex 对它进行过不少地表研究和深部的钻探工作,原拟订进行深部山地工程,但由于支持者与反对者在技术上的激烈争论,最后导致该场址的研发计划被搁浅。

(3) 再次在高放废物处置研发过程中,出现了一些新的理念,需要足够时间去研究和验证。如处置后废物的回取、分离—嬗变技术对处置的影响,以及处置安全期是 1 万年还是更长等。

(4) 最后,由于政治上的影响,致使研发计划夭折或延迟。如德国的 Konrad 地下实验室场址，它的研究工作是从 1982 年开始的，后由于政治影响，于 1998 年以后停止运行。直到 2007 年 4 月，德国政府才批准在该处建设中低放废物处置库的申请。

虽然有些国家因一时得不到公众的信任，但却没有一个国家欲决意放弃或中止核废物地质处置的意向，并且依然认为深部地质处置乃是长寿命高放废物与人类生存环境永远隔离的唯一可行途径。因此，各国都积极采取措施，争取公众和利益相关者的信任和支持。这些措施包括：

(1) 建立信息中心与相关网站，作为执行部门与公众和地方团体沟通的渠道。

(2) 组织公众参观地下实验室和处置库场址等核废物处置研发设施。

(3) 让公众参与选址过程，参与环境评价与安全分析，参与政府的决策。

(4) 举行听证会、研讨会。

(5) 向公众公布有关材料，如选址计划、选址标准、环境评价报告、安全分析报告等。

(6) 向当地社区发出通告，告知执行部门提议的项目，并邀请那些愿意和有兴趣表达意见的公众参加信息研讨会，对选址过程提出意见和建议。

(7) 设立公众组织，监督执行部门的研究活动。

(8) 进行各类相关展览和影视放映活动。

(9) “自愿的社区公开申请”。这是日本采用的选址自愿公开申请的办法。2002 年 12 月日本放射性废物管理机构(NUMO)向日本所有市政当局发送过一个“资料袋”，正式启动了公开申请计划。但至今选址工作没有显著进展。

(10) 建立补偿或激励机制。这也是 NUMO 在上述社区公开申请中提出来的奖励办法，即如某市政当局申请获得批准，它就可获得下述经济利益：首先，就地采购约为 120 亿日元/a，对生产的刺激作用估计总额为 16 500 亿日元，并提供新的就业岗位估计为 2 200 人/a。其次，对“接受区域处置场”的社区进行奖励：初步调查区域是 2.1 亿日元/a，详细调查区域是 20 亿日元/a。

# 3 国内选址和场址评价工作的研发现状

## 3.1 处置方案

从 1985 年起，我们采纳了当时国际上普遍认同的高放废物处置的技术方案——深部地质处置。2003 年我国发布《中华人民共和国放射性污染防治法》，其第四十三条中明确规定“高水平放射性固体废物实行集中的深地质处置”，这从国家层次明确了深地质处置的地位。2006 年国防科工委、科技部和国家环保总局联合发布《高放废物地质处置研究开发规划指南》，明确了深地质处置开发的主要技术路线和开发的总体设想。2007 年，国务院批准《核电中长期发展规划(2005—2020 年)》，明确提出 2020 年建成我国高放废物地质处置地下试验室的目标，从而使高放废物地质处置进入了新的阶段。

## 3.2 选址标准

我国的处置库场址预选工作始于1985年,但由于当时国内尚无相应的规范,所以只能参考国外一些经验。1993年,国家技术监督局发布了《放射性废物管理规定》的国家标准,提到处置库、处置场在选址时应考虑如下基本因素[36]:

(1) 地质结构简单、稳定;

(2) 工程地质条件良好;

(3) 岩性均匀,面积广,岩体厚;

(4) 水文地质简单,地下水位深;

(5) 距地表水和饮用水有一定距离;

(6) 尽量远离人口稠密地区和水源保护区;

(7) 没有重要的自然资源地区。

1998年7月6日,国家核安全局批准并发布了核安全导则HAD401/06《放射性废物地质处置库选址》[37]。该导则是参考IAEA No. 111-G-4.1《地质处置设施选址》制定的,包括引言、选址方法、选址准则和所需资料以及名词解释等章节。HAD401/06把选址分为4个阶段:

(1) 规划选址阶段 制定选址过程总体规划,作为区域调查阶段的基础。规划包括以下内容:

① 确定与说明需完成的各项工作;

② 工作程序;

③ 库址特性评价中采用的准则;

④ 准则应用程序;

⑤ 时间进度;

⑥ 经费估算;

⑦ 长期安全性的最优化。

(2) 区域调查阶段 可分为2期:① 区域勘察;② 场址筛选。

(3) 场址特性评价阶段 对一个或几个推荐场址进行调查研究,进行一系列地表和深部的研究工作,包括场址的地质、水文地质和环境条件等。同时还要进行实验室的补充研究工作。其他关于运输、人口和社会条件等方面资料也应收集。

(4) 场址确认阶段 在所推荐的场址上进行更详细的场址研究,确定一个最适合于建造处置库的场址,为处置库的详细设计、安全分析、环境影响评价以及申请建造许可证提供所需资料。

该标准提出,在选址过程中需要收集地质环境、自然变化、水文地质、地球化学、人类活动、建造和工程条件、废物运输、环境保护、土地利用和社会影响等方面的资料。

这些选址的基本原则与国外的选址标准相一致。多年来,考虑IAEA的建议,以及我国和其他国家的选址标准,在实际工作中我们遵循下列选址原则:

### (1) 地质条件

1) 区域地壳稳定;

2）无明显的地震活动；

3）水文地质条件简单、少水，地下水水流缓慢；

4）所选的处置库围岩，应符合本章 2.3.1 中所述的要求；

5）所选地质体应具有良好的工程地质稳定性，有很好的完整性，构造和岩性单一。

**(2) 环境和自然地理条件：场址应当尽量考虑具备以下条件的地区**

1）人烟稀少的地区，尽量避开人口稠密的地区；

2）气候干燥、降雨量少；

3）远离水源水系或水源水系不发育；

4）地貌平缓；

5）交通相对方便；

6）避开山洪暴发和经常发生洪水的地区；

7）避开有名胜古迹和旅游胜地的地区；

8）应考虑核工业的战略布局，处置库尽可能靠近后处理厂。

**(3) 社会和政治经济条件**

1）政府主管部门的决策；

2）预选区当地政府和公众的态度；

3）避开重要矿产资源地；

4）避开国民经济发展远景区。

## 3.3 处置库预选围岩的选择

核工业北京地质研究院曾于 1986 年、1988 年和 1996—1998 年 3 次对我国可能作为高放废物处置库的岩石类型进行过系统的资料收集和野外实地调查，提交了相应的调查报告和下列图件：

(1) 1∶1 500 万花岗岩类岩体全国分布图；

(2) 1∶1 500 万玄武岩、凝灰岩、泥质岩全国分布图；

(3) 1∶500 万花岗岩类岩体分布图；

(4) 1∶500 万凝灰岩、玄武岩、泥质岩全国分布图；

(5) 1∶500 万全国岩盐分布图；

(6) 1∶500 万全国黄土分布图。

中国辐射防护研究院与中科院武汉岩土力学研究所也对中国黄土作为中国高放废物处置库围岩的可能性进行过探讨。

根据国外处置库围岩选择的情况，我国对花岗岩、泥质岩、凝灰岩、岩盐和黄土资料进行了大量收集、分析、综合和野外踏勘工作[38]。

早在 1986 年，核工业北京地质研究院通过对国外资料的调研，结合我国国情，确定了 5 大片地区（华东、西北、广东、内蒙古和西南地区）作为高放废物处置库预选区，先后在浙江、江西、安徽、甘肃、新疆、内蒙古、四川、陕西和广东 9 个省（自治区）进行了一系列内容广泛的调研工作，共选出 21 个预选地段。其围岩包括花岗岩、页岩（泥岩）和凝灰岩等。

(1) 花岗岩类

我国花岗岩类分布广泛，在1∶500万花岗岩类岩体分布图上，花岗岩体的出露面积大于25 $km^2$ 的岩体约有400个，花岗岩类的分布面积占所有侵入岩出露面积的86.4%，达861 690 $km^2$。花岗岩主要分布在华北地台、扬子地台及塔里木地台周边的地槽褶皱带中，且集中分布在天山—兴蒙地槽褶皱系、吉黑地槽褶皱系及华南地槽褶皱系地区。我国北方多以海西期花岗岩类为主，而南方则以燕山期花岗岩类为主。

在选址过程中，对西北地区的旧井岩体、前红泉岩体、饮马场北山岩体和白圆头山—黑山头岩体，华东地区的广德、临安、江山、嵊泗和黟县的花岗岩和花岗闪长岩，西南地区的汉南杂岩体、中坝的花岗岩岩体，广东的佛冈岩体和九峰岩体，以及内蒙古大宝力兔岩体进行过研究。从自然地理和社会经济特征、区域地质、地震活动性、预选地段的地质特征等方面研究这些花岗岩类岩石发育地段作为高放废物地质处置库预选场址的可行性。通过对比研究，选择我国西北地区甘肃北山预选区作为进一步研究的地区。

由于花岗岩在我国分布广泛，工程力学性质好，地下工程一般无须支护，岩体的整体性好，除在断裂地段外，皆较均一。它在外应力冲击下(如地震)不易变形，因此建成后的地下工程不易破坏。在无裂隙发育地段，花岗岩的渗透率与黏土岩相当[39]。处置库的近场花岗岩有可能会遭到诸如中低温热液对围岩的一些作用，如对花岗岩中的长石和黑云母等矿物产生热液蚀变，其蚀变产物形成黏土类矿物和绿泥石等矿物，这些矿物会增强岩石对核素的吸附作用。至于对困扰性能评价的岩体内的盲构造问题，则可通过节理统计和建模研究，来大致预测深部盲构造在岩体内的分布规律，还可通过物探方法(特别是井下雷达和井下电视)来查明深部盲断裂。因此，花岗岩被不少国家认定为处置库围岩，在我国也把它作为处置库场址的重点围岩进行研究。

典型的中国花岗岩的一些特征参数如下：导热系数6.60 W/(m·℃)；比热0.55～0.79J/($m^3$·℃)；导温系数(3.2～4.7)×$10^{-3}$ $m^2$/h，线膨胀系数(0.6～0.9)×$10^{-4}$/℃，孔隙度4.7%～1.7%，渗透率2.6×$10^{-9}$ m/s，抗压强度200～2.7 MPa，弹性模量50～60 GPa，泊松比0.23。

(2) 凝灰岩

我国中—酸性火山岩分布十分广泛，其分布的时代跨度也很大。从分布面积看，中国东部从黑龙江至广东均有大面积的凝灰岩分布，西部从内蒙古、新疆到西藏南部等省区也有大面积凝灰岩出露。在东南沿海的浙江、福建、广东晚侏罗纪中—酸性火山岩活动强烈，分布面积很广，所形成的中、酸性凝灰岩面积达数十万 $km^2$。黑龙江、内蒙古晚侏罗纪出露数千 $km^2$ 中—酸性凝灰岩，其厚度亦比较大。新疆出露的为泥盆纪、石炭纪或更老的火山活动的产物。西藏为白垩纪—第三纪及石炭纪的凝灰岩。凝灰岩产出的地质条件、厚度、埋深及岩性特征，优于泥质岩、岩盐。凝灰岩的物理、力学性质及导热系数均低于花岗岩，其岩石结构远不如花岗岩均匀，且常夹有砂质岩及熔岩薄层，尤其是较年轻的中生代凝灰岩多分布在东部沿海地带人口稠密区，而西部人烟稀少地区的凝灰岩又多为古生代凝灰岩，受后期地质作用岩层褶皱、断裂、裂隙发育，且其产出厚度和埋深都不如花岗岩，故该类岩石目前未被选定为我国处置库场址的预选围岩。

凝灰岩典型的特征参数如下：导热系数5.03W/(m·℃)；抗压强度<200 MPa；弹性模

量 23～46 GPa；孔隙度 2.6%～3.7%，渗透率$(5.1\sim8.5)\times10^{-11}$ m/s。

(3) 泥质岩类

泥质岩类包括泥岩、页岩及部分浅变质岩类(板岩)，在我国分布面积很广。泥质岩中的页岩基本上都分布在古生代地台型浅海相沉积和中新生代内陆湖相沉积层中，连续沉积的页岩厚度较小，多在 500 m 以下。只有在地槽型沉积层中才有连续沉积厚度较大的泥质岩层，其厚度可达 500 m 以上，甚至二三千米。但伴随地槽回返、褶皱变质及随之而来的岩浆侵入，大部分泥质岩受变质而成为板岩、千枚岩或片岩，有时在此过程中也发生层间断裂。然而，其中的板岩由于受变质很浅，未被片理化，岩石仍具有较好的完整性和较强的力学性质，作为处置库围岩的性能并不亚于页岩，且厚度大，分布面积也广。但页岩、泥岩的物理力学性质脆弱，易于崩塌，给施工和维护井巷工程带来困难和隐患。针对塑性黏土岩，在工程开挖前，需在岩石中先注入冷冻剂才可开挖，如比利时 Mol 地下实验室。板岩虽然强度较高，但其机械强度仍远低于花岗岩，且板理发育、岩石多呈板片状。另外，在处置库近场，如果温度在 100℃以上，同时又有足够含水量时，则黏土岩会发生流变现象，同时在富钾地下热水的作用下，原先黏土岩中对核素吸附性能较好的蒙脱石有可能相变成对核素吸附性能较差的伊利水云母之类的矿物。泥质岩石类作为处置场址围岩，如同花岗岩一样，有利也有弊，因此可作为可选围岩之一，今后可以加强对它的研究。

页岩典型的特征参数如下：导热系数 1.69W/(m·℃)；导温系数$(1.4\sim3.2)\times10^{-3}$ $m^2/h$；线膨胀系数 $0.9\times10^{-4}$/℃；抗压强度 20～70 MPa；弹性模量 49～107 GPa；渗透率 $n\times10^{-10}$ m/s。

(4) 岩盐

我国岩盐矿床绝大多数石盐矿体为层状、似层状和透镜状，绝大多数矿层较薄，单层厚度很少超过百米，不符合高放废物深地质处置的要求。更重要的是岩盐经常有石膏、硬石膏、芒硝、钾盐、镁盐及卤水等共生，尤其是经常与石油天然气共生。例如岩盐储量较多的四川盆地已查明中—下三叠统是最主要的储油气层，同时也是四川省含盐极丰富的地层。这些岩盐矿床不仅有着重要的经济价值，成为当地的支柱产业之一，而且多处于人口稠密、水系发育地区。另外，很重要的一点，我国的岩盐矿床是用深井水溶法开采，而不像欧洲国家是用矿山式竖井—坑道系统开采的，因此地下空间很难利用。所以即使有的矿床单层岩盐厚度较大，如陕西榆林地区发现巨型盐矿床，探明储量为 8 854.55 亿 t，远景储量为 6 万亿 t，平均厚度为 120 m，但埋深在 2 000 m 以下，又采用水溶法开采，因此难以利用。

(5) 黄土

我国黄土主要分布在北方，西起新疆、青海，经甘肃、陕西、山西、河北、山东，直至东北三省。厚度一般仅有几十米到 100 多米，厚度最大的地区在黄河中游(甘肃、陕西)，最厚达 300～500 m。据王永焱(1980)测得的中国黄土及黄土状岩石总面积为 631 000 $km^2$，占全国领土面积的 6.6%。但黄土是松散土状沉积物，垂直节理发育，同时由于黄土的可塑性、压缩性和湿陷性，因而岩石力学性质甚差，不宜作为高放废物处置库的围岩。

总之，花岗岩、凝灰岩、岩盐和黏土岩，是目前世界各国主要的几种作为高放废物处置库围岩的预选围岩。研究表明，在不同的国家，不同的地区，由于其自然地理、社会经济条件以及地质条件的限制，分别作出符合本国国情的选择。如美国选择凝灰岩，德国选择岩盐，芬兰选择花岗岩类等。我国根据不同的社会条件、环境，不同的地质背景，考虑了各种不同的围岩类型，在华南主要是花岗岩，华东为花岗岩和凝灰岩，西南为泥质岩，内蒙古为花岗岩及泥质岩，西北为花岗岩类。而岩盐和黄土，前者是由于其自身的经济价值，后者是由于其工程地质的不稳定性，均不宜将它们选为高放废物处置库的围岩。目前可考虑作为我国处置库场址预选围岩的是花岗岩和泥质岩。

## 3.4 工作进展及评价方法研究

我国自1985年开始进行高放废物地质处置研究工作以来，至今已有23年的历史，在场址预选和场址评价研究方面，主要做了下列几方面工作：

(1) 进行国内外文献资料调研和全国有关选址的地质资料收集；

(2) 在全国性区域地质资料调查的基础上，进行区域预选工作，通过对比研究，推荐甘肃北山预选区作为今后区域预选的重点研究地区；

(3) 在北山地区进行了遥感地质解译、地表地质、水文地质、地球物理和地球化学调查，并在旧井和野马泉两个地区打了4个钻孔(孔深为500～700 m)，在芨芨槽和新场岩块施工了8个浅孔(孔深各100 m)；

(4) 进行场址评价各种方法学的实验与研究，建立了比较系统的花岗岩场址评价方法；

(5) 经过8年的地下实验室选址调查，推荐北京附近的阳坊和石湖峪两个场址(围岩皆为花岗岩)作为普通地下实验室的预选场址，并对其进行了可行性研究；

(6) 通过对处置库围岩的3次对比研究，认为花岗岩和泥质岩石可作为处置库预选围岩；

(7) 对高庙子膨润土和北山花岗岩、阳坊花岗岩、石湖峪花岗岩进行了放射性核素的吸附和扩散研究；

(8) 对花岗岩进行了热学性质研究；

(9) 对处置库场址的性能评价模式作了初步探索；

(10) 初步建立了计算机的地学信息系统。

目前我国高放废物处置库选址工作处于地段预选(area preselection)的对比研究阶段，还未进入场址预选阶段，更未进入场址特性评价阶段，其所从事的工作，大都是基础地质研究和技术准备工作。

下面将重点归纳国内在区域预选和地段预选方面的研究成果。

### 3.4.1 区域预选

1985年按选址有关标准，首先进行国内外有关资料的调研和国内有关地质资料的收集汇总和分析对比。1986—1989年在全国地质背景的调查基础上，筛选出5大片：西北、华东、华南、西南和内蒙古，并先后在甘肃、浙江、安徽、内蒙古、四川、陕西、广东、江西和新疆9个省(自治区)进行了一系列内容广泛的自然地理考察和中等比例尺精度的区域地质工作，编纂了预选区的评价报告及相应的综合图件。在此过程中，共预选出21个有利地区，包括：甘肃西部的头道河—下天津卫、厂区、饮马场北山、白圆头山—黑山头、碱湖子、前红泉和旧井；新疆的天山中段南侧；皖南的广德和黟县；浙西北的临安和高禹；浙西南的江山、浙东的海岛嵊泗；四川的中坝和汉王山；陕西的汉南；广东的佛冈和九峰；内蒙古的泊尔江海子和大宝力兔。在上述21个有利地区中，除由于甘肃西部的碱湖子与其毗邻的前红泉地质情况相似未进行工作外，对其他20个有利地区都进行过实地踏勘。

经过1986—1988年的野外多次实地踏勘，根据选址原则，否定了一些地段。如靠近甘肃河西走廊的一些预选区，由于区域地壳稳定性差，而被否决。又如安徽黟县，由于与我国著名风景区——黄山较近，因此也不宜选为预选区。经过对比研究，最后选定甘肃北山地区作为今后进一步工作的重点地区，其理由如下。

(1) 位于戈壁沙漠，人口极稀少；

(2) 气候干燥，年平均降雨量约为70 mm，而蒸发量高达3 000 mm；

(3) 区域地壳较稳定，远离河西走廊活动带；

(4) 地震活动较弱，烈度为6°；

(5) 水文地质条件简单，地下水不发育；

(6) 交通较方便，离兰新铁路线较近；

(7) 离可能的高放废物后处理厂较近；

(8) 预选场址的围岩是花岗岩，岩石力学性质好，稳定性好，有利于施工；

(9) 岩体的规模和深度能满足处置库工程设计之所需；

(10) 预选区内只有小煤矿、小金矿、芒硝矿和花岗岩石材矿，无其他重要矿产资源；

(11) 预选区内无名胜古迹。

从1988年起，对甘肃北山地区进行较系统的研究工作。

## 3.4.2 甘肃北山预选区的区域地质研究

1985年收集了本预选区域大量地质数据，在随后21年中也陆续收集了不少资料。另外，在前人工作的基础上，核工业北京地质研究院等单位也进行了一些区域构造研究工作。上述研究的成果，简述如下[40-41]。

北山预选区位于甘肃省西北部，它包括敦煌—阿拉善及其以北地区。预选区构造属于塔里木板块东段北缘次级构造单元柳园—穿山驯古大陆边缘及其南侧的敦煌地块。预选区的主构造方向为近东西向，断裂构造以基底断裂为主，有中秋井—金庙沟南逆断层、二道井—红旗山大断裂，以及北山南缘的疏勒河断裂等。

### (1) 北山的地壳结构

1) 区域重力异常特征　甘肃北山地区，重力异常值一般为$(-150\sim-225)\times10^{-5}$ $m/s^2$，重力场总体为近东西向弧形平稳负异常。重力梯度变化不明显，大部分地区为<0.6 mGal/km(1 Gal=0.01 $m/s^2$)。重力异常等值线分布宽缓，并缺乏明显的梯级带，为地质稳定性较好的地区。

2) 区域地壳结构区　甘肃北山属于北山—阿拉善地壳结构区，壳厚度在47～50 km左右，地壳等深线呈北西西—近东西向，为地壳厚度变化极其平缓地区，仅局部略有起伏。地貌上该区为低山丘陵区，海拔高程在1 000～2 000 m。区内新构造运动不明显，地震活动微弱，新构造运动属整体上升类型。

### (2) 区域深断裂

北山预选区内主要有两条深断裂，即二道井—红旗山断裂和中秋井—金庙沟断裂。二道井—红旗山断裂为发育在前长城系浅变质岩及海西期花岗岩中的大型断裂，该断裂自燕山期以来，未发生明显断裂活动，也无 $M_S>4.75$ 的地震发生。第四纪洪积物未被后期断裂破坏。中秋井—金庙沟断裂是预选区北部的一个大型韧性剪切带，发育在糜棱状片麻岩、花岗岩和绢云母板岩中，第四纪以来该断裂未见有活动迹象。

(3) 区域地震活动

甘肃北山预选区位于青藏高原北部地震区北侧，临近该地震区有祁连山地震亚区的河西走廊地震带。与河西走廊地震带相比，北山地区地震活动微弱，历史上无强震记载(最大的地震震级为 $M_S\leqslant5.2$)。

(4) 区域新构造运动

甘肃北山属于"北山微弱隆起新构造活动区"，是一个缓慢隆起区，自第三纪以来，以缓慢整体抬升为主，构造差异运动不明显。地貌上该区是以平缓戈壁和低山丘陵为主，正在塑造现代夷平面。北山地区的上升速率为 0.6～0.8 mm/a，远低于祁连山地区的上升速率(1.5～1.8 mm/a)[40]。

(5) 区域地壳稳定性分区

在区域地壳稳定性方面，预选区属于北山稳定区。

为进一步查明北山地区区域地质背景，从 2005 年开始进行 1∶25 万的区域地质和水文地质特征调查，调查面积约 32 000 $km^2$，调查重点是区域地质特征、区域构造演化、区域水文地质特征、区域断裂分布和区域岩性分布等。此项工作目前尚在进行之中。

### 3.4.3 预选区域和预选地段的评价研究

在甘肃北山预选区内先后对前红泉、旧井、野马泉和向阳山—新场 4 个地区进行了评价研究工作，简介如下。

(1) 前红泉

前红泉地区的工作范围为北纬 40°27′～40°40′，东经 97°21′～97°49′，行政上属玉门市管辖。该地区出露岩石主要为前红泉花岗岩岩体，它位于二道井—红旗山复背斜南翼，长约 36 km，宽 6～10 km，呈北西向展布，与前长城系变质岩呈侵入接触关系，接触带附近的围岩遭受混合岩化。前红泉岩体可分 3 个区：

A 区：岩性为中粗粒似斑状钾长花岗岩，位于岩体西北部，面积较小，约 17 $km^2$。

B 区：岩性为"熔结"碎裂钾长花岗岩，其特征是中粗粒钾长花岗岩呈不规则角砾被中细粒花岗岩所"熔结"，呈狭长状分布于 A 区与 C 区的过渡地段，岩性不均一。

C 区：岩性为中细粒钾长花岗岩、中细粒二长花岗岩和中细粒斜长花岗岩，分布于岩体的东南部，A，B，C 三者之间岩性相互过渡，它们是印支早期混合岩化作用的结果。岩石完整性较好，岩体出露面积为 156 $km^2$，是有利的预选地段。

此外，还对岩体进行了构造、水文地质和岩石力学性质研究，经过 4 年初步工作表明：此岩体稳定性好，岩性较完整，第四纪以来通过本地区的主断裂稳定，裂隙密度小，有足够处置空间，水文地质条件简单，这些都是有利的选址条件，但该地区过去的研究程度很差，要进一步评价该地区，还需进行系统的地面地质研究和必要的深部研究。

(2) 旧井

旧井的范围为北纬 40°44′～40°53′，东经 97°06′～97°26′，总面积 16.5×28.0＝462 km²。行政上隶属于甘肃省肃北蒙古族自治县马鬃山区和玉门市。

1999—2001 年核工业北京地质研究院对该地段进行了下列研究工作[42]：

1) 1∶50 000 地表地质和深部地质调查；

2) 施工了 3 个深孔(BS01,BS02,BS03)；

3) 进行了地表和深部钻孔的水文地质研究；

4) 进行了地表和深部的地球物理测量工作(井温、γ 测量、梯度电阻率、自然电位测量、电位电阻率、极化率测量、能谱测量、电磁测深、高精度磁测、钻孔综合地球物理测量、光学钻孔电视测量、超声波电视测量及钻孔雷达测量等)；

5) 地应力测定；

6) 地球化学研究；

7) 岩石物理力学特性研究。

根据对旧井地区的初步研究，可对该地区作出如下初步评价意见：

1) 行政区划，旧井地区属甘肃省的肃北县管辖。该县地广人稀，面积为 66 748 km²，相当于海南岛面积的 2 倍，而人口仅 1.2 万人。在旧井地区仅有 3 户游牧家庭，放养的羊和骆驼仅几百头。该区为岩漠戈壁地区，一片荒凉，土地无法耕种利用，矿产仅有一个小型民采金矿点和萤石矿点，目前尚未发现其他可开采的矿产资源和旅游资源。基本上无社会发展前景。从这方面看，旧井地区作为处置候选场址是很有远景的。交通方面，目前有通过 312 国道进入旧井地区的简易公路。旧井地区花岗岩体内地形高差仅 20 m 左右，地表稍加平整即可建设地面设施，整修道路也很方便，因此，从运输条件看，旧井地区是适宜的。

2) 地质调查显示，旧井地区位于北山地壳稳定区内，花岗岩出露面积大，约 280 km²，约占总面积的 61%，延深达 2 500 m 以上。区内的主要断裂稳定，作为处置库的围岩类型有板西似斑状二长花岗岩体和旧井英云闪长岩体，两者岩性均一，裂隙较少。通过钻孔岩心观察、钻孔雷达、钻孔电视测量和综合地球物理测井显示，似斑状二长花岗岩体深部裂隙很少，岩石趋于完整，这对建造处置库是有利的。

3) 旧井地区降雨量小，而蒸发量极大，无地表水体，水文地质研究显示，基岩裂隙含水量小，涌水量多为 5～10t/d，且具有低流速的特征。现场抽水、压水实验和室内岩石渗透实验均表明深部岩石及裂隙的渗透率极低，不利于地下水的迁移和扩散。北山 2 号孔及探槽研究显示，十月井断裂为阻水断裂。地下水流向初步推断为北东向，流向北部无人区，即使流向朝南，南部二道井—西尖山—帐房山一带的变质岩，极有可能是阻水带，可限制地下水南移。现场水质分析表明，500 m 以下的地下水具还原性特征。总之，旧井地区深部地下水在水动力学上具有典型的弱含水、低渗透、低流速特征，在水化学上具有高矿化，低溶解和还原性特征，这些特征初步表明旧井地段的深部水文地质环境适宜于高放废物地质处置。

4) 北山 1 号孔岩石质量指标(RQD 值)大于 75 的占 76.56%，表明岩石具有良好的工程地质特性。岩石力学性质研究表明，似斑状二长花岗岩和英云闪长岩均具有高强度和低渗透性的特点，具有很好的工程地质特性。地壳应力测量表明，北山 1 号孔及其附近地应力相对较低、差应力也较低。根据地应力数据结合两种岩石的单轴抗压强度测试结果，可初步判定，在北山 BS01 号孔附近，埋深 500 m 左右的范围内，建造地下硐室在工程地质上是可行的。

总之，从社会经济、运输、地质、水文地质和工程地质等条件综合分析，可以初步认为旧井地区作为处置库预选地区是合适的。正如国际原子能机构废物处置专家 Michel Raynal 所说，北山场址很可能是世界上最好的高放废物处置库场址之一。

但是，在旧井地区仅做了初步的地表工作，仅施工了 3 口钻孔，这距全面了解旧井地区整体地质环境及确定场址的适宜性仍有很长的路。通过更多的工作量，更深的工作程度，确定旧井地区是否适宜，正是我们今后努力的方向之一。

### (3) 野马泉

野马泉工作范围：北纬 40°58′50″～41°8′34″，东经 98°00′～98°15′，南北长 19 km，东西宽 21 km，总面积约 400 $km^2$。行政上隶属于甘肃省玉门市和内蒙古自治区额济纳旗。

2002—2004 年核工业北京地质研究院在此进行过工作，共完成下述研究工作[43]：

1) 1∶5 万地面地质调查(400 $km^2$)；

2) 施工一个钻孔(BS04)，孔深为 500.92m；

3) 岩体的地质构造、岩石学、矿物学和地球化学研究；

4) 地区的水文地质学研究；

5) 岩石的物理性质和岩石力学研究。

根据上述研究结果，可对野马泉地区提出如下初步评价意见：

1) 野马泉岩体规模及厚度也完全可以满足建造高放废物处置库的需要，岩体周围被石炭纪和侏罗纪地层所围限，这些都是有利条件。不利因素为：在野马泉内部局部地段存在厚度为 500 m 左右的低阻层，推测这主要与岩体浅层破碎、裂隙、孔隙发育以及后期风化、蚀变等因素有关。在确定处置库最终场址时，应避开这种地带。

2) 从地下水流场特征分析，如果在北山地区最终确定处置库的场址，那么，处置库将位于饱和带中。而旧井和野马泉地段主要位于地下水的补给区和径流区，距地下水排泄区较远，因此，水流路径长，加上水力坡度缓的特点，这两个地段作为处置库场址都是有利的，从地下水流向分析，野马泉地段则更为有利。

3) 位于野马泉的 BS04 号孔，虽然裂隙比较发育，但裂隙多被高岭土、碳酸盐、泥沙质、岩石碎屑、水云母、绿泥石等充填，渗透性很差，终孔后进行抽水试验，获得最大降深时的渗透系数为 $9.606\times10^{-9}$ m/s。这表明岩体的渗透性极其微弱，说明岩心所显示的节理和裂隙，在地下处于充填或闭合状态。

4) 野马泉地区的断裂活动性相对较弱，岩体内部的各组断裂基本不活动，但这都还是初步结论，更详尽的研究工作有待下一步加以深化。

### (4) 向阳山—新场

向阳山—新场地段位于旧井地区之东侧。新场地段北纬 40°41′～40°53′，东经 97°42′～98°00′，面积约 550 $km^2$。新场地段北纬 40°43′～40°53′，东经 97°23′～97°42′，面积约 468 $km^2$。该地区的研究工作正在进行之中，初步研究结果表明：芨芨槽岩块和新场岩块是向阳山—新场地段中最为完整的两个块体，可作为今后详细研究之用[44]。向阳山地段纵向延伸不大且岩体较为破碎，地球物理大地电磁测深剖面的结果显示：地下 500m 以内为低阻层。由此可以初步判定向阳山岩体地下 500 m 以上部分的完整性比较差。因此取消了对其进一步工作的计划。

# 4 若干技术问题讨论

## 4.1 以工程需求牵引，加强研究开发

要完成高放废物地质处置工程，必须扎实做好研究开发工作，并对研发成果进行全尺寸工程验证。根据我国目前研发工作的实际情况和经费的投入规模，应当集中力量、集中经费，以有限的力量和经费，以工程需求为牵引，开展研发工作。应当考虑确定参考场址，并以之为基础开展处置工程设计的方法学研究及地下实验室和处置库的概念设计。此后围绕提出的概念设计，逐渐开展工程领域的全尺寸试验和验证工作，并开展安全评价。鉴于我国已针对甘肃北山花岗岩开展了重点工作，因此，在“十一五”期间，应当以花岗岩为主要参考岩性，开展相关试验和工程设计工作。视情况开展其他岩性的相关试验和工程设计等研究。

## 4.2 协调开展各领域的研究开发工作

高放废物地质处置的研究开发，主要涉及选址和场址评价、工程设计和建造、安全评价和核素迁移研究以及相关的基础性研究，如处置地质、处置化学、岩石力学等。这 4 方面的工作互为依托，需要围绕工程目标，相互协调、相互促进、共同发展。针对我国目前的研发现状，除了要继续加强选址和场址评价工作外，还急需加大工程设计、核素迁移和安全评价研究的力度，安排精兵强将，以使各项研究开发工作并驾齐驱，协调发展。

## 4.3 在 2020 年建成我国高放废物地质处置地下实验室

地下研究实验室是开发高放废物处置库过程中必不可少的关键设施，它在处置库开发过程中起着关键作用。考虑到国外已有大量的“普通地下实验室”和“特定场址地下实验室”的经验，我国的地下实验室应当尽量与预选处置库场址结合，在战略上应当考虑建造“特定场址地下实验室”。基于我国高放废物地质处置研究在“十一五”和“十二五”将会有较大进展，场址评价研究和工程研究对地下现场试验将有迫切需求，因此，在“十二五”末期(2015 年左右)确定地下实验室场址，并在“十三五”末期，即 2020 年建成地下实验室是非常必要的。

## 4.4 考虑花岗岩和黏土岩作为高放废物处置库围岩的可行性

各国根据不同的地质条件以及不同的社会经济条件，选择了花岗岩、黏土岩(泥岩、板岩、塑性黏土)、凝灰岩和岩盐作为高放废物地质处置库的围岩。对这些围岩的各种特性进行了室内研究和地下实验室现场研究，认为各种围岩均有其优缺点，通过增设工程屏障，在这些围岩中均可以建造满足安全要求的处置库。各国选择不同的围岩取决于各国的地质条

件和社会经济条件。

我国国土辽阔，各种围岩种类齐全。我国高放废物处置库围岩既可以选择花岗岩，也可以选择黏土岩。我国目前已开始对花岗岩开展研究，但深度不够，今后应当依托已有的预选花岗岩场址对其开展全面深入的研究。与花岗岩相比，我国还没有对黏土岩开展研究，今后应当开展对黏土岩的研究，尤其要选择产状平缓、厚度稳定的黏土岩，对其建库的可行性开展研究。

高放废物处置库围岩类型的选择不是单纯的科学技术问题，还取决于社会经济条件和公众接受等因素。围岩类型的选择要以工程需求牵引，要结合场址的实际情况选择合适的围岩。鉴于我国目前尚处在处置库选址的前期阶段，宜充分考虑各种岩性的可行性。

目前的初步研究工作表明，甘肃北山地区的花岗岩岩体完整、规模较大、裂隙较少，且位于荒无人烟的戈壁干旱地区，可以考虑作为我国高放废物处置库的主攻围岩，应当继续对北山地区深入开展工作，同时查明北山地区是否有影响场址安全的颠覆性的因素，尤其要查明北山的区域地壳稳定性、地应力特征以及是否有大规模的快速导水通道。我国目前正处于高放废物处置库选址的前期阶段，因此，极有必要对甘肃北山的场址评价研究成果作回顾性审评，以确认今后的工作方向。

## 4.5 规划处置库场址筛选的战略和步骤

统筹规划好我国处置库场址筛选的战略和步骤，确定选址标准和选址程序，明确审批程序，是一个当前需要迫切解决的问题。高放废物处置库的选址不是选出最佳和最好的场址，而是要选出满意的场址，选出能够满足安全要求的场址即可。考虑到我国是一个大国，并且场址审批需要考虑多场址，因此至少需要有两个预选区的场址供比选。

我国高放废物处置库的选址工作在过去23年中，所做的选址工作是极为初步的，缺乏系统性，确定预选区和场址的数据也不太充分。更为关键的是，这些工作没有经过国家审管部门的正式程序审评。20多年后，国家的经济社会条件又发生了重大变化，原先确定的预选区的各种条件更是变化巨大。按照我国核电发展规划，我国在沿海地区将大规模建设核电站，使该地区成为乏燃料的主要产生地。在筛选场址时，这是务必考虑的重要因素。因此，目前还不满足对已有各预选区进行比选的条件。

甘肃北山预选区是目前考虑的高放废物处置库重点预选区，1988年以来的研究成果表明该区是一个极有远景的预选区。但是，对甘肃北山所做工作的深度、广度、权威性和规范性仍然不够，仍需做大量论证工作。特别应当按相关程序，对甘肃北山加强全面性和规范性的场址评价工作。

# 5 选址和场址评价规划目标和任务

## 5.1 我国选址规划的阶段划分

处置库的选址工作，一般都遵循“由大到小、由面到点、由表及里、由浅入深”的原则。综

合各国的实践经验,高放废物地质处置库工程,大致可分为如下几个阶段:

(1) 全国性区域地质调查研究阶段。目的是推荐处置库场址的预选区域。

(2) 地区性区域地质研究阶段。目的是推荐处置库预选地段和预选场址。

(3) 场址预选阶段。目的是对多个场址进行初步对比研究,以便从中推荐一个或几个作特性评价用的场址。

(4) 场址特性评价阶段。目的是进行详细的场址研究工作,初步确定场址的适宜性。

(5) 场址确认阶段。目的是通过地表和地下的补充研究工作,特别是地下实验室的研究工作,最后确定一个处置库的正式场址。

(6) 处置库设计阶段。目的是进行地面和地下处置库工程的设计。

(7) 处置库建造阶段。目的是建造地面和地下的处置库工程。

(8) 处置库运行阶段。该阶段是接受废物和处置废物阶段。

(9) 处置库工程的封闭和处置库退役阶段。对所有处置工程进行封闭,并实行处置库退役。

(10) 处置库封闭后的监测阶段。对处置库系统及其附近地段进行安全监测。

我国高放废物地质处置库工程可分为 3 个阶段:

(1) 处置库选址阶段 (2009—2020);

(2) 地下现场试验阶段 (2021—2040);

(3) 处置库建造阶段 (2040—21 世纪中叶)。

根据国外的经验和我国现行的处置库场址预选实际情况,可将处置库场址的选址工作分为下列几个阶段:

(1) 全国性区域预选(nationwide regional preselection);

(2) 地段预选(area preselection);

(3) 场址预选(site preselection);

(4) 场址特性评价(site characterization);

(5) 场址确认(site confirmation)。

目前我国处置库的选址工作重点放在甘肃北山预选区,现阶段进行的工作是地段预选工作,尚未进入处置库场址预选阶段。同时,还开展若干补充的区域预选工作。

## 5.2 我国选址规划的总目标和阶段目标

我国高放废物地质处置库选址的总目标是:在我国领土内选择地质稳定、社会经济环境适宜的场址,为 21 世纪中叶建成我国高放废物地质处置库提供场址基础。处置库场址的初选工作拟在 2020 年前完成。2020 年选址和场址评价工作的目标是:初步选出高放废物处置库场址,针对选址工作的不同阶段开展不同尺度的场址评价研究工作,提供所需的各类资料,并进行评价。

我国高放废物地质处置库的选址工作,应当按照科学发展观的要求,坚持以人为本和全面协调可持续发展的指导思想,根据核工业发展和环境保护对高放废物地质处置库场址的要求,以处置库工程建设的需求为牵引,协调开展选址和场址评价各方面的研究开发。

### 5.2.1 区域预选阶段(2009—2010)

在全国范围内，根据选址标准，筛选出除甘肃北山以外的花岗岩或其他岩石类型的预选区。这类预选区面积较大，可以在 1 000 $km^2$ 以上。

全国区域性预选工作在 20 世纪 80 年代已进行过一次，现在再进行一次全国性的区域预选工作主要是基于两方面考虑。一是，为了与甘肃北山花岗岩预选区进行对比研究。目前国内法规要求有两个或更多的场址进行比对，在此基础上才能提出场址申请。二是，不少地域较宽、岩石类型种类较多的国家，在选择处置库围岩时，往往选择两种岩石类型进行对比研究，以便从中选优。

### 5.2.2 地段预选阶段(2009—2010)

本阶段的目标是，在选定的预选区中的多个预选地段中筛选出 1～2 个合适地段，以供进一步的处置库场址预选工作。在此阶段要完成地段预选的可行性报告、安全分析和环境影响评价报告。通过论证对比和审定，国家主管和审管部门将按有关规定和标准确定一个预选地段。

### 5.2.3 场址预选阶段(2011—2015)

场址预选工作是在预选地段确认之后进行的，在确认的预选地段内，至少要对两个预选场址进行工作。该阶段的目标是通过系统的地表研究和少量深部工程，对在地段预选阶段筛选出来的两个预选场址进行可行性研究，通过对比，向国家审管部门提交一个将来进行详细场址特性评价的场址。

在本阶段，还应当完成我国地下实验室场址的筛选和论证工作，并初步确定地下实验室场址。

### 5.2.4 场址特性评价阶段(2016—2020)

本阶段的目标是初步确定前一阶段选出的场址作为处置库场址的适宜性。按投入工作量和研究程度，又可分为场址初步特性评价和场址详细特性评价。前者可在一个或多个场址中进行，但后者一般只在前者最后所推荐的一个场址中进行。

在本阶段应当完成建造地下实验室之前的所有场址评价工作，并确定地下实验室场址。作为我国高放废物地质处置计划的阶段目标，2020 年还应当初步建成我国的高放废物处置地下实验室。

### 5.2.5 场址确认阶段(2021—2040)

本阶段的目标是要通过场址的地表和深部研究，特别是要通过特定地下实验室的现场研究来验证场址的适宜性，并最后确认处置库场址。

2020 年只是初步确认场址，场址的最后确认只有通过地下实验室的研究之后才能完成，而 2021—2040 年期间正是地下实验室研究时期，因此场址的确认期限可定为 2021—2040 年。

## 5.3 各阶段工作内容

### 5.3.1 区域预选阶段(2009—2010)

新的区域预选工作可在全国范围内进行，但建议重点考虑华东地区、华南地区和西北除北山以外的地区，以及其他有利地区如核爆区的毗邻地区，以便进行对比研究。其所选的处置库围岩可以是花岗岩类，也可以是黏土岩。区域预选时亦应考虑现时国际上和国内的有关选址要求。

区域选址时应按选址标准，广泛收集有关地质、水文地质、自然地理、社会经济、交通供应和人口分布等情况。通过分析对比，对若干重点地区进行实地踏勘，进行一些必要的地表工作和室内工作。工作结果是推荐一个新的预选地区，并提供相关的报告和图件。

### 5.3.2 地段预选阶段(2009—2010)

一个预选地段的工作面积约为 40～400 $km^2$。地段预选也可采用多个地区对比研究方式。

我国现已初选甘肃北山地区作为重点预选地区，在地段预选阶段，应作较详细的地表地质、水文、地球物理和地球化学方面的研究，并适当进行一些深部钻探工作，以了解深部地质和水文地质情况。除此以外，还应了解以预选地段为中心，80 km 半径范围以内，特别是 20 km 半径范围内的有关核素地球化学背景以及大气、人文、经济和政治等社会情况。在地段预选阶段需完成下列工作：

(1) 编制场址预选标准和性能评价指导大纲；

(2) 进行卫片和航片的地质解译；

(3) 地区地壳稳定性研究(包括地震烈度和新构造活动的研究)；

(4) 完成 1∶5 万的地质填图、断裂构造填图、水文地质填图、地貌图和第四纪地质图；

(5) 利用物探了解岩体的产状、埋深、岩体的处置容量和断裂的产状、规模及含水性；

(6) 查明导水构造、了解地下水流速、流向、流量、成分、氧化还原性质以及有关水力学参数(如渗透率等)；

(7) 初步查明处置岩体的工程地质稳定性、岩体质量、地应力状态、热学特点、物质成分和同位素年龄；

(8) 完成预选地段岩石的力学特性研究；

(9) 建立和完善系统的场址评价方法；

(10) 完善预选区的地学信息库；

(11) 完成预选地段的可行性研究报告，并推荐两个作为今后预选场址的地段。

### 5.3.3 场址预选阶段(2011—2015)

一个预选场址所研究的面积约为 25 $km^2$。

预选场址是在地段预选的基础上推荐出来的。预选场址的研究工作是预选地段研究工作的继续和深入，因此，它的不少研究内容与预选地段的研究内容相同，但在研究深度和深部工作以及室内工作量的投入上都要大于地段预选阶段。工作内容包括：

(1) 地质

1）通过钻探工作进一步查明处置岩体的深度和容量；

2）进一步查明断裂构造的产状、充填物、力学性质、分布规律和形成时代；

3）进行 1∶2 000～1∶10 000 的地质、构造地质和水文地质填图；

4）完成处置库设计所需的各种岩石力学参数测定工作；

5）大致确定处置库和地下实验室的空间位置；

6）进一步查明场址的地应力状态。

(2) 水文地质

详细查明场址区水文地质特征，包括岩体的渗透率，水力传导系数；地下水 pH-Eh 和水温、盐度测定；地下水定深取样及其常量成分、微量组分、胶体、气体、有机质和同位素组成分析。

(3) 地球物理

进行航空物探、地面物探和钻孔物探工作，以获得较详细的地表和深部的地质和水文地质资料，包括：

1）航磁测量：编制剩余磁场图和垂直磁力梯度图，以查明岩体的轮廓、岩体内断裂和岩体内岩性的不均匀性。

2）重力测量：编制重力场图，有利于确定岩体的边界。航磁和重力相结合可了解岩体的大小、形状、产出深度、围岩岩性特征和接触带走向。

3）放射性航测：编制区域放射性元素含量等值图。

4）电法测量：包括航空电磁（EM）测量、音频磁大地电流法（AMT）测量、地震反射测量、控源音频磁大地电流法（CSAMT）测量和地面雷达测量等。

5）钻孔物探：应当开展井下电视和井下声波电视测井；自然电位测井；电阻率测井；密度（γ-γ）测井；声速测井；液体电阻率测井；温度测井；井径测井；雷达测井；叶轮流量计和高灵敏度热脉冲流量计测井；跨孔地震断层 X 射线照相法测井等工作。

6）岩石物性测定：包括密度、磁化率、剩磁电阻率、激发极化和孔隙率等。

(4) 地球化学

1）土壤和地下水中的微生物特征及其与放射性核素迁移的关系研究；

2）缓冲材料/废物容器/地下水/岩石的相互反应实验；

3）放射性核素在场址地下水条件下的存在形式；

4）放射性核素在场址岩石中的迁移特征及其迁移模式研究。

(5) 安全分析和环境评价

在该阶段应建立安全分析和环境评价的模式，并收集相关参数，提交相应的安全分析和环境评价报告。

### 5.3.4 场址特性评价阶段(2016—2020)

在场址初步特性评价时可进行一个或多个场址的对比研究，但在场址详细特性评价时，一般只对场址初步评价时最后确定的一个场址进行一些更详细的地表和深部的研究工作。

场址特性评价阶段的研究工作内容基本上与场址预选阶段的研究内容相同，但只是更详细而已，其目的是初步评定场址的适宜性，同时还要确定特定地下实验室和处置库的位置，并进行深部地下工程设计。

该阶段的工作内容包括：

（1）打一批钻孔（一般是几十个），获取深部地质和水文地质资料，同时确定处置库的位置、处置库深度以及 4 个竖井的位置（处置库一般至少有 4 个竖井：进气、排气、运送废物和运输人、物）。钻孔中的研究内容与场址预选阶段相同。

（2）收集安全分析、环境评价和深部地下工程设计所需的全部地质资料和图件，以及有关参数。

（3）确定地下实验室场址；并完成地下实验室的初步建造工作。

（4）完成场址的最后安全分析和环境评价报告。

（5）完成该阶段的安全分析、环境影响评价和可行性报告。

### 5.3.5 场址确认阶段（2021—2040）

本阶段是场址的最后确认阶段。为此，要提供场址评价的最终报告，凡是场址最终性能评价报告、处置库设计和安全评价所需的资料都应收集齐全。

本阶段的主要任务是：

（1）进行少量的地表和深部的补充研究工作；

（2）运行特定场址地下实验室，进行地下现场研究；

（3）提供论证场址合适性的全部资料和报告。

# 6 结论和建议

我国高放废物地质处置库的场址预选工作，从 1985 年开始至今，已有 24 年历程，在这期间，我们进行了大量资料收集和野外实践。在缺乏足够经费支持下，在场址预选方面，取得了长足的进步和可喜的成果。初步完成了全国的区域筛选工作，进入地区预选，随后转入以甘肃北山为重点预选区的地区预选工作。在北山地区，从 1986 年开始工作至今，已有 23 年时间，在此时段内进行了大量地表地质、遥感地质、地震地质、水文地质、地球物理、地球化学和岩石力学研究，并利用 6 个深钻孔开展了深部地质环境研究，对各种场址评价方法进行了有效的实践。23 年来的工作成果初步表明，甘肃北山地区可以作为我国高放废物地质处置库的重点预选场址，并可继续深入开展工作。但这些工作需要经过国家主管部门的确认。为了对比，在选址初期（在场址特性评价之前），在现今的北山预选区以外，开展第二个区域预选区的选择，也是适宜的。

为了进一步完善和推进我国的高放废物地质处置的选址和场址评价研发工作，提出如下建议：

**（1）尽快制定地下实验室和高放废物地质处置库选址规划**

建议在国务院颁布的《我国核电中长期规划》和原国防科工委等颁布的《高放废物地质

处置研究开发规划指南》[42]的基础上，进一步制定详细的地下实验室和高放废物处置库选址规划，明确选址战略、阶段目标和阶段任务，为我国2020年建成地下实验室和2050年左右建成高放废物处置库提供场址基础。

(2) 尽快制定我国高放废物处置库选址标准

为了对已经进行的选址工作进行总结和回顾性审评，并指导今后的选址和场址评价工作，建议尽快制定我国高放废物处置库选址标准，明确选址的阶段和任务以及场址筛选标准。

(3) 尽快开展对已进行的选址工作进行回顾性安全审评

建议中国核工业集团公司组织核工业北京地质研究院等单位对已有选址工作进行总结并向主管部门和审管部门提出报告，审管和主管部门对报告进行回顾性审评，以鉴明现有工作的成果，明确下一步工作的方向。

(4) 编制由国家确认的处置库系统性能评价指导大纲，指导研发工作的协调进行

开展场址评价工作的同时，还必须开展场址安全分析和环境评价。这些工作都应协调发展、齐头并进，缺一不可。处置库系统的性能评价指导大纲，能从横向指导这些工作的协调进行。因为在指导大纲中具体规定了高放废物地质处置研发规划的总目标、总任务，各阶段的目标和任务，以及如果组织各行各业去实现这些任务，其中包括各专业的相互配合协调问题，以便按阶段及时完成安全分析报告、环境评价报告和可行性研究报告。

(5) 加强队伍建设和资金投入

高放废物地质处置的研发工作极为复杂，它不仅涉及的学科多，而且研究周期长，需要一代人甚至几代人为之奋斗。这就需要有一支稳定和高素质的专业队伍。因此，培养科研骨干，加强队伍建设势在必行。但要建设队伍、稳定队伍没有足够的资金投入是难以奏效的。“十五”以前的历史告诉我们，如果投资强度不足以“养活”为数不多的专业人员，则是很难稳定队伍的。另外，研发工作需要足够资金，经验证明：研发工作的进展程度在很大程度上取决于资金的保障程度。没有足够的经费支持，既定计划是难以完成的。

(6) 加强与当地政府和公众的沟通

当地政府和公众的态度，在选址过程中至关重要。国外在总结场址预选工作的经验教训时，突出地指出此问题在选地过程中具有举足轻重的地位。有些国家因得不到当地政府和公众的支持，选址计划时遭挫折。为此，国外为与公众沟通，采取了不少积极政策。这一点我们应汲取国外的有益经验，事先做好我们的工作。

(7) 加强国际合作

高放废物地质处置研发工作，历年来具有广泛的国际合作传统。这种合作可以是派出去或请进来，也可以是双边或多边的。不少国家通过国际协作得益不少。瑞典在高放废物地质处置研发工作开始时，就邀请国际上有关专家协助审定他们的研发计划，这避免了瑞典少走弯路，使瑞典的研发工作一直有条不紊地进行着，他们的研究成果，在国际上久负盛名。我国在此领域起步较晚，缺乏许多研发的实际经验，因此更需加强国际合作来加速我国在此领域的研发步伐。

## 参考文献

1 核工业标准化研究所. 放射性废物管理标准汇编. 1995.

2 中华人民共和国国家标准. GB 9133—1995. 放射性废物分类.

3 Stewart L. Overview of the United States Radioactive Waste Management Program: Part Ⅰ, Program Summary, PUNT Workshop on Radioactive Waste Regulations, Codes and Standards, Beijing, China, June 22-24, 2005.

4 徐国庆. 核废物地质处置研究现状. 国外铀金地质,增刊,1992.

5 经济合作组织核能机构. 国际放射性废物地质处置十年进展. 王驹,张铁岭 译,北京:原子能出版社,2001.

6 宋崇立. 分离一嬗变和深地层处置. 国防科工委高放废物地质处置研讨会论文集,国防科学技术工业委员会,北京,2005.

7 Рыбальченко А И, Пименов М К, Костин П П. и другие, Глубинное. захоронение жидких радиоактивных отходов, М. ИздАТ, 1994.

8 徐国庆. 去加拿大和美国的科访报告. 2000.

9 IAEA. IAEA－TECDOC－991. Experience in selection and characterization of sites for geological disposal of radioactive waste, 1997.

10 IAEA. 地质处置设施选址. 安全系列 No. 111-G-4. 1,1994.

11 IAEA. Safety Principles and Technical Criteria for the Underground Disposal of High Level Radioactive Waste. Safety Series No. 99, 1989.

12 IAEA. Guidance for Regulation of Underground Repository for Disposal of Radioactive Waste. Safety Series No. 96, 1989.

13 IAEA. Criteria for Underground Disposal of Solid Radioactive Waste. Safety Series No. 60, 1983.

14 IAEA. Underground Disposal of Radioactive Waste. Safety Series No. 54, 1981.

15 IAEA. Geological Disposal of Radioactive Waste. Draft Safety Guide DS 334, IAEA Safety Standards, 2007.

16 IAEA. Safety Assessment for the Underground Disposal of Radioactive Waste. Safety Series No. 56, 1981.

17 IAEA. Techniques for Site Investigations for Underground Disposal of Radioactive Waste. Technical Reports Series No. 256, 1985.

18 IAEA. Site Investigations for Repositories for Solid Radioactive Wastes in Deep Continental Geological Formations. Technical Reports Series No. 215, 1982.

19 IAEA. Report on Radioactive Waste Disposal. Technical Reports Series No. 349, 1993.

20 IAEA. Deep Underground Disposal of Radioactive Waste:Near-Field Effects. Technical Reports Series No. 251, 1985.

21 IAEA. Scientific and Technical Basis for the Geological Disposal of Radioactive Waste. Technical Report Series No. 413, 2003.

22 IAEA. Siting, Design and Construction of a Deep Geological Repository for the Disposal of High Level and Alpha Bearing Wastes. TECDOC-563, 1990.

23 IAEA. In Situ Experiments for Disposal of Radioactive Wastes in Deep Geological Formations. TECDOC-446, 1987.

24 IAEA. Institutional framework for long term management of high level waste and/or spent nuclear fuel. TECDOC-1323, 2002.

25 丹麦、芬兰、冰岛、挪威和瑞典辐射防护和核安全机构. 高放废物处置的若干基本准则. 徐国庆,等译. 核工业北京地质研究院,1996.

26 Community Plan of Action in the Field of Radioactive Waste Management, Radioactive Waste Disposal: 高放废物地质处置资料汇编. 国防科学技术工业委员会,2005.

27 Presentation on US/China Workshop on Radioactive Waste Regulation, Codes, and Standards, 2005.

28 Arbeitsreis Auswahlverfahren Endlagerstandore (AkEnd), Site Selection Procedure for Repository Sites, Recommendation of the AkEnd-Committee on a Site Selection Procedure for Repository Sites, Printed by W & S Druck GmbH, 2002.

29 IAEA. 德国—放射性废物处置,高放废物地质处置资料汇编. 国防科学技术工业委员会,2005. 67-74.

30 IAEA. 匈牙利—乏燃料和长寿命废物处置. 国防科学技术工业委员会,2005. 75-84.

31 Мелъников Н Н и дру. Презентация инновационные проекты подземных обьеков долго-временного хранения и захоронения ядерных и радиоационно-опасных материлалов в геологических формациях Европейского Севера России, Изд. Колъский научный центр, Российская Академия Наук, 2004.

32 Witherspoon P A, Bodvarsson G S. Geological Challenges in Radioactive Waste Isolation. Third Worldwide Review, LBNL-49767, 2001.

33 Margaret S Y Chu. An Integrated Approch to Nuclear Waste Diposal. Workshop on Performance Assessment for Nuclear Waste Management and Disposal, CSRME, Beijing, 2006.

34 王驹,徐国庆,金远新. 论高放废物处置库围岩. 世界核地质科学,2006(4).

35 潘自强. 国际放射防护委员会的过去、现状和未来. 辐射防护,2000,20(5):318.

36 国家技术监督局. 放射性废物管理规定. 1993.

37 国家核安全局. 放射性废物地质处置库选址. 核安全导则 HAD401/06, 1998.

38 金远新. 中国高放废物处置库围岩岩石类型的选择. 向中国工程院咨询组研讨会上提供的论文. 核工业北京地质研究院,2005.

39 Chin-Fu Tsang. A comparative Discussion of Near - Field Processes in Crystalline Rock, and Indurated and plastic Clays. Lecture in BRIGU, 2006.

40 王驹, 徐国庆, 等. 甘肃北山地区区域地壳稳定性研究. 北京:地质出版社,2000.

41 李兴唐,等. 区域地壳稳定性研究理论与方法. 北京:地质出版社,1987.

42 核工业北京地质研究院. 中国高放废物处置库甘肃北山预选区旧井地段 1/5 万区域地质特征研究. 2001.

43 核工业北京地质研究院. 甘肃北山预选区野马泉地段 1:5 万地质调查研究. 2004.

44 核工业北京地质研究院. 高放废物地质处置甘肃北山预选区选址和场址评价研究. 处置地质, 2007.

中国工程院咨询项目

# 高放废物地质处置战略研究

## 处置工程与地下实验室
## （处置工程部分）

# 目　录

# 1　处置工程概述

## 1.1　处置工程的概念及组成

高放废物地质处置是指将具有高放射性水平的废物，通过工程措施将之放置于地下深部地质体中，通过天然与工程屏障，使之实现与人类和生态环境的长时间隔离。它是目前世界范围内较为公认的技术上可行、经济上合理的高放废物处置方法。

高放废物地质处置需借助于工程措施来完成，这些位于处置场地地面与地下、与实现高放废物处置和隔离相关的工程结构可统称为处置工程，与之相关的技术可称为处置工程技术。处置工程主要包括：

地面工程：指处置场地地面上的工程结构，主要包括废物接收、废物混装与处理及废物包装相关的活动及其结构，主要技术涉及废物接收、废物混装与处理、废物包装。

地下工程：指高放废物处置场地地面以下的工程，主要工程包括联系地面与地下的竖（斜、螺旋）井、联系处置巷道或钻孔的运输巷道、放置废物的巷道或钻孔，增强隔离性能的包装与缓冲回填材料。这些地下井巷、钻孔系统及其中的人工材料组成的工程结构可统称为处置库，其中的包装与回填材料称为工程屏障；主要相关工程技术可区分为系统的设计技术、施工技术、运行与关闭技术、监测技术。

## 1.2　处置库的特点

处置库是处置工程系统中的核心，它是一项大型的地下工程，但与一般地下工程相比，地下处置库具有许多特点，如[1]：

（1）从组成上来看，处置工程是一个系统、复杂、庞大的地下工程；

（2）从时间跨度来看，要求处置库能安全隔离放射性核素的安全期限至少在1万年，这样长的时间尺度要求超越一般意义下社会或技术活动所涉及的时间尺度，也使性能评价中不确定性成为一个重要的必须考虑的因素和研究领域；

（3）从作用因素看，处置库不仅要经历开挖和运营期间的力学扰动，更重要的是还将长时间受放射性辐射和衰变热的作用，因此，温度场成为一个重要的因素；同时，长时间尺度，处置库可能经受来自地球内营力的作用；

（4）从评价目标看，不仅要评价处置库场地的区域稳定性和围岩的力学稳定性，特别重要的是还要保证废物体内的有害核素在其有害的年限内不致迁移到生物圈而危害人类和生态环境；因此，化学场和核素迁移规律的研究具有特别重要的意义；而且力学稳定性和安全性能评价这两种不同功能评价的时间尺度是不相同的；

(5) 从研究的空间范围看，由于要跟踪核素迁移到生物圈的途径并进行基于放射性释放的安全与性能评价，因此，其评价的空间范围不仅限于受机械扰动的围岩，还要包括从处置库到核素释放到生物圈的整个地质体；

(6) 从社会影响看，由于核问题的敏感性和公众的反核情绪，高放废物处置库不仅是一项纯技术性的地下工程，更是一项政治和社会关注的工程，必须向公众和监管机构提供充分的论证；世界各国都动用国家层面来决策和推进；

(7) 从工程数量看，一般一个国家首先考虑建造 1 个全国性的处置库，世界范围内尚无经批准投入建设的高放废物地质处置库；因此，工程数量少，工程积累的经验和借鉴的可能性相对少，工程具探索性。

### 1.3 处置工程的研究内容

作为实现地质处置的工程措施，处置工程在高放废物地质处置中处于十分重要的地位，也面临着许多复杂工程和技术问题需要研究和解决。总括起来，处置工程相关的研究内容主要包括：

(1) 地面工程：研究地面工程的组成、各组成部分间的功能和结构构造及其功能实现方法；

(2) 地下工程：主要研究处置对象、处置库的合适围岩、处置库的合适深度、处置库的结构形式(处置库概念设计)、工程屏障的组成、处置库的工程设计理论与方法、处置库隔离性能与安全(性能)评价方法、处置库建造技术、运行技术、封闭技术及监测技术、废物运载工具、装载容器及防护措施、装载与放置方法及工具；

(3) 处置工程的规模与经济分析方法；

(4) 处置工程的建造期限与开发规划；

(5) 处置库设计与建造中应突破的基础科学与技术课题。

## 2 国外处置工程的研究概况

自 1957 年美国国家科学院提出高放废物地质处置的设想以来，国外对高放废物地质处置的研究已开展了半个多世纪。20 世纪 80 年代以后，世界各有核国家对高放废物地质处置的研究力度加大、进展加快。尽管世界范围内尚无建成投入运营的处置库，但作为高放废物地质处置核心工程之一的处置工程，一直是高放废物地质处置研发中的重点研究内容之一，贯穿于高放废物处置的各个研发阶段。涉及地下处置库的结构形式，处置库的设计、建造、运行、关闭和监测技术，工程屏障的组成，处置库的成本估算，处置库的开发规划，处置库相关的重大基础科学与技术课题等广泛的研究内容，取得了众多的研究成果。

### 2.1 国外处置库的结构形式

处置库是处置工程中的主体工程，是地质处置安全和性能评价的基础；因此，对地质处置库的结构形式的设计贯穿于处置库研发的各个阶段。世界上尚无建成投入使用的处置库，甚至没有完成施工图设计的处置库，因此，世界各国的处置库仍是一种概念设计。

目前世界各国提出了各种处置库的结构形式，同一国家的处置库概念设计也在不断调整和优化。由于各国核工业的规模和核燃料循环的技术路线不同，各国的处置对象(乏燃料或玻璃固化体等后处理产物)和处置废物数量也有很大的不同。现简述如下：

### 2.1.1 美国模式[2-7]

美国是世界上最早提出核废物地质处置设想的国家，也是核废物最大的生产国。1978年后，美国开始了针对第一个高放废物地质处置库的研发工作；1987年后，研发工作集中在内华达的尤卡山。按照2006年7月19日美国能源部公布的研发计划，预计2011年9月30日获施工授权，2016年3月完成初始运行的施工，2018年开始接受废物。

美国尤卡山高放废物处置库将处置来自商业核电站和能源部的乏燃料与经后处理产生的高放废物，其处置容量是由法律规定的，总数量包括：63 000 MTHM的商业乏燃料、2 500 MTHM的能源部和海军乏燃料、4 500 MTHM商业和能源部的高放废物。

处置库是结合尤卡山具体条件进行设计的，是一个场地明确、围岩已定、规模巨大的处置库。但处置库的结构形式在不断调整和优化中。

图1是尤卡山处置库的概念设计图，地下处置库主要由斜井和水平巷道组成，废物由暂存地运至地面处理设施，经处理后通过斜井运送至地下处置库；废物放置于平巷中并用平板架(emplacement pallet)托起，工程屏障包括：废物包装、废物体、防水罩(drip shield)、巷道仰拱(emplacement drift invert)。防水罩将于关闭前安装于废物上方，目的在于将巷壁的水导开，以免落入废物体上。巷道仰拱包括支撑托架和废物、巷道轨道系统，它由两部分组成：钢质仰拱结构、粒状材料组成的道砟。

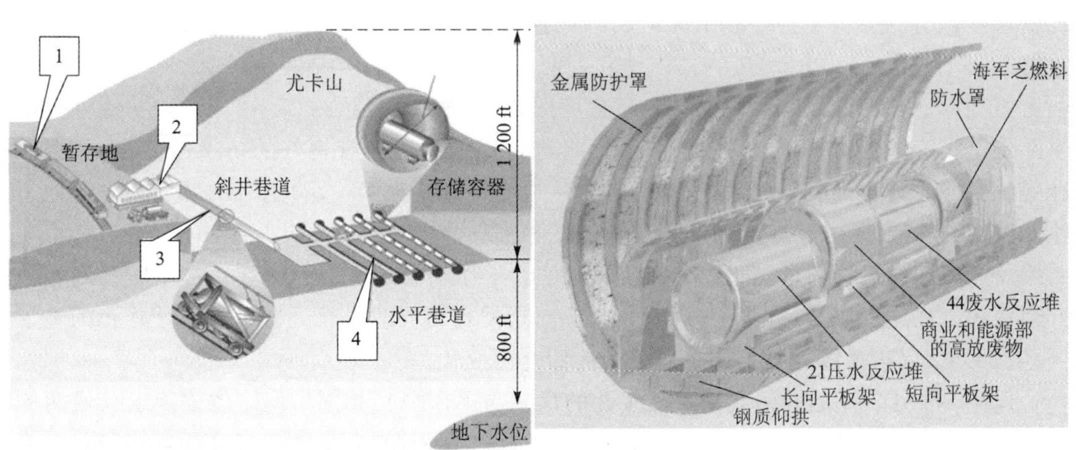


图1 尤卡山处置库概念设计图

尤卡山处置库设计深度约为1 200 ft(1 ft=0.304 8 m)，位于当地地下水位以上的包气带中。地下处置库由58条直径为18 ft、长度为2 000 ft、中心距为266 ft的处置巷道组成。处置巷道在东、西两条主巷道走向252°的方向开挖，处置70 000 MTHM所需总的处置巷道长度为 56 mile(1 mile=1 609.344 m),所占面积约为 1 150 acre(1 acre=4 046.856 $m^2$),处置密度为 56 MTHM/acre,平均热荷载为 1.42 kW/m。

尤卡山处置库的特点是:处置库建于地下水位以上,废物直接放于水平巷道中,废物外设置金属防护罩,不用缓冲回填材料进行回填,规模巨大,放置废物主要为商业乏燃料,本身的设计方案在不断调整和变化中。

### 2.1.2 瑞典模式[9-12]

瑞典是以花岗岩作为处置库围岩进行处置库研发的典型代表,可以看成是围岩已定但场址未定的处置库研发的代表性国家,其研究成果获得了国际公认。瑞典对处置库的结构形式进行过多种探索和比较。按照现在设想,瑞典的处置库计划于 2010—2019 年间进行施工,2020—2039 年运行 20 年,2040—2049 年进行关闭和退役。

瑞典共有 12 个核反应堆,运行 25 年和 40 年将分别产生 6 500 t 和 9 500 t 乏燃料(7 200 t沸水堆型乏燃料和 2 300 t 压水堆型乏燃料),其中包括 20 t 来自已停止运转的重水堆和 23 t MOX 乏燃料。

瑞典处置库的处置对象是商业乏燃料,废物罐由铸铁内衬和铜外壳组成,前者提供坚固性,后者提供抗腐蚀性,铜壳为 5 cm 厚,罐为直径 1.05 m、高约 4.8 m(其中乏燃料长约 3.7 m)的圆柱形,当放置 12 根沸水堆组件时,总重约 25 t,其中含燃料约 2 t。

瑞典一直以结晶岩(花岗岩)为处置库围岩进行研发。自 2002 年开始进行的场地调查在两个地点进行:奥斯卡沙姆(Oskarshamn)市的辛普瓦普( Simpevarp)和拉西玛(Laxemar)地区及奥斯哈玛(Osthammar)市的福斯马克(Forsmark)地区。处置库的概念设计开始于 1984 年,先后考虑过 KBS-3V、KBS-3H、WP 洞、深钻孔(VDH)、长钻孔(VLH)、中长钻孔(MLH)几种方案,并进行过技术、经济和长期安全方面的比较研究。

KBS-3V 的结构示意图如图 2 所示。地下处置系统由竖井、螺旋井、深在 500m 左右的运输巷道、处置巷道、竖直处置钻孔组成。处置巷道相互平行且长约 250 m、间距 25 m,处置钻孔间距 6 m、深约 8 m,废物体由铁和铜两层包装组成,每个钻孔中放置一个废物罐,废物罐直径 1.05 m、长 4.8 m,每个废物罐包含约 2 t 乏燃料,总重约 25~27 t。废物罐外围填有膨润土作为缓冲材料,处置完成后,巷道将进行回填。铜具有良好的防腐蚀性能,而铸铁能提供必要的力学强度,外填膨润土旨在出现岩石破坏时从力学上保护废物罐体、防止地下水和腐蚀性物质进入罐体、有效吸附释放出的核素。

处置库拟分两个阶段建设,第一个阶段约容纳 5%~10 %的乏燃料,第二个阶段则容纳其余废物。在施工阶段,处置区分为两个部分,这使得可同时进行处置平巷和处置孔的施工与巷道回填、废物罐放置。具体布局因场地而有所变化。

KBS-3H 处置库的几何布局及处置孔的尺寸与 KBS-3V 相同。但罐体放置于巷道两侧的水平钻孔中。因此,同一巷道放置数量约是 KBS-3V 的两倍,但为保证废物罐和膨润土表面的温度,处置巷道的间距和处置巷道的尺寸需比 KBS-3V 有所增大。

MLH 处置库的平面布局与 KBS-3V 相同,但处置巷道系统和处置孔代之于长水平处置钻孔。处置孔从运输巷道钻出,长约 250 m (100 ~500 m ),废物罐一个接一个放置,中间放置击实膨润土。MLH 与 KBS-3 V 相比,更为不成熟,需研发的相关技术更多。

VLH 处置与中长钻孔处置两种模式都是将拟处置的废物水平处置于从运输巷道钻出

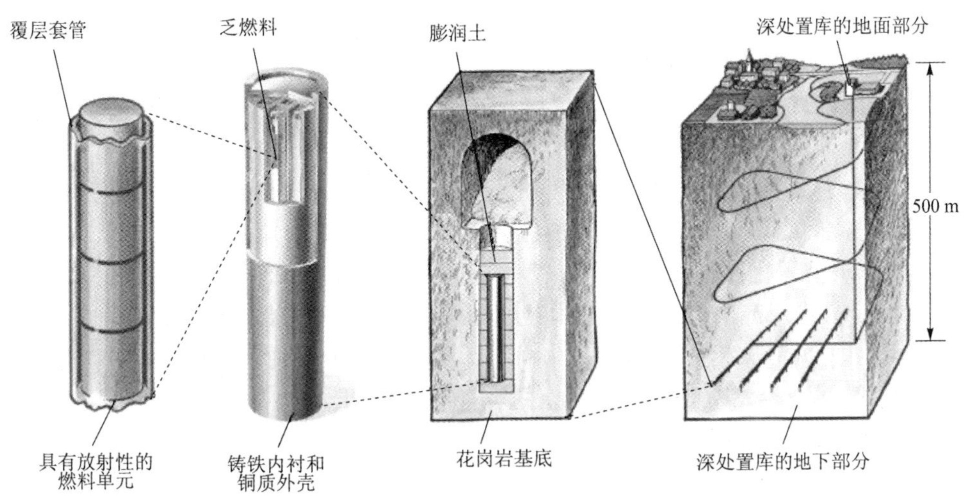


图 2 KBS-3V 概念设计示意图

的水平孔中,并用击实的膨润土块封存。两者间的不同在于处置罐的类型与尺寸、处置孔的尺寸等。VLH 处置孔是用隧道掘进机(TBM)开挖到相当大的长度并进一步扩孔到更大的直径。处置巷道长达 4 500 m,每个处置罐直径扩大到 1.65 m,内装废物量相当于 KBS-3 和 MLH 的两倍,即 24 个 BWR 组件。

竖直与水平放置方式相比而言,处置库的开挖与回填的体积不同,水平放置方式的处置库开挖及随后的回填体积将远小于竖直方置方式。

VDH 从原理上说与前述几种有所不同。VDH 处置是由一系列相隔约 500 m 的深达 4 000 m的深钻孔组成,2 000~4 000 m 间放置废物罐,2 000 m 以上用膨润土和水泥栓封闭。罐体由钛制成,长约 5 m、直径约 0.5 m,内装 4(原始尺寸)或 8(压缩后)个 BWR 组件废物。

SKB 对各种处置概念模式进行了处置技术(施工和处置)、长期性能与安全及成本的比较研究,初步结果表明:所有方法在安全性能上均能得到满足,但 KBS-3 具有更好的技术和灵活性,MLH 在经济上更具优越性,而 VDH 的成本远高于矿井式处置模式(KBS-3、MLH、VLH)。而在 KBS-3V、KBS-3H 和 MLH 三种方案中,其技术、长期安全、经济方面的特点和综合排列情况如表 1 所示,初步研究表明,综合技术、长期性能与安全及成本考虑,瑞典花岗岩处置库优先考虑的结构形式是 KBS-3V 模式。

**表 1 几种处置模式的比较结果**

| 方 案 | 技 术 | 长期安全性能 | 费 用 | 综合排名 |
|---|---|---|---|---|
| KBS-3V | 1 | 1 | 3 | 1 |
| KBS-3H | 2 | 1 | 2 | 3 |
| MLH | 3 | 1 | 1 | 2 |

## 2.1.3 日本模式[13]

日本的处置技术研究开发目前主要由日本原子能机构(JAEA:Japan Atomic Energy

Agency)承担。日本的开发尚没有结合具体场地和具体围岩进行,但考虑了日本具体的地质条件。1992 年发表了第一份进展报告 H3,2002 年发表了第二份进展报告 H12,2005 年发表了第三份进展报告 H17。日本的目标是在 21 世纪 30 年代、最晚在 40 年代建成处置库。

1998 年 9 月,日本的核废物已达 17 460 MTU 的乏燃料。按照日本的核循环政策,这些乏燃料将进行后处理,处理后的高放废液将进行固化,形成玻璃固化体,然后冷却 30～50 年再行处置。玻璃固化体将来自 4 个处理厂:法国的 COGEMA、英国的 BNFL、日本的 JNFL 和 JAEA。日本生产的废物体的基本特性如表 2 所示,每罐装 0.8 MTU,玻璃固化体装于不锈钢容器中,外有碳钢材质的包装(Overpack)。估计到 2015 年需处置的固化体为 40 000 罐。处置库的总容量应是在经济规模的极点上,即如果在这点之上再增加其容量,单位体积废物的处置成本不再降低。

**表 2 日本典型玻璃固化体参数**

| 项目 | 数值 | |
|---|---|---|
| 材料 | 基质 | 硼硅酸盐玻璃 |
| | 容器 | 不锈钢 |
| 外部尺寸 | 直径 | 430 mm |
| | 高度 | 1 340 mm |
| 重量 | 固化体重(含容器) | 500 kg/个 |
| | 玻璃重量 | 400 kg/个 |
| 体积 | 玻璃体积 | 150 L/个 |

日本处置库的地下处置设施由进入巷道(access tunnel)、处置巷道(disposal tunnel)、主巷道(main tunnel)和连接巷道(connecting tunnel)组成。此外,尚包括处理和运送废物的相关设备、巷道施工设备、地下设备和运行维护的支持设施。对硬质岩石最大考虑深度 1 000 m、对软质岩石最大考虑深度 500 m。

处置可分成若干块(panel),可以是单层或多层。废物体的放置可有 4 种不同的方式,即:处置平巷中水平放置、处置竖井中竖向放置、处置钻孔中水平放置和处置坑中竖直放置,如图 3 所示。方式(a)开挖和回填量较小,而方式(d)便于废物的放置和回填操作。实际上可根据条件选择或并用。

### 2.1.4 比利时模式[14-15]

比利时是以黏土岩为围岩进行处置库的研发,研究工作始于 1974 年。

比利时共有 7 个轻水反应堆在运行,总装机容量约为 5.7 GW,2002 年比利时政府决定现有的核反应堆满 40 年运行寿期后,即在 2015—2025 年全部关闭。

对由这些核电反应堆所产生的废物的最终处置,正在考虑 2 个截然不同的方法:(1) 所有的乏燃料必须后处理;(2) 乏燃料不经后处理直接处置。

比利时已经在莫尔-德西(Mol-Dessel)的 Boom 黏土中进行参考处置库的设计,但 Mol-Dessel 核区域还没有被指定作为处置场所。20 世纪 90 年代初期提出的参考设计如图 4(a)

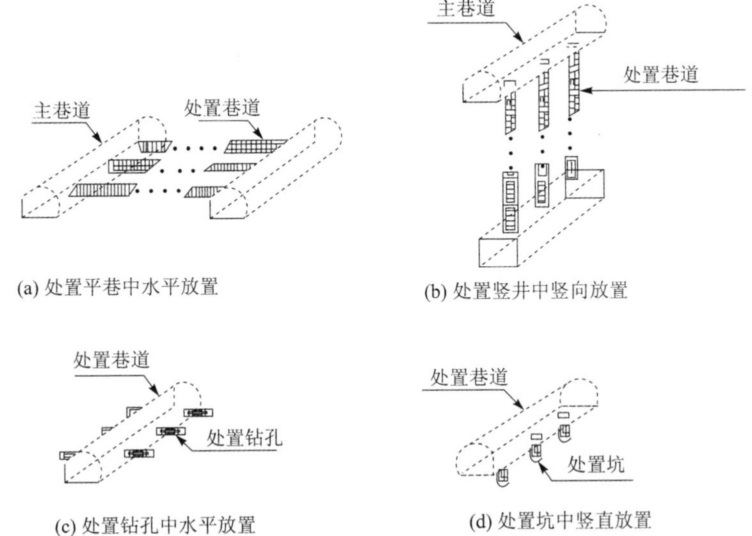


(a) 处置平巷中水平放置　(b) 处置竖井中竖向放置

(c) 处置钻孔中水平放置　(d) 处置坑中竖直放置

图 3　日本处置库中废物体的不同放置方式

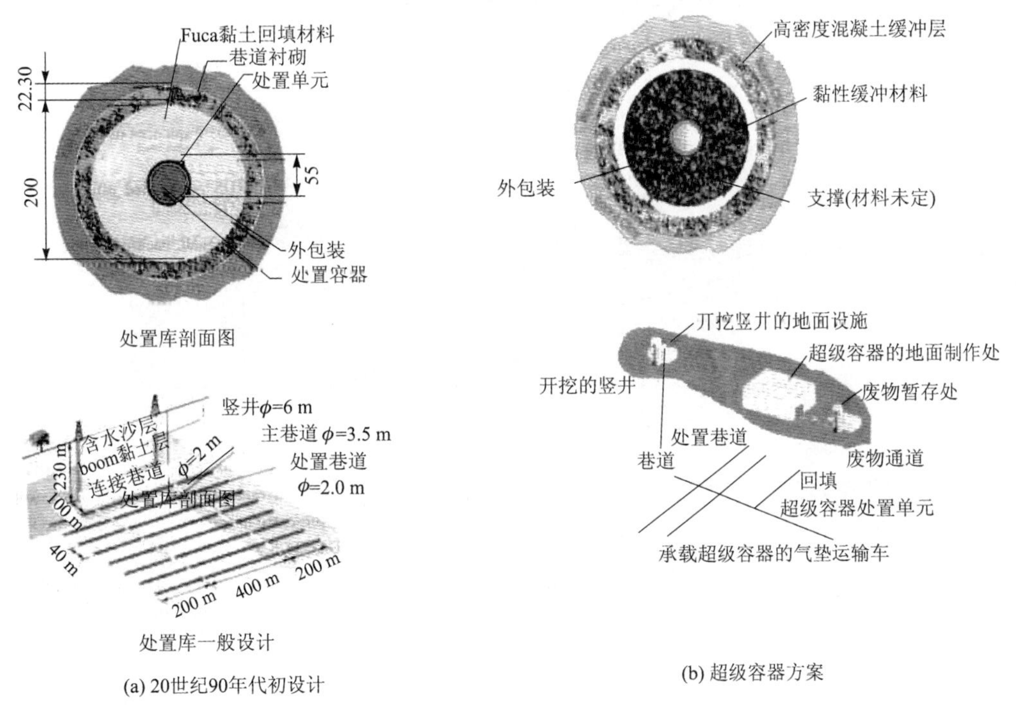


(a) 20世纪90年代初设计　(b) 超级容器方案

图 4　比利时黏土岩中处置库的参考设计示意图

所示，处置是基于多重屏障的概念。工程屏障包括外包装容器、回填材料、巷道衬砌。处置深度为 230 m 左右，联系地面与地下处置区是通过两个直径为 6 m 的竖井。处置巷道直径为 2 m，长为 800 m，间距为 40 m。直径约为 0.5 m 的被外包装所包装的废物直接放置于处置巷道中，废物外回填膨润土，外加内衬砌加固；处置巷道间通过直径为 3.5 m 的主巷道连接。

这一处置库参考设计的特点是：废物水平放置、有回填材料、处置对象直径较小、处置巷道直径较小、处置深度较小。除上述参考设计外，比利时目前正在考虑处置的其他可能模式。主要考虑三种：超级容器模式（“supercontainer”design）、钻孔模式（“borehole” design）和套筒模式（“sleeve”design），其中最有前景的可能是超容器模式，其结构形式如图 4(b)所示，由几个部分组成：碳钢外包装内装有 2 个玻璃固化体；它与高密度混凝土缓冲层共同组成超容器，混凝土提供防腐蚀能力和有利化学稳定的环境及辐射防护；超容器外有支撑（材料未定）和衬砌。这一模式的优点在于超容器在地面制作，便于质量保证和控制，同时它能提供辐射防护。

### 2.1.5　法国模式[16,17]

法国处置库的概念设计如图 5 所示。

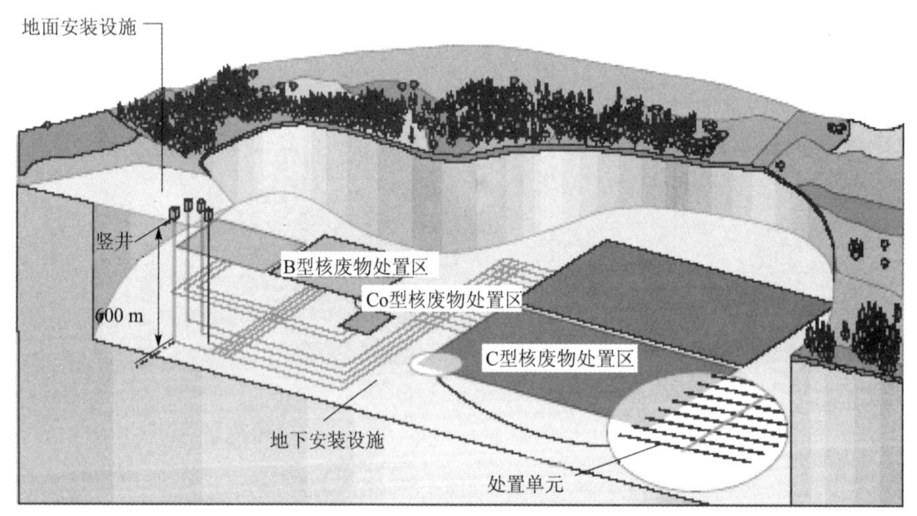


(a) 法国处置库概念设计图

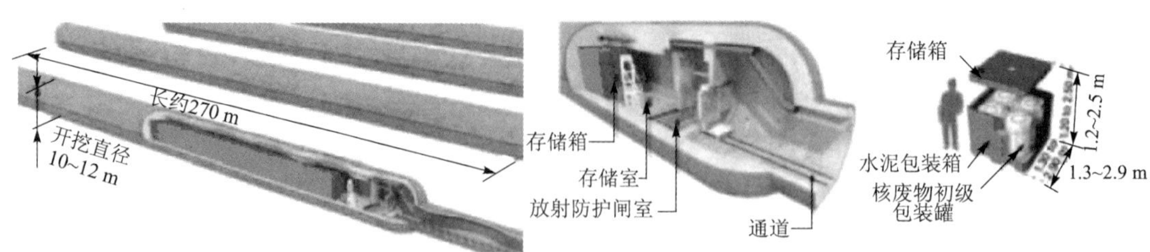


(b) 废物在处置巷道的放置

图 5　法国处置库概念设计图

法国处置库设计具有几个特点：

(1) 处置库的研发对花岗岩和黏土岩同时进行；

(2) 处置对象包括后处理产生的玻璃固化体和中放长寿命废物;

(3) 废物放置于水平巷道,但考虑回填;

(4) 将长期安全和长达3个世纪的可回取作为设计的基本原则。

### 2.1.6 其他模式[18]

表3列出了包括日本、美国、瑞典在内的一些国家不同研究机构或同一国家不同时期曾考虑过的处置库的概念设计情况。

**表3 世界一些国家处置库的概念设计情况**

| 国家(来源) | 废物 | 围岩 | 容器 | 处置库 | 场地 |
|---|---|---|---|---|---|
| 德国(GSF-91) | 固化的HLW<br>乏燃料(LWR,THTR),35 000 tHM,后处理的泥浆、水泥、反应堆废物 | 岩盐 | 筒<br>HLW铁质容器<br>铯榴石桶 | 870 m深<br>铯榴石桶放置于巷道,筒和容器放置于钻孔中,无缓冲回填材料,岩盐回填 | Gorleben |
| 加拿大(AECL的EIS) | 162 000 tU CANDU燃料 | 低渗透花岗类岩石 | 薄壁钛容器 | 500~1 000 m深<br>单一竖直钻孔<br>黏土/砂缓冲回填材料 | 待定:白壳实验室 |
| 瑞士(Kristallin-I) | 来自3 000 tU后处理的固化体 | 北部的结晶岩基底上覆沉积岩 | 碳钢<br>厚外包装容器 | 1 000 m深<br>巷道内水平放置<br>厚膨润土缓冲材料 | 瑞士北部2个候选场址 |
| 日本(PNC的H3) | 从55 000 tU燃料后处理的固化体 | 结晶岩或沉积岩 | 碳钢<br>厚外包装容器 | 深层岩石<br>巷道内水平放置<br>厚膨润土缓冲材料 | 待定 |
| 瑞典SKB-91 | 7 000 tU乏燃料 | 结晶岩 | 铅、铜容器 | 500 m深<br>单个钻孔、竖直放置<br>膨润土回填材料 | 基于Finnsjon的研究结果定 |
| 瑞典SITE-94 | 8 000 tU乏燃料 | 结晶岩 | 铜加内钢容器 | 500 m深<br>单个钻孔、竖直放置<br>膨润土回填材料 | 基于ASPO-HRL |
| 芬兰(TVO-92) | 1 840 tU乏燃料 | 结晶岩 | 内钢外铜质容器 | 500 m深<br>单个钻孔、竖直放置<br>膨润土回填材料 | 5个场地候选 |
| 美国WIPP(DCCA) | 175 000 $m^3$超铀废物 | 岩盐 | 筒,钢容器 | 657 m深<br>巷道 | WIPP场地 |
| 美国(TSPA-95) | 70 000 tU乏燃料 | 非饱和凝灰岩 | 几种<br>多层容器 | 300 m深<br>多个巷道放置和缓冲考虑 | 尤卡山 |
| 美国(IPA-2) | 70 000 tU乏燃料 | 非饱和凝灰岩 | 外包装容器 | 300 m深<br>垂直放置<br>无缓冲或回填材料 | 尤卡山 |

## 2.1.7 本节小结

处置库的结构设计是高放废物地质处置中的重要研究内容，也是性能评价的基础。世界许多国家提出了处置库的概念设计，研究了工程屏障与地下设施的结构形式与布局，但各国的处置库概念设计既有共同点，更有不同点。共同点主要体现在：各种概念设计均采用固体废物作为处置对象；均采用天然屏障加人工屏障的双重屏障设计；工程屏障中一般都包括金属材料作为外包装；处置库的深度均考虑在 1 000 m 左右；处置巷道的跨度多在10 m以内。而不同点表现在下列方面：

(1) 处置对象的来源、规模与容量不同。世界上多数有核国家计划在本国内建造一座地质处置库来处置本国的高放废物。废物来源既有单一来自商业核电的乏燃料的处置库，也有来自商业和军用两种废物来源的处置库。废物数量取决于反应堆数量、核反应堆总输出功率、寿期假设等，由于各国的核反应堆数量差别巨大，因此，各国处置库的容量与规模相差也较大，如比利时约为 5 000 tHM，美国则为 70 000 MTHM。处置库容量和规模要考虑本国已产生和将要产生的废物数量，从经济或法规角度来确定本国处置库应具有的规模和容量。

(2) 处置的对象不同。各国的核循环政策的不同，使各国的处置对象不同，区分为两类：一类是后处理产生的高放废物经固化形成的固化体（一般为玻璃固化体），另一类直接为乏燃料。一些国家早期进行过后处理，后来改为直接处置，因而处置对象既有乏燃料又有部分固化体，日本、法国、德国、荷兰、俄罗斯、瑞士、英国等国均拟采用后处理。加拿大、芬兰、捷克、韩国、立陶宛、斯洛伐克、南非、西班牙、瑞典、美国（早期曾进行后处理）则主要直接处置乏燃料。不同的处置对象，其尺寸和放热性能不一样。相对来说，乏燃料的尺寸较统一并且相对较大，而后处理产生的玻璃固化体的形状尺寸则不统一、总体尺寸相对较小。

(3) 拟选围岩和处置深度不同。世界各国处置库研发，选择了不同的岩石类型进行考虑。主体上可区分为火成岩（花岗岩、凝灰岩等）和沉积岩（黏土岩）或硬质岩石与软质岩石两类。不同围岩有各自的优缺点，总体上均可建成安全的处置库，但不同围岩中处置库考虑的处置深度、处置的技术难易程度、处置成本必然不同。总体上看，黏土岩中处置深度可较浅，结晶类岩石处置深度较大。

(4) 连接地面与地下处置库的通道不同。主要有斜井、竖井、螺旋井、组合式几种形式，具体形式需结合场地条件，综合考虑场地地质条件和形状、安全和运输能力等因素。

(5) 处置库层数不同。处置库可考虑单层或双（多）层，这一方面取决于处置容量，另一方面取决于拟处置深度可用岩石的分布范围，当单层容量不足以容纳处置数量时，可在相隔 100 m 左右深度再行设置一层。

(6) 废物放置方式不同。总体上可区分为竖直放置与水平放置两种方式，每种方式又可分为放置单个还是连续放置多个。不同的放置方式、不同的个数放置，处置的技术难易程度、处置所需的开挖不同。竖直放置式、单个放置式的施工技术难度较低，水平放置式、连续放置式所需开挖的巷道长度较小，因而可能成本较低。

(7) 工程屏障的组成和结构不同。包括废物容器和外包装的组成、材质、厚度及缓冲回填材料的有无有所不同。废物容器和外包装的组成有一层和二层之分，材质主要有铜铁、不锈钢、合金等。多数国家的处置模式在废物包装体与围岩间用缓冲回填材料进行回填，美国则不用缓冲回填材料而另设置防护措施。不同材质和层数构成了工程屏障的不同寿命。而缓冲回填材料可增加对地下水和放射性核素的阻滞、增强围岩的力学稳定性,但增加了施工的难度和成本,加大了回取时的难度,同时设置膨润土为缓冲回填材料后,设计的限制温度一般较低。

(8) 巷道与废物体的尺寸与间距不同。巷道与处置孔的断面尺寸一般为数米,其尺寸主要取决于废物的尺寸、废物的运输与放置机械的尺寸、运行期间所需的空间。处置巷道的间距一般为几米至几十米,废物体间的间距一般为 1 m 到几米,其间距主要受控于废物体的放热量、围岩的力学稳定性和处置库设定的温度限制。

## 2.2 处置库的深度

### 2.2.1 世界各国拟采用的处置库深度[18]

世界各有核国家中,多数国家已决定采用地质处置方案对高放废物(HLW 或乏燃料 SNF)进行最终处置。但各国所处的研发阶段、各国处置库容量、拟选用的围岩和概念设计中拟重点考虑的处置深度并不一致。表 4 列出了部分国家处置库拟考虑的处置深度。

**表 4 部分国家的处置库考虑的处置深度**

| 国家 | 处置库围岩 | 考虑处置库深度/m |
|---|---|---|
| 比利时 | 黏土岩 | 240 |
| 加拿大 | 火成岩 | 500～1 000 |
| 捷克 | 花岗岩 | 500～1 000 |
| 芬兰 | 花岗岩 | 400～700 |
| 法国 | 花岗岩或黏土岩 | 未定 |
| 德国 | 盐洞 | 870 |
| 日本 | 结晶岩或沉积岩 | 大于 300 |
| 韩国 | 未定 | 500 |
| 俄罗斯 | 硬质岩石 | 100～1 000 |
| 斯洛伐克 | 结晶岩或沉积岩 | 结晶岩＞500<br>沉积岩 200～300 |
| 南非 | 花岗岩 | 500 |
| 西班牙 | 黏土岩<br>花岗岩<br>岩盐 | 250<br>500<br>600 |
| 瑞典 | 结晶岩 | 500(400～700) |
| 瑞士 | 黏土岩 | 650 |
| 美国 | 凝灰岩 | 地表下＞200<br>水位上＞100 |

综合对比各国资料可见，不同国家提出的处置库深度在100～1 000 m之间，变化较大。总体来说，多数国家认为，对结晶类岩石500 m左右是一个合适的深度，对沉积岩类200 m是一个合适的深度，具体深度可根据当地条件和安全与性能评价结果进行调整。

### 2.2.2 深度对处置库的影响

高放废物处置的目的在于实现高放废物与人类和生态环境之间的长时间隔离，包括要确保隔离体不因地质作用暴露至地面、保证从废物体中释放出的有害核素到达人类的时间足够长、剂量足够低。因此，在不考虑地质条件的竖向变化的情况下，加大处置深度，废物被暴露的可能性降低、随地下水迁移的核素返回生物圈的途径和时间加长，同时，深度加大后地下水多处于有利于隔离的还原环境中，因此，加大处置深度将有利于废物的隔离。但处置深度加大，也会带来一些问题：

(1) 加大处置成本。深度加大，联系地面与地下的距离加长，运营成本加大；深度加大，保证力学稳定所需的工程措施要求提高，加大工程成本。

(2) 增加施工难度。深度越大，施工的安全和施工的技术复杂程度增大。

(3) 影响处置库的力学稳定性。深度加大，地应力增高、岩石性质变化，围岩的力学稳定性变差，相应的需要必要的工程措施。

(4) 影响处置巷道的布局。深度加大，地温增高，在一定温度限制条件下，能允许由废物放热产生的增温减少，因此，影响处置巷道间距和废物体的间距，从而影响工程布局。

(5) 由于地质条件在竖向上可能的不均匀性，在一定深度之后，处置库安全性能并不一定与深度成正相关。

### 2.2.3 处置库深度确定应考虑的因素[13,19]

一般而言，处置库深度加大，安全性能得到提高，但施工的技术难度与成本加大，因此，处置库深度考虑的原则应在综合考虑各种相关因素、进行安全性能评价后，寻找一个安全和技术与成本间平衡的优化点。要实现的目标是有足够的容量、有足够的稳定性和安全性、有相对简单的技术方案和尽可能低的成本。为此，要考虑的因素主要包括：

(1) 可采天然资源。要尽可能避开有价值的可采的天然资源。

(2) 地表的环境变化和人类活动。要保证升降和剥蚀、人类的利用(深度达100 m)不会危及废物的有效隔离。

(3) 地质环境和主岩特征。岩石的展布范围要有足以容纳拟处置的废物量，岩石的热特性要有利于处置库的热传输，岩石的水文地质特性要有利于对核素的阻滞，岩石的力学特性要有利于处置库的力学稳定。

(4) 地球化学环境。主要考虑地下水的化学成分和氧化还原状态，还原状态的具体深度因地点而异，例如在日本，数百米下地下水一般处于还原状态。

(5) 初始应力。要尽可能有利于处置库的施工和围岩的力学稳定性。

(6) 成本和技术难度。要考虑深度增加后勘察和施工难度的增大及成本的增加，因此，在保证安全的前提下，应尽可能减少处置深度。

### 2.2.4 本节小结

处置库的深度是处置库设计中的一个重要方面。一般而言，处置库的深度加大，有利于废物的隔离，但将会加大处置成本、增加施工难度。处置深度的选择要考虑到多方面的因素，包括可采天然资源、地表环境和人类活动、地质环境和主岩特性、地球化学环境、初始地应力、处置成本和技术难度等。深度的选择应实现技术可行、安全可靠和经济合理。世界各国提出的处置深度在 100～1 000 m 不等，但一般认为在黏土类岩石中可在 200 m 左右考虑，结晶类岩石中可在 500 m 左右考虑。

## 2.3 处置库的设计技术

处置库是一个复杂、庞大、特殊的地下工程，处置库的设计方法、内容和技术要求与一般的地下工程有许多不同之处，因此，地下处置库的设计技术也是高放废物地质处置开发中的重要研究内容。

广义来讲，处置库的设计应包括处置库中所有相关结构与相关工程活动的设计，包括工程屏障，地下工程的结构与布局，处置库施工、运行、关闭和监测；从实现的目标来说，应当保证施工安全便利(需要有良好的力学稳定性和合理的布局)、满足关闭前后环境安全的要求(安全与性能评价满足法律法规的要求)，并尽可能做到经济合理。本节主要介绍国外部分国家地下工程结构设计方法和相关技术要求，其余部分将在后几节中作相应介绍。

### 2.3.1 瑞典的处置库设计方法[19]

瑞典对处置库的设计是与处置库研发的阶段相对应的，瑞典已基本确定在花岗岩中建设处置库，候选场址已提出，目前处于场地调查阶段，因此，其处置库的设计已进入较强针对性的设计阶段，2004 年发表了“Deep repository Underground design premises” Edition D1/1，提出了处置库设计的目标、机构与质量、设计基础、设计要求等，以下介绍其中有关内容。

#### (1) 设计阶段和目标

1) 设计阶段

瑞典将处置库的选址、建造和运行分为可行性研究、场地调查、施工与详细特性评价、初步运行阶段和正常运行阶段。阶段中没有专门的处置工程设计阶段，但相关设计工程贯彻于各个阶段，设计是一个不断优化和迭代的过程。

场地调查阶段可分为不同的阶段，相应的设计也分成不同的阶段，各阶段所需完成的设计见表 5。

**表 5 场址调查阶段中设计阶段划分表**

<table>
<tr><td colspan="5">场址调查阶段(SI 阶段)的深地质处置库工程项目</td></tr>
<tr><td rowspan="2">场址调查阶段</td><td colspan="2">初始场址调查阶段(ISI)</td><td colspan="2">详细场址调查阶段(CSI)</td></tr>
<tr><td>1.1</td><td>1.2</td><td>2.1</td><td>2.2</td></tr>
<tr><td>设计阶段</td><td>D0</td><td>D1</td><td colspan="2">D2</td></tr>
<tr><td>应完成的<br>设计工作成果</td><td>地面设施的概况<br>(内部研究材料)</td><td>设施初步设计<br>(规划 D1)</td><td colspan="2">设施设计，规划 D2</td></tr>
</table>

2）设计目标

场地调查阶段的设计工作应达到下列目标：

① 提出所选场地的处置库设计，包括地面与地下设施的布局。设计应包括可施工性、技术风险、成本、环境影响和可靠性/有效性。地下设施的布局应基于详细场地调查成果并作为安全评价的基础。

② 提供环境评价与咨询的基础。

③ 对处置设施的工作可进入到施工阶段。

D1 阶段的主要目标为：

① 检验和评价提出的设计方法学；

② 确定在评价场地处置库能否容纳设计容量；

③ 鉴别与具体场地设施相关的关键问题并反馈给设计单位、场地勘察单位和进行安全评价；

④ 为环境评价和咨询提供材料，包括：地面设施的位置、地下设施的位置和范围的资料，理论影响评价等；

⑤ 为初步安全评价提供支撑材料，包括：处置区的理论范围、注浆和其他外来材料的数量；

⑥ 提出初步设施设计的支撑材料。

### （2）设计依据资料

处置库设计主要包括下列基础资料：

1）设计假设（UDP，Underground Design Premises）；

2）相应阶段的场地资料：包括地质、岩石力学、热力学、地表生态系统、水文地质、水文地球化学、迁移特性等；

3）前一阶段的处置库设计资料；

4）其他可获相关资料；

5）施工和运行阶段的耐久性：要求处置巷道和处置钻孔设计寿命大于或等于 5 年，其他地下开挖工程不低于 100 年。

### （3）D1 阶段设计内容、流程和要求

1）设计内容

此阶段的设计是通过回答下列问题来完成的：

A. 按照场地特性和状态，处置库宜建在什么位置和深度？

B. 从离开变形带的相对距离和处置孔的损失情况判断，处置库的容量是否可行？

C. 从充足的空间和长期安全考虑，处置区应如何设计？C1. 处置巷道、处置孔和主巷道如何设计？C2. 从容器表面最高许可温度看，处置巷道和处置孔的间距是多少？C3. 从水的渗流和巷道与处置孔的稳定看，处置巷道的方向应如何布局？C4. 考虑到离开裂隙最小许可距离，有多大比例的处置孔不可用？C5. 在多大深度和深度范围适于建处置库？深度是否依场地而定？

D. 其他地下工程如何设计？

E. 整体如何布局？

F. 可能遇到何种变形带,可能的困难是什么?

G. 处置库将如何受水文地质影响?

I. 需多大的注浆量?

J. 需多少岩石支护?

K. 不同的设计要求、准则和参数对处置库利用面积、利用率和开挖体积有何影响? 进入下一阶段前需做哪些勘察工作?

L. 岩石工程报告。

2）设计流程

在 D1 阶段中,将采用如图 6 所示流程进行设计。

3）设计应考虑的因素

① 场地内可能位置和深度的选择(A)

在此阶段选择场地可能位置和深度时要考虑下列因素:可采天然资源、岩石的热特性、岩石的水文地质特性、岩石的力学特性和初始应力、地下水的成分、规划和地表环境条件。选择时应将岩体的性质和状态与 Andersson 等人提出的要求及优先条件进行比较。深度应比较 400, 500, 600 和 700 m 内各岩体。岩体应满足下列两个条件:处置巷道长度应大于或等于 100 m,处置巷道的数量应大于或等于 5。

② 场地容纳处置库的可行性初步评价(B)

应考虑离开裂隙带所需距离造成的处置面积损失和处置孔的损失。

③ 处置区设计(C)

处置区设计涉及:主巷道、处置巷道和处置孔的设计,处置巷道间和处置孔间的间距,处置巷道的方向,处置孔的损失,处置库的深度等方面。

a）主巷道、处置巷道和处置孔的设计(C1)

处置巷道的设计应考虑:

设备所需的空间和通风安装、废石运输、岩石勘察、处置孔的准备和清理、缓冲材料和废物罐放置、回填和临时栓塞等的需要;废物罐回取的可能性;考虑到各种因素所需的处置孔和主巷道间所需的最小距离,包括:主巷道周边应力重分布引起的第一个处置孔周边的应力状态,考虑混凝土栓塞单侧水压力引发的岩石破裂后的混凝土栓塞的位置;处置孔与巷道端点间的最小距离;稳定性。

处置孔的设计应考虑:

废物罐和缓冲材料所需的空间;废物罐回取的可能性。

主巷道的设计应考虑:

设备和通风安装、废石运输、岩石勘察、处置孔的准备和清理、缓冲材料和废物罐放置、回填和临时栓塞的需要;力学稳定性。

b）处置巷道间的距离和处置孔间的距离 (C2)

处置巷道间的最小间距和处置孔间的最小间距主要由废物罐表面最高许可温度确定。这一温度限制设定为 100 ℃。确定时需考虑岩体及其热特性、处置库深度处的初始温度、废物效应、缓冲材料及其热特性。考虑到缓冲材料和废物罐间的空气间隙以及输入数据的不确定性,实际采用的温度限制值取为 80 ℃。

c）处置巷道的方向(C3)

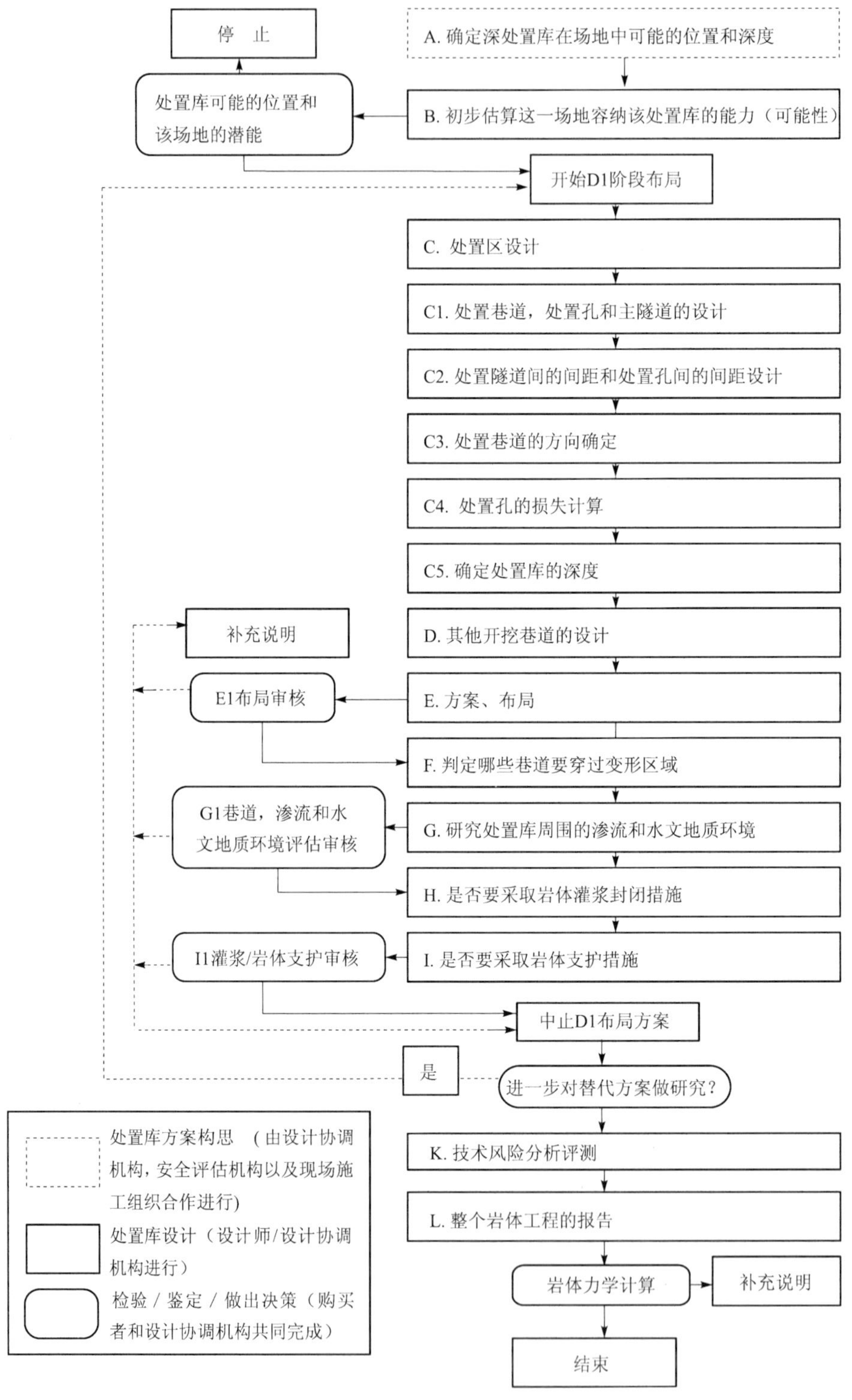


图 6 D1 设计阶段岩石工程设计方法示意图

处置巷道的方向应使进入处置巷道和处置孔的水量最小、处置巷道中发生岩石破裂的风险最小、不稳定体进入巷道和孔中的体积最小。

d) 处置孔的损失 (C4)

处置孔的损失应考虑处置孔和裂隙/裂隙带间的最小距离 $R>100$ m、进入处置孔的水量、处置孔楔体的破坏、处置孔中的岩石破裂风险。

e) 处置库的深度(C5)

处置库的深度应在地下 400～700 m 范围内。深度的选取应考虑有足够的容量、在稳定性方面有尽可能有利的条件、效率高和灵活便利。

④ 其他岩石地下工程设计 (D)

其他地下岩石工程设计(中心洞室、竖井、斜井和运输巷道)应考虑:活动所需的空间和稳定性。

⑤ 平面布局

由前述分析,可进行平面布置设计。设计容量拟为 6 000 罐。D1 设计中至少分为两个处置区,一为初始运行,可放置 200～400 罐;另一为正常运行区,处置容量为 5 600～5 800 罐。前者为每年放置 100 罐,后者每年放置 200 罐。主巷道和处置巷道的角度应考虑稳定性和施工与运行的高效。两个区的最小距离为 80 m。处置巷道和中心区的洞室间的最小距离假设为 50 m。连接地面的竖井和斜井应对邻近居民、生态环境和土地的使用影响最小。

中心区竖井、斜井和运输巷道应注意与含水带的关系,使流入水量尽可能小。

在设置各部分时,应尽可能考虑关闭后的水流格局,使进入处置区的水最少。

布置应使勘察、处置、回填和临时封存能同时进行。

斜井和巷道的纵向坡度既要考虑不要使入渗水流经流复杂化,又要使运输能安全和高效进行。巷道正常的坡度假设为 1∶100,斜井最大许可坡度假设为 1∶10,最小曲率半径假设为 15 m。

⑥ 变形带的通过(F)

通过变形带的鉴别方法为:确定通过变形带的路线;按岩石质量指标对每一条路线进行分类;估计每一线路的长度;评估通过每一段时在开挖、支护和注浆时可能遇到的困难及克服方法。

⑦ 处置库周边的渗流与水文地质情况(G)

定义拟评价的时间点(阶段/开挖程度),比如:进入巷道和中心区洞室已开挖完毕时,或多数处置巷道仍未放置和回填时;定义假设的注浆水平,比如:无注浆、岩体封闭至渗透系数在 $K=10^{-7}$ m/s 或 $K=10^{-9}$ m/s 的水平。评价上述不同时间点和不同注浆水平时进入处置库的水量、近场岩石中的矿化度(TDS)分布、地下水位的降低。

⑧ 注浆必要性估计(H)

分两步进行:

第一,合适的注浆步骤,包括评价注浆幕的孔数和孔的长度、孔的直径、视角、注浆幕数量、含添加剂的沥青混合物、注浆方法、注浆的总进尺数;

第二,注浆数量的估计。

⑨ 岩石支护的估计

采用诸如 Q 法等经验方法估计。主要采取锚杆、注浆和喷浆等方法进行。

⑩ 技术风险评价

技术风险评价应包括对各种布置方式的评价并满足目标，包括：测试和评价设计方法、确认处置库在所调查场地是否可建、识别场地相关的处置库关键问题并进行反馈。

⑪ 岩石工程报告

## 2.3.2 日本设计方法[13]

日本高放废物地质处置库的围岩和场址还没有确定，因此，其设计方法和具体的技术要求是一种概念性的，保留有较大的灵活性和可变性。在 H12 研究报告提出了处置库设计方法和设计准则，主要在于说明处置工程的可行性和提供一般的设计方法和思路。

### (1) 设计内容与方法

日本在 H12 报告中提出了一种将基本设计要求(Basic design requirements)、设计分析(Design analysis)和性能评价(Performance assessment)结合起来的、迭代过程的设计方法，称为集成设计方法学(integrated design methodology )，按此方法可进行工程屏障和处置设施的迭代设计，方法如图 7 所示。

从图 7 可见，处置库设计的主要内容包括外包装的材料和尺寸，回填材料的组成、性质和厚度，处置巷道的尺寸，处置巷道的间距和废物体的间距，处置库的平面布局，处置的施工、运行与监测技术等。

设计对象划分为两大部分：工程屏障(EBS)和地下处置设施的设计。基本过程是：基于处置的基本概念并结合地质环境、已有数据、当前的工程技术及经济因素，提出满足处置库安全的基本设计要求，从基本设计要求选择处置库各个组成部分的设计技术要求。对 EBS，根据对 EBS 设计的技术要求并考虑外包装与缓冲材料间的相互力学作用进行外包装材料、尺寸与缓冲材料密度、厚度、砂的掺入比的分析，得出 EBS 的典型技术参数；对地下处置设施的设计先假设巷道的尺寸，然后进行力学稳定性和热力学计算，从力学稳定性和温度许可两方面确定巷道支护、巷道间距、废物体间距，然后进行处置库平面布局，再对 EBS 的完整性进行评价，必要时重新调整基本设计要求。

由于现阶段设计不结合具体场地条件，因此，基本设计要求应对广泛的地质环境具有较大的适应性。由于日本地质条件相对较复杂、地质稳定性较差，对 EBS 技术要求应相对保守；由于缺乏具体的场地条件和工程资料，设计分析计算是一般性的，但足以证实工程的可行性并为安全性能评价提供基础数据。通过安全分析，可以看出工程屏障的各组成部分对系统安全性能的贡献，据此可以改进基本设计要求。通过迭代过程，随着设计基础数据、设计计算模型和安全分析精度的不断提高，基本设计要求可不断优化。

这一方法应用于从安全、可行性和经济性方面来优化处置库的概念设计。

### (2) 设计中应考虑的主要因素

影响处置库设计的主要因素有下列几方面：

1) 热的产生量和放射性。放射性衰变生成的热是废物放置后的作用营力，其大小对处置系统功能有重要影响；废物体的生热量与放射性燃料类型、在反应堆中的燃烧率及后处理中的操作条件有关。

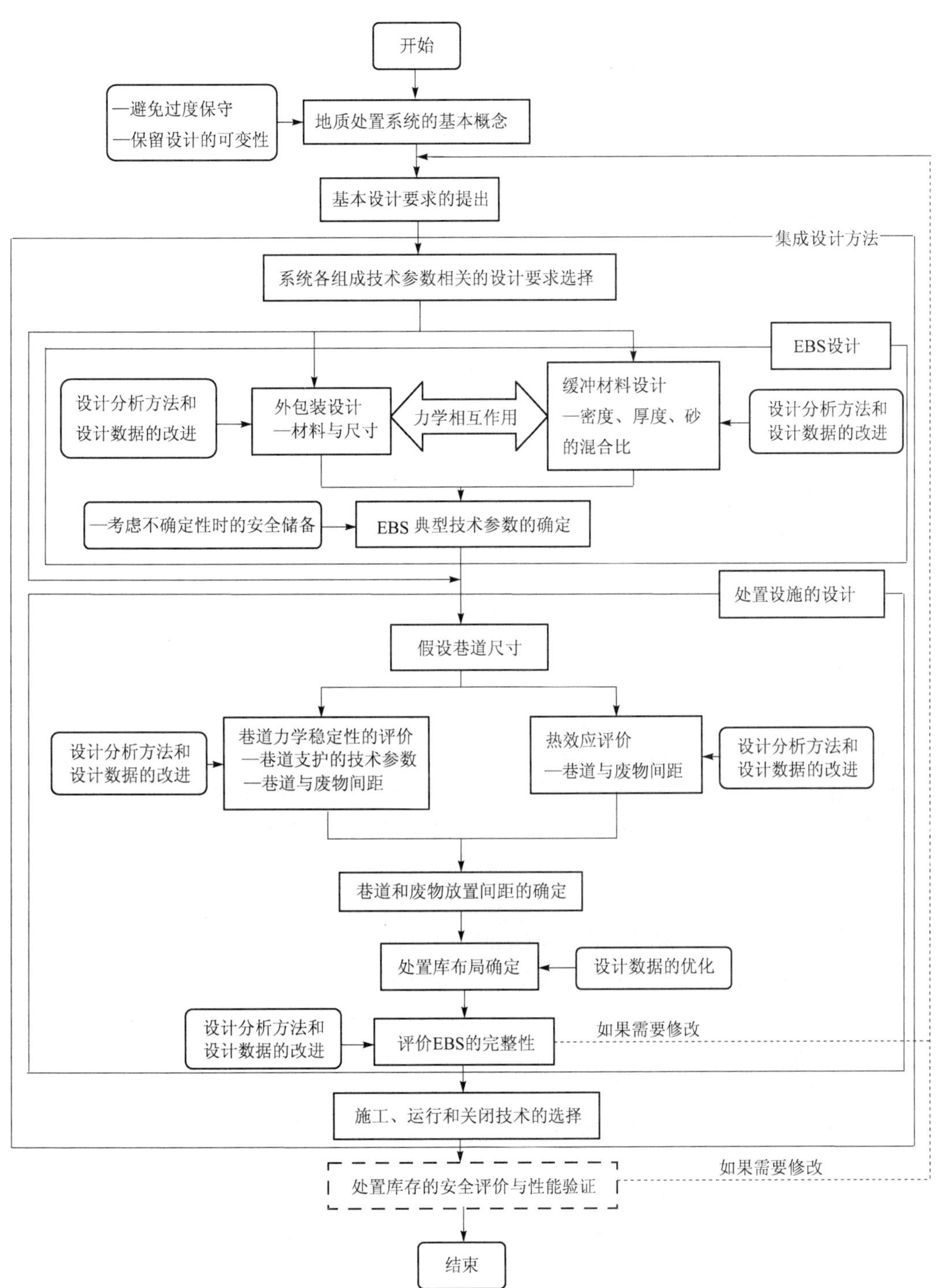


图 7　日本处置库设计的集成设计方法

2）地质与地貌条件。围岩的空间展布和体积、断层和裂隙的分布与处置库平面布局密切相关，是必须考虑的重要因素；另外，地形影响地应力和地下水流动，在考虑地面设施、竖井和斜井及运输时，地形也是必须考虑的重要因素。

3）围岩特性。无论是工程施工还是运行和关闭后的各个阶段，围岩的性质对处置系统的性状有直接控制作用，相关的性质包括围岩的力学、热学、水力学、化学特性。

4）处置深度（建议在硬岩和软岩中分别不超过 1 000 和 500 m）。需考虑长期安全隔离（升降运动的影响、未来对地下空间的利用）、地球化学环境特性（在日本数百米以下地下水常处于还原环境）、当前的施工与勘察技术（在正常地热梯度下，2 000 m处在采用通风措施时仍可保持正常的工作环境，利用钻孔作为勘察手段获取资料时，NAGRA 曾打深至 2 200 m的钻孔）、巷道的力学稳定性（增加深度、应力增大，影响巷道的力学稳定性）、EBS 的热稳定性（不会引起工程屏障的效能发挥，如不会产生矿物蚀度）。

### (3) 处置巷道和地下设施设计的技术要求

处置库地下部分的设计主要涉及巷道的断面尺寸、巷道的间距、废物体的间距和地下巷道的平面布局等。

1）设计要求

地下设施的目的在于为工程屏障提供途径，地下设施设计应根据场地地质特征满足设计前提，如场地地形特征、形状及面积，废物的数量等，考虑经济因素及施工、运行和关闭时的可操作性，尽可能消除地下设施对工程屏障性能的重大影响也是重要的。

巷道是地下处置设施中的主要部分，施工、运行和关闭时，它必须为运输废物等各种材料提供安全的运输路线。为此，巷道应设计成具有必须的尺寸，在施工、处置运行和关闭各阶段具有力学稳定性。

处置巷道的间距和废物的间距主要取决于力学稳定性和放置废物后的近场温度。需考虑的因素包括：围岩类别、场地条件（地形、形状、面积）、处置深度、主应力方向、裂隙主导方向、区域地下水流特征。H12 报告中同时提出了处置库地下设施应满足的设计要求。

2）处置巷道的尺寸及力学稳定性

① 巷道支护：混凝土或钢材支护体系均将产生不利于工程屏障的后果，如混凝土将改变水的 pH，从而影响缓冲材料的化学特性和碳钢的腐蚀速率；钢质支护需考虑腐蚀的力学效应及放出的氢的影响。为避免此类问题，研发了一种低 pH 水泥。

② 巷道横截面的基本尺寸：对入口、主巷道和连接巷道，其尺寸应考虑到废物、人员及材料的运输，通风管，供水和排水管道等的要求以及力学稳定性。坡度要考虑设备的爬坡能力及流入地下水的排出需求。交汇处的曲率半径要考虑设备的转弯能力。对竖向放置方式，处置巷道的尺寸取决于废物放置设备的尺寸；对水平放置方式，处置巷道的尺寸取决于EBS 的尺寸。

影响巷道形状的因素包括力学稳定性，施工、运行、关闭的便利性和经济考虑。下列要求是必须的：力学稳定性（地下开挖必须力学上稳定、变形量小）、可工作性（施工、运行和关闭能正常进行）、经济（所需横断面积应尽可能小以减小开挖和运输量）。

③ 力学稳定性：必须在施工、运行和关闭时得到保证。对各种类型的巷道的力学稳定性进行了分析。

3）处置巷道间及废物间的间距

巷道间和废物间的间距需考虑力学稳定性、EBS的尺寸、施工和运行技术、特别是保证缓冲材料表面的温度在100 ℃以下。H12报告通过分析,并考虑到开挖比最小,得出:硬岩中巷道间距和废物间距宜分别为13.2 m(6倍巷道直径)和3.13 m;而软岩中宜为9.9 m(4.5倍巷道直径)和3.13 m。

4) 处置库的布局

处置库的布局取决于处置区块的位置、形状和数量,进入巷道的数量和类型,以及主巷道和连接巷道的排列,而这些又取决于废物的数量、EBS和围岩的技术参数。

整体布局要考虑废石运出,废物和回填材料运输的效率,工人在施工、运行和关闭时的安全。区域地下水方面必须考虑主要透水裂隙,处置区块、入口巷道、主巷道和连接巷道应离开这些裂隙,具体距离依裂隙带宽度及其水力影响范围而定。H12报告中根据假设的地形、地质条件,并考虑到相关技术参数,提出了两种处置库的平面布局形式。

5) EBS的完整性

为检验放置后EBS的性状,H12报告分析和评价了下列问题:涉及THM耦合的再饱和时EBS的性能(再饱和时间约在50年后)、EBS的长期力学稳定性(10 000年后围岩和EBS仍有足够的力学稳定性)、地震时EBS的稳定性(缓冲层中不会产生剪切破坏和液化)、气体通过EBS时的迁移性状(碳钢外包装在还原环境中腐蚀会产生氢气,它首先溶解于缓冲层的水中,然后通过缓冲层进行扩散和迁移,所有产生的氢气将以气体形式进入围岩裂隙中,不会对缓冲材料和围岩的稳定性和核素迁移产生大的影响)、缓冲材料挤入裂隙(缓冲材料的密度较大、因而其性状不会有明显改变)。

## 2.3.3 美国处置库设计方法简介[2-8, 20-21]

美国的处置库设计是依照有关法律法规的相关规定,采用工程系统分析方法,结合尤卡山具体场地条件进行的。

### (1) 设计相关的主要法律法规

美国的处置库设计所依据的相关法规主要有:①核废物政策法(42 U. S. C. 10101 et seq);②10 CFR Part 60(能源:高放废物地质处置);③10 CFR Part 63(尤卡山高放废物处置库中处置高放废物)(66FR 55732);④10CFR Part 20(能源:辐射防护标准);⑤ 10 CFR Part 73(能源:植被和材料的物理防护);⑥ 10 CRF Part 71(能源:放射性材料的包装和运输);⑦ 40 CFR Part 197(环境保护:尤卡山公众健康和环境辐射防护标准)。这些法律法规就处置库设计中相关内容作出了相关规定。

### (2) 热模式分析

尤卡山处置库的设计仍是可变的。就热模式来说,可考虑关闭后处于不同的热模式状态,即高于或低于水的沸点。巷道壁、包装表面的温度和相对湿度可通过改变几个设计运行参数来实现,即:改变巷道内废物放置的间距;控制处置库关闭前的通风时间和速率;通过废物混合、暂存或更小的包装尺寸来改变废物的热输出功率。

在高温运行模式,处置库关闭后废物包装温度将明显升高(高于160 ℃),在低温运行模式,表面温度将保持在更低水平(约85 ℃)。现有分析表明,各种热运行模式均能满足要求的安全标准。但两种模式各有其优缺点,关键是究竟哪种模式具有更明显的优势。

1）高温运行模式

处置库将保持开放和通风约 50 年，通风将有效去除处置巷道中的热和湿度。处置库关闭和封存后，废物表面的平均温度将在若干年内从约 90 ℃升至 160 ℃以上，随后开始缓慢下降。这将使巷道壁面的温度达到沸点以上，在数百年内减少接触废物的水量。巷道间也有足够的岩石温度处于沸点以下，使热驱动的地下水能通过巷道间流动，确保巷道间地下水各自运动。高温模式可通过增大废物放置密度（缩小巷道与废物间距）、缩短通风期和增大废物热输出功率来实现。

2）低温运行模式

低温运行模式的目的是通过保持废物包装表面温度在 85 ℃或巷道内相对湿度在 50%以下，避免可能出现更有利于包装材料腐蚀的温度与湿度条件。对长期性能评价来说，低温模式还能减少评价时的不确定性。这一模式可以通过不同的废物间距、更长的通风期和降低废物热输出功率实现。

3）优缺点

在高温模式下，废物间的放置密度较大，这将减少所需巷道数量、降低施工成本和施工人员的职业风险以及增加处置库的容量，处置库关闭前的通风期可相对较短。但由于高温模式可引起废物包装寿命与巷道近场水化学和水流的不确定性，从而增加了性能评价中的不确定性。比如，合金-22 的腐蚀性状对温度和湿度的反应很灵敏。高温和低温金属材料的腐蚀较小。在高温模式下，初期温度高时可避免初始腐蚀，但当废物包装和处置库冷却时，废物可能经历一组更有利腐蚀的温度与湿度组合。低温运行模式下，处置库性能评价中的可信度增强。比如低温模式可避免出现加速废物腐蚀的温度与湿度。另外，低温运行模式关闭前需要更多的巷道施工、更高的施工成本、施工人员更高的风险、更大的处置库面积和更长的通风期。

总之，在处置库的长期安全性能方面，两种模式都可以实现安全目标。在长期性能方面的差异似乎很小，但低温下的不确定性似乎低些。高温模式下的成本比低温下低一些，但差异似乎不大。在施工和运行安全方面，高温模式优于低温模式，但两种模式下的风险似均可控。因此，两种模式各有优缺点，关键问题是某种模式是否有明显优势。目前和以后的研究分析将提供进一步的信息。在有充足的信息来做出正确的决定以前，两种模式均应给予考虑。同时，设计应保留足够的灵活性，使关闭前科学研究、设计和政策决策能得到体现。

### （3）可回取时的设计考虑

NWPA (42 U. S. C. 10101 et seq.)对回取提出了要求。要求设计和施工应容许在运行合适时期进行任何或全部乏燃料的回取。回取主要是基于公众健康和安全、环境关注、乏燃料有经济价值成分的再利用等方面的考虑。

10 CFR Part 63 (66 FR 55732)提出了回取的最短可能期，即起于放置 50 年后的任何时间。

回取对地下设施设计提出三条准则：

坚固的结构。关闭时间有三种考虑，即：不回取时关闭最早要在 60 年后进行（50 年处置和监测、10 年退役）；实行全部回取时，关闭期需在约 100 年；延长监测期，考虑到诸如将来处理技术的发展、核燃料的再使用或更好的处置方案等现时无法预测的情况，关闭决定将由后代作出，关闭前时间可长达 300 年。由于可长达 300 年再行关闭，因此，结构必须在高辐射和高温下能工作相应年限。

选择性回取。在布局、机械设备和构造时应考虑可对放置的废物进行选择性回取。

替代的进出路线。巷道的破坏可能会堵塞进出通道和通风,为保持从任何处置巷道中回取乏燃料,设置备用的进出巷道是必要的。

影响回取的巷道条件主要有:温度、辐射、巷道安全与稳定。

### 2.3.4 本节小结

处置库是一项大型的地下工程,其设计与一般地下工程的设计有共同点,但更有不同点。结合相关国家处置库设计的研究成果,总体来说,与一般地下工程相比,处置库设计中的关键问题和特点如下[22]:

#### (1) 处置库的功能目标与设计年限

处置库是一项长期的地下工程,工程要在万年时间尺度上实现设计意图。不同于其他地下工程,从作用因素和设计控制上来说,处置库可区分为关闭前和关闭后两个不同的阶段,不同阶段设计应实现的功能目标和年限是不同的。

关闭前主要工作是进行地下设施的建设并将废物置于地下,其经历的主要作用是因工程开挖产生的应力重分布,其要实现的功能目标是保证工程施工和运营的安全和保证处置活动的顺利进行。因此,力学稳定性是重要的。关闭前处置工程需要保证力学稳定的时间,与各国处置库设计的操作方式和运行时间有关,瑞典提出放置废物的处置平巷和钻孔应不少于 5 年,其他工程应不低于 100 年。

关闭后要实现的目标和功能要求是保证实现有害核素与生态环境和人类的长时间隔离。评价的指标是相当长时间内,从处置库进入生物圈的辐射剂量或风险指标应在许可标准内。关闭后处置库在开挖扰动的基础上,将长时间经受高放废物放热引起的热载作用和各种内外营力引发的地质作用。因此,其关键是保证核素隔离性能的实现,这将对处置库设计、施工提出相应的要求。

世界各国对关闭后安全评价的期限尚无统一规定和认识。美国环保署曾提出安全评价期限为 1 万年,但最近联邦法院要求进一步延长评价期;一些国家要求对处置关闭后放射性对人类的影响进行无限期的定量影响评价;也有一些国家认为,考虑到随着时间越长,不确定性越大,因此,一定时限后应考虑采用其他的可接受指标;已提出的期限自 1 万～100 万年不等,但公认评价的时限应包括放射性影响达到峰值的时间。

#### (2) 处置库的设计内容与总体要求

1) 主要设计内容

设计的主要内容包括:处置库的位置与深度、废物体、包装材料、外包装、缓冲回填材料、各种巷道的断面形状与尺寸、巷道的间距和废物体的间距、各种巷道的布置、施工方法与措施等。

2) 总体要求

总体要求包括:处置库应有足够的容量,满足力学稳定性和施工安全,满足温度控制要求,满足安全性能评价要求,技术可行、安全可靠、经济合理。

处置库是一项国家层面的用于长时间隔离特殊物质的地下工程,其设计原则应当有相应的法律法规来规定。

### (3) 处置库地下设施设计的技术要求

1) 巷道的形状和尺寸

处置库的地下设施包括处置巷道、主干巷道、连接巷道和进口巷道。作为地下设施主要部分的巷道,要在施工、运行和设施关闭时,用作运输通道,包括用于运送废物包、人员和材料、通风、供水和排水、通信和紧急疏散等。为适应这些要求,巷道的设计要保证它们的形状、大小和横截面积符合要求。

2) 巷道与废物体的间距

为选择合适的间距,有必要考虑整个施工、运行和关闭过程中平行的巷道间的力学稳定性,需规定设计温度和研究放置废物后废物产生的热量在近场的温度分布。

3) 处置库的布局

整个处置库的布局,包括处置块的设计,必须考虑地质环境的特点,如由于过载产生的主应力的方向、主要断裂方向、区域地下水流特性(速度和方向)以及在施工、作业和关闭过程中的效率和安全因素。要与局部区域有劣质岩石或断裂的地段保持适当的距离,要考虑到水文地质学上这些因素可能对核素迁移产生重大影响。

不同于交通隧洞受线路和采矿巷道受矿体分布影响和控制,处置库的布局有较大的自由来实现其功能要求。

不同于一般地下工程设计中主要需关注几何空间和应力场,高放废物处置库地下设施设计中,还须特别关注和研究温度场及地下水渗流场与核素迁移,因此,地下处置库的设计不能仅依靠现有的地下工程的设计理论完成,需要提出新的设计准则和设计方法。

### (4) 处置库的设计温度限制

高放废物的放热将引起废物体、包装容器、缓冲材料和围岩中温度的升高。升高的幅度与废物的放热量、处置库的结构形式、工程材料与围岩的热学性质有关,也与处置平巷的间距、平巷或钻孔中废物放置的密度有关,因此,温度限制条件是处置库设计和布局中的重要影响因素。

高放废物热载对处置库关闭后功能的影响可表现为两方面:一方面是通过热膨胀引起热应力和应变,影响围岩力学稳定性,进而直接影响处置库力学稳定性和核素近场释放;另一方面,由于温度升高产生的热应力可改变岩体的渗透性,温度升高还可改变流体密度与黏度及岩石的矿物成分与孔隙性质,影响地下水流系统,从而影响核素的迁移。因此,需对处置库的设计温度提出要求。对一定结构形式的处置库,处置密度越大,处置一定量废物所需的处置区域面积越小,处置成本越低,但处置库中的温度越高。不同国家采用的废物体形式、包装材料和围岩不同,对处置库的限制温度也有所不同。欧洲和加拿大提出的废物体表面许可温度为 100 ℃;日本则提出废物体的限制温度为 500 ℃、缓冲材料为 100 ℃、岩石为 150～300 ℃;瑞典规定废物体表面为 100 ℃,考虑可能存在的不确定性,实际设计时采用 80 ℃。美国处置库中的温度考虑的范围变化大,废物体表面温度可高于 160 ℃及低至 85 ℃,岩石表面温度可高于与低于 100 ℃。总体看来,采用缓冲回填材料的处置库,一般规定废物体表面温度限制在 100 ℃以内。

### (5) 不同围岩中处置库设计的关键问题

不同岩类中,高放废物地质处置库的设计与施工面临着不同的问题[23]:

1）硬质岩石

硬质岩石中1 000 m左右深度内的地下空间的开挖和施工并不是一个很大的技术难题。此类工程在世界范围内已有丰富经验。不同场地可能面临的挑战：地应力、局部地下水流入、地热梯度或地下水化学。由于普遍存在近直立的裂隙带，在处置室的布局中应特别注意回避。这些构造可能影响处置库的侧向布局，解决的方案之一是进行多层布置。

硬岩中的施工目前主要关注的是不同开挖技术对近场岩石的扰动影响，因为它对近场地下水流有重要影响。开挖后，巷道近场岩石的性状将与原始状态下不同，这种现象称为开挖损伤或开挖扰动。可能受到影响的这部分岩石称为开挖扰动带(EDZ)，它在硬岩中是永久存在的。这一现象在地下实验室得到广泛研究，结果表明，钻爆法的EDZ范围较TBM的扰动范围要大，因此，在地下处置库某些区段的开挖中，TBM具有更大的优势。

尽管无须大的支护或衬砌，但局部仍可能需要采用喷锚支护。一般是水泥基材料，因此有必要研究这些材料对近场化学条件的影响并在性能评价中进行考虑。

2）低-中等强度岩石

此类岩石中，一个关键问题是需要设计某种形式的开挖支护，以防止碎裂和蠕变，深度越大，所需的支护厚度和强度越大，此外，在衬砌与围岩间常需要某种形式的喷射和回填。这个要求影响了软岩中的处置深度。软岩中的开挖扰动带与硬岩中性质不同，它可随着应变、蠕变和某些黏土矿物的膨胀而闭合。

衬砌的存在及关闭前将之拆卸的可能，需要进行评价，它的长期特性需要在性能评价中考虑。因为这会影响近场水流和水化学。对此已有一般性研究，但需结合场地围岩特性进行具体研究。

沉积岩层一般在横向上有较大的分布范围，在地质条件稳定、断层少的地区，这使得处置库的水平向布置较为自由和范围更大，而不需要考虑多层。

3）塑性岩石

一些强度极低的岩石具有塑性和蠕变性能，在没有衬砌的条件下，经历相当时间后，任何地下空间均可自行封闭。

塑性岩石的典型代表是岩盐。层状的岩盐通常无须支护，因为其自稳时间足以完成放置废物，开挖出的产物还可用于回填，使近场的变形减小和空隙得以调节。回填最终将成为近场岩石的一部分。由于有大量的经验，岩盐中的施工并无太大的技术问题，由于具有高的热传导，处置库内通常具有较高的温度，这需要在处置库设计和性能评价时进行考虑。由于竖向厚度通常较大，可进行多层布置。拟考虑的处置库深度，塑性黏土岩石中的施工经验不多。施工时需要进行支护，内衬材料如果不去除，其对近场环境演化的影响应进行评价并在性能评价时给予考虑。在比利时莫尔黏土中进行的多年研究表明，难度并不如想象的大。

**(6) 可回取式处置库的设计技术**

基于处置技术和安全的不确定性、资源的可再利用价值及对公众健康和环境的考虑，部分国家和国际组织提出了处置库中废物的可回取要求。可回取处置库在处置库设计和建造技术方面提出了更多的要求。比如工程寿命和关闭前的运行期可能更长、工程布局要有利于回取时的操作，要有相应的工程机械。因此，回取与否是处置库设计前需要考虑的重要设计前提。

## 2.4 处置库的施工、运行与关闭技术

高放废物处置库规模宏大，施工与运行期长，关闭要求高，并需将具有放射性的物质运送、放置和长期保存于地下，因此，其施工、运行和关闭涉及许多相关技术，需要进行专门研究。目前尚无在施工的处置库，因此，其相关技术仍处于技术开发阶段，各国在相应技术研发方面已取得了许多成果。

### 2.4.1 尤卡山处置库的施工、运行与关闭技术[2]

#### (1) 巷道的开挖与支护

地下巷道可分为处置巷道和非处置巷道。地下处置巷道直径为 5.5 m，设计采用隧道掘进机开挖。非处置区包括：

1) 主巷道。直径 7.62 m 的圆形巷道，设计采用 TBM 掘进。

2) 排气主巷道。直径 7.62 m 的圆形巷道，设计采用 TBM 掘进。

3) 岔道。指连接处置巷道和主巷道的弯曲段，拟采用道路掘进机(roadheader)开挖，它是一种开挖机械，在一个开挖臂端部装有一个旋转粉碎鼓轮。也可使用钻爆法施工。岔道尺寸有竖直侧壁和弧形天花板，8 m 宽、最大高度为 7 m。

4) 性状验证测试巷道。同处置巷道。

5) 性状验证观测巷道。横断面面积与处置巷道类似，可采用 TBM、道路掘进机或传统钻爆法组合施工。

6) 凹室。用道路掘进机或钻爆技术施工成的有限长的部分，可用作不同目的，如避难室或设备室。

7) 通风竖井和天井：采用机械方法或钻爆法施工。通风竖井直径 8 m ，天井直径 2 m。在接近处置巷道时，钻爆法因可能扰动岩石条件而被限制使用。

处置巷道的地下支护系统由钢条、岩石锚杆和焊接金属网组成。钢条沿巷道长度方向 1.5 m 的中心距布置，岩石锚杆和金属网安装于巷道的上半部分，密度随岩石裂隙发育程度而定。非处置巷道和岔道用厚为 300 mm 的现浇混凝土内衬支护。

#### (2) 废物的运输与放置

高放废物是一种特殊的废物，由于其具有放射性，所以运输和放置需要专门的技术。美国尤卡山处置库研发时开发了完整的废物运送、放置设备和技术。废物的放置采用遥控方式进行。废物的放置从北而南进行。图 8 是废物运输设备和废物卸除设备示意图。当运送车在处置巷道入口停下时，放于托架上的废物组件将借助于一个装于碾子上的板从运送车防护外壳中卷出，在处置巷道内等候的处置龙门吊车将从废物组件中跨过并取出托架和废物组件，装载了的龙门吊车将进入处置巷道并放置废物组件和托架。龙门吊车中装有数据收集与发送设备、控制用计算机、高精度电视摄像机和灯光以及火灾检测与控制系统。

#### (3) 废物的回取

正常条件下，回取使用与放置相同的设备和技术，但操作顺序相反。放置龙门吊车移至拟回取废物放置巷道处，拾起托架和废物组件，将之放在运送车上以便运送回地表。

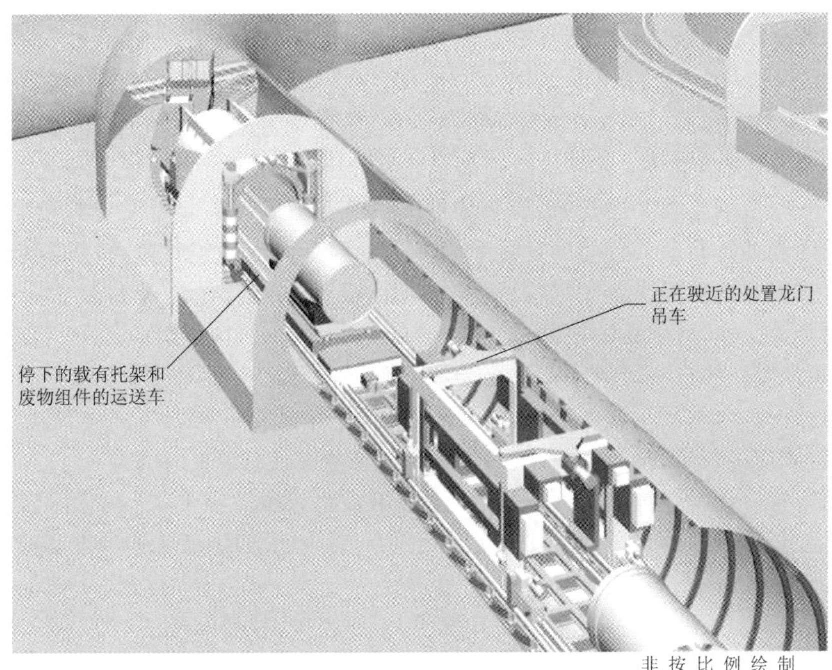


图 8　停下的载有托架和废物组件的运送车和正在驶近的处置龙门吊车

(4) 关闭

地下关闭包括下列活动：① 从地下设施中拆除需拆卸的结构和设备，必要的话进行去污，运送至地表进一步去污、排放或处置。② 设备和附属物移走后，拆毁钢筋混凝土结构和支护结构。③ 按照 DOE 批准的管理计划和类型、数量，将去除材料和设备运至场地内或场地外处置施工。这些材料和设备包括通风系统的组件、铁轨、用器、混凝土和施工材料、安装和通信设备、泵、管线及其他可能对关闭后性状有害的材料。④ 识别和去除可挽救的设备和材料。某些材料或设备因其自身价值可再利用，可以挽救。这些设备和材料可在处置库地表保存起来。⑤ 设置地下标志、界限及任何其他关闭前需设立的永久标志。⑥ 完成关闭前地下设施的竣工测量。⑦ 准备关闭活动的总清理。

关闭和封存不同部位用到的材料包括混凝土、灰浆、岩屑、膨润土、膨润土-砂混合物等。

## 2.4.2 瑞典处置库的施工、运行与关闭技术[9-11,19]

(1) 施工技术

对 KBS-3，交通和处置巷道的施工技术尚未确定。初步考虑运输巷道用钻爆法施工，处置巷道用 TBM 施工。当斜井到达中央区域时，至地面的竖井将用升降钻进技术(raise boring technique)钻进。中央区域是用钻爆法施工。处置孔直径为 1.75 m、深度为7.83 m。首先在处置孔中心钻一个岩芯探查孔，若地质条件适宜，则采用一个小型隧道掘进机钻至所需尺寸，这一技术已在 Äspö 硬岩地下实验室中采用。

对 MLH，斜井、竖井、中心区、运输巷道的施工原理与 KBS-3V 相同。处置孔的钻进拟用 TBM 进行。开发了专用的合适的 TBM。

(2) 废物罐与缓冲材料放置技术

对 KBS-3V 共开发了 11 种废物罐放置技术。废物罐和膨润土块的放置开发了专门的设备。废物罐的所有操作都应有环境辐射防护。当废物罐到达处置库时，它首先将运至 500 m 左右深度处的中心区，然后从运输罐转运一个封闭的辐射防护盾。处置过程从处置孔底部施工一个混凝土找平层开始，下一步将用一个专门设计的起重设备放置膨润土块和环。在中心区和处置巷道入口间的运输采用一个专用车辆。处置巷道入口处，装有废物罐的屏蔽容器重新装入处置设备。定位后，废物罐由 Cardano 运动(在 $X$ 和 $Z$ 方向同时运动)抬升至一个竖直位置，处置孔的上部分用作 Cardano 运动。借这种运动，处置巷道的高度可以较低，因而处置库的成本可以降低。当废物罐在竖直位置时，将废物罐放低，定位后，放入缓冲层内的孔中。为了减小处置巷道的高度，防辐射盾在屏蔽容器中部设计成可打开(分开)。防辐射盾使得人员得以在放置过程中靠近处置设备工作。

废物罐放置后，缓冲层和钻孔壁间的间隙可用膨润土团粒回填。残余间隙再注水。随后，膨润土块、1.5 m 厚的包装放置于废物罐顶部。残余间隙用 15%膨润土和 85%碎石混合物填实，上盖钢盖。

对 KBS-3H 开发了 16 种、对 MLH 开发了 12 种放置设备。

(3) 回填与封闭技术

当废物罐放置完成后，移除巷道中所有临时设备，巷道用 15 %膨润土和 85%碎石混合物进行回填。巷道入口处设置一个混凝土栓。进行运输巷道回填时这个栓可去除。当所有废物均放置后，处置库所有部分用膨润土和碎石混合物填实。斜井竖进的部分地段用击实膨润土和/或混凝土封闭。

### 2.4.3 日本处置库的施工、运行与关闭技术[13]

日本的处置库计划在处置库施工和运行前，尚需进行场地特性评价和处置技术验证工作。处置库的设计和安全评价将在特性评价阶段完成并获法律批准。随后，各个处置区块的施工、运行和关闭可相对独立地进行。所谓处置库关闭指的是进入巷道、连接巷道和钻孔的回填和地面设施的退役。

(1) 施工、运行和关闭的主要活动

日本处置库施工、运行和关闭期间的主要活动如表 6 所示。

(2) 施工

地面设施的施工可采用核电站、乏燃料处理工厂等类似设施的施工技术来进行。但地下设施涉及深地质环境中长达数百公里的大规模巷道，必须特别注意处置开挖堆积物、地下水的流入和通风工作。尽管如此，现有或可发展的技术足以满足处置库的施工要求。计划需考虑安全、经济及总体进度。还要考虑在深长巷道长达数十年的施工和运行时期，出现紧急情况时保证工人安全所需的紧急避难所和逃走路线及策略。此外，要尽可能避免对围岩的损伤。

1) 施工技术

处置设施的不同组成部分需采用不同的开挖和施工技术。

表 6 日本处置库施工、运行和关闭期间的主要活动

| 阶 段 | 活 动 |
| --- | --- |
| 施工阶段 | 基础设施的施工;地表设施的施工;地下设施的施工 |
| 运行阶段 | 玻璃固化体的接受和检查;玻璃固化体的包装和检查<br>缓冲材料的制造;废物的运输和放置<br>缓冲材料的运输和填充(水平放置时处置巷道的回填) |
| 关闭阶段 | 地下设施(通风和排水设施)的回填;连接巷道的回填(包括栓塞)<br>进入巷道的回填(包括栓塞);钻孔的回填(包括栓塞)<br>地表设施的退役(包括栓塞) |

新奥法(NATM)因为能充分利用岩石的固有强度,对局部地质条件变化有好的适应性以及施工人员有较好的安全性,所以在硬岩中竖井施工时最为有效和经济。在软岩中,短步法(short-step method)由于高效率、可靠、低成本和高安全,有较长的施工经验,被认为是最有效的方法。施工主巷道、连接巷道和竖向放置的处置巷道,硬岩中最适合采用爆破的新奥法。软岩中则最适合采用局部开挖面切割机的新奥法(NATM using partial-face cutting machines)。局部开挖面切割机,比如道路掘进机,对断面形状有良好的适应性,对软岩有良好的切割能力,对围岩扰动较小。在软岩环境中的圆形断面也可采用 TBM。

对水平放置,无论是硬岩还是软岩,圆形处置巷道的开挖,TBM 法是最佳方法。原因是对围岩扰动最小、开挖效率和精度高、工人安全。对软岩系统,由于需要支撑,低碱混凝土将在 TBM 后面安装。

处置坑道开挖方法的选择需仔细考虑高精度、小扰动的要求。在硬岩的几种可选方法中,潜孔锤法(down-hole hammer method)被认为是最为合适的。其特点是能在有限的空间下工作、能开挖抗压强度在 100 MPa 或更大的岩石。对软岩,低噪声和振动的旋转开挖方法较为合适。

2) 减少干扰的措施

施工中要特别注意的现象主要有:地下水的流入、岩爆、气流、不稳定岩体;H12 中提出了采用的预测方法和对策。

### (3) 运行阶段

在运行阶段,玻璃固化体在地面接收和装入容器后,废物包装体和缓冲材料通过进入巷道和连接巷道—主巷道—处置巷道最后放入处置区。然后处置巷道和主巷道被回填。

1) 废物包装的运输和放置

在进入巷道中的主要工作是废物包装体和缓冲材料从地面设施运到地下设施。在进入巷道中,有两种基本的运输方法:一种是基于竖井中的升降机,另一种是斜井中的有轨或无轨运载车。显然,前者速度快于后者,但后者便于采取安全措施。

在连接巷道—主巷道—处置巷道中的主要活动是将废物包体和缓冲材料运送到处置巷道并进行放置。对水平放置方式,由于放置废物的处置巷道较窄(直径 2.2 m),诸如轨道等设备的安装和拆除相对困难,因此,建议采用特殊的推进系统进行。

对坑式放置,采用轨道运输是可行的,因为此时处置巷道中的空间相对大,缓冲材料和

废物包体放置设备可直接进入处置坑道上方。

2）主巷道和处置巷道的回填

竖直放置方式的处置巷道，由于缓冲层的厚度设计成限制辐射到无害水平，回填机器可由工人直接操作。

回填水平巷道有几种方法，包括：砌块（block-laying）、分散和击实、喷射和横向击实。对第一种方法，材料的密度可在放置前控制并可达到较高的密度。后两种方法则较为便于考虑现场情况。或采用一种组合技术：下半部使用分散和击实、上半部采用砌块和喷射。

巷道回填后，在每一巷道两端安装混凝土栓塞以作为防止回填材料挤出的保护措施。对导水裂隙，可采用高击实黏土块栓塞进行隔离。

（4）关闭

在关闭阶段，余下的连接巷道、进入巷道和钻孔将被回填。回填完成后，进入巷道的入口处设置混凝土栓塞。随后地表设施将采用类似于现有核电站的技术进行役退。

### 2.4.4 本节小结

（1）处置库施工的主要活动是各种地下空间的开挖和支护，可应用现有的各种地下工程开挖与支护技术，但在开挖方法的选择上要考虑不同开挖方法可能造成不同的 EDZ，它将直接影响处置库近场的渗流场，因此，宜选择扰动较小的施工方法。已有研究表明，TBM 法要优于钻爆法。在支护方面，要考虑支护材料可能对地下水化学环境可能造成的改变，避免不利于工程屏障寿命的现象发生。

（2）处置库运行时的主要活动是废物运输和放置。由于废物的放射性强，因此，需要开发专用的运输、卸载和放置设备与技术。各国的处置对象尺寸、拟采用的废物放置方式不同，因而开发的设备和技术也有其专有性。

（3）处置库关闭时的主要活动是回填与封存，各国开发了相关技术。采用的材料主要有膨润土、混凝土及混合材料。一般进行击实回填辅以栓塞。

## 2.5 工程屏障

工程屏障是高放废物处置中的重要屏障。各国处置库工程屏障的组成、性能和要求并不相同，但均对工程屏障给予了足够的重视，取得了相应的研究成果。

### 2.5.1 工程屏障的组成与主要技术要求[13,24]

除废物体（乏燃料或固化体）外，与高放废物地质处置中相关的工程屏障主要包括：产品容器[废物容器（container）、废物罐（canister）]、二次包装（Overpack）、缓冲材料、回填材料，少数国家尚设置有防水罩等其他屏障。

经研究，国外对工程屏障提出了相应的技术要求，概括地讲，满足高放废物安全处置的最佳的工程屏障材料是：

（1）废物包容量大、放射性核素浸出率低、稳定性好的玻璃固化体；

（2）抗腐蚀、强度高和寿命长的废物罐；

（3）吸附能力强、渗透率低、稳定性好和易于施工的膨润土材料。

### 2.5.2 国外对废物容器与包装材料的研究概况[13,24-25]

废物体外与缓冲材料(或围岩)之间的工程屏障包括废物容器和外包装材料。各国设计采用的结构、材料和厚度有所不同。相关的问题涉及结构(是否设外包装)、材料和厚度等。国外主要的研究概述如下:

(1) 候选材料的腐蚀性能研究

废物的包装材料是工程屏障的重要组成部分,它的主要作用是通过其隔离性能在一定时期内防止核素从废物体中释放和迁移,而阻隔期限的长短则取决于容器的寿命。包装容器的寿命是从地质处置埋设开始至容器材料因腐蚀破损直至贯通的整个期间,所以选择容器制造材料的第一要素就是考虑材料的抗腐蚀性能,然后是焊接性能是否良好、加工成型性能如何,以及材料的质量可靠性。材料的机械强度、对放射线吸收系数大小、对放射线辐射脆化的敏感性高低相对地讲是次要因素。

在核废物的地质处置中,决定腐蚀的主要影响因素,除所选用的金属材料外,还与处置过程中的地下水环境条件如温度、溶解氧浓度以及组成等密切相关。

1) 地下水类型及影响腐蚀的化学组分

迄今为止的研究把地下水分为5种类型:降水系高pH型地下水,降水系低pH型地下水,海水系高pH型地下水,海水系低pH型地下水以及混合系中性型地下水。

在处置场地点未确定的情况下,包装壳周围的环境条件仅仅是某个范围的估计值。即使已经决定了处置地点,随着时间的推移局部环境条件也会变化。例如,包装壳周围环境的氧化还原性质,在初期有氧化性,不久就又具有还原性;初期的温度较高,随着时间推移降低;缓冲材料的含水比例在初期比较低,随着地下水的浸透逐渐升高直到饱和为止。因而,评价腐蚀寿命时,由于处置场的环境条件的多样性以及随时间而改变,对应什么样的环境条件会发生怎样的现象变化,这种因果关系的信息是非常必要的。

2) 候选材料在地质处置中的腐蚀行为研究现状

可以用于制造地质处置中核废物隔离容器的可能候选材料有多种,例如钽、铌、锆、钛钯合金、铬镍合金、不锈钢、高镍基合金、钛、铜、低碳钢等。考虑到成本等因素,目前有关后6种金属材料研究得相对较多。对低碳钢、钛、铜和C22合金高镍基合金在不同条件下的腐蚀机理和腐蚀规律进行了较多研究,取得了许多认识,但也存在一些尚待解决的问题。在未来的工作中,需要开展的课题有:作为准耐蚀性金属,低碳钢在地质处置中所面对的腐蚀问题是:在不饱和环境中发生局部腐蚀的评价;微生物(硫酸盐还原菌)腐蚀的影响;表面腐蚀产物对基体的后续腐蚀的影响。铜所面临的主要问题有:应力腐蚀开裂的评价;在处置环境中腐蚀机理的研究以及点蚀发生的可能性;制造以及焊接的安全性评价。作为高耐蚀性金属,钛的主要问题是其在还原环境中的腐蚀行为和对氢脆的敏感性评价。C22高镍基合金是美国在尤卡山地质处置中选用的材料,由于目前发现尤卡山的岩石属于开放性石灰岩结构,外部的水和其他化学物质如氯离子、氟离子和硝酸根离子等有可能渗入储存隧道中接触盛放核废料的容器,造成C22高镍基合金的严重腐蚀。为了发挥高耐蚀性金属的特点,把握这类材料在使用中不发生局部腐蚀的条件很重要。因而,把握这类材料发生局部腐蚀的临界条件是地质处置的重要课题。

耐腐蚀的金属材料的选择与具体的地质条件密切相关,需要尽可能透彻了解实际地质条件的腐蚀性环境条件以及估计其随着时间的演化。材料的耐腐蚀性与材料本身的微观结构、夹杂物含量、制备加工工艺等密切相关,需要开展这方面的细致研究。由于对材料的寿命要求很长,腐蚀速度估计上的任何微小变化在上万年甚至10余万年中都会产生巨大差别。有必要开展细致的表面膜结构及其演化行为的研究。材料腐蚀寿命描述模型需要根据机理研究给出。过去出土文物的腐蚀性只能做参考,不能作为评价未来材料腐蚀的确定性依据。

国外的研究结果表明,目前的预测模型与实际试验结果之间还存在较大差异。根据研究结果,C22合金在美国尤卡山环境中甚至会产生开裂,钛合金在日本处置场模拟环境中会产生缝隙腐蚀和氢脆。

(2) 包装容器设计的技术要求

H12报告中提出了包装容器的材料、形状、尺寸,尤其是厚度要考虑一系列因素。从基本要求来说,主要考虑核素隔离因素所需满足的基本要求和工程技术可行性方面的基本要求(工程屏障间不相互影响、制造和安装技术上可行)两方面。相关的设计要求涉及:玻璃固化体中限制核素的能力,抗压、抗热、抗腐蚀、抗辐射、防辐射的能力,内部间隙与热传导性能充分,化学缓冲、可制造性、封存和放置的可遥控性。

## 2.5.3 国外对缓冲回填材料的研究概况

按各国提出的处置概念,以结晶岩为围岩的处置库均设计了缓冲回填材料层作为处置库中的最后一道人工屏障,其作用为:① 工程屏障作用。缓冲围岩压力对废物罐的影响,保持废物罐处于钻孔中心,维护处置库结构的稳定性。② 水力学屏障作用。充填废物容器与围岩间的孔隙和近场岩石中的裂隙或孔隙,阻止地下水(可能含有腐蚀物质)流到废物罐表面。③ 化学屏障作用:阻滞核素迁移。处置库设计的一个重要前提就是避免氧化侵蚀,因为氧化环境下,腐蚀过程会加速,废物溶解度会增加。膨润土将阻止氧化剂到达废物罐表面。废物罐被穿透和其内衬被腐蚀必须有水通过裂口加入,同时缓冲材料阻止放射性气体和水溶化合物渗漏到围岩中。④ 导热作用。传导核燃料残余能量。衰变能及其转化的热量。

自20世纪70年代起开展了缓冲回填材料的研究。主要涉及三个方面:缓冲回填材料的组成、缓冲回填材料的性状和处置库缓冲回填材料的技术要求等几个方面。

(1) 对缓冲回填材料的组成的研究

各国通过理论和实验研究,认为以蒙脱石为主要成分的膨润土是缓冲回填材料的最佳原料。与此同时,也开展了膨润土和硅质砂的混合物作为缓冲回填材料的研究,结果表明,掺入一定量的砂后,缓冲回填材料在性能上有改善。

(2) 对缓冲回填材料性质的研究

主要开展了下述几方面的研究:

1) 膨润土资源调查和常规条件下膨润土的特性研究

对北美、南美、欧洲、亚洲和非洲等地的膨润土资源进行了详细的调查,总结了各地膨润土矿产的基本特征,以及膨润土基本特征的研究方法;通过矿物成分与结构、基本物理化学性能的比较研究,认为钠基膨润土比钙基膨润土具有更优越的膨胀特性和更低的透水性,是缓冲回填材料的最佳选择;一些国家确定了作为缓冲回填材料原料膨润土的商业产品,如美国的MX-80等;重点对膨润土的水理特征、膨胀压力、透水率、阳离子交换能力等作为评价缓冲回填材料的主要参数进行了系统研究,积累了丰富的资料;对膨润土与石英砂等混合体系的特性进行了系统研究,认为一定比例的石英砂等添加剂可以有效地改善膨润土的热传导性能等。

2)热—湿—力对膨润土性能影响的研究

重点研究了不同含水率条件下膨润土的热学性能和力学性能,温度对蒙脱石相变的影响,热—湿—力联合作用下膨润土缓冲回填材料的模拟研究等。研究表明,膨润土含水率的大小是影响热传导性能和力学性能的主要因素;温度低于120 ℃条件下,蒙脱石不会发生硅化,是否会向伊利石转化取决于地下水中钾离子的富集程度和钾离子在膨润土中扩散的速率,认为在高放废物衰变热释放时间内,不可能发生蒙脱石向伊利石的完全转化。

3)核素迁移及其机制的研究

缓冲回填材料的重要作用之一是阻滞放射性核素由废物罐向外扩散,对核素在压实膨润土中的迁移机制、扩散系数的计算以及影响核素迁移的主要因素进行了重点研究。一般认为核素在压实膨润土中的迁移有两种形式:空隙扩散和表面扩散。且表面扩散是核素迁移的主要形式,核素迁移的能力与压实膨润土的干密度、阳离子交换能力、蒙脱石和石英砂的含量、环境的温度和氧化还原条件等因素有关。研究结果表明,核素的扩散系数随压实膨润土干密度的增大和蒙脱石含量的增加而减小,但随膨润土中石英砂的含量增加和温度的升高而增大。

4)气体的渗透性研究

高放废物处置库中要求缓冲回填材料能阻止气体与废物罐接触,以保证处置库处于缺氧的还原环境。研究表明,虽然气体的扩散能力比水要大上千倍,但要穿透膨润土缓冲回填材料,要求气体的临界压力要大于膨润土的膨胀压力与地下水压力之和,所以,膨润土缓冲回填材料块体在产生裂隙之前,气体很难穿透水饱和的膨润土屏障。

5)缓冲回填材料制备技术和放置技术的研究

按各国提出的高放废物处置方案,重点研究了缓冲回填材料块体的制备技术和工艺条件、处置库中缓冲回填材料块体的放置技术等,不同国家选用的缓冲回填材料、材料的压实方法和高放废物放置方案各不相同。

6)处置库环境条件下缓冲回填材料特性的研究

为了揭示处置库环境热—湿—力—化学多场耦合作用下缓冲回填材料行为变化的规律,瑞典、加拿大等国利用地下实验室开展了缓冲回填材料物理化学性能、力学性能、热传导性能、核素迁移等实验研究,如瑞典的Pilot Parcels实验、加拿大的Tunnel Sealing Test实验、日本的Big Ben和Mini Ben试验、捷克的Mock Up试验等,为评价缓冲回填材料的安全性和稳定性提供了重要的依据。

### (3)处置库缓冲材料的技术要求

设置缓冲材料的主要意图是限制地下水运动、吸附核素和过滤含有核素的胶体,以此来实现对核素迁移的限制。为此,必须在漫长时间里不会有明显改变缓冲材料性质的作用发生,同时,制造和安装应当在技术上可行。设计所需考虑的基本要求如表7所示。从限制核素迁移方面,应具备低渗透性、高吸附性及对胶体的高过滤性能和地下水化学变化的缓冲性能;从制造和安装的可行性方面,应具备可制造性、在放置状态下的可击实性和强度;从对工程屏障的影响方面,应具备可塑性、能支撑外包装在稳定的位置和好的热传导性。

瑞典、瑞士、加拿大等国家拟采用钠基膨润土作为缓冲回填材料。日本在 H3 报告中也考虑用钠基膨润土。在 H12 报告中,另外还考虑采用膨润土和硅质砂的混合物。通过热学、水力学、力学、化学和透气性的研究,日本 H12 报告中提出了缓冲材料所需满足的技术要求。

**表 7 缓冲材料的设计要求**

| 基本要求 | | 功 能 | 设计要求 |
|---|---|---|---|
| 核素隔离要求 | 限制核素迁移 | 限制地下水运动 | 低水力传导(低渗透性) |
| | | 溶解核素的吸附 | 高吸附系数 |
| | | 防止胶体迁移 | 对胶体的过滤功能 |
| | | 地下水化学变化的缓冲 | 化学缓冲性能 |
| 工程屏障系统的技术可行性 | 制造和安装的技术可行性 | 充填安放产生空隙的可能性 | 自封闭能力 |
| | | 制造和放置特性 | 可制造性和原位强度 |
| | | | 可制造性和原位击实性 |
| | 指定时期内对工程屏障无重要影响 | 应力缓冲特性 | 塑性(变形能力) |
| | | 对外包装的力学支撑 | 支撑外包装在一个固定位置的强度 |
| | | 防止固化体和缓冲材料的热力蚀变 | 高热传导 |

### 2.5.4 本节小结

(1) 不同国家在工程屏障组成、废物包装材料、缓冲回填材料等方面开展了许多研究,但各国在工程屏障结构,包装材料的层数、材质和厚度,缓冲回填材料的组成和技术参数方面并不统一。处置库要实现的长期性能是总体性能能达到规定要求,因此,这种差异是正常的。

(2) 包装材料的选择主要需要考虑材料的抗腐蚀性能,同时需考虑焊接性能是否良好、加工成型性能如何,以及材料的质量可靠性;材料的机械强度、对放射线吸收系数大小、对放射线辐射脆化的敏感性高低相对次要。可能候选材料有多种,例如钽、铌、锆、钛钯合金、铬镍合金、不锈钢、高镍基合金、钛、铜、低碳钢等。考虑到成本等因素,目前有关后 6 种金属材料研究得相对较多。不同国家选用的材质有所不同。

对主要候选材料进行了较多腐蚀性能的研究。材料的腐蚀一方面与材料本身性能有关,同时也与环境因素特别是地下水化学有密切关系,因此,不同材料、不同场地包装材料的腐蚀性状将有很大不同。在材料的选择时需要考虑材料的性能、具体的地质环境和地下水化学环境。

包装容器的材料、形状、尺寸,尤其是厚度要考虑一系列因素。主要考虑核素隔离因素所需满足的基本要求和工程技术可行性方面的基本要求(工程屏障间不相互影响、制造和安装技术上可行)两方面。相关的设计要求涉及:玻璃固化体中限制核素的能力,抗压、抗热、抗腐蚀、抗辐射、防辐射的能力,内部间隙与热传导性能充分,化学缓冲、可制造性、封存和放置的可遥控性。通过广泛的分析,日本建议采用碳钢作为材料并建议了相应的容器厚度。

(3) 世界上多数处置库的概念设计中设置了缓冲回填材料。缓冲回填材料的选择与其组成、在室内和处置库环境下缓冲材料的行为和性质、处置库中缓冲材料的设计要求和设计技术参数、缓冲材料的施工与安放技术是需要研究的主要方面。目前,一般建议采用膨润土或膨润土加砂的混合物作为缓冲材料,对膨润土的分布、热—湿—力对膨润土性能影响、核素迁移及其机制、气体的渗透性、缓冲回填材料制备技术和放置技术、处置库环境条件下缓冲回填材料特性进行了较多研究,结合处置库概念设计,初步提出了缓冲材料的设计要求和技术参数。

## 2.6 处置库地面设施

地面设施的研究相对较少,以下主要介绍尤卡山处置库的地面设施。

### 2.6.1 美国尤卡山处置库地面设施平面布置[2]

尤卡山处置库的地面设施位于北入口处置操作区、南出口开发区和地面竖井区,图 9 是北出口处置操作区、南出口开发区地面设施布置图,包括北入口操作区、南出口开发区、相关道路、现场废物存放区、废土堆放区、雨水池等。通风竖井和风扇安装的地面竖井区位于尤卡山山顶。总占地超过 105 英亩(1 英亩=4 047 $m^2$),建筑物将超过 30 栋。

北入口处置操作区分为放射性控制区、基础设施区(the balance-of-plant area)和场地服务区。放射性控制区包括所有与接收、包装、在处置库中放置相关的设施,是废物从场外运输工具中接收和将之放置于废物包装的场所。基础设施区包括一般的基础设施,如行政管理、应急管理(医护和火灾)、机动车与运载服务,包括辐射保护区之外的支持处置库运行的所有结构和系统。场地服务区包括一般的停车和来访中心。

### 2.6.2 北入口操作区的操作[2]

(1) 废物接收

由公路或铁路运载来的废物停在安全门接受检查。车头将同车厢分离并换上场地内的发动装置。车厢将在控制安全区暂时停放等待在车厢准备室内处理,处理室内将准备好运输罐以供转运至废物处理室内,如图 10 所示。

(2) 废物处理

在废物处理室内,运输罐将从车厢中转至两个转运系统之一:一个是运送已经包装在罐中可直接放入处置容器的高放废物或乏燃料的废物罐运送系统;另一个是没有包装成适于直接放入处置容器的乏燃料组装转运系统。装载后,处置容器将焊接封闭和进行封闭检查。焊接验收后,处置容器称作废物包装体。如图 11。

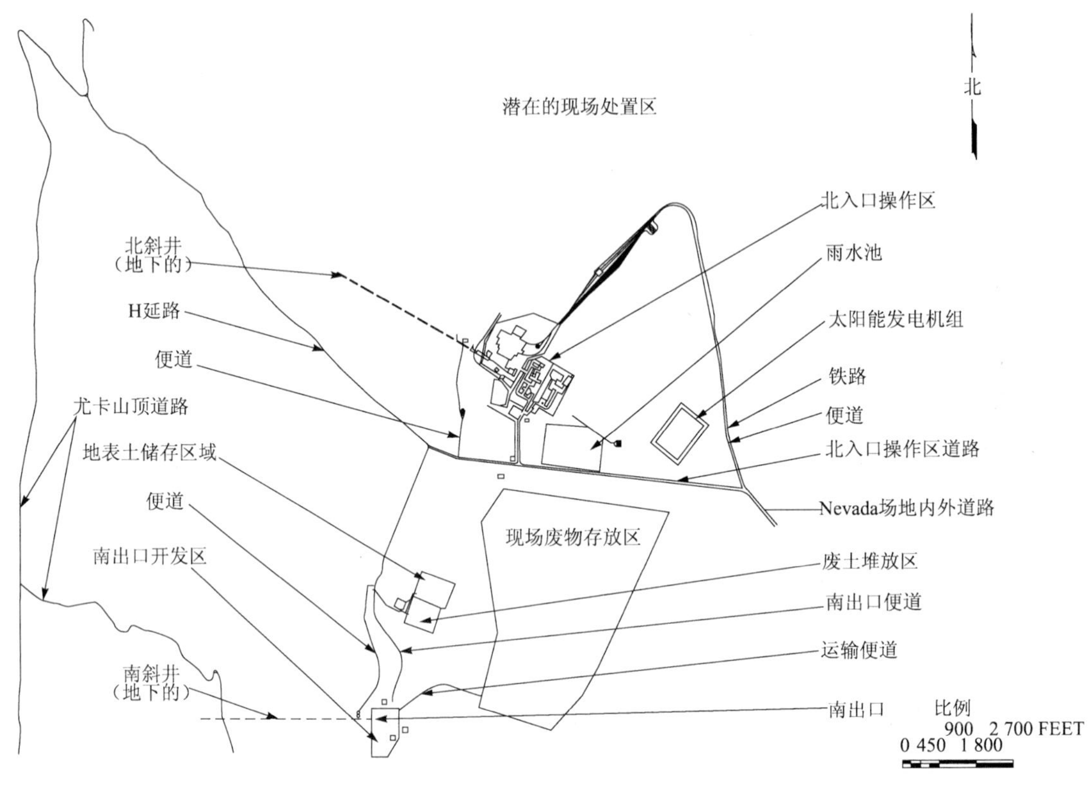


图 9 处置库总体平面布置图

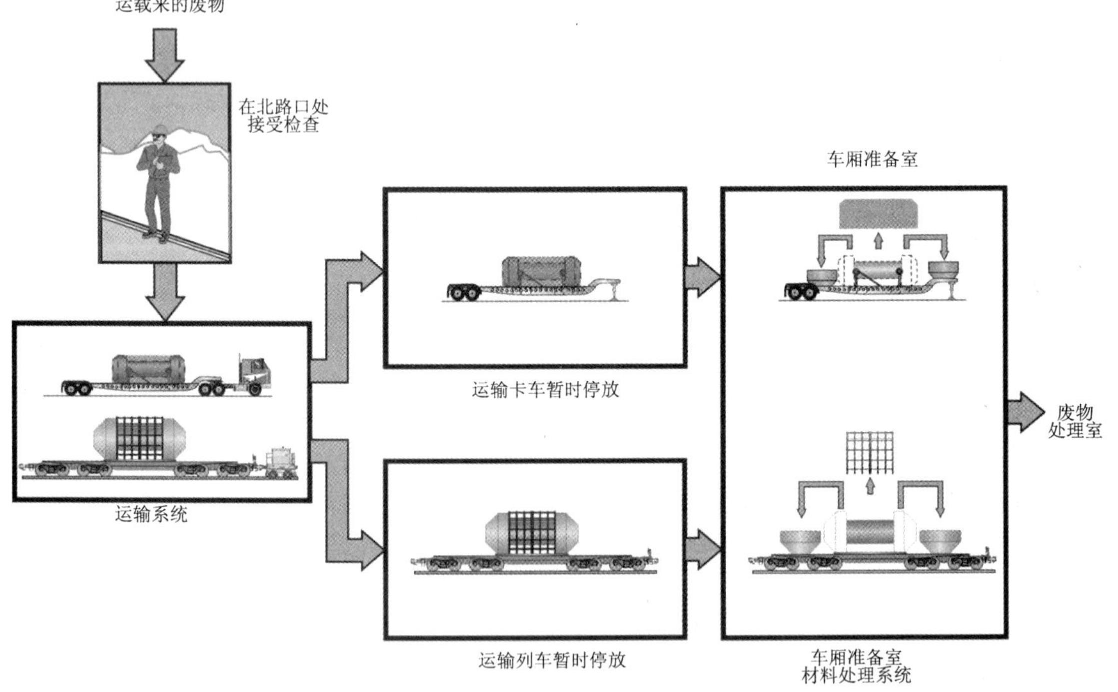


图 10 废物接收操作图

非比例绘制

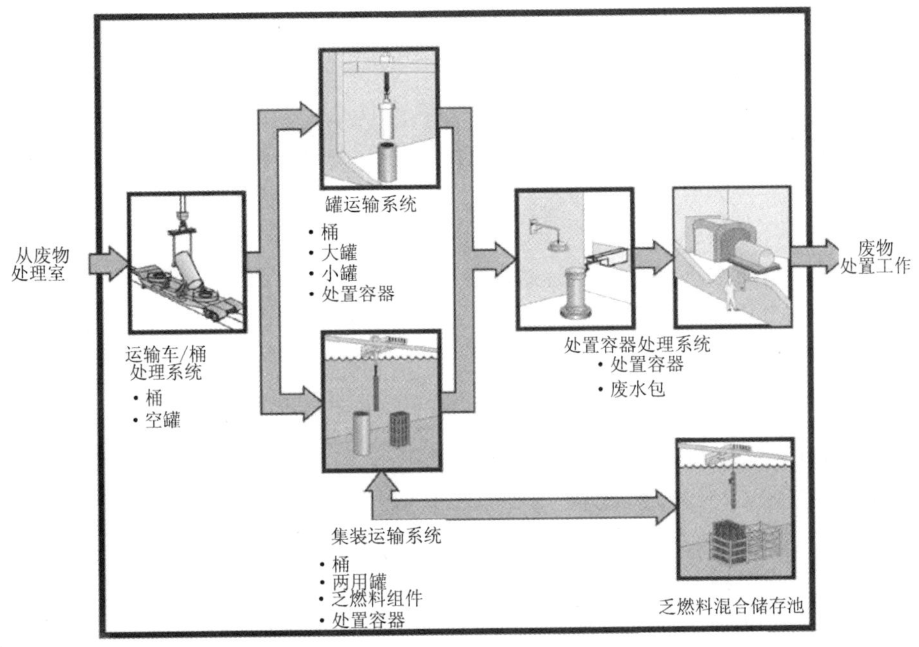


图 11　废物处理操作

非比例绘制

不同于美国尤卡山处置库地面设施直接位于地下设施之上的布置，瑞典的地面设施则拟位于中间储存地 Clab 附近建造一个废物封装厂(Encapuslation Plant)，储存于 CLAB 地下的乏燃料在地面封装于废物罐后直接运输到地下处置设施中。

由此可见，废物进行地下处置之前，需专用地面设施完成废物接收、处理和包装，涉及相关技术的开发和设计。

## 2.7　处置库的性能验证与监测

处置库是一项复杂的工程，施工前设计所依赖的数据资料和设计理论有着许多不确定性，因此，需在施工、运行和关闭前后一段时间对处置库的性能进行性能验证和监测。本节简要介绍美国尤卡山处置库性能验证与监测设计的相关规定与设计情况。

### 2.7.1　美国尤卡山处置库性能验证与监测的内容[21]

内华达尤卡山地质处置库中高放废物处置(Part 63——Disposal of High-level Radioactive Wastes in a Geologic Repository at Yucca Mountain, NEVADA)对关闭后的性能验证与监测及其内容作了相应规定。

(1) 总体要求(§ 63.131)

1) 性能验证计划必须提供数据来证实是否：

① 施工和废物放置运行过程中地下遇到的真实地质条件和变化在执照申请许可的界限内；

② 处置库运行所需的天然和人工系统以及设计或假设为关闭后作为屏障的部分工作性状与预计的一样。

2）计划应在场地特性评价阶段开始直至永久关闭。

3）计划必须包括原位监测、室内试验和现场测试与原位试验，以提供①中所需要的数据。

4）计划的执行必须：

① 不能影响地质和工程屏障满足性能目标的能力；

② 提供可能受到场地特性评价、施工和运行活动影响的参数和作用过程的基准信息及信息的分析；

③ 监测和分析能影响处置库性能的参数相对基准条件的变化。

**(2) 岩土和设计参数的验证(§ 63.132)**

1）在处置库施工和运行期，连续的勘察、测量、试验和地质制图必须进行，以确保岩土和设计参数得到证实并确保合适的参数。

2）地下条件必须结合设计假设进行监测与评价。

3）具体需测定和观测的岩土和设计参数，包括天然和工程屏障间的相互作用，必须在性能验证计划中被识别。

4）这些测量和观测必须与原始设计基准和假设进行比较，如果存在测量与观测值与初始设计基准和假设间的重大差异，需修正设计或施工方法，这些差异及其对处置库性能的意义应进行报告。

5）地下设施热力反应的原位监测必须执行到永久关闭时以确保地质和工程部分的性能在设计界限内。

**(3) 设计测试(§ 63.133)**

1）在施工的早期或开发阶段，应执行一个测试计划，来测试工程屏障和诸如钻孔与竖井封存、回填、防水罩以及废物、回填、防水罩、岩石、饱和带和非饱和带地下水的热相互作用效应。

2）测试必须尽可能早开始。

3）如果设计了回填，永久回填进行之前，必须进行回填和击实方法有效性的测试并和设计要求进行比较。

4）足尺运行到钻孔、竖井和斜井封存前，必须进行钻孔、竖井和斜井封存有效性评价。

**(4) 废物包装的监测和测试(§ 63.134)**

1）在地质处置区域内，应进行废物包装条件的监测，选用的包装必须具有代表性。

2）用于废物包装监测的环境必须能代表废物处置时的环境。

3）废物包装监测计划必须包括室内试验，主要侧重于废物内部条件。在实用范围内，实验条件必须与监测期内地下设施中废物将经历的环境相类似。

4）计划应尽可能延续到处置库永久关闭时。

## 2.7.2　美国尤卡山地质处置库性能验证设施[2]

尤卡山地质处置库设计的性能验证设施示意图如图12所示，主要包括：

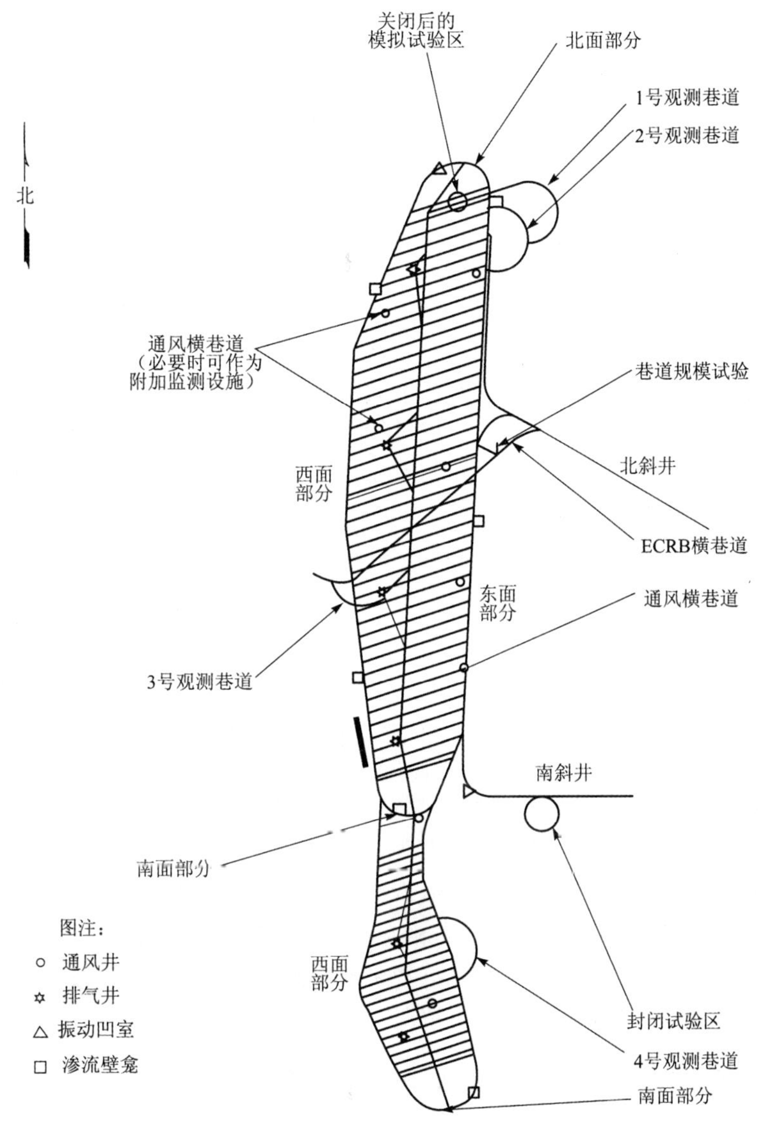


图12　尤卡山处置库性能验证地下设施布置图

### (1) 关闭后的模拟试验区

关闭后的模拟试验区由单一试验巷道组成，位于处置平面的边缘，和其他代表性处置巷道有相似的物理特性。该巷道将分成几个试验段，每段进行不同情形的模拟。在一个特定的试验段，加热器或实际废物将放置足够长时间来使相邻岩石加热和烘干。经过一定时间后，按关闭后的配置进行改建，装上防水罩。从放置巷道100 m下的观测巷道的壁龛中伸出的仪器将安装在巷道中。

(2) 观测巷道

观测巷道与处置巷道成直线平行关系，位于处置巷道岩石中心线但不同高程处。1 号观测巷道位于处置平面高程之下 10～15 m，与关闭后的模拟试验区相关，2 号观测巷道位于处置巷道平面高程之上 15～30 m，位于第一区块内，3 号观测巷道也位于处置高程之上 15～30 m，接近处置库中心部位，4 号观测巷道位于处置高程之上 15～30 m，主要用于监测处置库南面部分，现有的 ECRB 巷道也用作观测巷道，可用于监测中部的几条处置巷道。这些观测巷道及相关的壁龛可用来监测 TMH 耦合过程。

(3) 其余性能验证设施

与处置巷道相同高程、在处置巷道之间平行于处置巷道开挖的通风横巷道是对岩柱间进行钻孔的有利位置，必要时可以作为附加监测设施。

位于处置高程之上 15～30 m 的 ECRB 也是进行处置性能验证设施的一个潜在平台，辅之以壁龛和安装钻孔，可对 9 条处置巷道进行监测。

临近北斜井附近的巷道规模试验处在试验结束后、处置库关闭前也可用于性能验证。

图 12 中还有一个封存试验区，在那将进行斜井和竖井封存试验。

几个性能验证设施将沿着主巷道在凹室或壁龛处。图 12 中包括了两个振动凹室，它用于监测处置库高程处振动时地下的反应。

图 12 中还包括 6 个渗流壁龛的位置，它们用于监测从上部岩层中的渗透。

## 2.8 处置库建造成本分析

高放废物地质处置工程是一项系统的、复杂的和较长研发周期的工程，需要有专门的研究经费和项目经费的支持，才能保证处置库的正常研发、建造、运行以及关闭，才能确保核废物的安全处置。为此，欧美日等有核国家都对处置库的建造成本进行了分析，制定了专门的法律法规、拨付了专门的经费，对处置库进行长期的研究，并对处置库整个工程项目所需的经费做了分析。虽然这些成本分析不能估算出处置库的最终耗资数额，但它仍可以为政府的财政规划提供帮助，为政府决策者提供相应的资料，甚至可以依据这些成本分析来决定究竟该从商业反应堆产生的电中收取多少电费来处置由于发电产生的核废物。以下介绍及简要分析国外处置库建造成本分析的有关情况。

### 2.8.1 美国对处置库建造成本的分析[26]

(1) 估算过程与假定条件

美国高放的处置对象主要为乏燃料，处置库将建于尤卡山的凝灰岩中。美国对高放废物地质处置的成本进行了系统的分析。1998 年按照可行性评价报告（Viability Assessment of a Repository at Yucca Mountain, DOE 1998b）中的设计方案，发表了“民用放射性废物计划系统生命周期的成本分析”（Analysis of the Total System Life Cycle Cost of the Civilian Radioactive Waste Management Program, DOE 1998a）报告，对处置库的成本组成及投资时间进行了估算。2000 年完成了“受监控地质处置库项目设计文件”（Monitored Geologic Repository Project Description Document，CRWMS M&O 2000a）报告，对 1998 年

可行性报告中的设计方案进行了几方面的改变,2001 年完成了与新的设计相应的成本分析报告(Total System Life Cycle Cost (TSLCC) for the Civilian Radioactive Waste Management System, CRWMS)。以下介绍的尤卡山处置库成本就是 2001 年 CRWMS 报告中的内容。

由于处置库项目本身的复杂性,处置库成本分析中也有许多不确定因素,在估算前必须要对这些因素作出假定,这些假定将直接影响到费用估算,只要这些假定改变的话,处置库费用也将随之改变。在 2001 年 CRWMS 报告中进行处置库成本分析时所作的假定包括:假设关闭在废物处置开始后 100 年完成;假定处置库是在高温模式下运营的;处置库完成后,将可以处置 83 800 tHW 商业乏燃料(包括混合氧化废料)、政府所属的大约 2 500 tHW 乏燃料(包括海军舰艇的乏燃料)以及大约 22 000 个高放废物罐(包括含有钚元素的玻璃固化高放废物的废物罐)等。这些假定只是用于处置库费用估算的,不能作为民用放射性废物管理局的最终决定或能源部的决策。

美国核管署(NRC)要求处置库设计成在初始放置后 50 年内能进行回取。这意味着处置库放置最后完成后必须能保持开放状态若干年。后代将决定保持开放、监测多久,是否回取及何时永久关闭处置库。为保证将来的决策者能灵活地作出决定,处置库设计成具有即时关闭、或在监测和维护状态下保持开放达 300 年。

### (2) 估算结果

1) 总成本

基于以上条件,成本分析按 2003 年提交执照申请、2006 年获准施工、2010 年开始接受废物、2119 年完成封闭,以 2000 年的美元物价进行的。估算的总成本约为 575 亿美元,其中 2001—2119 年成本 493 亿美元,2000 年以前投资为 67 亿美元,换算成 2000 年标准相当于 82 亿美元。

2) 费用的分项组成

成本的组成可区分为受监控地质处置库、废物接收储存和运输、计划的整合、法规等部分。费用的主要组成部分是处置库部分,需要的投资总额是 420.70 亿美元,占总投资的 73.1%。高放废物处置系统总的费用组成可参考表 8。

**表 8 高放废物处置系统费用概况表(以 2000 年美元物价计算)**

| 支出项目 | 需资金数额/百万美元 | 比例/% |
|---|---|---|
| 处置库 | 42 070 | 73.1 |
| 研究和开发 | 6 580 | 11.4 |
| 地面设施 | 7 700 | 13.4 |
| 地下设施 | 8 980 | 15.6 |
| 性能确认 | 2 270 | 3.9 |
| 废物包装和防水罩 | 13 290 | 23.1 |
| 监管和基础设施及管理支持 | 3 250 | 5.7 |
| 废物接受、存储及运输 | 6 800 | 11.8 |
| 计划的整合 | 4 070 | 7.1 |
| 法规 | 4 580 | 8.0 |
| 总计 | 57 520 | 100 |

受监控地质处置库(Monitored Geological Repository)成本包括处置库研究和开发、地面设施、地下设施、废物包与金属防水罩、监管和基础设施及管理支持等。废物接收储存和运输(Waste Acceptance, Storage and Transportantion)成本包括相关的研发成本、废物接收与运输的准备和获准及内华达运输专用线的施工成本、废物接收与运输设备及其退役的成本、废物接收与运输的运行成本等,但不包括运输前的暂存成本。计划的整合(Program Intergration)成本包括质量保证、计划管理与集成、NRC 和 NWTRB 的费用及曾发生的核废物协调办公室的费用。法规(Institutional)成本包括核废物政策法规的相应费用,主要有:等量纳税(PETT)、补助金、180(c)条款的费用及财政与技术援助。

3) 费用的分阶段组成

处置库的成本,从时间上来看,可以分为 6 个阶段进行分析,分别是:开发与评价阶段、执照申请阶段、核废物放置前的施工阶段、处置库运行阶段、处置库监测阶段以及关闭与退役阶段。从开发与评价阶段以后,每个阶段的费用构成都可分为五个部分,分别是地面设施、地下设施、废物包与金属防水罩、处置库性能验证、监管和基础设施及管理支持方面的费用。处置工程各个阶段的费用的总体情况(包括已经花费的实际费用与还需进行的投资费用)可参见表 9。

**表 9 处置库各阶段费用情况表(按 2000 年美元价计算,单位:百万美元)**

| 阶 段 | 历史耗费(1983—2000) | 尚需投资费用(2001—2119) |
|---|---|---|
| 开发与评估阶段(1983—2003) | 5 780 | 800 |
| 执照申请阶段(2003—2006) | 0 | 1 290 |
| 处置前施工阶段(2006—2010) | 0 | 4 450 |
| 处置库运营阶段(2010—2041) | 0 | 19 710 |
| 监测阶段(2041—2110) | 0 | 6 000 |
| 关闭与退役阶段(2110—2119) | 0 | 4 040 |
| 总费用 | 5 780 | 36 290 |

注:历史耗费用年度花费的美元来计算时的总费用是 48 亿美元。

### (3) 处置库成本分摊

处置库的建造成本可分为三类,分别是可指定的直接成本。可指定的公共可变成本以及不可分配的公共成本。这三类建造成本均可按不同的原则进行分摊:

1) 可指定的直接成本。仅为处置 DOE 的乏燃料和高放废物或商业乏燃料和高放废物的成本,这些成本直接由相应的产生者负担。

2) 可指定的公共可变成本。在民用和政府用户间分担,分担原则按成本分担因素,如块数、面积占用情况进行成本分担。按块数分担成本是基于放置废物的数量分担;按面积分担成本是基于处置政府管理核材料和商业乏燃料所需面积除总处置面积。

3) 不可分配的公共成本。指其余成本,这些成本不能按上述方法分配。按可分配政府管理核材料成本或商业成本与总可分配处置库成本、运输成本和研发成本的比值来进行分配。

### 2.8.2 瑞典对处置库建造成本的初步分析[27-28]

瑞典有4个核电站,共12个机组(包括已退役的2个机组),到2010年,预计累计产生的乏燃料将达到7 900 t。根据SKB的估计,核废物管理和处置成本为700亿瑞典克朗,其组成如表10。

**表10 瑞典放射性废物管理费用组成表**

| 项 目 | | 比例/% |
|---|---|---|
| 行政管理及研发 | | 16 |
| 废物运输系统、运行与维护 | | 5 |
| 核电站退役废物处置 | | 21 |
| 乏燃料中间存储(CLAB) | | 17 |
| 乏燃料罐封装 | | 12 |
| 乏燃料处置 | | 25 |
| 中低放废物处置 | | 4 |
| 总 计 | 全 部 | 100 |
| | 高 放 | 约75 |

### 2.8.3 日本对处置库建造成本的初步分析[13,29]

日本未来处置库的处置对象为经后处理的玻璃固化体。场址未定,围岩按软质岩石和硬质岩石两大类考虑。处置成本估算时将人员、材料、机械设备等直接成本和设施管理与行政等非直接成本两大类成本相加。成本估算依据的前提条件有:①岩类、衬砌和支护:选择何种处置围岩,如选择花岗岩还是诸如沉积岩之类的软岩;②深度和进入地下设施的方法:由于处置库选择的围岩类型不同,所以处置库深度的选取也不相同,而进入地下的方法也主要考虑斜井、竖井或复合方法;③工程屏障的技术参数:计算中需考虑缓冲材料的厚度和形状及包装容器的材料和厚度;④选址过程:选址的成本取决于拟调查的潜在处置场地的个数,计算时分三个阶段考虑,分别是潜在场地早期调查阶段、技术可行场地的初步地质调查阶段以及设计和施工的场地特性评价阶段。各阶段拟调查的场地数量随选址过程而定。费用估算时,如果依据的前提条件改变的话,估算的成本数额也将相应改变。据此,日本共做了表11所列的11种典型情形的费用估算,估算时分技术开发、勘察及土地征收、设计及建设(地面设施、地下设施、地面设备、地下设备、其他)、处置库运营、处置库退役及关闭、处置库监测、项目管理等项目进行,估算的情形见表11,估算的结果及统计见表12。

**表 11　日本高放地质处置费用估算情形**

<table>
<tr><th colspan="2"></th><th>情形 1</th><th>情形 2</th><th>情形 3</th><th>情形 4</th><th>情形 5</th><th>情形 6</th><th>情形 7</th><th>情形 8</th><th>情形 9</th><th>情形 10</th><th>情形 11</th></tr>
<tr><td colspan="2">岩类</td><td colspan="6">软岩</td><td colspan="3">硬岩</td><td>软岩</td><td>硬岩</td></tr>
<tr><td colspan="2">深度/m</td><td colspan="6">500</td><td colspan="2">1 000</td><td>1 100</td><td>500</td><td>1 000</td></tr>
<tr><td rowspan="4">工程施工</td><td>支　护</td><td colspan="6">混凝土</td><td colspan="3">无</td><td>混凝土</td><td>无</td></tr>
<tr><td>缓冲方法</td><td colspan="4">砌块</td><td>整块</td><td colspan="5">砌块</td><td>整块</td></tr>
<tr><td>外包装材料</td><td colspan="3">碳钢</td><td>钛-碳钢</td><td colspan="7">碳　钢</td></tr>
<tr><td>缓冲层厚度/cm</td><td>40</td><td>70</td><td colspan="4">40</td><td>70</td><td colspan="2">40</td><td>70</td><td>40</td></tr>
<tr><td colspan="2">包装材料厚度/cm</td><td>18</td><td>19</td><td>18</td><td>7</td><td colspan="2">18</td><td>19</td><td>18</td><td colspan="2">19</td><td>18</td></tr>
<tr><td colspan="2">进入地下方法</td><td colspan="2">斜井加竖井</td><td>竖井</td><td colspan="6">斜井加竖井</td><td>竖井</td><td>斜井加竖井</td></tr>
<tr><td colspan="2">选址过程</td><td colspan="5">三阶段考虑的场址个数:5—2—1</td><td>10—5—1</td><td colspan="3">5—2—1</td><td>10—5—1</td><td>5—2—1</td></tr>
</table>

**表 12　日本处置库费用估算表**　　10 亿日元

| | 情形 1 | 情形 2 | 情形 3 | 情形 4 | 情形 5 | 情形 6 | 情形 7 | 情形 8 | 情形 9 | 情形 10 | 情形 11 |
|---|---|---|---|---|---|---|---|---|---|---|---|
| 技术开发 | 113.7 | 113.7 | 113.7 | 113.7 | 113.7 | 113.7 | 113.7 | 113.7 | 113.7 | 113.7 | 113.7 |
| 勘察及土地征收 | 175.1 | 195.9 | 175.1 | 175.1 | 175.1 | 220.3 | 201.8 | 183.0 | 184.2 | 240.3 | 183.0 |
| 设计及建设 | 951.7 | 1 108.6 | 952.6 | 946.3 | 942.2 | 954.8 | 928.5 | 878.5 | 900.1 | 1 112.6 | 869.0 |
| 地面设施 | 28.7 | 32.8 | 28.5 | 28.7 | 28.6 | 28.8 | 25.4 | 23.8 | 23.8 | 32.8 | 23.7 |
| 地下设施 | 534.9 | 680.4 | 531.6 | 527.7 | 534.9 | 535.0 | 251.9 | 203.9 | 204.9 | 677.3 | 203.9 |
| 地面设备 | 249.7 | 249.7 | 254.4 | 251.5 | 247.1 | 251.8 | 304.3 | 304.3 | 304.5 | 256.5 | 301.7 |
| 地下设备 | 97.7 | 105.0 | 97.4 | 97.7 | 90.8 | 97.9 | 306.2 | 305.8 | 326.2 | 104.8 | 298.9 |
| 其他 | 40.7 | 40.7 | 40.7 | 40.7 | 40.7 | 41.3 | 40.7 | 40.7 | 40.7 | 41.3 | 40.7 |
| 处置库运营 | 741.9 | 813.1 | 745.4 | 796.4 | 736.5 | 741.9 | 880.0 | 843.4 | 852.7 | 816.5 | 833.8 |
| 处置库退役及关闭 | 83.7 | 87.2 | 83.3 | 83.9 | 83.6 | 83.7 | 87.4 | 85.2 | 86.6 | 86.9 | 85.4 |
| 处置库监测 | 125.8 | 125.8 | 125.8 | 125.8 | 125.8 | 125.8 | 125.8 | 125.8 | 125.8 | 125.8 | 125.8 |
| 项目管理 | 555.8 | 617.1 | 554.8 | 555.9 | 554.8 | 571.2 | 547.5 | 484.5 | 483.9 | 631.5 | 484.2 |
| 总成本 | 2 747.6 | 3 061.4 | 2 750.6 | 2 797.0 | 2 731.7 | 2 811.4 | 2 884.6 | 2 714.1 | 2 746.9 | 3 127.3 | 2 649.9 |
| 统计值 | 全部范围值　2 714.1～3 127.3 | | | | 全部平均值　2 820 | | | | 标准差　148 | | |
| | 硬岩范围值　2 747.6～3 061.4 | | | | 硬岩平均值　2 749 | | | | 标准差　99 | | |
| | 软岩范围值　2 649.9～3 127.3 | | | | 软岩平均值　2 861 | | | | 标准差　163 | | |

估算成本为 26 949 亿～31 273 亿日元,平均为 28 243 亿日元,沉积岩中略高于花岗岩中,但差异较小。成本的分项组成见图 13。

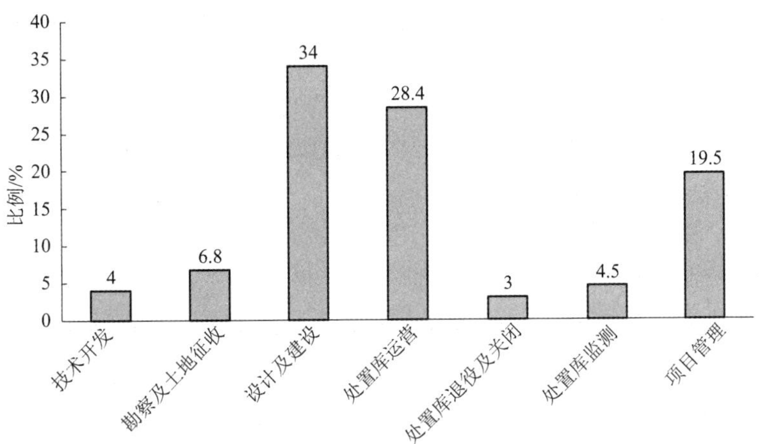


图 13　日本地质处置的成本组成

## 2.8.4　部分国家的单位处置成本及初步分析[18,30]

### (1) 各国成本分析结果

除上述三国外，世界其他一些国家对废物处置的成本也进行了估算。各国对 HLW/SNF 管理成本的测算方法不一样，因此，难以对成本结果进行精确的比较。主要差异是在成本构成的要素上不一样(即研究与开发，贮存，运输，整备，处置)，在计算废物管理成本时的假设前提和边界范围不同(即假设的核电站运行寿期，处置库的贮存及运行寿期，关闭和监督活动的程度)。有的国家在总的测算中包括低、中放废物管理成本，核电站退役的成本，而其他国家则不含这些成本。为了对各种成本预测值进行比较，也必须考虑作价的基点(即 2 000 美元，1998CHF)，考虑根据通货膨胀和时间范围所作的预测。最后，各国(预测成本时)处理其研究开发初期成本的方法不同，处理其开发各自 HLW/SNF 长期管理计划早期阶段成本的方法也不一样。在总的计划成本里有的包括这几项，有的则不包括这几项。对于那些具有庞大开发计划的国家，这种前提的变化使得成本估算的结果有很大的差异。

目前，各国对成本的测算基本上可分为 3 类：

第 1 类是基本上只包括处置的成本(捷克、日本)；或者计划到国外去后处理其 SNF，因此，成本测算中仅包括贮存及运输的成本(保加利亚)；

第 2 类是有较宽泛计划的国家，他们的测算必然包括废物管理过程中附加阶段的成本(芬兰、立陶宛、斯诺文尼亚、西班牙、瑞典、瑞士、美国)；

第 3 类是还没有对自己的 HLW/SNF 长期管理方式作出决策的国家，尽管如此，他们还是根据一些概念完成了一些研究，并据此准备了成本预算(比利时、荷兰)。

表 13 列出了来自 IAEA 一些成员国提供的成本数据，数据主要来自 2002 年 IAEA 高放废物和/或乏燃料管理组织机构框架(TECDOC-1323)。按相应汇率计算了用美元表示的单位处置成本。结果表明，由于各国处置的规模不同、概念设计不同、处置条件不同、估算假设不同，所得的单位处置成本结果有较大的差别。表中列入的国家的单位处置成本数值在 16.7 万～86.4 万美元/tHM，但在 50 万～80 万美元/tHM 居多；加拿大 CANDU 堆乏燃料的处置成本似明显较低，其余各国平均成本在 66.3 万美元/tHM；表中几个国家的乏燃料

的平均成本在57.3万美元/tHM，这与文献[31]得出的变化在295～920美元/kg(U)，参考值为560美元/kg(U)相近。表中所列数据显示，采用后处理技术路线(指对乏燃料进行溶解和处理，以便将铀和钚从裂变产物中分离出来)，计及后处理成本时，后处理技术路线的总处置成本似高一些，平均在75.6万美元/tHM，但法国的估算认为直接处置乏燃料时成本更高。处置库的规模与单位成本的相关性似不密切。从日本的估算结果看，围岩类别、处置深度对处置成本的影响并不太明显。

**(2) 成本组成的比较**

世界各国的处置库成本基本可以分成处置库的研发费用、处置库的建库费用、废物罐的制作费用、运输费用、运行费用以及处置库关闭费用等几大部分。为此，对世界各国处置库成本按照研发、建库、废物罐、运行费及关闭费用进行成本统计，表14列出了部分国家的处置费用组成的统计结果。

**表13　一些国家废物管理成本有关数据表**

| 国　家 | 处置对象 | 数　量 | 围　岩 | 估算的总成本 | 单位成本/(万美元/tHM) |
|---|---|---|---|---|---|
| 捷克 | 乏燃料 | 3 724 tHM | 花岗岩 | 469亿捷克克朗 | 47.8 |
| 芬兰 | 乏燃料 | 5 600 tHM | 花岗岩 | 25亿欧元 | 53.0 |
| 瑞典 | 乏燃料 | 7 800 tHM | 结晶岩 | 320亿瑞典克朗 | 47.5 |
| 美国 | 乏燃料为主 | 97 000 tHM | 凝灰岩 | 575亿美元 | 59.3 |
| 斯洛伐克 | 乏燃料 | 2 500 tHM | 结晶岩<br>沉积岩 | 752亿<br>斯洛伐克克朗 | 86.4 |
| 日本 | 后处理的<br>固化体 | 32 000 tHM | 硬质岩石<br>软质岩石 | 27 489亿日元<br>28 610亿日元 | 73.0<br>76.0 |
| 瑞士 | 后处理的固化体或<br>固化体+乏燃料 | 共3 000 tHM，1 200 tHM<br>已确定后处理，其余待定 | 黏土 | 29亿瑞士法郎 | 74.6 |
| 英国 | 后处理的固化体+<br>乏燃料 | 约10 620 tHM<br>4 700 t乏燃料<br>7 400罐固化体 | 按坚硬岩石估算 | 50亿英镑 | 78.8 |
| 法国 | 后处理的固化体 | 80 000 $m^3$(B)，6 000 $m^3$(C) | 黏土岩或花岗岩 | 150亿欧元 | 未计算 |
| 加拿大 | CANDU乏燃料 | 73 000 tHM(3.7百万束) | 结晶岩 | 162亿加元 | 16.7 |
| 单位成本统计值 | 全部： | 平均值　66.3 | 标准差　14.5 | | |
| (法、加未参 | 乏燃料： | 平均值　58.8 | 标准差　16.2 | | |
| 与统计) | 固化体： | 平均值　75.6 | 标准差　2.5 | | |

**表 14　世界各国处置库费用组成统计表**

| 国家 | 费用/比例 | 处置库费用 | | | | | | | |
|---|---|---|---|---|---|---|---|---|---|
| | | 研发 | 建库 | 废物罐 | 运输 | 运行 | 封闭 | 其他 | 总计[1)] |
| 美国 | 亿美元 | 65.8 | 54.9 | 132.9 | 68.0 | 158.9 | 8.2 | 86.5 | 575.2 |
| | 比例/% | 11.4 | 9.5 | 22.4 | 11.8 | 27.6 | 1.4 | 15.0 | 100.0 |
| 瑞典 | 十亿克朗 | 7.7 | 17.5 | 19.6 | 3.5 | | | 5.6 | 45.5 |
| | 比例/% | 17[2)] | 38.5[2)] | 43.1 | | | | 12 | 100 |
| 斯洛伐克 | 百万 SK | 93.2 | 202.1 | 105.0 | | 163.0 | 32.6 | | 752 |
| | 比例/% | 12.3 | 26.8 | 14.0 | | 21.7 | 4.3 | | 100 |
| 日本 | 百亿日元 | 33.8 | 95.5 | | 71.5 | | 8.2 | 80.6 | 289.1 |
| | 比例/% | 11.7 | 33.0 | | 24.7 | | 2.8 | 27.8 | 100 |
| 各国 | 比例范围 | 11.4～17.0 | 31.9～40.8 | | 21.7～39.4 | | 1.4～4.3 | 1～27.8 | |

注:1) 表中的总经费不含暂存、核电站退役及中低放处置经费;

2) 瑞典研发经费中含对中低放处置的研发成本,建库经费包含运行与封闭成本。

从表 14 中数据可见,尽管各国处置库建设经费差别较大,但仍可看出一些特点和共性:各国的研发经费约占 10%多一点;建库和包装材料约占 30%～40%,如果设计概念中对人工屏障要求较高,则废物包装材料成本比例相应提高,如美国和瑞典的处置库;运行运输经费差别大一些,在 20%～40%,关闭经费约 10%以下。

### 2.8.5　高放废物管理与处置成本的筹措[18,30]

由于高放废物长期管理的许多活动将要持续几十年或更长时间(可能在废物生产者们已脱离业务之后),国际上对军工设施产生的高放废物,由国家财政出资处置。而对非军工设施高放废物,国际上普遍认可的做法是,在废物生产者仍在运行时就收取费用,以供将来长期管理的营运之需。

#### (1) 资金的筹措

根据谁产生废物谁负责治理的原则,多数国家都要求废物生产者提供废物处置的资金。

筹资机制主要有两种:基金制、储备金制。采用基金制的国家有美国、日本、瑞典、瑞士、西班牙、芬兰、加拿大、保加利亚、匈牙利、捷克、斯洛伐克、立陶宛 12 个国家。采用储备金制的国家有法国、德国、荷兰、南非 4 个国家。其他国家:俄罗斯采用联邦预算拨款制。比利时的机制正在研究制定中。韩国还未制定筹资机制。英国还没有确定高放废物处置政策。

计价方式主要有两种:在核电电价中征收(以每 kW·h 计价);按废物量(重量或体积)计价。基金广泛采用收取年费的办法。储备金是废物生产者根据法律法规确定的计价办法,自己测算每年储备金数量,按年度注入自己财务系统中独立的储备金账户中。

#### (2) 筹措的费率

在通过售电收入所得税收取废物管理费的那些国家,这笔费用是按每 kW·h 的价格来定义的。而在另一些国家这笔费用则是根据其他的方法来计算和分配的。由于各国基金成本所涵盖的范围不一样,使得难以进行各国的管理费用费率高低的比较。根据粗略计算,一些国家的核电站发的每度电的废物管理费列在表15中。由表15可见，不同涵盖范围时的费率变化为0.001～0.007 7美元/(kW·h)，多在0.003美元/(kW·h)之下，只考虑HLW/SNF时的费率最低，约为0.001美元/(kW·h)。

按照瑞典的核活动法(Act of Nuclear Activities)，核能的消费者必须对核废物的管理和最终处置承担全部费用。此外，瑞典还有一部有关乏燃料资金的专门法案——Act on the Financing of Future Expenses for Spent Nuclear Fuel etc。法律规定废物处置基金应包括所有废物的所有处置过程。费率是由SKI计算并由政府批准；1996年后，该基金由政府的核废物基金管理委员会进行管理，根据对处置成本估算结果的不同，不同年度的费率有所变化。基本费率的估算可从两种费用的对比来确定：一是所需的管理与处置经费，二是反应堆运行25年所能产出的电的总收入(不少于10 000亿克朗)。

**表15 国外高放废物管理的费率**

| 国家 | 费率/$(kW·h)^{-1}$ |
|---|---|
| 只包含高放废物玻璃体和乏燃料处置的费用 | |
| 捷克 | 0.05CZK(约0.001 9美元) |
| 日本 | 约0.13日元(约0.001 1美元) |
| 美国 | 0.001美元 |
| 只包含乏燃料贮存和处置 | |
| 芬兰 | 0.002 3EURO(约0.002 7美元) |
| 包含退役、高放废物贮存和处置，以及其他废物的处置 | |
| 保加利亚 | 电价销售的3%(近似0.9美元/(MW·h)) |
| 匈牙利 | 1.18HUF(约0.005 3美元) |
| 立陶宛 | 全部售电价的6%(近似4.9Litis/(MW·h)) |
| 斯洛伐克 | 全部售电价的6.8%(约0.13SK,0.003 7美元) |
| 西班牙 | 所有电站发电零售价的0.8% |
| 瑞典 | 0.01SEK(约0.001 2美元) |
| 瑞士 | 0.01CHF(约0.007 7美元) |

除了从每度电中提取相应费率外，1996年后，瑞典核电生产者还需缴纳两种保证金：一种是与反应堆运行期限(25年)相关的，另一种是与经费估算不足相关的。

### (3) 资金的管理

1) 计价及管理规则。所有国家都是政府负责制定(或审批)资金(基金和储备金)的计价和管理规则。

2) 基金的管理机构。各国的基金管理机构多数是政府机构或政府内高层次的机构(美国、芬兰、加拿大、保加利亚、匈牙利、捷克、斯洛伐克、瑞典、立陶宛9个国家)，日本的废物基金会是内阁大臣设立的非营利的第三方实体(民营)，瑞士由民营的废物基金委员会管理基金，西班牙由执行机构管理基金。各国通常采用低风险的方式来管理基金，如注入国家账户、投资国债等使其保值增值。

3) 追索办法。除了随着废物的产生而收集基金之外,在财务系统设立之前产生的废物及与之相关的责任也应在考虑之列。在财务系统设立之前所产生废物的费用也该收取,在芬兰和瑞典是在成立财务系统时收取一次性费用(one-time-fees),在日本和瑞士则是通过此后(over time)一系列收费来收取,而在美国则是两种方法结合起来收取。

4) 经费的支取。在大多数坚持高放废物处置基金的国家,执行机构的活动预算是经过批准的,然后根据批准过的预算从基金中支用。各国批准预算的机构不同,例如:美国、俄罗斯、匈牙利等国由议会或国会批准;保加利亚、捷克、芬兰、日本、斯洛伐克、西班牙、瑞典等国由政府或政府的一个机构批准;加拿大是由执行机构的董事会批准。在那些财务资源以储备金方式由废物生产者保存的国家,则根据执行机构的要求经过审管机构的批准(5 年计划或年度执行计划)从储备金中支付给执行单位。

在有的国家,已经改革或正在进行改革资金的支取办法,其资金的支取采用上面讨论过的复合方法。基本上对于综合的长期计划活动的开支从计划的基金中支付,还有一些短期项目活动的支付则从其他储备金中(或从拨款中)支付。

这些经验证明:完善的筹资机制和经费管理措施是高放废物地质处置研究开发必不可少的经济基础。

### 2.8.6 本节小结

(1) 高放废物地质处置是项耗资巨大、研发期限长的工程,其耗资达数十亿至数百亿美元,影响成本的因素包括地质条件、处置库的形式、处置的规模等,投资的年限达数十甚至百年以上。

(2) 由于假设成本构成的要素不一样,假设前提和边界范围不同和计算的价格基点不同以及美元汇率的变化,精确比较各国的处置成本和单位废物量的处置成本是困难的。已有初步估算结果表明,单位废物的处置成本在 16.7 万~86.4 万美元/tHM,但多在 50 万~80 万美元/tHM,围岩、深度和处置对象的不同,对处置成本的影响并无明显规律,成本有较大的差异;因此,处置库开发中在保证安全的前提下,进行经济性的研究是很有必要的。

(3) 各国处置成本的构成有一定的差异,但也有其共同特点:用于研发的经费约占总经费的 10%略多,用于建库和包装的经费约占 30%~40%,用于关闭的经费多在 10%以下,而运行经费变化在 20%~40%。

(4) 建立高放废物处置研发基金或储备金是世界通用做法。主要做法是从废物生产者中按比例(通常可按每度电)收取一定的经费作为废物处置的基金。由于基金包含的范围不同,各国的费率难以在同一标准下来比较。各国的费率变化在 0.001~0.007 7 美元/(kW·h)之间,以 0.003 美元/(kW·h)以下为主。

## 2.9 国外若干处置工程相关的重大研究项目概况

为掌握地质处置库施工技术、理解处置系统的各种效应与处置库屏障的性能等,国外开展了大量的室内模拟试验以及在地下实验室中开展的全尺寸实验。表 16 列出了若干研究项目、所获信息种类及相关试验名称[32]。

**表 16 国外开展的部分处置工程相关的若干重大研究项目概况**

| 序号 | 项目名称 | 所获成果 | 相关试验 |
|---|---|---|---|
| 1 | 处置库开挖技术研究 | 对围岩损伤最少的处置库开挖技术、设备性能 | 1. 比利时 URF:塑性黏土中的平巷开挖试验<br>2. 芬兰 Olkiluoto:花岗岩中的开挖技术<br>3. 瑞士 GTS: 花岗岩中的开挖技术 |
| 2 | 工程开挖损伤研究、废物罐可回取性研究 | 工程开挖影响的定量数据,包括区域数据和局部数据、物理和化学影响 | 1. 瑞典 Äspö:ZEDEX 试验<br>2. 瑞士 GTS: EDZ 试验<br>3. 瑞士 Mt. Terri: 各种工程开挖试验<br>4. 加拿大 URL: 热—水—力耦合试验<br>5. 瑞典 Äspö 的可回取实验 |
| 3 | 场址水文地质特性研究 | 场址地下水流的概念模型、两相流的特征 | 1. 各地下实验室的地下水力试验<br>2. 瑞典 Äspö: 地下水流的专项调查和模拟<br>3. 瑞士 Mt. Terri:各种地下水渗透试验<br>4. 美国尤卡山:非饱和带渗透试验<br>5. 地下水各种同位素年龄测定技术 |
| 4 | 放射性核素迁移实验 | 放射性核素在岩石中的扩散、吸附,随岩石裂隙水流迁移的各种参数 | 几乎所有室内实验室和地下实验室现场均开展此项实验研究 |
| 5 | 放射性废物处置效应研究 | 放射性废物处置引起的各种效应(热、核素释放、机械力学性能)数据 | 1. 加拿 URL 的 CERBERUS 实验<br>2. 加拿大 URL 的水—热—力耦合实验<br>3. 德国 Asse 的 TSS 实验<br>4. 瑞士 GTS 的 FEBEX 试验,加热实验<br>5. 瑞士 Mt. Terri 的各种实验<br>6. 瑞典 Stripa 的实验<br>7. 美国尤卡山的全坑道规模加热实验和水—热—力—化学耦合试验<br>8. 比利时的 Mock-up 实验<br>9. 捷克的 Mock-up 实验<br>10. 国际 DECOVALEX 计划<br>11. 美国科学基金会的高放废物处置水—热—力—化学—微生物耦合过程研究 |

续表

| 序号 | 项目名称 | 所获成果 | 相关试验 |
| --- | --- | --- | --- |
| 6 | 工程屏障制造和性能研究 | 获得各种工程屏障(废物体、废物桶、外包装、缓冲材料、回填材料)的制造技术及其性能数据 | 1. 法国、英国和美国对高放废液玻璃固化体性能的研究<br>2. 瑞典、美国、德国等对乏燃料和二氧化铀性能的研究<br>3. 澳大利亚对人造岩石的研究<br>4. 瑞典对纯铜废物罐性能和制造技术研究<br>5. 瑞士 GTS 的 FEBEX 实验<br>6. 瑞士 Mt. Terri 的各种实验<br>7. 瑞典 Stipa 的缓冲材料和钻孔封闭实验<br>8. 加拿大 URL 的缓冲材料和废物罐实验<br>9. 比利时 URF 的 RESEAL 实验<br>10. 比利时的 Mock-up 实验<br>11. 捷克的 Mock-up 实验<br>12. 日本的 BIG-BEN 实验 |
| 7 | 地质处置系统长期性能综合实验 | 与各种长期作用、地球化学腐蚀作用、岩石力学稳定性等的数据 | 1. 比利时的处置概念示范试验<br>2. 日本釜石的水—热—力耦合现场试验和模型验证<br>3. 瑞典 Äspö 的示范处置库<br>4. 美国尤卡山 ESF 的全坑道加热实验<br>5. 加拿大 URL 的水—热—力实验 |
| 8 | 天然类比研究、人工类比计划 | 类比地质处置库总系统、各子系统和各种作用,为地质处置增强信心 | 1. 加蓬奥克洛天然"反应堆"的研究<br>2. 巴西 Pocos de Caldas 放射性核素在天然铀钍矿体中的迁移<br>3. 美国在墨西哥和希腊对二氧化铀迁移的类比研究<br>4. 加拿大雪茄湖铀矿的天然类比研究<br>5. 澳大利亚 Koongarra 铀矿床的 ARAP 研究计划和 ASARR 计划<br>6. 瑞士对天然黏土类似物的研究<br>7. 对约旦和阿曼 Maqaria 水泥胶结物稳定性研究<br>8. 西班牙 El Berrocal 花岗岩中和瑞士 Grimsel 地下实验室花岗岩中铀的迁移研究<br>9. 中国连山关铀矿床、花岗岩接触带的天然类比研究<br>10. 中国西周青铜器的类似物研究 |

# 3 中国处置工程的规划研究

## 3.1 中国处置工程及深部岩石工程的研究现状

### 3.1.1 中国处置工程的研究现状

在核工业北京地质研究院牵头组织下，国内自1985年开始开展高放废物地质处置研究工作。已开展与处置工程相关的工作主要有：处置库选址与场址评价、预选区围岩性质与地应力研究、处置库概念设计调研、高温下花岗岩岩石性质与多场耦合研究、缓冲回填材料研究。

(1) 选址和场址评价研究[33]

中国高放废物处置库选址工作已进行了近20年，按照原中国核工业总公司提出的“深地质处置计划(DGD计划)”，我国目前的工作处于地区筛选和初步场址特性评价及相关研究工作阶段(1989—2010)。在选址工作中主要考虑了社会和自然等多方面因素。

在经过全国筛选(1985—1986：以西南地区、华东地区、华南地区、内蒙古地区、甘肃地区和新疆地区六大区域作为预选区，考虑的处置库候选围岩包括花岗岩、凝灰岩、泥岩和页岩)、区域筛选(1986—1988：在第一阶段的基础上，在前述大区域中又进一步选出21个地段供进一步工作，包括西南地区的三个地段，即汉王山、中坝和汉南地区，岩性依次为页岩、黑云母花岗岩和斜长花岗岩；华南地区的佛岗花岗岩体和九峰山花岗岩体；内蒙古地区的帕尔江海子和大宝力兔地段，岩性为海西期花岗岩；华东地区的临安、高禹、嵊泗、江山、广德和黟旦地段，岩性为凝灰岩和花岗岩；西北新疆和甘肃地区的五个地段，即：头道河-下天津卫地段，岩性为黑云母二长花岗岩；矿区地段，岩性为泥岩；白圆头山地段，岩性为石英闪长岩；前红泉地段，岩性为钾长花岗岩和斜长花岗岩；旧井地段，岩性为斜长花岗岩)和地区筛选(1989—)三个阶段的工作，已初步选定甘肃北山地区作为我国第一个高放处置库的预选区，考虑把花岗岩作为候选围岩。对该区进行下述研究：地震、构造骨架、活动断层、地壳稳定性、岩性、水文地质和工程地质等研究。从1999年开始，在甘肃北山地区的三个重点地段开始了场址特性初步评价研究，包括地面地质填图、水文地质调查和地球物理调查，并在其中两个地段首次施工了6口深钻孔，开展了地质研究、水文地质实验、地壳应力测量等研究工作，获得了深部岩石、地下水样品以及深部地质环境的重要参数。初步评价了该地区的适宜性，建立了一系列场址评价的方法，并初步验证了其有效性，为今后的类似工作以及制定相关作业标准提供了借鉴。此外，还积累了在干旱地区花岗岩裂隙介质中开展场址评价的宝贵经验。

(2) 北山预选区围岩岩性和工程性质研究[34]

对预选区围岩的岩性，裂隙发育情况，岩石的物理、水理及力学性质及区域地应力情况进行了初步研究，取得了相应的资料和数据。

从BS01所揭露的岩性主要为似斑状二长花岗岩，夹杂一些细粒花岗岩、伟晶岩、钾长花岗岩、正长岩以及残留的英云闪长岩。似斑状二长花岗岩在BS01钻孔中占81%,灰白色,主要成分为石英、斜长石、碱性长石、黑云母。似斑状结构,块状构造。

从BS01得到的岩石裂隙发育密度和岩石RQD判断,从总体上看,构造破碎带不发育。300 m以下裂隙稀疏,裂隙发育密度小,600 m以下更趋完整,裂隙分开启和闭合裂隙,开启裂隙中的充填物一般为伊利石和方解石。裂隙倾角以大于60°的为主。RQD指标的统计结果为RQD>75%,即岩石质量评价为好和很好的占75%以上。

岩石的基本物理性质:似斑状二长花岗岩颗粒密度为2.59~2.70 g/cm$^3$,岩石均匀性较好;英云闪长岩颗粒密度为2.65~2.88 g/cm$^3$。英云闪长岩部分层段含轻矿物较多,部分层段含重矿物较多,英云闪长岩的均匀性低于似斑状二长花岗岩;英云闪长岩的颗粒密度大于似斑状二长花岗岩的颗粒密度。

似斑状二长花岗岩和英云闪长岩均具有高密度、低含水量的特性,岩石非常致密。英云闪长岩的密度大于似斑状二长花岗岩的密度,似斑状二长花岗岩均匀性较好。

实验得出了岩石的吸水率、饱和吸水率、块体干密度、块体饱和密度、颗粒密度、开口孔隙率、封闭孔隙率、总孔隙率,结果表明似斑状二长花岗岩和英云闪长岩均具有低吸水率和低孔隙率的特性,岩石非常致密。似斑状二长花岗岩均匀性较好。

对BS01进行抽水和压水试验,得到裂隙发育段的渗透系数最大值为$1.5\times10^{-3}$ m/d其余均小于$6.9\times10^{-6}$ m/d,对于完整岩石段,渗透系数的最小值为$1.6\times10^{-6}$ m/d,最大值为$2.3\times10^{-5}$ m/d,这说明该区岩石的渗透性能极弱。

根据纵、横波速及天然块体密度,计算了动弹性模量、动剪切模量、动泊松比、动拉梅系数和动体积模量。结果表明,英云闪长岩纵向波速为3 570~5 400 m/s和横向波速为1 950~3 490 m/s;似斑状二长花岗岩纵向波速为4 150~5 120 m/s和横向波速为1 950~3 350 m/s;似斑状二长花岗岩实测声波波速离散性比英云闪长岩的波速要小,说明似斑状二长花岗岩的均匀性比英云闪长岩好。英云闪长岩的动泊松比为0.17~0.39,动弹性模量为29 000~78 600 MPa,似斑状二长花岗岩的动泊松比为0.19~0.4,动弹性模量为27 900~63 000 MPa。深部岩石的动泊松比比浅部的高,动弹性模量比浅部的低;似斑状二长花岗岩的均匀性比英云闪长岩好。

单轴压缩成果表明:

1) 浅部英云闪长岩的单轴抗压强度和弹性模量比深部的低;

2) 浅部似斑状二长花岗岩的单轴抗压强度较低和弹性模量比深部的低,但比浅部英云闪长岩高;

3) 300 m以下似斑状二长花岗岩和英云闪长岩单轴抗压强度和弹性模量均较高,且一致性好;

4) 北山深部岩石的泊松比相似(0.21~0.26),说明北山岩石的纵向和横向变形比相似,岩石均质性好,且各向异性的性质相同。

三轴抗压强度及变形有如下规律:

1) 围压增大,三轴抗压强度增大,塑性变形增大,破坏时应变显著增大,弹性模量和泊松比增大。

2) 天然岩石本身具有一定离散性,增多试验样品量,具很好的规律性。泊松比(0.24~0.29)比单轴时泊松比高,三轴条件下轴向变形增大。

在2000年施工的北山地区第一个深达700 m的深钻孔BS1中利用水压致裂法在161～500 m的深度内进行了9个测段的应力测试，获取了北山预选区的第一批地应力数据。测试结果表明：

1）由浅到深，总体上主应力的量值表现出由小到大；

2）应力随深度的变化可分为两段：从161～413 m应力随深度的变化梯度较小，往下变化梯度明显增大；

3）从埋深161～413 m，测到的最小水平主应力的量值为4.56～8.37 MPa，最大水平主应力的量值为7.72～12.56 MPa；剔除部分异常数据后，最大与最小水平主应力与深度的关系可分别用下列两个相关方程描述：

$$\sigma_{Hmax}=3.876+0.0184\ Z \qquad \text{相关因子 } \gamma=0.901$$

$$\sigma_{Hmin}=1.511+0.0151\ Z \qquad \text{相关因子 } \gamma=0.942$$

主应力的相对大小为：$\sigma_{Hmax}\sigma_v>\sigma_{Hmin}$，表明本区水平构造运动对地应力起主要控制作用。

### （3）处置库概念设计调研

初步调研了国外处置库概念设计的一些情况，了解了瑞典和美国等国的处置库天然屏障和人工屏障的基本模式。

### （4）高温下花岗岩性质与多场耦合研究[35]

国内学者对三峡地区花岗岩进行了温度20～600 ℃的单轴与三轴试验，得到了上述温度范围内花岗岩的应力－应变曲线和弹性模量、单轴抗压强度、泊松比随温度变化的基本规律。结果表明：花岗岩的切线弹性模量和单轴抗压强度在200 ℃以内的变化不大，且初步显示在75 ℃和200 ℃时分别出现切线弹性模量和单轴抗压强度的最大值，泊松比则随温度升高而增大。

对北山花岗岩进行的高温蠕变试验结果表明：在室温为50 ℃时，温度对花岗岩的长期性能影响不明显。但当温度升高到90 ℃时，岩石的裂纹损伤应力比室温时大约降低10%；稳态蠕变速率随着温度升高明显加速；在同一应力比下达到破坏的时间相应缩短；单轴下岩石的破坏模式由常温下的以劈裂为主转向高温下的剪切破坏。

对经历高温后的花岗岩的力学性能进行的试验研究表明，经历400 ℃以内的高温后，温度对花岗岩的力学性能影响不明显，但经历的温度超过400 ℃后，随受热温度升高，花岗岩的力学性能迅速劣化，峰值应力（或强度）和性模量急剧降低，而峰值应变迅速增长，泊松比则随经历高温的增加而呈减少的趋势。

在裂隙岩体多场耦合方面，国内学者对单裂隙、正交裂隙花岗岩体进行了高温高压三轴渗透特性试验及饱和流体条件下高温高压三轴压缩试验，探讨单、正交裂隙花岗岩体在温度、饱和流体条件下在温度为70～290 ℃部分力学参数和渗透率的变化规律。结果表明：当温度由70 ℃升到100、200、290 ℃时，单裂隙岩体渗透率分别下降约0.85、0.60和0.45倍（围压为30～100 MPa），正交裂隙下温度自100 ℃升到200 ℃时，渗透率平均下降约0.68倍，正交裂隙下的渗透率约为同温度下单裂隙渗透率的1.86倍。

### （5）缓冲/回填材料（主要是膨润土）性能研究[25]

国内缓冲回填材料的研究到目前为止大致可分为三个阶段：① 1986—1993年：缓冲回

填材料原料的选择。通过研究并参考国外研究成果,选择膨润土作为今后高放废物地质处置库的缓冲回填材料。② 1994—1996 年:膨润土矿产资源的调查。对国内产出的主要膨润土矿床的储量、经济地理条件、开发利用现状、膨润土的基本特征等进行了详细的调查,从经济和技术的角度提出了膨润土矿床筛选的基本原则,初步选定了内蒙古兴和县高庙子矿床作为我国高放废物处置库缓冲回填材料的供给基地。③ 1996 年开始:高庙子膨润土的性能研究。该阶段前期对高庙子矿床表层产出的钙基膨润土的物质组成、基本物理化学性能等进行了系统研究,对钙基膨润土中核素的吸附特性进行了初步的研究;2001 年开始进行了高庙子矿床深部钠基膨润土的研究,初步确定了钠基膨润土的物质组成与结构特征、基本物理化学性能、水理特性、力学特性、热传导特性、膨胀特性等,进一步肯定了高庙子膨润土矿床是我国缓冲回填材料的首选供给基地。

前期研究工作按照矿床规模大、矿石质量好、开采成本低、交通便利、环境影响小,作为膨润土矿床筛选的基本原则,初步选定了内蒙古兴和县高庙子矿床作为我国高放废物处置库缓冲回填材料的供给基地,开展了矿床表层钙基膨润土的性能研究,取得了第一手缓冲回填材料的研究资料。在此基础之上,由于钠基膨润土占高庙子矿床膨润土储量的 75% 以上,且钠基膨润土比钙基膨润土有更优越的性能,从 2001 年开始,核工业北京地质研究院和东华理工大学等单位对该矿床深部的钠基膨润土开展了系统的研究,初步确定了钠基膨润土的物质组成和结构特征,获得了膨润土物理化学性质、物理水理性能等性能参数。

按照缓冲回填材料的性能要求并根据以上结果及前期研究成果,可以对高庙子钠基膨润土进行初步的性能评价:

1) 高庙子钠基膨润土蒙脱石平均含量为 82%,阳离子交换容量 CEC 为 73 mmol/100 g,说明具有良好的吸附性能和阳离子交换性能;

2) 膨润土的液限为 192%,塑限为 28%,塑性指数为 164%,说明具有较好的加工性能;

3) 膨润土导热系数随含水量的增加而增大,含水率为 20%时导热系数为 0.828 W/(m·K),大于国际原子能机构缓冲回填材料的推荐值 0.8 W/(m·K),具有良好的热传导性能;

4) 含水率为 20%时,高庙子钠基膨润土的膨胀力为 0.2 MPa,自由膨胀率为 109%,说明具有良好的膨胀性能;

5) 蒙脱石是构成膨润土的最主要矿物成分,平均含量达 82%,热重与差热分析表现为钠基蒙脱石典型的吸热特征,热稳定性能良好;

6) 高庙子钠基膨润土与世界上其他国家所选用膨润土部分性能参数对比,与美国 MX80 和加拿大 Avonseal 膨润土性能相近;

7) 现有研究结果说明,总体上内蒙古高庙子钠基膨润土具有良好的膨胀性、阳离子交换性、吸附性、热稳定性和导热性能;各项性能参数能够满足缓冲回填材料的性能要求,可以作为我国高放废物地质处置库的缓冲回填材料。

## 3.1.2 中国深部岩石工程的研究现状

### (1) 中国地下工程的工程实践

我国的煤矿开采深度:2004 年,大中型煤矿平均开采深度 456 m。平均采深华东约 620 m,东北约 530 m,西南约 430 m,中南约 420 m,华北约 360 m,西北约 280 m。采深超过 1 000 m 的煤矿有 8 处,超过 800 m 的有 15 处。采深大于 600 m 的矿井产量占 28.47%。

小煤矿平均采深 196 m,其中采深超过 300 m 的小井产量占 14.51%。

截止到 1998 年底,我国铁路已建成并正式接管运营的隧道 5 336 座,共计长 2 665 km。其中 3 km 以上的长隧洞 82 座,共计长 353 km ,最长的是京广铁路大瑶山隧道长 14.3 km。

据交通部 1998 年统计,全国公路隧道已建成 1 096 座,总计长度超过 33 万 m。

2000—2020 年,我国将有 10 余座大中型水电站陆续开工兴建,每座水电站都有多条导流、引水和泄洪等隧洞需要开挖,总长度达 1 100 km。近期每年要开挖水工隧洞 180 km。

南水北调西线调水工程需修建高坝和开挖超长隧洞,隧洞总长 750 km,最小隧洞长 30 km,最长的一条隧洞长达 158 km 。

21 世纪,中国的铁路、公路、大中型水电站建设以及南水北调、西气东输等工程中将有大量的长大隧道;现代城市建设中的地铁工程、市政工程(排污管、输水管等)、过江隧道的需求量也在不断增加。综合上述隧道需求量粗略统计,2000—2020 年,中国(铁路、公路、水利水电、油气管道、地铁、市政隧道及煤矿等)将完成 5 800 km 的地下隧道,平均每年 290 km。

#### (2) 中国深部岩石工程设计与施工技术现状

我国在采矿、交通、水利、城市建设等地下工程的实践中,积累了丰富的设计经验,对深部地下工程的设计技术已反映在各种设计规范并应用于工程实践。随着地下工程的进一步开发,地下工程的设计技术将进一步日臻成熟。

我国地下工程施工技术,借鉴国外先进技术,结合国情开发创新,形成了适用于不同地层、环境条件下的多种施工开挖与支护技术,其中有的已达到国际先进水平。用于深部岩石工程开挖的方法主要有钻爆法(矿山法、新奥法)和 TBM 法。

矿山法是通过钻孔、装药、起爆和出渣等过程完成开挖的施工方法。其优点是:对各种地质和几何形状适应性强;多掌子面可同时操作,设备和工艺简单,便于工人掌握;造价较低。其缺点是:开挖的隧道洞壁不平整,超挖、欠挖量大;施工作业区有较大的危险,工作环境恶劣;施工对围岩的破坏扰动范围及程度大;施工作业速度较慢;对周围环境影响大。

新奥法是基于尽量利用地下工程周围围岩自承能力的一种施工方法。具体做法是先用柔性支护(通常为喷锚)控制围岩的变形及应力重分布,使之达到新的平衡,然后再进行永久性支护(通常为整体模筑钢筋混凝土衬砌)。其三大支柱是光面爆破、喷锚支护和现场量测。与矿山法相比,其主要优点是周边轮廓能较好地达到设计要求,超挖欠挖少;对围岩扰动较小,其引起的松动圈深度仅为普通爆破法的 1/2～1/3;能有效地利用围岩的自承能力,增强围岩的稳定性,降低支护成本。

TBM 法是一种利于隧道掘进机进行岩石地下工程施工的方法。隧道掘进机是一种专门用于开挖地下通道工程的大型高科技专用施工装备,广泛使用遥测、遥控、电子、信息技术对全部作业进行制导和监控;具有开挖快、优质、安全、有利于环境保护和降低劳动强度的优点。但相对前述方法,隧道掘进机技术含量较高、施工成本也较高。隧道掘进机主要有两种类型:开式隧道掘进机和闭式隧道掘进机,国外隧道掘进机施工的直径为 2.5～12 m。

矿山法和新奥法在国内已相当成熟。在隧道掘进机的应用和开发方面,1964 年起,中国开始研究岩石掘进机。经过近 40 年的研究和工程实践,目前,中国的一些生产厂已能制造小型岩石掘进机,与国外著名厂商合作制造高性能的岩石掘进机;一些专业的施工企业已经能熟练使用现在世界上最先进的岩石掘进机。在 TBM 方面,中国已具备设计制造国外各种盾构掘进机的能力。1998 年上海隧道工程股份有限公司为国外厂商制造安装了 2 台直径 4.88 m TBM,在中国隧道工程中使用。1999 年又为广州地铁 2 号线改制了 2 台直径 6.1 m 的复合型盾构掘进机。1999 年上海重型机器厂作为分包商,与法国法马通公司合作为中国香港制造了一台直径 8.75 m 的 TBM,在上海进行整体组装后已运至香港。但总体来说,在技术水平和应用的广度上和国外相比还有一定的差距。随着以后大量深部岩石工程的开展,可以预见,我国的 TBM 技术将有大的发展。

### 3.1.3 本节小结

(1) 中国处置库研发和处置工程的研究尚处于调研和起步阶段,研发缺乏责任主体和总体规划研究;机构、法律法规体系尚未起步;处置库的概念设计尚未提出;工程屏障和处置库地下设施的设计、施工、运行、关闭、性能验证和监测技术及地面设施的功能与实现技术等尚未开展;处置库建设的经费估算和筹措机制尚是空白。

(2) 中国已有丰富的深部地下岩石工程理论成果与实践经验,深达 500~1 000 m、设计期限百年内的常规岩石地下工程的设计、施工开挖与支护技术成熟。未来 5~10 年中国仍有大量岩石工程进行施工,可以预见,TBM 技术在中国常规地下岩石工程中将得到更为广泛的应用。

## 3.2 中国处置工程的研究内容与战略规划

### 3.2.1 中国处置工程研究内容

高放废物地质处置是一项十分复杂的工程,从国外高放废物地质处置近 50 年的开发研究经验,结合中国国情,特别是中国的高放废物数量、核燃料循环政策和中国地质环境特点,在中国高放废物地质处置研发过程中,对处置工程应重点研究下列内容:

**(1) 关于处置库的选址准则与围岩选择**

场址条件与围岩性质是影响地质处置库功能实现的首要和关键因素,因此,选择一个地质条件稳定的场地和选取一种隔离性能良好的围岩对废物隔离功能的实现意义重大。

国外许多国家和国际组织都提出了各自的选址准则和围岩类型。在选址准则方面,国际原子能机构建议选址的相关因素有:地形、大地构造和地震、地下条件、地质构造、围岩的物理化学性质、水文和水文地质、未来自然事件、地质和工程简略条件及社会条件共 9 个方面。由于世界各国自然条件与实际情况的不同,各国根据各自的条件,选址所考虑的因素及具体选址标准有所不同,如美国的选址主要考虑场地规模、水文地质、地球化学、地质特征、构造环境、人类活动、地表特征、环境因素及潜在社会经济影响;欧共体选址标准分为:岩石的物理化学性质、岩层、地质状态 3 类共 14 个方面;法国则从场地稳定性、水文地质、力学与热特性、地球化学、最小深度、地下资源等方面考虑并推荐了相应的标准。

不同国家选择的围岩类型不同,主要有结晶岩(以花岗岩为主要代表)和沉积岩(以黏土岩为主要代表)两类,两类岩石作处置库围岩各有其优缺点,见表 17。

表 17　不同岩性岩石作处置库围岩的有利因素和不利因素

| 围岩类型 | 有利因素 | 不利因素 |
|---|---|---|
| 结晶岩 | 1. 导水率低<br>2. 矿物对核素具有吸附作用<br>3. 溶解度很低<br>4. 机械性较好<br>5. 分布范围和深度大 | 1. 地下水主要通过裂隙流动<br>2. 裂隙发育的规律性差<br>3. 水流的识别比较困难<br>4. 水流的模拟和预测也相对困难 |
| 黏土岩 | 1. 导水率低<br>2. 对核素具有强烈的吸附作用<br>3. 溶解度低<br>4. 可视为连续的多孔介质，有利于地下水的模拟和预测<br>5. 塑性黏土自我愈合能力强 | 1. 机械强度低<br>2. 地下实验室和处置库建造增加困难 |

各国选址考虑的因素及标准和围岩类型上的差异，一方面反映了各国认识的差别，反映了场址选择和围岩类型的不唯一性，同时也是由于各国地质条件本身的差别所致，比如在围岩选择方面，在瑞典全境范围内分布的基本为结晶类岩石，其围岩种类只能是结晶类岩石，又如一些国家主要分布为沉积岩石，其候选围岩只能是黏土类岩石。

中国幅员辽阔、各种成因与性质的岩类分布广泛，场址和围岩的选择余地大，因此，有必要也有可能选择较为优良的场址与围岩，为此，建议我国在处置库的场址和围岩选择方面应在借鉴国外成果和现有工作基础上，开展下列几项重点研究：

1）选址准则的研究：有必要借鉴国外的经验，结合我国的实际，提出用于选址的技术导则，包括应考虑的因素，各因素的主次关系和可接受的标准；

2）对现有选址与围岩选择工作进行评估；

3）除继续对现有预选区——甘肃北山花岗岩场址进行重点研究外，开展对比场址和围岩的研究，重点可考虑结合核工业布局寻找黏土岩类场址开展研究。

### (2) 关于处置库的概念设计

处置库是结构复杂的一项工程，其涉及的因素多，处置库的总体性能和各部分的性能与处置库的总体结构形式有关，处置库的概念设计是一项基础性工作，它与处置库子系统和总体系统性能评价有关，因此，它贯穿于选址、场地申请、设计与施工的各个环节。

国外不同国家提出了不同类型的概念设计，设计的差异表现在多方面，本部分 2.1 节中曾对目前世界各国提出的处置库概念设计、各种概念设计的优缺点和差异作了阐述。

我国高放废物处置研究已开始了 20 多年，但并未提出我国处置库的概念设计，已明确的是重水堆的废物暂时不处理，其他堆型的废物均先进行后处理。因此，应充分借鉴国外处置库概念设计的经验与已有研究成果，结合我国实际，尽快提出中国高放地质处置库宜采用的概念设计，内容应涉及：

1）处置对象的来源、形式、数量和处置库的规模；

2）工程屏障的组成、材料和结构；

3）废物的放置方式；

4）地下工程的布局与结构；

5）回取要求。

从我国的核燃料循环政策来看，我国处置库拟处理的对象主要为后处理固化产物；从前期重点考虑的场址与围岩条件来看，主要类似于瑞典的考虑；因此，瑞典 KBS-3V 模式和日本模式可作为我国重要参考。

### (3) 关于处置库地下工程的设计技术

由于处置库特殊的功能要求，处置库地下工程设计既有与一般深部岩石地下工程共同点，更有其不同点。不同点主要表现在对热力作用引发的温度效应及其控制及对渗流场的关注。因此，其设计技术有特殊要求与准则，世界各国进行了专门研究，提出了处置库地下工程设计的相关技术。

处置库地下工程的设计技术主要应包括设计阶段的划分，各阶段的设计内容，处置深度选取，巷道类型，断面尺寸与形状，巷道间距，处置工程平面布置设计的依据与准则(施工与运营功能要求、力学稳定要求、温度控制要求、寿命要求、可回取要求等)，通风与辐射防护设计，施工方法设计，废物运输系统设计，包括从处置库地面至处置巷道的运输路线设计、运输设备和方法、安全评价和监测等。

可回取性能是基于经济性、不确定性、安全性和技术革新性的考虑。我国采用乏燃料闭路循环管理政策，从经济考虑，不必考虑回取，但从方案的不确定性和安全性及技术革新方面看，回取性仍是一个需要探讨的问题。

总体而言，处置库地下工程的设计技术可充分借鉴国外的研究成果，结合我国的实际进行研究，研究重点应侧重于结合我国核废物的几何与放热特点进行温度控制及运营后的温度场计算、长时间的力学稳定性计算等。

### (4) 关于处置库工程屏障的性能、设计与施工技术

各国采用了不同的材料、结构和厚度作为工程屏障，不同屏障将导致处置库性能、成本和施工难易均不同。参考国外研究成果，中国处置工程研究中对工程屏障的研究应主要涉及：

1）工程材料的基本性能；

2）在处置库条件下的性状；

3）工程屏障的设计与施工技术。

### (5) 关于处置库施工、运行与关闭技术

无论在硬质岩石还是软质岩石深部进行开挖与支护技术都较为成熟，但不同的开挖方法对周围岩石的扰动是不同的。同时，处置库运行和关闭时要涉及高放射性物质的运输、放置和封存，因此，其施工、运行和关闭技术又有其特殊性。根据国外研究经验，中国处置库处置工程研发中，处置库施工、运行与关闭时需研究的主要问题包括：

1）不同巷道开挖方法与设备，侧重于处置巷道中 TBM 开挖的技术开发；

2）处置库的运送、安放设备和技术及其辐射防护；

3）处置巷道与非处置巷道的回填与封闭。

### (6) 关于处置库地面设施设计技术

废物从暂存场所运送至处置库地表时涉及废物接收、检查、处理和包装等活动，因此，需有相应的地面设施。涉及的研究内容应包括：

1）地面结构的组成、功能要求；

2）功能实现所需的建（构）筑物及相应设备和运行的法规与安全准则。

#### (7) 关于处置库性能验证与监测设计

处置库是一项前所未有的特殊工程，面临众多复杂的科学与技术问题，工程本身具有很强的探索性，而其长达上万年时间尺度的要求和置于复杂地质体中的工程特点又使其具有高度的不确定性，因此，处置库性能评价中固然存在的不确定性，有必要在关闭前后进行性能验证、监测和场地管理。

处置库性能验证与监测设计中应研究的主要问题包括：

1）验证与监测的项目与要求；

2）监测的手段与实现技术；

3）监测成果的应用。

#### (8) 关于处置库成本估算与筹措机制

国外研究表明，处置库建设资金高达数十亿至数百亿美元，投资年限长达数十至上百年，单位废物处置成本高达数十万美元/tHM。国际通行的方法是建立法定的筹资机制和标准。因此，中国废物处置应开展管理成本估算和分摊机制及相应的立法工作，主要应包括：

1）中国高放废物处置成本的总量与分项估算；

2）中国高放废物处置成本的筹措机制；

3）中国高放废物处置成本的管理与立法。

#### (9) 基础与应用基础课题研究

1）岩石力学方面：处置库开挖扰动区（EDZ）研究；深部有效地应力测试方法及岩爆概率评估准则；深部岩体热力学特性；高温、高压下岩石三维蠕变模型与强度准则的建立；岩体热—液—力—化学耦合理论；长时间的硐室稳定性评价体系的建立。

2）金属材料方面：几种预选材料在模拟环境中的材料腐蚀行为研究。研究过程中需要考虑的主要因素有：①环境因素：包括电位、pH、溶解氧、其他离子浓度、温度、压力、微生物，以及局部环境条件随时间的演化；②材料因素：包括成分（包括杂质含量）、材料的制备与加工工艺；③腐蚀产物对后续腐蚀过程的影响。

3）缓冲回填材料方面：必要特征参数的确定及其评价；处置库条件下缓冲回填材料特性的变化及 THM 耦合；缓冲回填材料的制备技术；高放废物可回取性对缓冲回填材料研究的冲击。

### 3.2.2 中国处置工程的战略规划

#### (1) 中国高放废物地质处置的总目标和阶段规划

着眼于落实科学发展观和保护环境的要求，从我国核电发展规划和废物产生量来看，中国高放废物地质处置研究的总目标应是：在中国领土内选择地质稳定、社会经济环境适宜的场址，在 21 世纪中叶建成高放废物地质处置库，通过工程屏障和地质屏障的包容、阻滞，保障国土环境和公众健康长时间内不会受到高放废物的不可接受的危害。

研究开发和处置库工程建设可按以下三个阶段进行：

1）试验室研究开发和处置库选址阶段（2009—2020）：完成各学科领域试验室研究开发

任务(前期),初步选出处置库场址,确定地下实验室址,完成地下实验室的可行性研究,并建成地下实验室。

2) 地下试验阶段(2021—2040):完成地下实验室现场实验,完成处置库场址评价并最终确认场址;掌握处置库建造技术,完成处置库设计和可行性研究。

3) 处置库建设阶段(2041—21 世纪中叶):2050 年前后,建成处置库,开展示范处置,并开始接受废物。

各阶段的时间坐标是依照 21 世纪中叶建成高放废物地质处置库的发展目标大致划分的,时间坐标能否实现取决于人力、财力的投入,研究开发的进度,相关的管理工作,以及国际合作的水平。

### (2) 处置工程的分阶段研究目标和内容

1) 实验室研究开发和处置库选址阶段(2009—2020)

2020 年的工作目标:大力加强处置工程研究和设计工作,深化、完善废物源项调查和地下实验室设计及处置库概念设计;完成包装容器、缓冲材料等工程屏障系统的材料筛选、结构及性能验证;完成多重屏障系统优化配置研究,保障多重屏障系统的有效性,提高可信度;建立处置工程信息库和三维设计模型。为此主要应开展的工作有:

① 开展废物源项调查。根据目前我国高放废物的现状和今后我国核能发展规划,调研拟处置废物的类型、数量、来源、总活度及核素组成和其他物化特性等,为处置库概念设计的规模提供依据。

② 开展处置地质、水文地质与工程地质研究。开展区域、地段和场址三个尺度上的岩石、构造、地球化学、地球物理、放射性本底、地震地质、新构造运动研究等;开展区域、地段和场址三个尺度上的地下水流场、水文地球化学、同位素水文地质调查,地下水长期动态监测,地下水流场数值模拟研究等;开展预选地段岩体完整性和岩体质量评价研究,开展岩体岩石力学特性研究以及地下工程预期稳定性研究等。

③ 开展地下实验室设计和处置库概念设计:调研国外地下实验设施和地质处置库设计现状;规划并设计地下实验设施和地质处置库的布局和相互关系;研究在地下实验室开展的实验内容、仪器设备;研究开挖和构筑的技术与设备;完成地下实验室的设计;完成处置库的概念设计。

④ 开展工程屏障系统研究:研究废物体、废物体容器、包装容器、缓冲材料(或防水罩)、回填材料等构成的工程屏障系统,对其进行评价分析,提出各组成部分相应的材料、结构及性能要求,完成性能评价。

⑤ 开展处置工程系统优化研究及安全性能研究:加强高放处置多重屏障系统整体性、互补性、安全性、动态性研究,吸取国际经验,在风险分析及评价和经济分析的基础上,对整个系统进行优化配置,保障多重屏障系统的有效性,提高可信度。

⑥ 开展处置工程信息库建立和三维设计模型开发:建立处置工程信息库,使数据和资料管理具有可追溯性;开发三维设计模型,便于直观了解处置库的结构和功能。

2) 地下现场试验阶段(2021—2040)

此阶段的总体工作是开展地下试验研究工作,对实验室研究和处置库选址阶段在处置工程、地质、化学、环境安全等方面研究开发的单项或局部成果(部件性或子系统性的硬、软件)进行验证,并进行子系统性或分系统性的综合集成和现场验证,提供建造处置库所需的真实条件下的工程、地质、化学、环境安全方面的资料，确认这些技术成果的适用性和不确定度；在实验室开展必要的补充研究；初步确认处置库场址；完成处置库预可行性研究报告；完成原型处置库可行性研究报告和安全审评。主要应开展的地下试验包括：

① 开展工程建造试验：研究掘进工程对地下实验室围岩的影响，扰动区岩体渗透率以及核素在扰动区中的迁移特性；掘进过程中岩石应力的变化测试；掘进过程中水文地质系统的变化，包括水流系统的监测和地下水取样分析；封闭技术研究与测试；地质处置库多因素耦合条件下材料的行为，包括固化体、废物罐、外包装材料、缓冲材料等的行为研究；灌浆、衬砌、通风技术研究；处置库的辐射防护技术研究等。

② 开展处置地质研究：开展现场断裂和裂隙构造研究；地震层析成像技术试验；地下硐室稳定性研究；岩石强度测试；原地应力测量研究；水文地质实验研究；地质演化特征研究等。

③ 开展处置化学研究：开展现场地下条件下放射性核素的化学行为研究。如价态、胶体、络合、溶解、氧化还原；固化体及包装材料长期稳定性验证；辐射化学及效应研究等。

④ 开展处置安全评价研究：围绕建立初选场址评价模式的发展目标，开展实验和评价技术研发工作。在特征、事件和过程（FEPs）分析、模式开发与验证、参数获取、不确定度分析等关键技术研究上取得突破性进展，进一步完善安全和环境评价信息系统。开展地下实验室建造、运行和原型处置库设计阶段的安全与环境评价工作。

⑤ 开展综合试验研究：包括放射性核素的释放和迁移行为研究，扩散实验研究，地下水—废物容器—废物体—回填/缓冲材料—花岗岩的相互反应实验研究，加热试验，气体渗透及影响实验，大规模渗透综合试验，多因素耦合综合试验，微生物作用研究等；综合评价各领域技术成果的适用性和不确定度；确认处置库场址；完成处置库设计可行性研究报告。

3）处置库建设阶段（2041—21 世纪中叶）

研究地质处置设施建造施工技术；开展真实高放废物处置实验，验证处置库全系统的整体性综合功能，提供在地质处置真实高放废物情况下完整的、全系统的测试数据，与模式及假设进行全规模的比较和评价；研究安全与环境评价模式，验证技术和模式质量保证技术，获取关键技术参数，建立系统的安全和环境评价技术体系；最终确认处置库场址；研究高放废物地质处置库废物的可回取、可逆转技术；完成处置库可行性研究报告；验证高放废物地质处置库的初步设计；开发并编制建造处置库必需的工程标准、质量规范、质保体系；完成处置库建造。

完成高放废物地质处置库的施工设计；针对场址和工程设计，分析核素释放和迁移的特征、事件和过程，建立和完善场址评价模式，开展设计和建造阶段的安全和环境影响评价工作；研究并完善处置库建造施工技术；研究处置库接收高放废物期间的工程运行管理；研究并设计处置库的关闭和监护方案，完成处置库关闭方案预可行性研究和安全与环境评价报告；完成高放处置库正式营运的申请和安全审评。

## 3.2.3 “十一五”期间处置工程的目标和主要研究内容

### (1)“十一五”目标

完成国外处置工程研究进展和技术跟踪的调研；提出地下实验室的结构形式，拟开展的实验项目；开展处置库概念设计，提出处置方案；提出工程屏障系统的组成、性能要求、结构形式,并开展试验研究;完成处置工程信息库和三维设计模型开发的框架工作。

(2) 研究内容

1) 国外处置工程研究进展和技术跟踪

了解瑞典、比利时、加拿大、美国、瑞士、法国等国家在高放废物地质处置(地下实验室及处置库)研究方面的进展和成果。主要内容包括:设计基准的选取(如各国处置库设计中针对地震、洪水、极端气象条件等的设计基准);处置废物的类型;内、外包装容器的材料及性能;缓冲、回填材料的类型、组成、结构及性能;地下实验室及处置库结构形式、围岩类型、规模、投资;地面设施设置等。

2) 处置库概念设计和地下实验室概念设计

调研拟处置废物(玻璃固化体、乏燃料、α 废物)的类型、数量、来源、总活度及核素组成和其他物化特性等,开展地下实验室的概念设计,初步确定地下实验室的结构形式,拟开展的实验项目,所需的仪器设备等。完成处置库初步概念设计。

3) 工程屏障系统的研究

根据我国高放废物与 α 废物的特性和主要围岩特性,提出工程屏障系统的组成,提出对各组成部分的性能要求和结构形式并开展相应的试验研究。如废物包装容器材料的选择和性能要求,材料的耐腐蚀实验;缓冲、回填材料的组成、结构、缓冲特性和渗透性能的研究等。热—水—力—化学耦合作用对工程屏障系统性能和对核素在工程屏障系统中迁移的影响研究等。

4) 平台建设

构建处置工程研究平台,建立处置工程信息库和三维设计模型,研究并提出处置工程技术研究平台的规划,为长期发展建立必要的研究开发手段,促进工程设计、工程屏障、工程构筑等工作的进展。

## 3.3 中国高放废物处置工程建设的技术与经济分析

### 3.3.1 中国高放废物处置工程建设的技术分析

(1) 从中国深部岩石工程的理论水平与实践经验来看,中国具备在不同岩类中进行深达 500～1 000 m 的常规大型地下岩石工程的设计与施工水平和能力;考虑到处置库选址有严格要求,一般深部岩石工程中容易出现的水压大导致的涌水量大、高地应力引发的岩爆等问题在处置工程中易于避免。

(2) 高放废物地质处置中的地面工程的主要特点是需要进行高放射性危险物质的接收、处理、包装和运送,因此,需建设能进行辐射防护和保证人员安全的建筑物及相关的机械设备,这些建筑和设备的设计、制造及现场工作的规程在各类已有核设施中有可借鉴的经验和技术,可结合高放废物处置的研发在未来得到解决。

(3) 高放废物处置工程屏障采用的是现有的各种金属材料,其制造技术已经成熟。关注的主要问题是在处置库条件下的腐蚀行为,尽管现在或未来一定时期还难以准确估算其寿命,但从计算、实验和类比研究成果看出,实现 1 000 年左右的寿命期应是可行的。

(4) 初步的研究表明,中国分布有数量充足、性能合适的膨润土作为处置库的缓冲回填材料。

(5) 热的作用和对温度、地下水流、核素迁移与性能评价的关注，是高放废物地下处置设施设计有别于一般地下工程设计的主要方面，因此，地下工程设计除考虑几何空间的充足性和力学稳定性外，对温度场的考虑、对地下水和核素迁移的考虑及它们对地下工程形状、间距与布局的影响是处置工程地下设施设计中的新课题。高放处置中地下工程的设计技术需加强多场耦合的研究，需结合性能评价要求提出相应的设计限制条件。这一工作在国内还处于起步阶段，但在未来的研究中可以得到提高和解决。

(6) 除一般地下工程施工和运行时需考虑的力学稳定及功能要求外，在高放废物处置工程中，地下设施的施工、运行、关闭和监测要考虑特殊的性能验证和辐射防护，因此，需开发的性能验证与监测手段和专用的运输、装卸、放置和封存设备，国外已开发相关技术，但没有得到工程的检验。中国有能力完成这些设备和技术的开发。

总之，从技术方面，中国可以在现有技术的基础上，结合高放废物地质处置中的新要求，完成相应技术的开发和验证，实施高放废物的地质处置。

## 3.3.2 中国高放废物处置库建设的经济分析

### (1) 中国高放废物量的估算

根据 2007 年 10 月国务院批准的《核电中长期发展规划(2005—2020 年)》，到 2020 年我国大陆投入运行的核电装机容量将达到 4 000 万 kW，在建装机容量 1 800 万 kW，运行的压水堆核电机组有 41 台，运行寿期为 60 年。此外，秦山三期 2 台重水堆核电机组的运行寿期为 40 年。以此为基础计算，到 2020 年我国将累计有 10 300 tHM 乏燃料，其中有约 7 000 tHM压水堆乏燃料和 3 300 tHM 重水堆乏燃料。2020 年我国乏燃料年卸料量将达到 1 000 tHM/a，其中有约 810 tHM 压水堆乏燃料和约 190 tHM 重水堆乏燃料。《核电中长期发展规划(2005—2020 年)》中于 2020 年建成的反应堆，加上届时在建的 18 个反应堆，最终共将产生 82 630 t 乏燃料。其中，已建成的压水堆共产生 46 070 t，2020 年在建的压水堆建成后最终共产生 23 760 t 乏燃料，重水堆共产生 12 800 t。关于 2020 年以后的乏燃料数量，每增加一座百万千瓦级的核电站，每年将产生 22 tHM 乏燃料，每个堆共产生 1 320 t 乏燃料。

无疑，上述废物量的估算是较为粗略的。许多因素将影响到废物的数量和类型，比如：2021 年以后的核电规划，新堆型特性和燃料燃耗，MOX 燃料规划及其乏燃料管理政策，快中子堆规划及其乏燃料管理政策，高温气冷堆规划及其乏燃料管理政策，后处理规模，分离/嬗变技术及先进核燃料循环。

由此可见，随着我国核电的大发展，特别是规划中宏伟的核电计划，我国将产生大量的乏燃料和高放废物，安全处置这些高放废物和乏燃料必然需要较大的资金，并需要固定的筹措渠道。

### (2) 中国高放废物地质处置总成本的粗略估算

中国尚未开展高放废物地质处置的成本与经济分析，现借用国外成本分析的结果来进行我国高放废物地质处置总成本的粗略估算。

本文 2.8 节中曾分析了世界一些国家废物处置成本估算结果，也曾指出由于假设条件、边界条件等多种因素的差别,真实成本的估算及其比较较为困难。但各国平均单位处置成本为 66.3 万美元/tHM。由于我国采用对乏燃料进行后处理的政策,不计后处理的成本时,地质处置成本将降低,此处假设不含后处理费用时地质处置成本降低 50%,因此,高放废物地质处置的单位处置成本按 33.15 万美元/tHM 来估算,这样,处理我国《核电中长期发展规划(2005—2020 年)》中核电规模所产生的全部 82 630 t 乏燃料需要的总资金约为 274 亿美元,每增加一个百万千瓦级核电站、产生 1 320 t 乏燃料所需增加的地质处置费用约为 4.37 亿美元。

将上述估算结果转换成人民币时,需要考虑货币间的换算比率。汇率是换算比率之一,真实比价则是另一种换算方法。

将本国币表示的生产总值转换成以国际通用货币表示,是开展国际经济比较项目必不可少的组成部分。汇率、购买力平价作为转换因子,都被广泛采用,然而也导致许多难以解释、解决的矛盾现象。赵海生根据价格与价值关系的基本原理,提出了真实比价理论(ARV),应用该理论,很好地解释了这些矛盾现象。

商品价格是商品价值的反映,但是价格并不时时刻刻与价值保持一致,而是经常偏离于价值,即价格有时高于价值,有时低于价值;从长远来看,价格是围绕价值这个中心轴上下波动的。对价格进行无数次平均,其均值就等于价值。汇率与真实比价的关系,恰恰如同价格与价值的关系一样,即汇率与真实比价经常不一致。同样,对汇率进行无数次平均,其均值就等于真实比价。

依据真实比价理论,计算了 1949—2000 年人民币对美元真实比价,其中 1999 年人民币对美元的真实比价为 1 美元=2.214 8 元人民币,2000 年人民币对美元的真实比价为 1 美元=2.192 2 元人民币。

考虑到上述真实比价理论换算的人民币比值偏高、按现今汇率换算的人民币比值则偏低,本报告采用真实比价结果和现今汇率的平均值、即 1 美元=(2.2+7.5)/2=4.9 元人民币来换算。

据此,处理我国《核电中长期发展规划(2005—2020 年)》中核电规模所产生的全部 82 630 t乏燃料需要的总资金约为 1 343 亿美元,每增加一个百万千瓦级核电站、产生 1 320 t 乏燃料所需增加的地质处置费用约为 21.4 亿美元。

无疑,地质处置成本受众多因素影响并不断变化。上述估算结果是十分初步和粗糙的。

### (3) 中国高放废物地质处置经费的筹措及费率估算

高放废物处置库建设资金高达数十亿至数百亿美元,投资年限长达数十至上百年,单位废物处置成本高达数十万美元/tHM。为确保建设资金,国际通行的方法是建立法定的筹资机制和标准。参照国际做法,我国应开展相应的立法和法规的制定工作,开展管理成本估算并建立费用分摊机制。

我国高放废物地质处置的资金筹措应当采取两种渠道。一是从核电的电费中提取,这部分费用主要是用于核电站产生的高放废物的最终处置;二是由政府财政支出,其主要用途是处置核军工产生的高放废物以及公益性单位产生的高放固体废物。

国外部分国家废物管理与处置基金的筹措费率如图 14。

如图 14 所示,取决于基金覆盖的范围,国外某些国家的费率变化在 0.001~0.007 7 美元/(kW・h),以 0.003 美元/(kW・h)以下为主。如果直接类比国外的数据,按 1 美元=

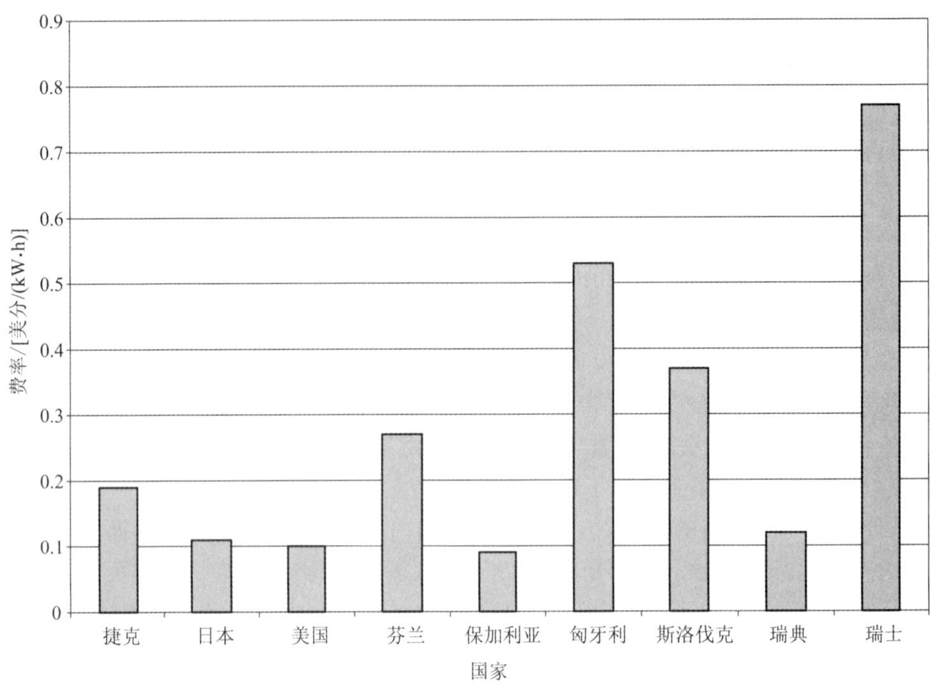


图 14 国外部分国家废物管理与处置基金的筹措费率

（前三国仅包含 HLW/SNF 处置，芬兰包含储存和处置，

其他国家包含退役，HLW/SNF 及其他废物的处置）

4.9 元人民币计算，我国从核电中筹措高放废物地质处置费用的费率可在约人民币 0.005～0.038 元/(kW·h)。如果包含暂存和核电站退役，其筹措费率应更高。

以 2005 年我国的核电站发电量为基数，一台百万千瓦的机组一年的发电量为 75 亿 kW·h，按 60 年寿期计算，将总共发电 4 500 亿 kW·h，按 0.005 元/(kW·h)收取高放废物地质处置费用，则可收取费用人民币 22.5 亿元。从《核电中长期发展规划(2005—2020 年)》中核电规模(5 800 万 kW)所能收取的全部费用为人民币 1 305 亿元，接近估算的人民币 1 343 亿元的地质处置费用。

但上述数据只能供初步参考。中国如采用国际通行的从核电中筹资的办法为高放废物管理和处置筹措基金，采用的费率应进行专题研究。

**(4) 中国高放废物地质处置经费的可承受性分析**

如果核电价格按 0.4 元/(kW·h)计算，《核电中长期发展规划(2005—2020 年)》中核电规模(5 800 万 kW)所能产生的总收入将达人民币 104 400 亿元，而处置全部 82 630 t 乏燃料所需的成本约为人民币 1 343 亿元(不含后处理成本)、筹资费率可考虑为 0.005 元/(kW·h)，总处置费用占总收入的比例约为 1.29%，费用在电价中的比例仅为 1.25%。因此，无论从总成本还是从成本分担上看，中国高放废物处置库建造成本均在合理和可承受范围内。

(5) 研发成本投入分析

研发经费是高放废物处置中的重要组成部分，法国在 1992—2005 年共投入研发资金 9.8 亿欧元，年均 0.7 亿欧元。国外处置的研发经费一般占总处置费用的 10%～15%，如图 15。如按处置库研发成本约占总成本的 10%左右，照此估算，中国处置库研发成本应在人民币 130 亿～140 亿元，按 20 年研发期，年投入的开发资金应在 6.5 亿～7.0 亿元。据此估算，中国当前应加大处置库研发的投资力度。

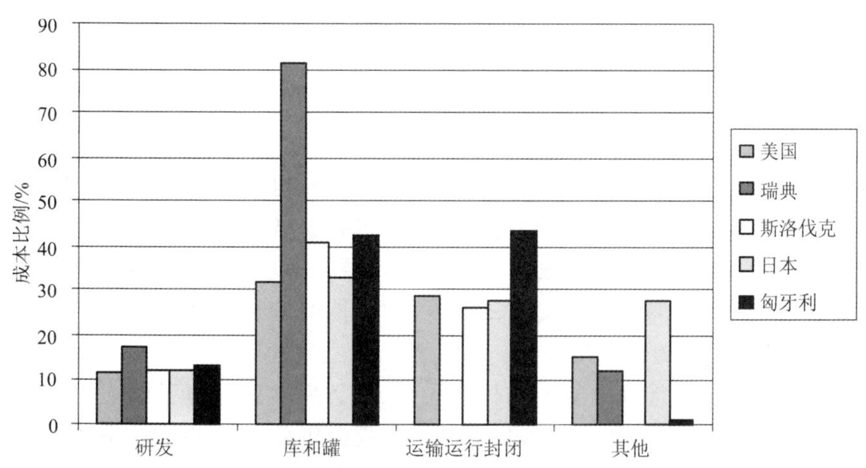


图 15　部分国家高放处置库开发成本的组成

(图中瑞典处置库和废物罐成本包括了运行和封闭部分)

# 4　结论与建议

## 4.1　结论

通过对国内外高放废物处置工程研发现状的分析，可得如下结论：

(1) 处置工程是高放废物地质处置中的重要内容，是实施地质处置的关键，处置库的结构形式是安全与性能评价的基础。因此，处置工程的研究在高放废物处置中占有重要地位，并应贯穿于全过程。

(2) 不同国家提出了不同结构形式的处置库，不设缓冲回填材料并直接在井巷中放置废物的美国模式和在巷道底钻孔，废物放置于孔内并用膨润土作为缓冲回放废物地填的瑞典模式是两种典型模式。从现有研究成果看，它们在技术上都可实现安全目标；但瑞典模式似被更广泛认可与采用。

(3) 处置库是由井巷组成的大型地下工程并在其中放有特殊物质，因此，与一般地下工程既有共同点，但更有不同点。长时间、热荷载、放射性及对温度场、化学场和可回取的考虑是其最显著的特点。针对这些特点，国外许多国家进行了高放地质处置设计、施工、运行与关闭技术的研发，取得了明显的进展。

（4）高放废物处置投资周期长达数十至上百年，耗资高达数十亿至数百亿美元，单位废物处置成本高达数十万美元，研发经费占总成本10%左右；因此，需要专项和固定的经费投入。从核电电费中收费建立专项基金是国际通行的做法，费率大致在0.001～0.007 7美元/(kW・h)，因包括的管理与处置范围而变。

（5）中国的高放废物处置工程有少量研究，开展的研发工作主要涉及处置库选址与场址评价、预选区围岩性质与地应力研究、处置库概念设计调研、高温下花岗岩岩石性质研究与多场耦合研究、缓冲回填材料研究等；但基本处于起步阶段。从总体讲，中国在21世纪中叶建成高放地质处置库在技术上和经济上是可行的。

## 4.2 建议

根据国外高放废物地质处置的研发经验，结合我国核电发展规划和将面临的高放废物处置问题，就我国高放废物地质处置中处置工程的研究提出如下建议：

（1）处置工程是高放废物地质处置研发中的重要内容，应贯穿于地质处置研发的全过程。我国总体应加快高放废物地质处置的研发步伐，同时应加强处置工程相关内容了的研究，注意使各学科各领域的研究相协调。

（2）处置工程的研究涉及处置库的概念设计、处置库地面与地下设施的设计、施工、运行、监测与关闭等方面。我国处置库开发中处置工程的研发内容，既要充分借鉴国外已有研究成果，但又必须紧密结合国内废物与地质条件特点的实际需要来开展。当前应在借鉴国外成果的基础上，尽快提出我国高放废物处置的概念设计，以满足性能与安全评价及场地特性评价的需要。

（3）高放废物地质处置需专项经费来保障。建议我国借鉴国际通行的经费筹措机制，尽快建立从核电中筹措高放废物处置经费的相关法规和条例。筹措费率可借鉴国外经验和基于我国处置库成本估算结果确定并进行动态调整。

（4）研发工作是地质处置库开发中的重要组成部分。国外的经验表明，其费用占总投入的10%左右。国外的经验和我国过去20年的实践证明，为保证如期建成我国高放废物处置库，当前必须大力加强对研发的经费投入。

### 参考文献


1 罗嗣海，钱七虎，王驹. 高放废物地质处置库的特点及其结构型式. 地质科技情报，2007,26(5).

2 OCRWM. Yucca Mountain Science and Engineering Report-Technical Information Supporting Site Recommendation Consideration, Feb., 2002.

3 OCRWM. Design Feature Evaluation #12. Waste Package Spacing and Drift Spacing, April, 1999.

4 OCRWM. Design Feature Evaluation #11: Drift Diameter, March, 1999.

5 OCRWM. Design Feature Evaluation #25: Repository Horizon Elevation, June, 1999.

6 OCRWM. Design Feature Evaluation #26: Higher Therma Loading, April, 1999.

7 DOE. Nuclear Waste Policy Act as amended with appropriation acts appended, March, 2004.

8 OCRWM. Performance Confirmation Plan TDR-PCS-SE-000001(REV 05, ICN 00), November, 2004.

9 SKB. Deep repository for spent nuclear fuel SR 97—Post-closure safety, Technical Report TR-99-06,

safety summary, November 1999.

10 SKB. Deep repository for spent nuclear fuel SR 97—Post-closure safety, Technical Report TR-99-06, main report I, November 1999.

11 SKB. Deep repository for spent nuclear fuel SR 97—Post-closure safety, Technical Report TR-99-06, main report II, November 1999.

12 SKB. SR-97 Waste, repository design and sites, Technical Report TR-99-08, background report to SR-97, October 1999.

13 JNC. H12. Project to Establish the Scientific and Technical Basis for HLW Disposal in Japan, Supplementary Report[R]. 1-1-2 Marunouchi Chiyoda-ward Tokyo 100-8245 Japan, Japan Nuclear Cycle Development Institute, April 2000.

14 Li Xiangling, Bernier Frederic, Bel Johan. The Belgian HLW Repository Design and Associated R&D on the THM Behaviour of rhw Host Rock and EBS, Chinese Journal of Rock Mechanics and Engineering, N0l. 25, No. 4, April 2006.

15 Bel J, Debock C, Giovannini A. Alternative deep repository designs for disposal of very high level waste in Belgium[C]//Proc. WMp04 Conf erence. Tucson, AZ: [s. n.], 2004.

16 ANDRA. Dossier 2005: Argile2architect ure and management of a geological repository[R]. Paris: ANDRA, 2005.

17 ANDRA. Dossier 2005: Argile2synt hesis report evaluation of the feasibility of a geological repository [R]. Paris: ANDRA, 2005.

18 郑华铃 译. 高放废物和/或乏燃料长期管理的组织机构框架综述. 高放废物地质处置资料汇编,国防科学技术工业委员会,北京,2005.

19 SKB. Deep repository Underground design premises, Edition D1/1, R-04-60, September, 2004.

20 Federal Register. 10 CFR PART 60—Disposal of High-level Radioactive Wastes in Geological Repositories.

21 Federal Register. 10 CFR PART 63—Disposal of High-level Radioactive Wastes in a Geologic Repository at Yucca Mountain, Nevada.

22 罗嗣海,钱七虎,赖敏慧,等. 高放废物处置库的工程设计. 岩石力学与工程学报, 2007(S2): 3904 3911.

23 IAEA. Scientific and Technical Basis for the Geological Disposal of Radioactive Wastes[R]. Vienna: Technical Reports Series No. 413. International Atomic Energy Agency, 2003.

24 温志坚. 高放废物地质处置中的工程材料问题. 第260次香山科学会议文集,北京,香山,2005,141-151.

25 刘晓东,罗太安,等. 地质处置库缓冲回填材料特性研究. 第260次香山科学会议文集,北京,香山,2005,152-165.

26 U. S. Department of Energy. Analysis of the Total System Life Cycle Cost of the Civilian Radioactive Waste Management Program[R]. Washington, D. C. 20585 Office of the Civilian Radioactive Waste Managemen, May 2001.

27 SKB. Project on Alternative Systems Study-PASS. Cost comparison of repository systems, Technical Report 92-44, September 1992.

28 SKB. Costs for management of the radioactive waste products from nuclear power production (Plan 2003)[R]. Stockholm Sweden Swedish Nuclear Fuel and Waste Management Company, June 2003.

29 JNC. H12: Project to Establish the Scientific and Technical Basis for HLW Disposal in Japan. (Project Overview report).

30 罗嗣海，钱七虎，王驹，等. 高放废物地质处置的成本估算. 铀矿地质，2008，24(3)：181-186.

31 Long F G，Ward R D，et al. Assessment and comparison of waste management costs for nuclear and fossil energy soureces[C]. In：Proceedings of the 1993 international conference on nuclear waste management and environmental remediation. Vol. 2，815-824，Prague，1993. Edited by Ahlstroem P E，et al. Published American Society of Mechanical Engineers.

32 王驹，陈伟明，等. 高放废物地质处置中的若干关键科学问题. 第 260 次香山科学会议文集，北京，香山，2005，13-33.

33 王驹，范显华，徐国庆，等. 中国高放废物地质处置十年进展. 北京：原子能出版社，2004.

34 杨春和. 高放废物地质处置中岩石力学和工程科学关键问题. 第 260 次香山科学会议文集，北京，香山，2005，71-82.

35 罗嗣海，刘庆成，李金轩，等. 高放废物地质处置库的温度场及花岗岩中处置库多场耦合研究的基本问题. 第 260 次香山科学会议文集，北京，香山，2005，92-105.

中国工程院咨询项目

# 高放废物地质处置战略研究

## 处置工程与地下实验室
## （地下实验室部分）

# 目　录

# 1　地下实验室概述

## 1.1　地下实验室定义

地下实验室(Underground Facility,Underground Experimental Facility)又称地下研究实验室 URL(Underground Research Laboratory),是为研究在与深部处置库相似地质条件下处置放射性核废物的可行性,而在某种预定岩石深处建造的地下模拟处置研究设施,地下实验室是高放废物地质处置可行性论证及实施中的一个十分关键的步骤[1-3]。

地下实验室的研究工作,始于 1965 年。早期的地下实验室以方法学研究为主,获取经验和方法,一般不做"热"实验,且与处置库场址没有直接联系。这种地下实验室被称为普通型地下实验室 ( Generic underground research laboratory) (见表 1)。有许多是利用水利设施、旧矿山加以改造建设的普通型地下实验室,如瑞典 SKB 在原有花岗岩铁矿山的平巷建起了 360～410 m 深处的 Stripa 实验室,1976—1992 年运行[4]。瑞士在水电站工作隧道上建造的 Grimsel(GTS)试验场,在花岗岩深 450 m 处,1983 年开始运行[5]。瑞士 1995 年开工建造的 Mt. Terri,是利用地下 400 m 深的 Opalinus 黏土岩中的高速公路隧道平巷建造的 Tournemire 硬黏土设施,深 250 m,1990 年开始运行[2]。日本利用原铀矿山平巷和原 Fe-Cu 矿山平巷分别建设了东浓沉积岩和釜石花岗岩地下设施,东浓地下设施于 1986 年开始运行,釜石地下设施于 1998 年完成实验。在地质体中完全新建的普通型地下实验室,有最著名的加拿大白壳地下实验室[6],瑞典 Äspö 硬岩实验室,以及法国 ANDRA 于 1999 年 11 月正式开始建造的 Bure 黏土地下实验室。白壳地下实验室是 1984 年开始运行的,实验室深度为地下 240～420 m 花岗岩层。Äspö 建于花岗岩地下,最大深度 460 m,1990 年开始营造,其规模宏大,有竖井和 3 600 m 长的平巷(以 150 m 为半径螺旋式下降),平巷截面积 25 $m^2$。国际上的普通型地下实验室见表 1。

随着经验的积累和技术的成熟,出现了针对具体处置库场址特性研究的"特定场址型"地下实验室 (Site-specific underground research laboratory)。它是在高放废物处置库预选场址上建造的地下设施,可以开展热实验,具有方法学研究和场址评价双重作用。从中所获得的数据可直接用于处置库设计和安全评价。并且这种地下实验室在条件成熟时可直接改扩建成处置库。如美国 1982 年开始运行的 WIPP 实验室,1999 年 3 月起改扩建用作废物处置库。比利时建于 Mol/Dessel 地下 Boom 黏土岩(塑性黏土)230 m 深处的高放废物处置试验场[HADES,新名称为地下研究设施(URF)],1984—1999 年运行[7]。芬兰从 2001 年 6 月开始在 Olkiluto 场址上开始建造 ONKALO 地下实验室[5]。利用 ONKALO 开展系列现场实验,以评价并最终确定场址的适宜性。国际上的"特定场址型"地下实验室见表 2。

表 1 普通型地下实验室

| 序号 | 地下实验室名称 | 围岩 | 深度/m | 地点 | 备注 |
|---|---|---|---|---|---|
| 1 | Asse | 盐丘 | | 德国 | 于 1995 年关闭 |
| 2 | URL | 花岗岩 | 240～420 | 加拿大 Manitoba | 1984 年启用 |
| 3 | 东浓(Tono) | 沉积岩 | 135 | 日本 | 前铀矿山,1986 年启用 |
| 4 | 釜石(Kamaishi) | 花岗岩 | 300 | 日本 | 前铁矿山,1998 年关闭 |
| 5 | 瑞浪(Mizunami) | 花岗岩 | | 日本 | 正开展钻探工作 |
| 6 | Stripa | 花岗岩 | 360～410 | 瑞典 | 前铁矿山,1976—1992 年运行 |
| 7 | Äspö | 花岗岩 | 460 | 瑞典 | 始建于 1990 年,1995 年建成 |
| 8 | Grimsel(GTS) | 花岗岩 | 450 | 瑞士 | 利用水电站坑道改建,1983 年启用至今 |
| 9 | Mt. Terri | 黏土岩 | 400 | 瑞士 | 利用高速公路隧道改建,1995 年开始建造 |
| 10 | Fanay-Augeres | 花岗岩 | 170 | 法国 | 前铀矿山,1980—1990 年运行 |
| 11 | Tournemire | 黏土岩 | 250 | 法国 | 1990 年启用 |
| 12 | Amelie | 钾盐 | | 法国 | 1986—1994 年运行 |
| 13 | Climax | 花岗岩 | 420 | 美国 | 1978—1983 年运行 |
| 14 | G-Tunnel | 凝灰岩 | 425 | 美国 | 1979—1990 年运行 |

表 2 "特定场址型"地下实验室

| 序号 | 地下实验室名称 | 围岩 | 深度/m | 地点 | 备注 |
|---|---|---|---|---|---|
| 1 | 原称 HADES 现称 URF | 塑性黏土 | 230 | 比利时 Mol | 1980 年始建,1984 年建成 |
| 2 | ONKALO | 花岗岩 | 520 | 芬兰 | 2001 年始建,预计 2010 年完成 |
| 3 | Gorleben | 岩盐丘 | 900 | 德国 | 1985 年始建 |
| 4 | WIPP (废物隔离中间工厂) | 岩盐层 | 650 | 美国 新墨西哥州 | 1982 年启用,1999 年 3 月改扩建为废物处置库 |
| 5 | ESF(尤卡山) | 凝灰岩 | 300 | 美国 | 1996 年建成,并开始实验 |
| 6 | East France (Meuse/Haunt Marn) | 黏土岩 | 500 | 法国 | 2000 年开始建设 |
| 7 | Vienne | 花岗岩 | 450 | 法国 | 正在进行 |

## 1.2 地下实验室分类

根据现有资料,可对地下实验室进行下列分类:

(1) 按处置库堆放的核废物的放射性水平,可分为中低放废物处置库和高放射废物处置库。由于地下实验室是模拟处置库而建立的。因此相应的也可把地下实验室分为两类:中低放废物地下实验室(如德国的 Asse 和 Konrad)和高放废物地下实验室(如瑞典的 Stripa、比利时的 Mol、加拿大的 Lac du Bonnet 等)。

(2) 按地下实验室与处置库的关系,可分为单纯做实验研究用的地下实验室(如 Lac du Bonnet, Stripa 等)和直接发展为处置库的地下实验室(如德国的 Gorleben)。

(3) 按工程类型不同,可分为(竖井)坑道地下实验室(如 Mol)、钻孔地下实验室(如法国的 Auriat)和 (竖井)坑道一钻孔地下实验室(如 Gorleben)。

(4) 按所利用的工程不同,可分为废旧矿山地下实验室(如 Stripa)和新开掘的地下实验室(如 Lac du Bonnet)。

(5) 按研究内容,可分为进行系统研究的地下实验室(Stripa、Mol、Grimsel、Lac du Bonnet、Gorleben、Pasquasia 属此)和进行局部研究的地下实验室(如美国的 Gable Mountain 和 Climax 等)。后者只进行个别项目试验,如加热试验、核素迁移试验、盐矿的注水试验、断裂构造的地表和深部对比研究等。

## 1.3 建设地下实验室的必要性

高放废物深地质处置是将固化高放废物处置于地下(深度多为 500～1 000 m)人工深岩硐中。地下处置库由中央竖井大厅、竖井、巷道和处置室组成。然而,建造这样的地下工程,在科学、技术和工程上面临一系列重大难题,其中必须解决的重大科学问题[8-11]包括:如何选择隔离高放废物的工程屏障材料、如何设计和建造处置库、处置库场址地质演化的精确预测、深部地质环境特征、多场耦合条件下(中高温、地壳应力、水力作用、化学作用和辐射作用等)深部岩体和工程材料的行为、低浓度超铀放射性核素的地球化学行为以及处置系统的安全评价等。要解决这些关键问题,必须进行大量现场原型实验研究。地下实验室现场试验是处置库开发的支撑性工作,地下实验室是开发最终处置库必不可少的关键步骤。

## 1.4 地下实验室的任务及功能

地下实验室在处置库开发过程中的任务及功能如下:

(1) 开发特定的场址评价技术及相应的仪器设备,并验证其可靠性;

(2) 了解深部地质环境和地应力状况,获取深部岩石和水样品,为其他基础研究提供实验样品;

(3) 开展 1∶1 工程尺度验证实验,在真实的深部地质环境中考验工程屏障(如废物体、废物罐、回填材料等)的性能;

(4) 开发处置库施工、建造、回填和封闭技术,完善概念设计,优化工程设计方案,全面掌握处置技术,并估算建库的各种费用;

(5) 开展现场核素迁移实验,了解地质介质中核素迁移规律;

(6) 为处置库安全评价、环境影响评价提供必不可少的各种数据;

(7) 通过现场实验,验证修改安全评价模型;

(8) 进行示范处置,为未来实施真正的处置作业提供经验;

(9) 培训技术和管理人员;

(10) 提高公众对高放废物处置安全性能的信心,公众通过参观地下实验室,了解处置库结构及其安全性能,将有可能改变反对的态度,转而支持处置库的建造。

# 2 地下实验室的国外研究现状

## 2.1 国际地下实验室建设概况

早在 1965 年,美国在 Lyons 层状岩盐矿山,德国在废旧盐矿山开始进行地下实验室的研究工作,这类研究一直在不断进行,直到 20 世纪 80 年代得到了蓬勃的发展。1978 年瑞典向经济合作与发展组织的核能机构(NEA)提出了在 Stripa 铁矿山进行地下试验计划,并于 1981 年 4 月与芬兰、日本、瑞典、瑞士和美国等国家签订了协议。加拿大和法国作为副成员国参加,1983 年这个计划开始执行。以下是几个国际具有代表性的地下实验室:

### (1) 瑞典的 Stripa 地下实验室[4,12-13]

Stripa 地下实验室位于瑞典中部,在斯德哥尔摩西 230 km。该地下实验室原为废旧铁矿山,它从 15 世纪中叶就开始开采,到 1976 年开采完。矿山开采坑道总长 25 km,最低为 430 m。从 1976 年下半年开始就进行地下实验室研究工作。在废旧矿山的 360 m 中段处,从原来开采坑道向花岗岩方向打了一个长约 500 m 的新坑道,试验就在新坑道中进行,主要试验区距离入口竖井 800 m。该地下实验室只做试验,不准备堆放任何高放废物,但采用模拟的方法进行了水文地质和热效应试验。

Stripa 是国际上设在花岗岩中的第一个地下实验室,也是国际协作规模最大的一个,其研究程度也较高。

### (2) 瑞典 Äspö 地下实验室[14-20]

Äspö 地下实验室位于瑞典的东海岸 Oskarshamn 核电站附近的 Äspö 小岛上,离地表深 450 m,1986 年开始场地选址和场地研究,1990 年开始建造,1995 年 2 月完成开挖工作。实验工作从建造阶段就开始,并将持续到 2010 年。Äspö 地下实验室的地下部分包括一条从 Simpevarp 半岛到 Äspö 岛的直通道,然后是螺旋的通道,深度达 450 m。通道总长 3 600 m,后 400 m 通道由直径 5 m 的 TBM 掘进机开挖,其余的部分是由传统的爆破方法开挖的。地下设施中有一个升降井和两个通风竖井。地表为 Äspö 研究中心,包括有办公设施、储存仓库、升降井和通风竖井的设备。其主要研究内容:开发和试验场址评价技术;研究地下水在大区域范围内的运动及竖井和坑道的开掘对地下水流动的影响;研究与开发地球物理调查方法及核素迁移试验的场地;作各类仪器设备、土木工程技术与施工技术等开发试验之先导试验场地。

### (3) 比利时的 HADES 地下实验室

HADES 地下实验室位于比利时东北部核能研究中心 Mol,离首都布鲁塞尔 80 km。Mol 也是比利时核废物处置库的预选场地,计划用来处置中放、高放及含 α 废物。HADES 地下实验室建于 1980—1983 年间,其目的是:确定处置库建造的技术方案,论证建库工作在技术上的可行性;确定废物处置库从废物接收到工程填封的详细运行程序;确定各个运行阶段所需时间和投资费用,包括地表和地下的全部设施、工程回填和填封等。

(4) 瑞士的 Grimsel 地下实验室

Grimsel 地下实验室位于瑞士北部,是国家放射性废物储存公司(NAGRA)根据瑞士高放废物处置方案选定的,于 1983—1984 年兴建,是利用 Grimsel 水电站的坑道在其西侧进行开掘的。试验坑道计划总长 900 m,断面直径为 3.5 m。另外,为了试验目的,在原水电站坑道西侧打了一些钻孔,工作量总计在 1 000 m 以上。建立的目的是:验证别国地下实验室的经验是否适合于本国(主要是瑞典的 Stripa);研究 NAGRA 设计的处置方案的可行性;培养人才,取得实际建库经验。

(5) 加拿大的 Lac du Bonnet 地下实验室

Lac du Bonnet 地下实验室位于 Manitoba 省东南部的 Lac du Bonnet 花岗岩岩基中,在加拿大原子能有限公司所属的 Whiteshell 核研究所东北 15 km 处。地下实验室地表占地 3.8 $km^2$,是向 Manitoba 省政府租借的,租期为 21 年(1979—2000)。建立地下实验室的目的是对比地表和地下水文地质、地球化学体系的特点,研究开掘工作对围岩完整性的影响,研究辐射热对岩石和回填材料的影响,研究工程封闭技术,以及验证用于近场条件下数学模式的准确度。该地下实验室只作实验,不堆放核废物。在地下实验室建造过程中,开展了下列实验工作:构造和岩石力学研究;水文地质研究;地球化学研究;工程爆破效应研究;加热试验;回填材料研究。

(6) 德国的 Gorleben 地下实验室

Gorleben 位于德国北部汉堡东南约 100 km 处,该处是一个盐丘。地下实验室工作分两部分进行:地表阶段和地下阶段。地表阶段从 1979 年 4 月到 1983 年年底,工作面积 300 $km^2$。打了 51 个钻孔,最大钻进深度大于 2 000 m,打穿盐丘,进行了 156 km 地震测量,进行了一系列地质和水文地质研究。地下阶段从 1983 年开始,工作面积 10 $km^2$。

(7) 德国的 Asse 地下实验室

Asse 位于汉诺威东南约 63 km 处,原为盐矿山,停产后转让作为了中低放废物处置库来研究,进行了矿山地质、水文、岩石力学、热迁移、地热特征、近场远场情景、回填和填封以及核素迁移等研究工作。Asse 还进行了固化高放废物的处置试验,目的是为 Gorleben 处置高放废物提供经验。试验内容:加热试验;水或卤水注入处置库后的危害性评定;实际固化高放废物处置试验;大口径钻孔处置高放废物试验;其他试验,如岩石力学,水文地质,回填和填封技术研究等。

(8) 美国的尤卡山地下实验室[3]

尤卡山位于美国内华达州,距离拉斯维加斯 100 km。围岩是凝灰岩,地下实验室位于地面 1000 ft(1 ft=0.304 8 m)以下,地下水位 1 000 ft 以上。按照概念设计,尤卡山处置库由两个运输斜井、两个通风竖井、水平主巷道及水平废物处置巷道组成,处置巷道共由 50 条组成,每条处置巷道直径 16.5 ft,长 2 000 ft。废物罐为双层结构:外层为非抗腐蚀材料、内层为抗腐蚀材料。到处置库完工时,处置库占地达 6 $km^2$,开挖巷道总共 90 km,到时能处置 11 000 个废物罐。目前正在地下实验室从事着大量的科研试验,包括处置工程研究、处置地质、处置化学以及大型的长期的现场加热试验。

(9) 芬兰的 ONKALO 地下实验室

ONKALO 地下实验室位于芬兰西南沿海 Eurajoki 省的 Olkiluto 场址。ONKALO 地下实验室的主要部分是由竖井和斜坡道连接的试验巷道，主试验巷道位于 420 m 处。ONKALO 地下实验室总的地下空间大约为 330 000 $m^3$，巷道和竖井的总长度为 8 500 m。到达地下 520 m 的斜坡道总长 5 500 m，坡度为 1∶10。斜坡道的高度为 6.35 m、宽度为 5.5 m。竖井采用 SLASHING 法开挖至 520 m，竖井壁用混凝土衬砌，内径为 5.7 m。竖井中装备通风管路和供人员交通的升降机。为便于通风和开挖，在斜坡道中每隔 1 000～1 500 m设置连接巷道与竖井相连。ONKALO 地下实验室的试验工作主要在斜坡道、420 m的主试验平巷和 520 m 的下部试验平巷中进行。

## 2.2 地下实验室的建设路线

高放废物深地质处置地下实验室的建设一般可以分为三个阶段，每个阶段的研究成果都为进行地下实验室开挖和地下试验室研究打下基础。这三个阶段为：阶段 1，建造地下通道前的地表调查；阶段 2，建造地下通道至计划的深度及平行调查；阶段 3，建造岩体评价地下设施及地下调查。

### (1) 阶段 1：地下实验室选址

这个阶段的主要目标是确定地下实验室的位置并为地下实验室的设计建立地质基础。地面调查以完善场地的地质结构和水文地球化学描述为目标。在已有信息和新钻孔调查的基础上完成“基准条件”(baseline conditions)的描述。在模型更新时需要对潜在的目标岩体体积的限制特征给予特别的关注。随着调查的深入，进一步的成果是对地下实验室潜在目标岩体体积和通道位置的描述，目的是评估隧道或竖井潜在的入口位置的特性和确认计划位置的岩体有合适的性质。对全部地下设施所需的潜在目标岩体的体积进行十分详细的描述。在这些工作的基础上做出岩体条件满足地下实验室建设工作进入深部地下空间最初的预测。这就是处置库建造“design as you go”（边设计边施工）策略的起点。通过结果和预测的对比逐步确信用于地下实验室设计的信息。

在这个阶段工作的基础上起草地下实验室设计文件，这是招标和许可证申请所需的，也是地下调查战略和地下评估详细工作方案描述的组成部分。

### (2) 阶段 2：建设地下通道至计划的深度及平行调查

在这个阶段开始地下实验室的建设。作为地表调查补充的平行地下调查是一种获取围岩特征详细信息的方法并可证实前一阶段的假设。地下研究使在建造地点评价主要的场址特征和场址尺度模型（岩石类型、结构、地下水化学、地下水文学）的特性成为可能。

虽然目的是使地下建设对处置库围岩的可能扰动最小化，但对场址地下水系统的扰动是不可避免的。地下水系统的状态既能从水文地质的角度也能从水文地球化学的角度观察到。长期地质环境观察的目标是为评价基准条件的变化和估计它们对安全问题的意义收集数据。在建造地下实验室通道期间将继续进行地面调查并特别集中在潜在的地下岩体评价空间岩体体积，这些研究将逐渐完善基岩结构的图形，其主要目的是对布局确定特征（lay-out determining features）和边界特征的描述。这将是估计地下实验室合适的岩体体积和逐步形成在以后的地下建造中避免这些特征的原则的需要。以地表调查为基础的特征描述信息将形成远场描述的主体并作为安全评估中对常规情景演化描述更新的补充信息。

当地下实验室的通道建造到计划的深度和建造实际的特征描述设施准备开始时,第二阶段完成。

**(3) 阶段3:建设岩体评价地下设施及地下调查**

这个阶段旨在形成安全评估和详细的处置库设计所必需的详细场址信息并作为处置库建造许可证申请之需。一旦地下实验室建造到计划的深度,场址评价将集中在对预期的近场岩体的描述上。“近场”的意思是围绕处置巷道和处置坑的岩体体积。在主要的目标岩体体积中预想的深度区间选择典型的代表围岩设计和开挖探测巷道。将对选出的岩体体积和其特性与另外的以地面调查及地下实验室通道调查为基础确定的相似岩体体积作比较。

为进行处置库设计和适用性评价,将改进岩石分级体系并用于假定处置库所需的岩体体积。以安全评估为基础,开发保持安全概念中不同屏障性能的所需的建造约束条件。

在这个阶段具有聚集安全问题的支持证据而建立深地质处置的可信度(confidence)的可能性。在探测巷道中对前期的假设和结果作比较检验,例如,进行代表性尺度的试验建立输运模型的可信度。

## 2.3 国外地下实验室中开展研究进展

建立地下实验室的目的就是为了能在尽量接近未来地质处置库的真实环境中验证处置库的可行性。世界各国经过几十年的研究工作,取得了大量的研究成果,其中包括处置工程技术研究、处置地质研究、处置化学研究、处置安全评价研究、综合试验研究论证及评价等方面。在处置工程技术研究方面主要有:岩石本身强度及其力学特性研究、地应力及岩体稳定性研究、EDZ 及 EdZ 的研究、THM 多场耦合研究、节理裂隙系统的研究、地下水系统的研究以及缓冲工程材料的研究等。

### 2.3.1 岩石强度及其力学特性研究[21]

世界各大地下实验室均对岩石本身强度及力学特性做了大量室内和现场的试验,例如瑞典的 Äspö 地下实验室就对其围岩花岗岩进行了单轴压缩、三轴压缩、抗剪、声波、导热以及裂隙面的强度和粗糙系数试验。

**(1) 单轴压缩试验**

单轴压缩试验在瑞典的 National Testing and Research Institute(SP)中的 Building Technology and Mechanics 部门进行。所有试验遵照 AP PF400-04-×××计划展开,由 SP-QD13.1(SP的内部质量标准文件)统一控制。岩石式样本身根据现场环境中的饱和度作了泡水处理,加载过程一直持续到岩样破坏,以便获取岩石破坏的全过程曲线。试验机为液压伺服岩石试验机,最大轴向压力为 1 500 kN,压力偏差小于 1%,试验还测量了轴向和径向变形,轴向变形同时采用两种方法,以便比较两种测量的结果。径向变形通过如图 1 所示的应变测量仪来测量的。

钻孔 KFM06A 的试验结果:饱和岩石式样的密度为 2 610～2 670 $kg/m^3$,平均值为 2 651 $kg/m^3$;轴向压应力为 157.0～371.1 MPa,平均值为 239.0 MPa;杨氏模量为 70.5～85.6 GPa,平均值为 76.7 GPa;泊松比为 0.19～0.35,平均值为 0.27。从以上结果可以看出试验花岗岩具有很强的脆性特征。

图 1 单轴压缩试验机以及应变测量仪

### (2) 三轴压缩试验

在三轴压缩试验中(图 2),钻孔 KFM05A 的试验结果(图 3):饱和岩石式样的密度为 2 590~2 710 kg/m$^3$,平均值为 2 648 kg/m$^3$;围压分别为 5,10 和 20 MPa;峰值轴向压应力为 289.2~488.5 MPa;杨氏模量为 75.0~85.4 GPa;平均值为 78.8 GPa;泊松比为 0.15~0.20,平均值为 0.18。从以上结果可以看出试验花岗岩具有很强的脆性特征。编号 KFM05A-115-1 的试样,试验前后。高 127.1 mm,直径 50.7 mm,密度 2 640 kg/m$^3$,杨氏模量 77.7 GPa,泊松比 0.163,轴向峰值压力 360.5 MPa。

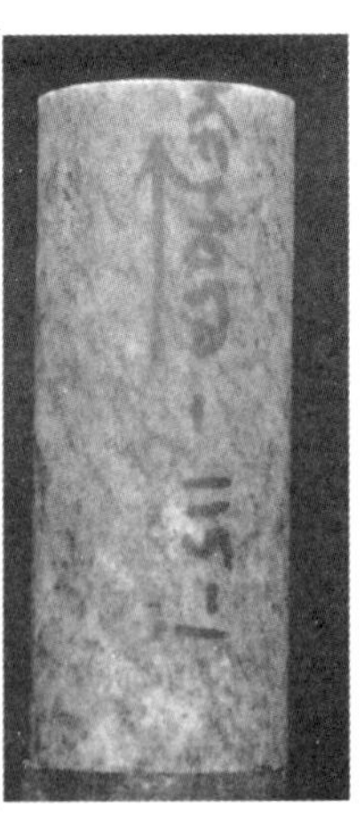

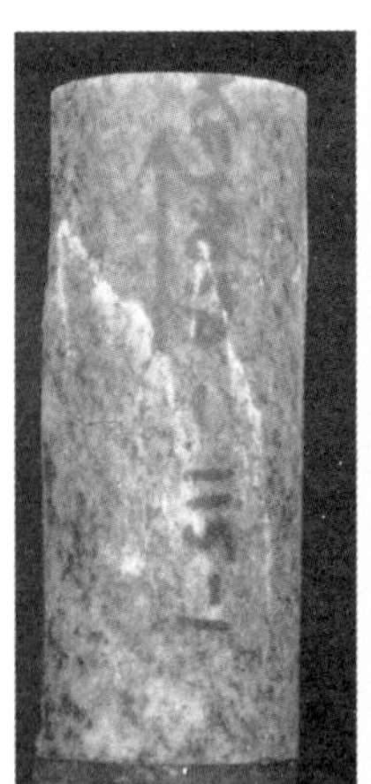

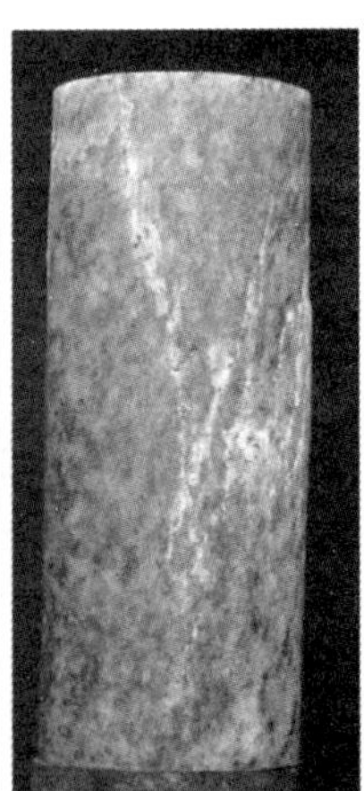

图 2 岩样试验前、中、后

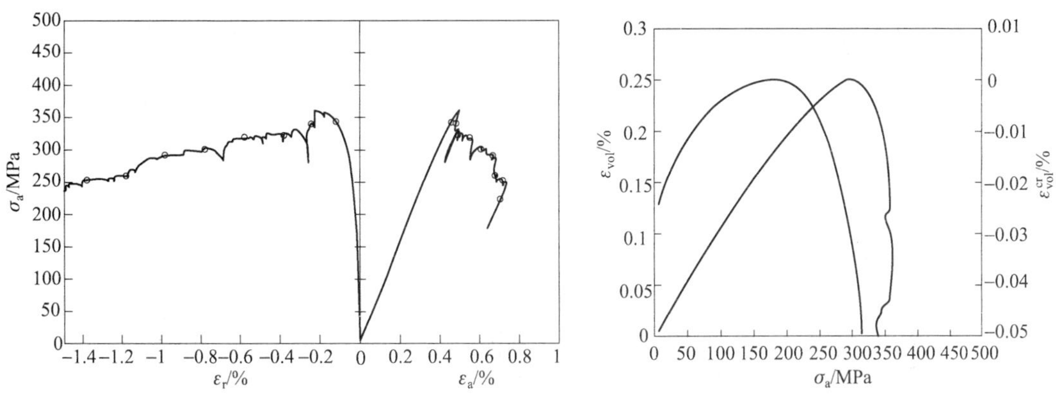


图 3 三轴压缩试验应力应变曲线以及体积应变应力曲线

### (3) 节理面的正应力和剪应力试验

节理力学试验(图 4,5,6)的目的是要研究试样中的天然节理面的力学特性,试验加载有法向应力的剪切应力。例:在钻孔 KFM05A 中取了 4 个带天然节理面的试验进行试验,在 2 个周期内,法向加载到 20 MPa 以测量节理面的法向强度。同时在每个式样上还进行了 3 个剪切加载周期。测量了在法向应力为 0.5 MPa,5 MPa 和 20 MPa 时的峰值剪切强度和残余剪切强度(见表 3)。试样厚度大概是 30～35 mm,长最大为 60 mm,每个试样都差不多一样的形状和尺寸。

**表 3 不同法向应力下节理面的抗剪强度与残余强度**

| 法向应力/MPa | 峰值剪切应力/MPa | 残余剪切强度/MPa |
|---|---|---|
| 0.5 | 1.04 | 0.56 |
| 5 | 5.27 | 3.80 |
| 20 | 15.80 | 14.15 |

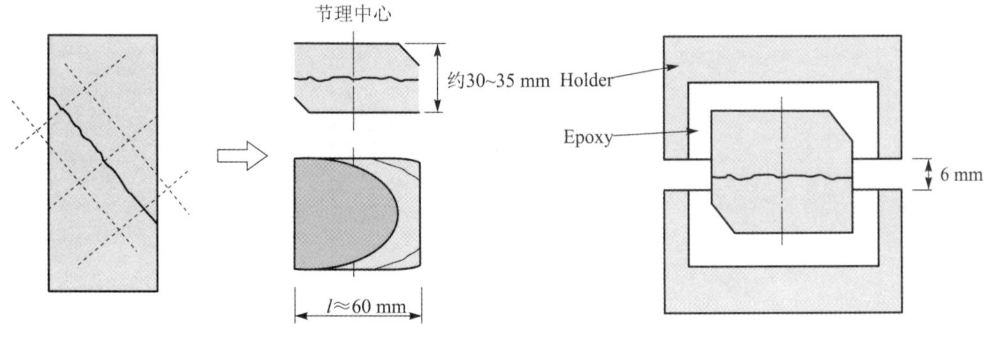


图 4 节理面力学试验示意图

### (4) 声波测试(图 7)

声波试验在挪威 Geotechnical Institute 进行,对钻孔 KFM06A 最大纵向波速为 5 358～5 893 m/s,各向异性率(anisotropy ratio)为 1.03 和 1.16。

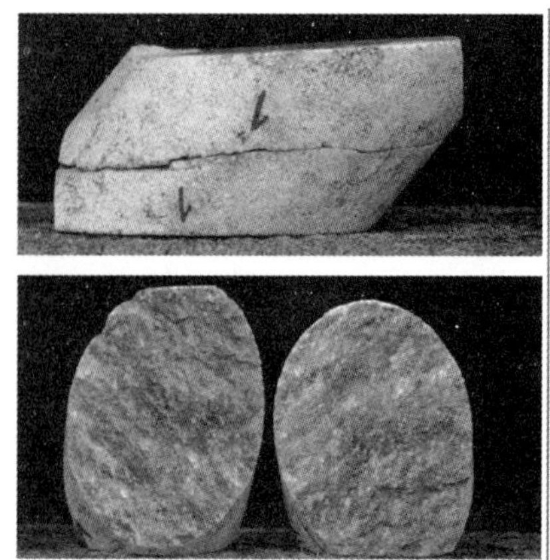

图 5 节理面力学试验机及试样

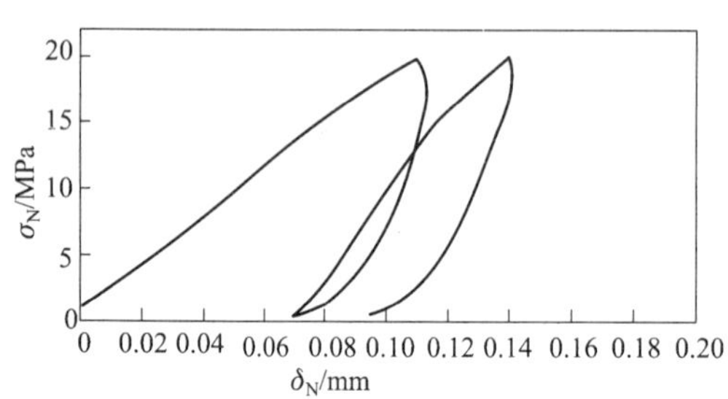

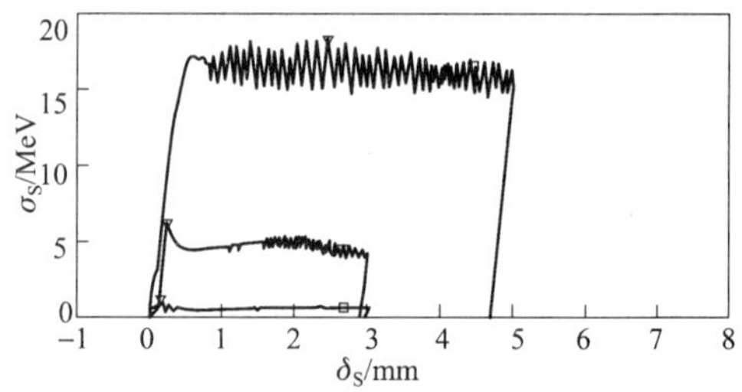


图 6 应力-位移(法向和切向)曲线

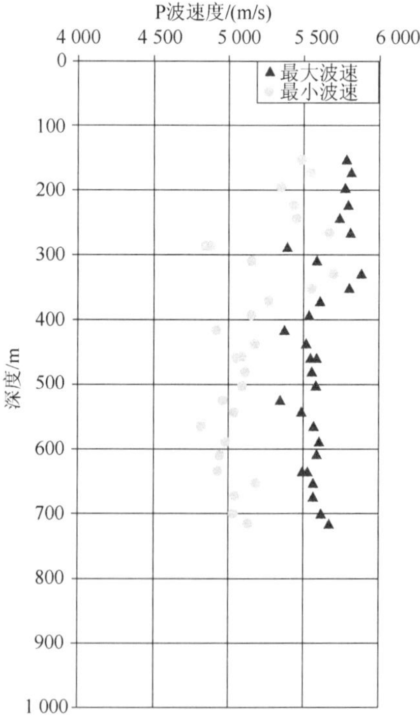


图 7 纵向声波随深度变化曲线

### (5) Tilt 试验(结构面抗压强度 JCS 和节理面粗糙度系数 JRC)(图 8)

试验目的是为了测量节理面的 JCS 和 JRC 以及摩擦角,节理面的这些特征参数将用在以后的岩石力学模型中,为以后的选址工作服务。Tilt 试验包括测倾斜角试验、Schmidt 锤测 JCS 和节理面粗糙度测量。测倾斜角试验在湿节理面上进行,每个试样至少进行三次,每次的角度不能超过 3°;Schmidt 锤测 JCS 也是在湿节理面上进行的,每个试样进行 10 次,删除值最低的 5 次。对取自钻孔 KLX04A 的试样结果显示:由于岩心尺寸只有 50 mm,因此试验结果具有较好的均一性,平均的节理面粗糙度系数为 6,平均的结构面抗压强度为 62.4 MPa,平均基本摩擦角和残余摩擦角分别是 31.4°和 25.2°。

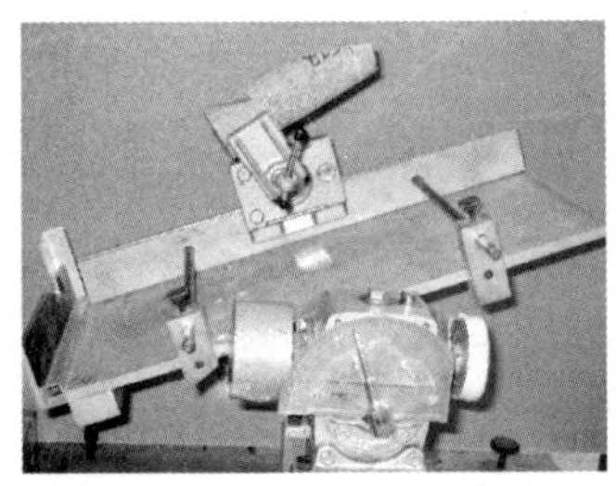
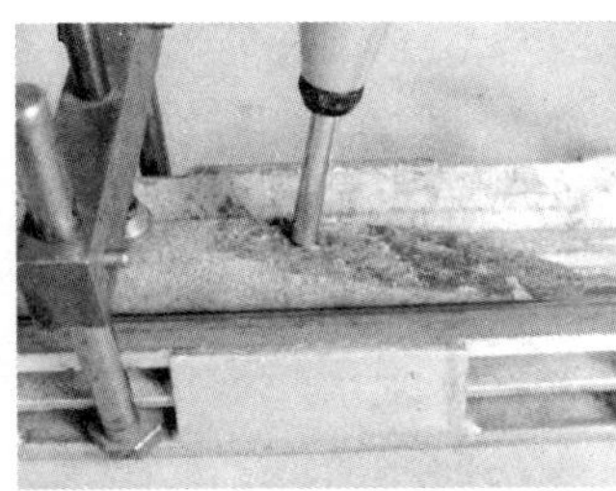

图 8　结构面试验

### (6) 热传导试验[22]

试验目的是为了确定岩石的热力学特性。试验方法为名叫"Transient Plane Source Method"的直接测量法,如图 9 所示。例:取自钻孔 KLX03A 3 个深度 320 m,520 m 和 695 m 的试样,在 20 ℃时岩石的热传导率和热扩散率分别为 2.01～2.98 W/(m·K)和 0.86～1.29 $mm^2/s$。试样直径 50 mm,厚 25 mm。饱和试样的热力学特性在环境温度 20 ℃下进行测试,为了保证饱和试样的水分不会蒸发,试样和传感器都被包在了一个塑料袋内,如图 10 所示。热传导能力随深度曲线如图 11 所示。

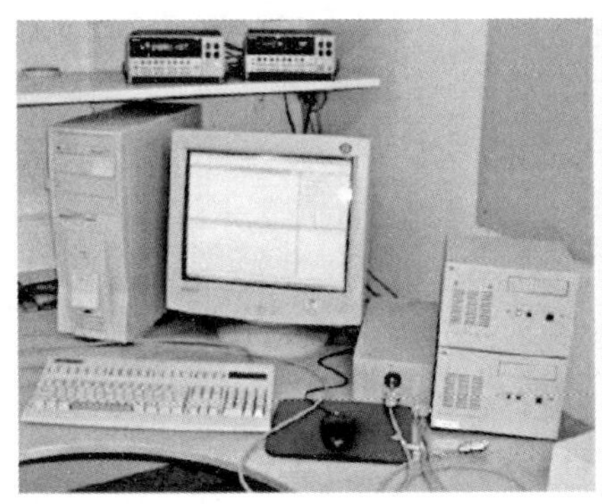

图 9　热传导试验

图 10　热传导试验的试样

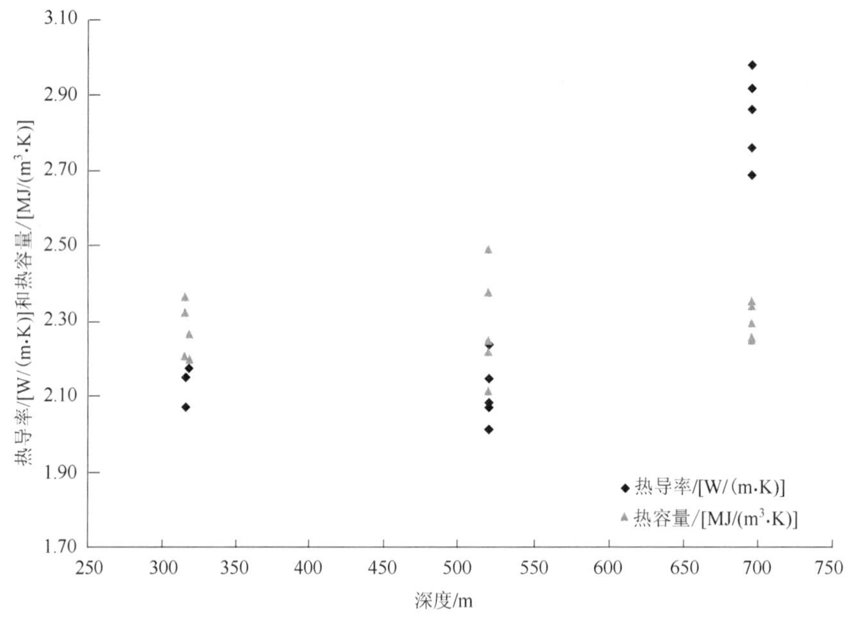


图 11　热传导能力随深度曲线

## 2.3.2　地应力及岩体稳定性研究[14,23]

### (1) 地应力测量

瑞典在 Äspö 及附近的 Laxemar 地区进行了地应力测量(图 12)。在 19 个钻孔中进行了 157 次测量。在 Äspö 的 4 个深钻孔中测量了地应力,深度在 470～600 m。在所有钻孔中,达到这样的深度时,应力值都有一个陡增,到现在为止还没有找到合理的解释。另外在处置库的开挖过程中也会产生围岩应力的变化。当在同一区域开挖多个地下硐室时,这种应力的改变会引起应力集中,对硐室的稳定性以及硐室的形状设计也会产生重要的影响。这种相互之间的影响可以定义为 Extraction Ratio($r$)。例如,当一个处置坑开挖时会对附近的坑道产生影响以及他们之间的岩柱也会受到两个处置坑的干扰。工程经验表明,当因子 $r$ 超过 0.5 时,岩体就会发生失稳。

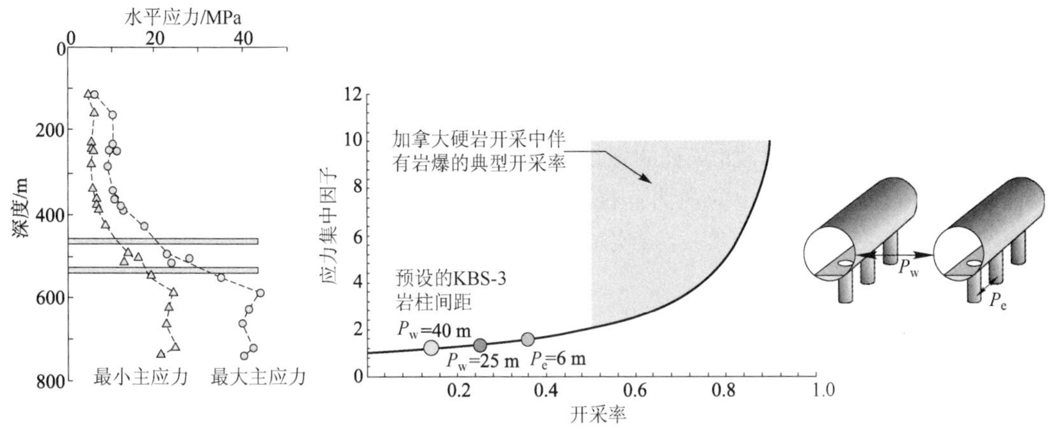


图 12 水平向地应力随深度的变化曲线以及多硐室开挖引起的应力集中

## (2) 坑道之间岩柱的稳定性[24]

处置坑道的开挖会产生很多形状各异的岩柱,而最多的两种就是处置巷道之间的岩柱和处置坑之间的岩柱。这些柱子在处置库的使用期限内将会受到各种应力的作用:原始地应力以及因为开挖而产生的附加应力;由于高放废物的热而产生的热荷载;由于可能的地震产生的动荷载;冰河作用产生的应力。

因此在处置库设计时,应充分考虑这些因素的影响,了解岩柱破坏的机制,以保证这些岩柱的稳定性。如图 13 所示,是加拿大 Elliot 湖附近的一处地质条件和 Äspö 相近的硬岩岩柱的破坏过程,该地下工程处于地下 500～700 m,该案例可以清楚地观察到岩柱的破坏过程,岩柱到第二步时外形已经变成沙漏状,到第三步已经破坏,表面可以清晰地看到破坏张开的裂纹。这些观察的结果和实验室的试验结果保持一致。这些岩柱的设计传统的矿山设计是采取经验方法,但是很明显传统的方法已经无法满足处置库的要求了。到目前为止,对岩柱的设计还只能通过观察岩柱是否会破坏来验证,而对各种应力作用下岩柱的行为还没有很好的理解。

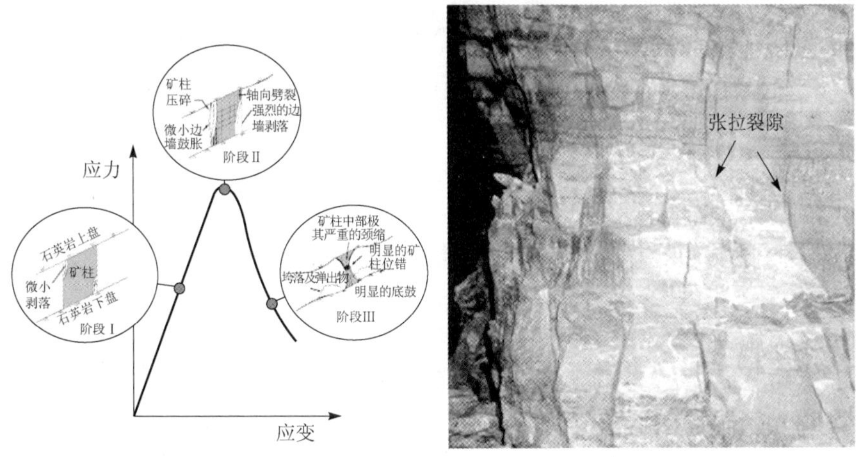


图 13 岩柱在不同的应力阶段破坏示意图及破坏后裂隙分布

(3) 岩爆的研究

地下工程在开挖过程中由于能量的突然释放，可能引起岩爆的发生，岩爆的特点就是突然性和猛烈性，会对施工的工人和地下工程构成极大的威胁。岩爆的发生是地应力水平和岩体质量综合作用的结果(如岩石的强度和节理裂隙网络)(图 14)。Hoek 和 Brown 根据南非许多硬质脆性岩体矿山的观测资料总结出：巷道的稳定性可以通过 $\sigma_1/\sigma_c$ 来评估(见表 4)，$\sigma_1$ 是远场最大地应力，$\sigma_c$ 是岩石实验室无侧限抗压强度。这种分类方法同样适合于 Äspö 地下实验室。

表 4　岩爆分级标准

| $\sigma_1/\sigma_c$ | ≤0.1 | 约 0.2 | 约 0.3 | >0.5 |
|---|---|---|---|---|
| 有无岩爆 | 无岩爆 | 微量片帮 | 较强烈岩爆 | 严重岩爆 |

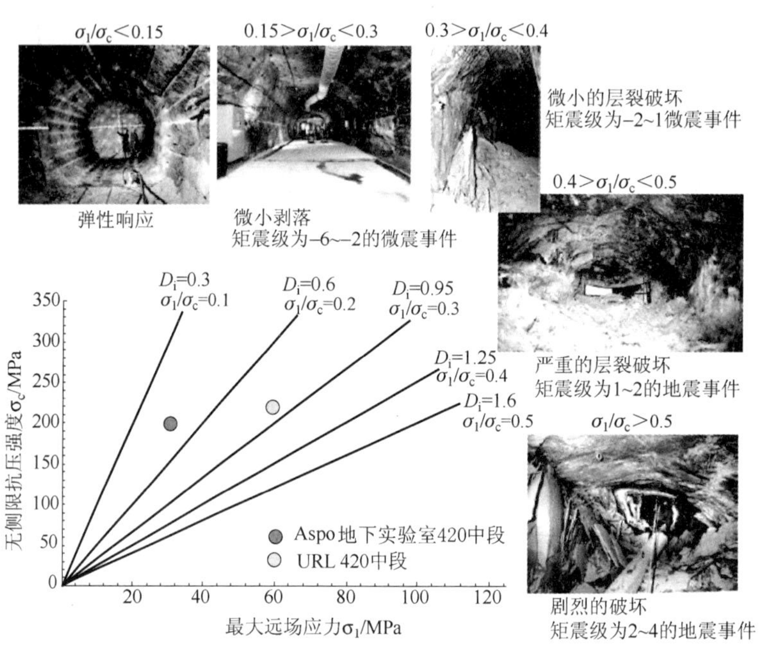


图 14　场地开挖应力重新分布效应

## 2.3.3　开挖损伤(EDZ)及开挖扰动(EdZ)的研究[2,5,25-27]

众所周知，在隧洞的开挖过程中会在岩体周边产生扰动区，扰动区的产生与开挖方法、地下硐室深度、硐室尺寸、支护方式、岩体特性及建筑结构等有关。EDZ 的产生对处置库的运行和长期性能有着十分重要的影响，关于 EDZ 有许多课题需要去研究，例如，各种裂隙是怎样因为开挖扰动而产生的，EDZ 岩体的渗透性如何改变，还有 EDZ 岩体可能存在的自修复的可能性以及如何发生。目前在结晶岩，岩盐，硬质黏土和塑性黏土中都进行了关于 EDZ 课题的研究(包括现场的，实验室的和理论上的研究)。关于 EDZ 的研究可以追溯到 1996—1998 年，在 CNS(Canadian Nuclear Society)高放废物地质处置小组的组织下成立了

EDZ 研究小组,2003 年 11 月在卢森堡召开的研讨会上报道了目前所有关于 EDZ 的研究概况。首先重新定义了 EDZ,使其符合所有研究的围岩类型。然后综合了各种不同围岩 EDZ 的不同的研究方法,结论等。

不同的学者从不同的角度上,对 EDZ 和 EdZ 给出了不同的定义(见表 5)。

**表 5 不同岩体 EDZ 和 EdZ 的定义**

| | 结晶岩 | 岩盐 | 硬质黏土 | 塑性黏土 |
|---|---|---|---|---|
| EdZ | 该区域只出现可恢复的弹性变形 | 与初始状态有关的应力变化 | 只发生可逆变化(塑性应变,孔隙压力变化等),不会产生核素迁移的通道 | 区域状态(孔隙压力,应力等)发生了很大的改变,但对处置库没有消极的影响 |
| | 备注:在理论上不可能确定出该区的界限 | 备注:外边界没有清晰的描述,超深的 EdZ 区对处置库运行影响不大,但对长期性能影响很大 | | |
| EDZ | 该区域出现不可恢复的裂隙以及变形 | 因微裂纹的产生而较大地影响区域性质,特别是水力学特性 | 微裂纹区域,伴随着破坏和屈服。因为新增加的裂纹渗透性增大几个数量级 | 区域的地质力学和地质化学产生变化,对处置库有消极的影响 |
| | 备注:受施工方法以及地应力松弛而瞬间产生 | 备注:区域范围及特质随时间会改变,决定于应力应变情况 | 备注:但又不同于普通塑性和屈服区 | |

因为各种不同岩体中的 EDZ 在生成与发展,监测,概念,测试方法和数值模拟等方面有着许多相通之处,因此有必要综合比较研究各种岩体中 EDZ 的特性,以便我们能更好地了解 EDZ,为最终的处置库服务。关于 EDZ 的研究是分为多个阶段进行的(处置库的不同进行阶段):

### (1) 开挖阶段

开挖阶段主要的破坏方式:

1) 由开挖方法自身引起的破坏。

对于硬岩和脆性结晶岩,开挖方法的不同所产生的 EDZ 区有很大的差别,如果用爆破方法开挖,EDZ 可能的厚度达 0.1～1.5 m,渗透率增加 2～3 个数量级。而如果采用 TBM 开挖,EDZ 可能只有 1 cm 厚,渗透率相应只增加一个数量级。当在塑性黏土层中开挖时,会发现一个有趣的现象,在比利时的 Mol 地下实验室中,开挖深度 230 m,裂隙形成于开挖面前方,并且岩层 4 m 内的孔隙压力为大气压,意味着这 4 m 区域的裂隙是连通的。孔隙压力一直响应到挖掘面前方 60 m。然而岩体的渗透率依然没有受到多大的影响,接近于扰动前的岩体。孔隙压力的变化可能是因为在未排水情况下孔隙尺寸的变化引起的,但还没有得到科学的论证,关于该问题还在进一步的研究中。

2) 由于开挖后的应力松弛引起的结构变化。

应力松弛是诱发所有类型岩体中 EDZ 的主要原因,因为应力松弛而产生了拉应力,压应力，剪应力以及偏应力。不同的岩体对这些应力有着不同的响应。具体 EDZ 的产生是由应力水平、岩性和巷道结构决定的。对于坚硬的结晶岩体，存在着天然的裂隙，因此渗透性对于应力值十分敏感。而对于相对柔软一点的硬质黏土，其 EDZ 的产生又不相同。岩盐和塑性黏土本身没有什么固有的结构面，岩盐中 EDZ 延伸为 0.5～1.5 m，渗透率增加 4～5 个数量级。塑性黏土因为其各向同性，其产生的裂隙像洋葱皮一样是一层一层的。

3）由于巷道支护的位移而引起的岩体变形产生的扰动。

(2) 处置坑运行阶段

一旦巷道建造好了，岩盐、硬质黏土和塑性黏土的 EDZ 还会继续发展，而结晶岩体的 EDZ 在结构上趋于稳定。该阶段巷道通风，且废物罐已经放置进去，同时该阶段岩体支护已经完毕。通风使得隧道内的湿度降低，从而大大地影响了黏土和岩盐的特性，但是对于结晶岩体的影响很微弱。因此，由于脱水加强了硬质黏土的强度，但又会发生硐室收敛而产生拉应力裂隙。对于黏土和岩盐，通风条件改变了岩体的吸水性，进而影响了蠕变特性，阻碍了自修复过程。脱水不会改变结晶岩体的力学特性，但是空气进入到岩体中会改变氧化环境，可能会发生一些化学反应而改变岩体的一些特性。

(3) 关闭初期阶段(包括重饱和和加热阶段)

该阶段回填材料已经回填完毕，处置库已经封闭。处置巷道的湿度会升高，EDZ 岩体可能会重新饱和，此时处置的废物罐会产生高温，使得附近岩体和回填材料中的水蒸发成气体，热的水蒸气向外扩散，遇冷又会结成水，如此循环过程就会影响岩体的特性，特别是黏土和岩盐，因为它们对含水率比较敏感。而对于结晶岩体，由于回填材料通常是膨润土，而含水率的变化对膨润土的影响也是非常显著的。膨润土由于吸水产生膨胀力，该膨胀力又会压迫岩体 EDZ 趋于封闭。

(4) 后关闭阶段(包括冷却和自封闭阶段)

该阶段巷道、回填材料和 EDZ 岩体充分饱和，处置库周围的温度也降了下来。此时主要的研究内容为：自修复，长期的化学生物影响以及支护系统的长期性能。由于此阶段的研究均需要在相当长的时间尺度下完成，因此难度很大。重点研究了岩体的自修复性能，自修复性能主要是针对黏土和岩盐的，岩盐的自修复主要是因为黏塑性变形和重结晶过程。黏塑性变形过程十分缓慢，90 年内，700 m 深的 EDZ 渗透率从最初的 10～16 $m^2$ 修复到 10～18 $m^2$，还是高于未扰动时候的 10～20 $m^2$。这两个数量级的修复是否能满足处置库的要求，还需要在可行性论证中做进一步的研究。

国际一些地下实验室对于结晶岩体的 EDZ 做了大量的研究，如瑞典的 Stripa 和 Äspö，加拿大的 Pinawa，瑞士的 Grimsel—FEBEX 和日本的 Kamaishi，这些研究不仅包括详细的现场测试，还有室内实验室研究，同时还进行了大尺度的 EDZ 渗流实验，设计的渗流通道长达 10 m。这些大尺度的实验可以很好地反映现场各向同性或各向异性等许多实际的情况。各个地下实验室互相对比了各自的实验结果，以便可以更好地找出 EDZ 的客观规律。

另外，在比利时的 Mol，瑞士的 Mont Terri，法国的 Bure 和 Tournemire 进行了黏土层中 EDZ 的研究(图 15，16)，在德国的 Asse 和美国的 WIPP 中进行了岩盐的研究，通过近 20 年的研究，取得了一些阶段性的研究成果，例如关于黏土和岩盐中的研究，成功开发了程序 CODE_BRIGHT。

但是,在各种岩体的 EDZ 研究中依然有一些瓶颈问题没有解决:①继续研究在变形和渗流方面的各向异性特性;②研究巷道的封隔效果及 EDZ 的隔断;③对 EDZ 的研究进行广泛的可行性评估。目前关于 EDZ 和 EdZ 的研究正在进行中。

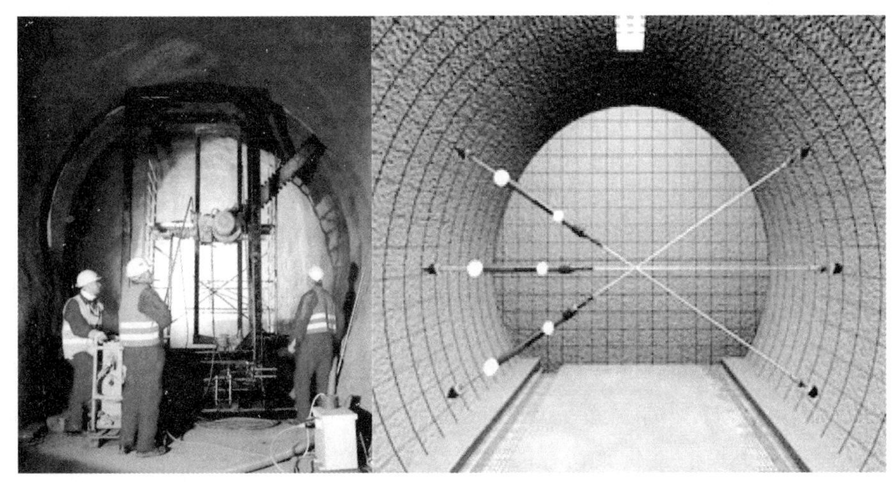

图 15 法国 EDZ 研究现场施工及巷道变形监测

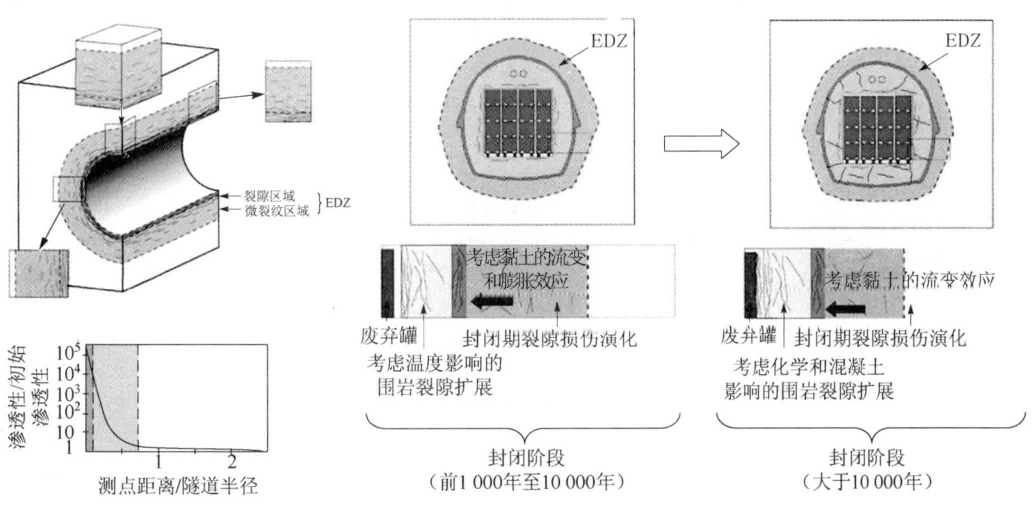


图 16 法国 EDZ 研究

## 2.3.4 深部岩体多场耦合效应研究(THM)

多场耦合研究由 Decovalex(an acronym for Development of Coupled THM models and their VALidation against Experiments)项目发展而来,开始于 1992 年。Decovalex 项目是一个国际合作组织致力于地质体中的 THM 耦合的研究。通过三个阶段的研究,获得了大量的研究成果,目前正在进行第四阶段的研究。来自 9 个不同国家的 15 个研究小组进行了 16 年的研究,项目研究目标是:研究模拟地质体中 THM 耦合过程的计算机模型;调查研究适合 THM 模型的运算法则;比较研究从现场和实验室试验获得的模型计算结果设计新的实验支持程序和模拟模型的发展;研究如何将 THM 模型应用到高放废物地质处置的可行性评估中去。

研究项目由 2 个案例试验(TC)(test cases)和 3 个基本试验 BMT(benchmark tests)组成,试验主要研究的物理过程见表 6。BMT 主要用于调查验证关于单一或 THM 耦合过程的假定以及分析处置库在时间空间尺度上的运行结果。TC 是一些现场和室内实验室试验,帮助我们去了解 THM 耦合的过程,同时还通过数值模拟的手段帮我们去检验结果和模型,该项目已经进行了大量重要的、大尺度的、长期的试验。

Decovalex 项目的一切研究活动就是围绕 BMT 和 TC 展开的,在确定了热、水力、力学初始边界条件和加载顺序后,这些试验作为初始条件开展,然后为了能得到更合理的概念和模型,基于这些试验的研究结果会设计出新的试验以及发展更完善的数学模型来研究裂隙岩体和缓冲材料中的 THM 过程,同时也提出了解析解和半解析解。该项目将从科学、工程和管理的角度进行研究,并驾齐驱没有偏废。Decovalex 项目研究一个显著的特点就是所有的研究都是由多个研究小组独立完成的,每个小组用各自不同的理论、方法完成研究后,然后再将结果进行对比,以此保证研究的科学性、客观性和可比性。

**表 6 Decovalex 研究的主要过程**

| | |
|---|---|
| 物理力学过程 | 裂隙岩体和缓冲材料中热的膨胀、扩散和对流<br>裂隙岩体和缓冲材料中流体的流动,包括非饱和流<br>应力引起裂隙岩体和缓冲材料的变形<br>上述过程之间的交互影响<br>寻找节理裂隙、裂隙岩体和缓冲材料的规律<br>裂隙岩体特性的均质化研究 |
| 几何参数和特性 | 岩体节理网络的特征及其表现<br>岩体节理的性质以及对水力参数的影响<br>裂隙网络可连通性的研究<br>岩体结构的各异性和地层学属性<br>不同的边界和初始条件<br>初始应力的分配 |

Decovalex 项目已经进行了三期,Decovalex Ⅰ(1992—1995),Decovalex Ⅱ(1995—2000),DecovalexⅢ(2000—2003),目前已经开始了第四期的研究。刚结束的第三期包括两个 TC 研究:大尺寸工程屏障试验(FEBEX;Full—Scale Engineered Barriers Experiment in Crystalline Host Rock);巷道尺寸效应(DST,Drift Scale Test)

#### 2.3.4.1 FEBEX 实验

FEBEX 试验由欧盟资助,西班牙的 ENRESA 负责实施。试验始于 1994 年,在瑞士的 Grimsel 地下实验室进行,试验的一个目的就是要研究在高放废物处置库近场所发生的 THM 过程。试验是基于西班牙的关于高放废物结晶岩体中处置的参考模型进行的(图 17)。在该模型中,废物罐沿着水平的处置坑放置,在每个废物罐之间用膨润土回填,膨润土遇水膨胀从而产生膨胀应力,使得处置坑有一个压实自封的过程。而在 FEBEX 试验中,将用电加热棒代替废物罐来模拟高放废物所产生的热。

FEBEX 是为数不多的能综合模拟结晶岩体中各种反应过程的大尺度试验,经过 9 年的试验,安置在膨润土和围岩中的传感器获得了大量的数据,这些第一手的资料为以后的模型研究提供了基础。

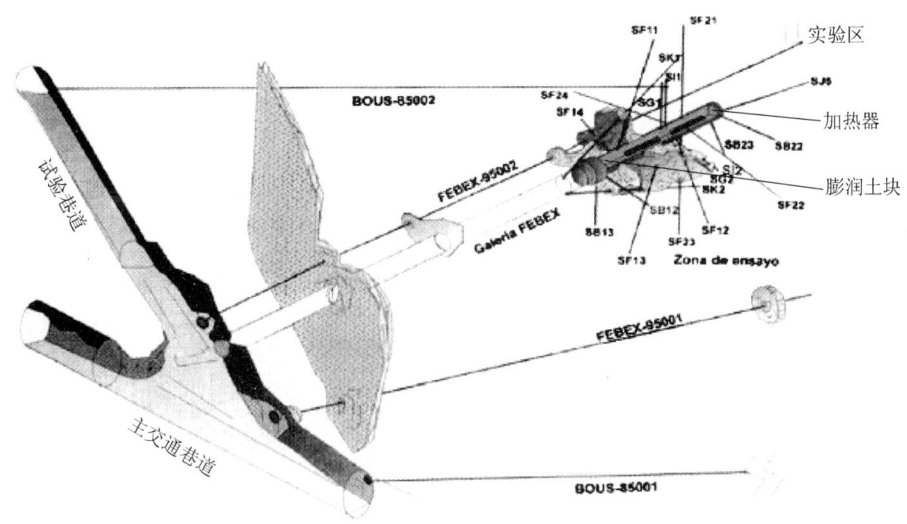


图 17　FEBEX 试验场址的布局以及试验钻孔

模型研究主要分三部分进行:

### (1) 关于岩体的 HM(Hydro-Mechanical)模型

阶段试验有两个目标:一是研究巷道开挖过程中围岩中水的流动。对于水的流动不同的研究小组采用了不同的研究方法,ANN,CNSC 和 SKB 采用的是非耦合的模型,而 ANG,DOE,SKI 却是采用的耦合的 HM 模型。研究地下水的流动主要有三种概念模型:①离散介质模型;②等效连续介质模型;③离散等效连续相结合的模型。二是研究巷道开挖过程中因围岩变形而引起的孔隙水压力的变化。

### (2) 关于膨润土缓冲材料的 THM 分析[28-29]

只有很少几个研究小组参与到此项研究中来,因为膨润土缓冲材料中的 THM 过程具有很多不可预见性,也只有三个研究小组(CNSC,SKB 和 SKI)能对整个任务给出预测。一些组织(如 IRSN)也只能对具有规则对称性的模型提出一维的近似解。另一些组织(BGR,IRSN)只能解决 TH 耦合问题,而关于相态的变化等复杂的问题还无法考虑。

### (3) 关于岩体的 THM 耦合分析

在该阶段的研究中,温度是最主要的影响因子,因为岩石的行为受温度的影响最为显著。FEBEX 的试验研究主要取得了两类成果:一是一般意义上的;二是技术上的。

1) 一般意义上的:总的来说 FEBEX 试验研究对于广大的参与者来说是一个学习的过程,是一个提出新的方法、新的模型以及对 THM 过程提出新的见解的过程。从中可以得出如下结论：

① 数值模型的成功与否，关键在于能否准确地确定岩体地水文地质特性以及试验系统的优劣，其次在于选取什么样的数值模型方法。

② 对于 FEBEX 案例，完全的 HM 耦合模型需要应用到裂隙岩体的渗流与应力的模拟及预测中去，特别是在巷道的开挖过程中，因为在开挖的过程中，围岩中的应力总是处于变化的过程中，因此其边界条件也总是变化的。

③ 要预测膨润土在加热和湿润的条件下的行为，需要完全的 THM 耦合模型，因为此时的膨润土中各种过程都将发生。

④ 当岩石基质的渗透性远远高于饱和膨润土的渗透性时，膨润土缓冲材料的水合反应将独立于围岩的导水性。

⑤ 加热对 FEBEX 巷道周围的岩体应力影响很显著，但是对于水压的影响甚微，可能是由于相对较高的岩石渗透率造成的。

2）技术上的：在 FEBEX 研究过程中，论证了如下一些物理现象：

第一部分（尤其是开挖过程中孔隙水压力的变化）

① 完全的 HM 耦合；

② 考虑初始的 3D 应力场；

③ 记录巷道形状随时间而变化的模型。

第二部分（膨润土中的 THM 过程）

① 液体水和水蒸气之间的相变过程；

② 由于浓度引起的气体流动；

③ 取决于饱和性的渗透及导热性；

④ 吸水过程引起的变形。

第三部分（岩体中的 THM 过程）

① 水及岩石颗粒的热膨胀引起的应力变化，以及由水和岩石颗粒受热引起的孔隙水压变化的区别。

② 完全的 HM 耦合过程。

#### 2.3.4.2　巷道尺寸效应实验 DST（Drift Scale Test）[30-33]（图 18，19）

该试验在美国 Nevada 州的尤卡山地下实验室中进行，是由 DOE 负责的大尺寸的、长期的加热试验。试验的目的是评价尤卡山是否适合建造高放废物和乏燃料的处置库。加热阶段始于 1997 年，到 2002 年加热结束，而作为首个冷却试验阶段将持续 4 年时间。DST 总的目标就是要研究 THMC 耦合过程。

试验巷道直径 5 m，长 47.5 m，9 个大的和 50 个小的加热棒分别安置于实验巷道和周边未饱和的凝灰岩中，大的加热棒直径 1.7 m、长 1.6 m，最大发热功率为 15 kW。巷道的尺寸以及加热棒的大小均参照处置库的真实尺寸建造，那些小的加热棒将模拟可能从隔壁的处置坑里穿过来的热量，以便能更真实地接近实际的情况。每个小的加热棒长 10 m，有两种加热功率分别是 1 145 W 和 1 719 W。交通观测巷道和加热巷道平行，另外还有一个和他们垂直的连接巷道，用来确定试验岩体的厚度。如图 17 所示，在巷道壁钻了许多的钻孔，这些钻孔是用来放加热棒、仪器和传感器的。

在 DECOVALEX Ⅲ 框架下的 DST 有四个子任务：Task2A，Task2B ，Task2C 和

Task2D(见表7)。Task2A采用数学方法模拟和研究岩体的TH过程；Task2B和Task2C模拟和分析岩体中的THM及TM过程；Task2D是研究THC过程。参与该项目的研究小组有：IRSN/CEA，DOE/LBNL，ENRESA/UPC，JNC，NRC/SWRI和SKI/LBNL。

DST试验研究的主要成果：DST的试验证实了在尤卡山的裂隙凝灰岩体中，热传输以传导作用为主，尽管孔隙水的流动也起着很重要的作用，特别是在地热地区。水蒸气在岩体裂隙中流动遇冷凝结，因此充填了岩体裂隙，降低了空气的渗透率。通过比较数值模拟和实测的温度发展了许多概念模型。双重介质模型(或双重渗流模型，裂隙系统和岩石基质)现在正在积极展开研究。试验还评价了维数对温度的影响(如2D和3D的比较)，在2D和3D的情况下加热了4年后，在小的加热棒周边发现了最大达10℃。在气体的传导性方面，模拟的结果和实测的有很好的一致性，这说明了所用模型的合理性，同时也说明了该模型在模拟应力场和渗流场的耦合时十分符合由TM耦合过程引起的渗流场变化。

**表7 不同的研究小组采用不同的模拟程序**

| 任务 | 研究小组 | 模型研究程序 | 备注 |
|---|---|---|---|
| Task2A | ENRESA/UPC<br>NRC/SWRI | CODE_BRIGHT<br>MULTIFLO | CODE_BRIGHT程序解决了质量守恒方程、非恒温状态下的能量守恒方程和力学平衡下的冲量守恒方程，最初该模型采用单一的等效多孔介质去模拟Yucca Mountain的凝灰岩，后来发展到采用双重介质模型去模拟裂隙和岩石基质 |
| Task2B | SKI和DOE | TOUGH-FLAC | 该程序集成了两个十分优秀的软件TOUGH2和FLAC3D，程序有效抓住了应力变化对水力特性的影响，是基于强破裂、非饱和岩体常包含有三组正交的裂隙组的概念模型建立起来的 |
| Task2C | IRSN/CEA<br>NRC/SWRI | FLAC<br>Castem2000 | IRSN/CEA和NRC/SWRI都选择用测量得到的等温线作为温度输入去模拟TH耦合过程 |
| Task2D | JNC | THAMES<br>Dtransu<br>PHREEQE | THM程序THAMES，质量运移程序Dtransu和地质化学程序PHREEQE，这三个程序由一个系统程序耦合程序COUPLYS控制 |

此外Decovalex还有一些BMT研究：

BMT1 近场渗流场与应力场的整体研究：BMT1的目的就是要研究在一个典型的高放废物处置库中，THM过程是如何影响渗流场的，以及是如何作用于作为一个整体结构的地质体和工程体的。研究假定处置库位于花岗岩体中1 000 m的深度中。图19a是处置库的概念设计，相邻处置巷道的距离是10 m，而相邻处置坑的距离是4.44 m，处置坑深4.13 m，直径2.22 m，废物罐放置于处置坑中然后放入膨润土缓冲回填材料。要研究的内容有：温度的演变过程、缓冲材料的饱和过程、缓冲材料和岩体中的应力、岩体中流场和渗透性、巷道的力学稳定性以及所有这些过程中可能出现的不确定性，另外如何采用模型去评价它们也是此项研究的内容之一。

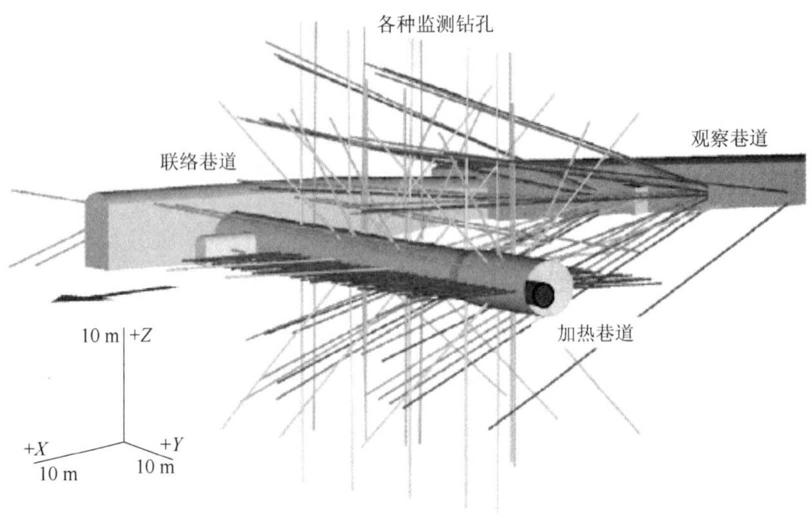


图 18 DST 试验

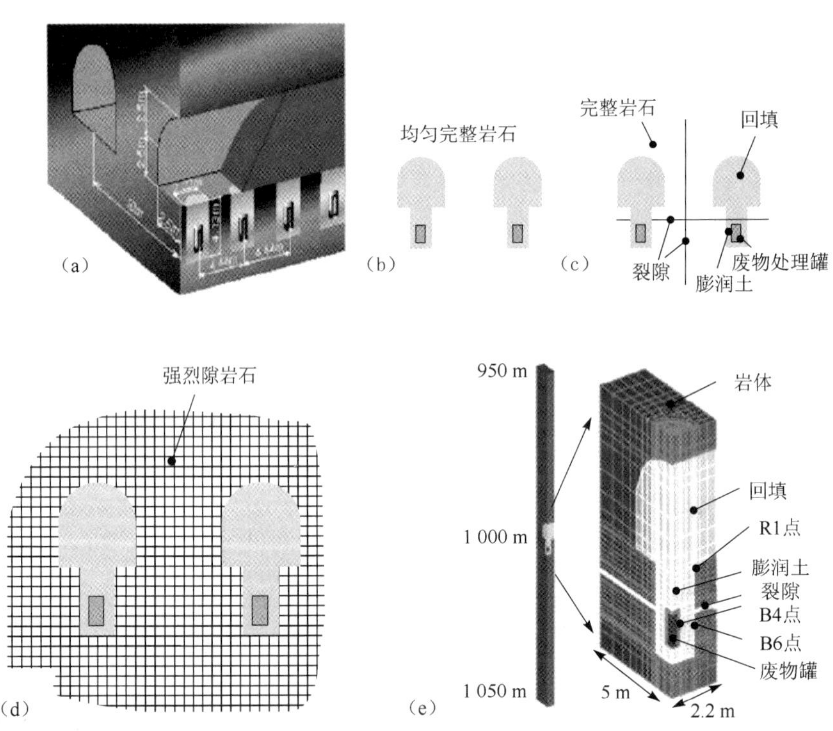


图 19 DST 试验数值模拟

(a)未来处置库的设计;(b)假定的均质岩体;(c)假设存在的两条节理;
(d)KTH/SKI 研究过的裂隙高度发育的一个例子;(e)一个典型的有限元模型

BMT2 如何提高裂隙岩体中的 THM 耦合研究(upscaling of THM processes in fractured rock)。

BMT3 冰河作用的影响:该试验的目的是对在一个冰河周期内的 THM 耦合作用对

处置库所处地质环境的影响做常规的数值分析(10 万年)。通过分析或数值模拟的方法研究在一个冰河周期内处置库所处的地质体的演化规律,评估在一个冰河周期内,应力和渗流的耦合效应作用在处置库上的影响,以及处置库在如此长的周期内是否可以保证高放废物的安全,从地质的角度更进一步论证处置库的安全性。

Decovalex 对比了国际上许多的研究组织的研究成果,不同的小组对相同的研究对象采用不同的思路、不同的模型和不同的方法,因此十分有利于我们对 THM 耦合过程的认识。这种研究方式的优点是单个的研究小组的单兵作战所无法比拟的。

### 2.3.5　处置库概念模型的研究[25]

处置库的概念模型是各项研究进展的平台,因此在整个地质处置中占有十分重要的地位。在过去的几十年里,世界各国都针对各自不同的围岩条件提出了自己的概念模型,其中比较有代表性的是瑞典在大量研究的基础上提出的处置库概念模型 KBS—3(图 20)。

在该模型中与处置库相配套的还有两个地面设施,一个是废物罐的生产工厂,另一个是高放废物封装工厂。为了保证处置库的安全性,KBS—3 概念有三重安全保障:①隔离;②阻滞;③稀释。隔离功能由长寿命的废物罐承担,在废物罐达到使用寿命或者失效后,处置库应该能够阻滞核素迁移到生物圈,这个功能将由缓冲材料和围岩来实现。最后的稀释通过由正确的选址来实现,切断核素所有能够到达生物圈的途径,即使最后能够到达也是生物圈所能接受的低含量。

KBS—3 概念处置库的设计处置能力为 9 000 t 乏燃料,也就是 4 500 个废物罐。废物罐放置在垂直的处置坑中,处置坑直径 1.75 m,深 8 m,由高压缩的膨润土回填。缓冲材料将对废物罐提供力学支撑和阻隔地下水的侵入。每个处置坑的中心距离为 6 m,而每个处置巷道的距离为 40 m。处置库的地下处置面积将达到 2～4 $km^2$,深度在 400～700 m 左右。处置库将分两步进行,先处置 400 个废物罐做试验的处置,在确保正常运转后处置剩余的。概念设计如图 20 所示。

巷道的具体尺寸由具体的使用功能决定,如:螺旋巷道和地下设施之间的交通巷道的跨度在 5～8 m,另外还取决于交通的要求。而主要的巷道如通风的和供能的,其跨度将达 8～15 m,高度和跨度差不多。

## 2.4　地下实验室建造评述

地下实验室就是为了解决未来处置库的各个阶段中可能遇到的科学技术问题而建造的。地下实验室在处置库的选址和评价过程中、在进行概念库的设计过程中、在处置库的运行过程中以及处置库关闭后的阶段中都起着十分重要的作用。

对于花岗岩等硬岩而言,在进行处置库的选址和评价过程中,首先要进行可行性研究,考虑具体的自然条件,关注候选场址的区域地质条件、水文地质条件。在确定出预选地点后,研究地下深部开挖岩层的基本力学性能:抗拉强度、抗压强度、抗剪强度、泊松比、弹性模量、剪切模量、体积模量、孔隙度、渗透率等基本参数的现场测试与室内实验研究;再确定场址的地下水空间分布特征,了解当地的地应力场与渗流场分布,为后续的工作提供基础资料。根据已有场地岩石条件和环境安全判据确定基本的处置场设计控制参数(如限定温度、

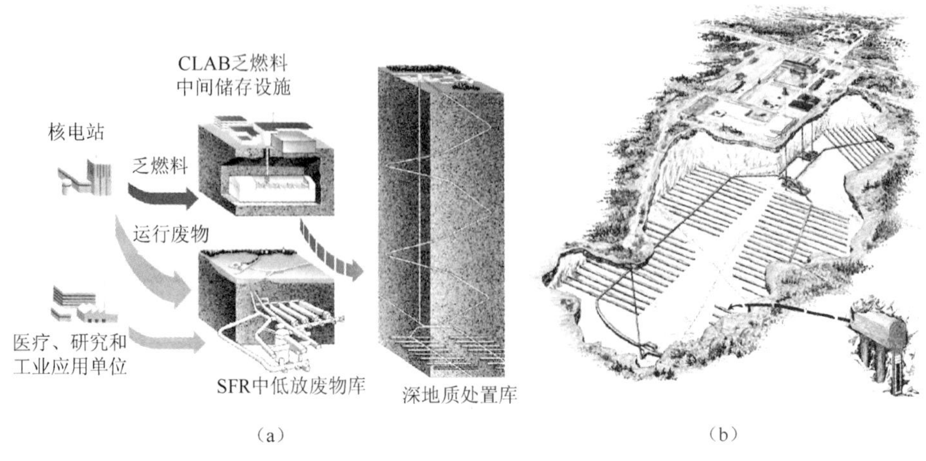


图 20　瑞典提出的 KBS—3 模型

处置深度、工程屏障几何尺寸和材料组成，废物再回收可能性等)，进行各场地评估和最终场地的确定。

在进行概念库的设计过程中要了解深部岩体的力学行为，建立和验证岩石材料的本构模型及其相关参数，进行岩体不连续面和不连续面系统的表征；结合已有的地下渗流场、温度场、应力场与化学场的资料，建立和验证岩土材料和岩石构造面(特别是大型断裂带)的主要力学—物理—化学耦合过程的概念模型和控制微分方程(组)及其数值解法；建立和验证特定场地的节理岩体概念模型(如等效连续介质、离散块体系统、离散节理系统等)、适用的物理过程(如稳定性分析、流体流动和物质传输分析、应力—流体耦合分析等)、控制微分方程(组)及其数值解法；进行原岩应力原位测量，实验室试验技术，大型现场试验研究方法等。在概念库的设计过程中最主要的在于进行岩体的各种试验和测试，了解地下岩体中节理的分布、应力、强度与水文条件等在多场耦合作用下的变化。目前进行地下应力场、温度场与渗流场、化学场多场耦合的研究比较多，在理论模型、数值模拟与现场测试、室内试验等方面取得了大量的研究成果。

早期的地下实验室多利用废弃的矿山等地下设施进行试验，后来的特定场址地下实验室是在选定的处置库场址进行全新开挖的地下设施。在地下处置库与实验室开挖建造过程中进行岩石力学试验研究：原地应力测量，开挖对围岩的损伤(EDZ 的研究)，加热实验，岩石的 THM 耦合研究(著名的 Decovalex 国际合作计划)，岩石的蠕变研究，巷道表面不连续面测绘、描述与预测，巷道涌水试验[34]，巷道围岩变形测量及岩体力学参数反分析等。

在处置库的实际运行阶段，地下实验室可以模拟处置库运行过程中的岩体变形、THMC 耦合、长期强度与核素迁移的理论与试验研究。高放废物进入处置库后，核衰变会产生大量的热，以热传导与热对流的方式向硐室四周扩散，在其保存的长期时间内，温度会达到 250 ℃以上，对岩石变形形态、方式与长期强度、地应力的分布、渗流场等产生很大的影响。在保存的过程中核素会与回填介质、地下流体及围岩进行化学反应，通过地下水向外迁移，即产生化学场的变化，与其他三场耦合作用后，会使岩体的性质发生变化，同时对生物圈产生污染，因此非常有必要进行化学场的研究。

地下实验室还可以评价处置库在建成以后的最终稳定性问题。处置库建成以后，需要将其进行最终封闭处理(包括所有的竖井、斜坡道、斜井、通风巷道和钻孔),并进行现场的短期和长期监测。其中涉及的岩石力学问题也很多,包括硐库的回填、密封及稳定性(短期稳定性),几千上万年密封下的硐库的长期稳定性及在地质构造作用活动中处置库的稳定性问题,长时间多场耦合作用下硐库的稳定性等几个方面。由于高放废物在处置过程中的长时间温度作用,温度和时间就成为两个必须考虑的因素,但目前这方面的评价不确定性因素很多,定量化的研究还有很大的难度,主要通过计算机模拟来评价。

处置库关闭后,高放核素的放热在开挖扰动的基础上进一步诱发新的围岩应力与变形过程,改变流体渗流过程和近场的地球化学过程,它的稳定性不同于一般的深地下工程的围岩稳定性,它是在长时间尺度、温度不断变化情景下,温度场、应力场、渗流场、化学场相互耦合中发生的,因此多场耦合问题成为必须考虑且不能回避的问题,需要进行大量的理论与现场监测工作。

目前地下实验室研究已经做了大量的工作,但由于节理岩体的复杂构造形态和高放废物地质处置问题的复杂物理—化学过程,目前在研究过程中还存在许多尚待澄清或解决的重大岩土力学问题,如:①实际地质条件下构造面(特别是大型断裂带)对节理岩体的原岩应力状态的影响的定量表征和可靠的测量技术还不够成熟;②目前的一些研究证明,岩体的力学性能具有尺寸效应,在高放废物处置过程中如何进行考虑与定量描述、验证,且尺寸效应对 THMC 耦合作用的影响问题等方面有待深入研究;③节理岩体的时间效应(如蠕变)问题,如何建立考虑时间的数学模型及进行长期形态的实验验证还没有解决;④目前的室内实验过程中考虑三场耦合作用下岩石的力学特性研究也不是太多,如何将化学场考虑进实验过程,建立相应的四场耦合作用过程的本构关系需要开展大量的工作;⑤在进行理论分析与数值模拟过程中,如何将许多实际地质条件的不确定性考虑进模型并进行量化,并分析它们对所研究问题的最终结论的影响等需要进一步的研究。

# 3 中国高放废物处置地下实验室的规划研究

## 3.1 中国高放废物深地质处置地下实验室建设的必要性

原国防科工委、科技部等单位近期颁布的《高放废物地质处置研究开发规划指南》,正式把我国高放废物地质处置工作列入国家计划[8]。根据该指南要求要在 21 世纪中叶建成地下处置库,按这一要求,我国必须在 2020 年完成地下实验室的建设。

从国际高放废物地质处置的经验来看。通过地下实验室的研究,尤其是特定场址地下实验室的研究,可以进一步了解研究区域的深部地质的情况、地下水及地应力情况、处置库开挖与稳定性情况,可进行地球化学及原位核素迁移等室内不可替代的实验。因此,实施地下实验室是高放废物地质处置过程中无法逾越的一个关键步骤。

但地下实验室有普通地下实验室和特定场址地下实验室之分。普通地下实验室仅进行方法学的研究,与处置库场址没有直接联系。而特定场址地下实验室是在选定的高放废物处置库预选场址上建造的地下设施,具有方法学研究和场址评价双重作用,从中所获的数据可直接用于处置库设计和安全评价。特定场址地下实验室在条件成熟时可直接扩建成处置库。

尽管世界上早期从事高放废物地质处置的几个发达国家在选定处置库场址之前均在普通地下实验室中进行了大量的方法论研究，并取得一系列研究成果。然而，真正发挥重要作用的是近 20 年来，特定场址地下实验室的出现，比如：芬兰选定了符合本国实际情况的实施方案，即“场址选择—特定场址地下实验室—处置库”；俄罗斯直接指定科拉(KOLA)半岛作为处置库场址；美国 1982 年开始运行的 WIPP 实验室，1999 年 3 月起改扩建用作废物库；美国尤卡山地下实验室。

因此，我国在高放废物深地质处置的开发中，积极参与国际合作、充分吸收国外经验、逐步掌握关键科学技术，建立符合我国国情的地下实验室是十分必要的，也是加快我国高放废物地质处置的顺利实施的十分重要的保障。

## 3.2 地下实验室建设的指导思想、方式及技术路线

按照科学发展观的要求，坚持以人为本和全面协调可持续发展的指导思想，根据核工业发展对高放废物地质处置的要求，以工程需求为牵引，我国高放废物地质处置规划研究的总体思路应为：统筹规划、协调发展、分步决策、循序渐进。

我国应该在 2020 年左右完成地下实验室的建造工作，然后在 2021—2040 年开展地下实验室的研究工作。根据这一要求，我们必须在 2015 年确定地下实验室场址并完成地下实验室的设计，2016—2020 年完成地下实验室的施工。考虑到我国的国情和国外已有大量的“普通地下实验室”和“特定场址地下实验室”的经验，我国的地下实验室可以考虑与预选处置库场址结合。

### (1) 地下实验室的建造(2009—2020)

地下实验室的建造可以分为以下三个部分：

1) 场址特性评价及场址确定 (2009—2015)

地下实验室的场址特性评价及场址确定的目标是选择适合建造地下实验室的场址，并完成收集地下实验室设计建造所需的各类数据和资料，可以分为初步调查和详细调查两个阶段完成。

① 初步场址调查(2009—2010)

初步场址调查的目的是在预选区中初步选出适合地下实验室建造的场址。该阶段需要研究预选区的气候条件、社会人文条件、区域地质构造条件、区域水文地质条件、地震火山等自然灾害的可能性等。

② 详细场址调查(2011—2015)

在初步调查的基础上展开关于选定场址的详细调查，确定地下实验室的场址并收集关于地下实验室设计建造的数据信息。该阶段研究包括工程地质、岩体力学、水文地质、地球物理等。

工程地质研究包括对所选场址的地质结构展开详细的调查，从而保证地下实验室结构上的稳定性和安全性。

岩体力学不仅影响着地下实验室的布局和结构，还影响着地下实验室的长期稳定性。岩体力学研究包括岩体的强度、岩体中的裂隙系统以及地下实验室所处的地应力环境。

水文地质影响着地质岩体的结构、强度和渗透特性，研究包括区域水文地质、地下水在

岩体裂隙中的流动以及地下水的组成等。

2）地下实验室的设计（2011—2015）

该阶段的工作包括地下实验室的结构、布局、建造工程技术的设计、试验巷道的布置、地下实验室各系统之间的协调安排以及有关开挖设备的研制等。

3）地下实验室的工程施工(2016—2020)

地下实验室由地面设施和地下设施两部分组成，地下实验室的开挖建造包括地面设施的建造、交通巷道、通风巷道、试验巷道、辅助巷道等地下设施的开挖等。

**(2) 地下实验室的试验研究(2021—2040)**

地下实验室建成后，将开展大量的地下试验研究工作，对实验室研究和处置库选址阶段在处置工程、地质、化学、环境安全等方面研究开发的单项或局部成果(部件性或子系统性的硬件、软件)进行验证，并进行子系统性或分系统性的综合集成和现场验证，提供建造处置库所需的真实条件下的工程、地质、化学、环境安全方面的资料，确认这些技术成果的适用性和不确定度；在实验室开展必要的补充研究；初步确认处置库场址；完成处置库可行性研究报告；完成原型处置库可行性研究报告和安全审评。

## 3.3 地下实验室建设方案

纵观国际上从事高放废物地质处置所走过的路，部分国家在最终选定处置库场址之前在普通地下实验室中进行了大量的方法论研究。普通地下实验室是利用废弃矿山进行一些纯粹的方法论研究，并不做核素的研究，目前已经取得了大量的研究成果，我国也积极参与到这些地下实验室的国际合作之中，这些研究成果为我国提供了良好的研究基础，纯粹意义上的方法学完全可以直接从他国借鉴，而没有必要从零开始自己的研究。鉴于我国对高放废物地质处置所投入的经费有限，我国又是核大国，高放废物地质处置的需求十分紧迫，同时为了能达成我国《高放废物地质处置研究开发规划指南》中关于21世纪中叶建成地质处置库的发展目标，因此建议在现有的研究基础上，进一步加快地下实验室选址、设计及建设工作。

### 3.3.1 建设方案确定的依据和原则

(1) 预选场址地质条件；

(2) 国外同类高放地下实验室的经验；

(3) 矿山工程的经验；

(4) 地下结构的总体布置有利于实验的开展；

(5) 技术可行；

(6) 安全、经济的原则。

### 3.3.2 地下实验室深度的初步确定

以甘肃北山花岗岩介质为例，根据北山地区BS03孔岩石室内测试成果，300 m以下岩石的单轴抗压强度大于140 MPa，属坚硬岩；300～500 m深度的地应力为8.99～25.66 MPa(BS01孔)、10.22～16.92 MPa(BS03孔)，表明局部为高初始应力区，可能出现岩爆现象。BS01 孔的统计结果表明，60 m 以下岩体的节理裂隙有两组，密度为 0.8～1.2 条/m。BS01 孔注水试验和 BS03 孔压水试验结果表明，500 m 深度以内岩体渗透系数大部分小于 $1.0\times10^{-7}$ m/s，岩体比较完整。我国煤矿竖井的深度已超过 1 100 m，世界上最深的矿井深度已达到 2 000 m。从北山地区的工程地质条件和我国的矿山工程技术分析，建设 1 000 m 深度以内的地下实验室不存在技术上的难题。

根据国外的研究成果，以结晶岩为围岩(代表岩性为花岗岩)的高放废物处置库，其处置深度一般为 500～1 000 m。

从纯技术的角度出发，地下实验室的深度不宜小于 500 m，在不超过 1 000 m 范围内越深越好。但随着地下实验室的深度的加大，其造价和日常运行成本也越来越大。地下实验室的深度越大，发生井下意外事故时，井下人员撤离到地面的时间也越长，危险性增大。另外，根据我国竖井建设的机械化配套情况，在竖井施工中应用最广的是以 6 臂伞钻和 HZ4 中心回转抓岩机为核心的轻型凿井设备机械化作业线，主要适用于井筒直径 5～6.5 m、深度 500～600 m 的竖井施工。综合考虑技术、经济和安全等方面的因素及国外同类实验室的深度，初步确定地下实验室的深度为 500～600 m。

### 3.3.3 地下主体结构形式的选择[35]

国外专门兴建的地下实验室的主体结构形式大部分为多竖井加多层平巷，瑞典的 HRL 为 1 条斜坡道加 3 个竖井的结构形式，美国 ESF 为 2 条斜坡道加 2 条平巷的结构形式。因此，我国地下实验室地下设施的主体结构形式不外乎竖井加平巷和斜坡道加竖井两种。

下面粗略对比 2 个竖井加 2 层主平巷和 1 条斜坡道加 2 个竖井两种结构形式的工程量大小。因为两种结构形式均有 2 个竖井，实验硐室都要另行开掘，所以二者工程量的差异体现在斜坡道与平巷工程量的差异上。对比时，斜坡道的参数以瑞典 HRL 斜坡道和矿山工程经验为参考，平巷的数据以加拿大的 URL 和日本的 MIU 为参考。

在矿山工程上，供无轨设备上下通行的没有牵引提升设施的斜井称为斜坡道。由于没有牵引提升设施，斜坡道的坡度不能太大，螺旋式斜坡道的坡度一般为 10%～30%，折返式斜坡道的坡度一般不大于 15%；矿井深度越大，服务年限越长，则坡度越缓。根据上一节初步确定的地下实验室深度，以瑞典 HRL 斜坡道的平均坡度和螺旋式斜坡道的平均坡度 20%(因折返式斜坡道的坡度更小，工程量更大，本文不加以比较)为参考坡度估算斜坡道的长度：按瑞典 HRL 斜坡道的总体坡度计算，地下实验室斜坡道的长度为 4 000～4 800 m；以螺旋式斜坡道的平均坡度计算，地下实验室斜坡道的长度为 2 550～3 060 m。

加拿大 URL 每一主要中段所有巷道及各种硐室总共才几百米，两层加起来比斜坡道的计算长度要短得多，即使加上两层副平巷，其长度也比斜坡道短。日本 MIU 所有井巷的长度为 4 600 m，除了竖井之外所有巷道(包括各种实验硐室)的长度为 2 665 m，与斜坡道的计算长度相当(2 550 m)或稍短(3 060 m)；中间/主中段的平巷和连接巷道的长度约 483 m/层(已包括该深度上的副平巷长度)，两层的长度不到 1 000 m，比斜坡道的长度短了一半还多，即使加上所有副平巷的长度，长度还不到 1 500 m，仍比斜坡道的长度短许多。

根据瑞典 URL 和日本 MIU 的数据，斜坡道的断面尺寸一般大于实验平巷的断面尺寸，在同等长度下，斜坡道的工程量比平巷的大。

通过粗略对比可以看出，500～600 m 深度的地下实验室，2 个竖井加 2 层主平巷结构形式的工程量要比 1 条斜坡道加 2 个竖井的工程量小得多。

除了工程量大以外,螺旋式斜坡道加竖井的结构形式还有以下缺点:由于螺旋式斜坡道不断改变方向和外侧超高,对掘进施工要求高,司机视距较小,行车安全性较差,车辆轮胎和差速器磨损大,道路维护工作量大;通风阻力较大;管线布置比竖井加平巷结构形式难度大;当斜坡道的深度超过 200 m 时,运输费用较高,需要较多、较昂贵的施工设备,一次性投资大,设备维修量大,对维修技术要求较高;另外,斜坡道的单位造价高于平巷。

根据矿山工程的建设经验,竖井开拓法是矿床地下开拓的主要方法,我国煤矿有 60% 以上的矿井采用竖井加平巷的开拓方式,冶金矿山也绝大多数采用竖井开拓。

通过上述分析对比,我国地下实验室的主体结构初步确定为竖井加平巷的形式。

### 3.3.4　竖井数量和实验平巷层数的选择[35]

国外专门建造的高放地下实验室除了 ESF 和 Busted Butte 之外,均建有 2～3 个竖井,多为 2 个竖井。采用竖井开采的地下矿山,一般建有 2 个或 2 个以上的竖井。综合考虑经济和安全因素,初步确定我国高放地下实验室建 2 个竖井:1 个主井,作为运输通道;1 个为通风井,兼作应急安全通道。

根据国外的经验,初步考虑我国的地下实验室设置 2 层主要的实验平巷,主实验平巷设置在竖井的底部,中间实验平巷设置在竖井的中部或中部稍偏下一些的位置,如有必要可在主/中间实验平巷的上下一定范围内开挖 1～2 层测量巷道。为了获得地质参数与深度的关系,用于今后处置库的设计和安全评价,可在主平巷与中间平巷之间、中间平巷之上,开掘多层副平巷。

### 3.3.5　地下实验室地面设施[35]

地下实验室的地面设施包括:运行控制中心(包括主竖井,即竖井 1)、排风中心(包括排风竖井,即竖井 2)、进风中心、维修厂房、辅助厂房、实验室、土石暂存库、设备工具间、材料制造车间、综合楼、停车场、宿舍食堂楼和医疗中心,占地面积为 57 000 $m^2$。地面设施平面布置的示意图见图 21。

运行控制中心内设有主竖井、控制室、监测计算中心等。主竖井是人员和设备通道。监测计算中心可以监测竖井、处置实验区的温度、湿度、应力、空气组分以及其他地质、水文、气象参数,并可根据现场测试数据和各类数学物理模型,对实验室进行性能评价和安全分析。

排风中心设有通风竖井和排风设施,可对地下设施进行排风换气。

维修厂房包括一般施工、加工机械设备的维修以及处理废物的车辆、运输小车、机械的维修。

土石暂存库内存放掘进和爆破产生的岩石,经破碎和分拣后可供回填使用。

材料制造车间包括混凝土车间,缓冲和回填模块的制作车间,密封材料制作车间,沙和膨润土的混合车间,岩石破碎和分级车间,石英砂、膨润土、混凝土等材料仓库,压实缓冲、回填块体的仓库等。

辅助厂房包括变电站、供水站、供热站、压空机房等设施。

综合楼设有对外交流中心、宣传室,行政管理室、通信室、计算机室、会议室、资料信息室

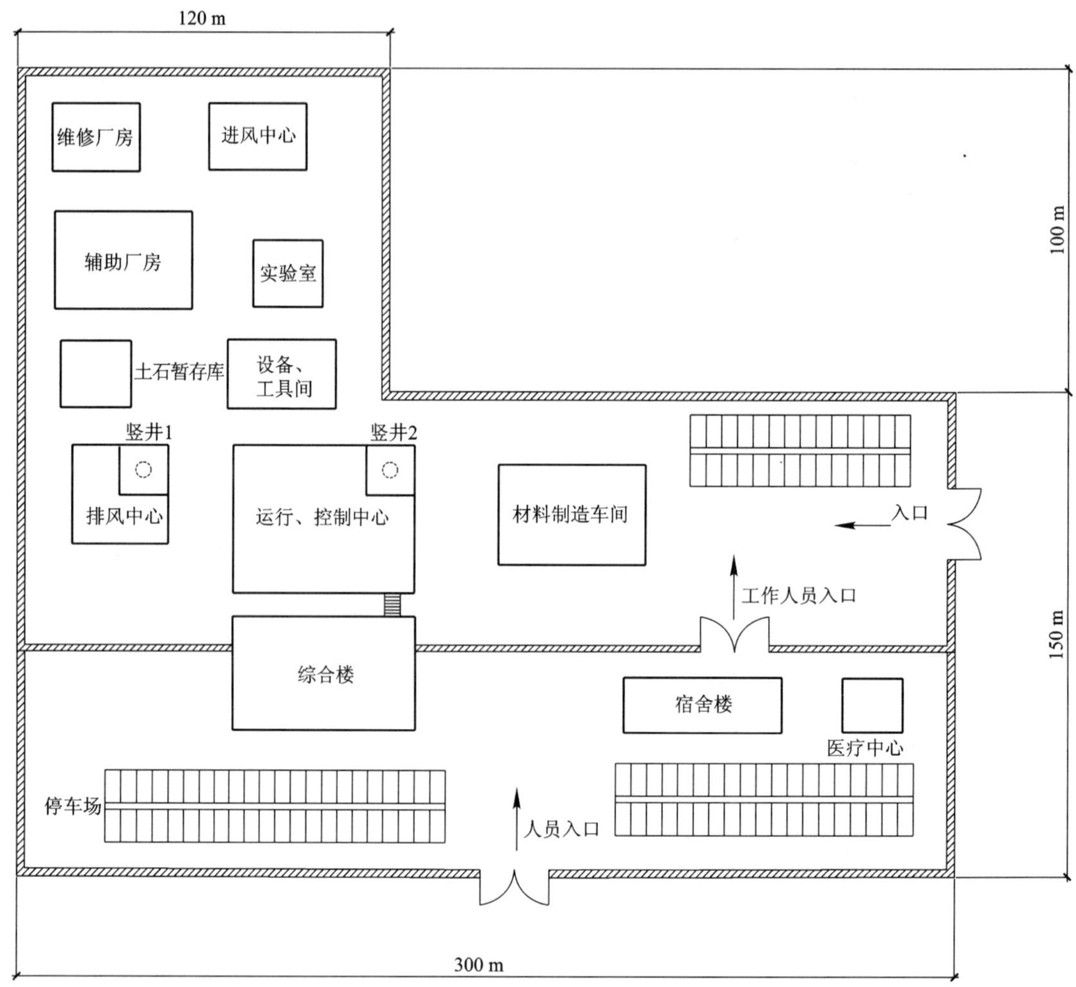


图 21　地下实验室地面设施布置图

等。综合楼与运行控制中心之间有通道，工作人员可以通过通道进入运行控制中心。

设备工具间存放一些需要常用设备及工具，设专人负责管理。

进风中心承担地下设施的进风过滤工作。

地面设施还需要宿舍楼，内设职工的值班宿舍、食堂、小卖部、洗衣房、娱乐室等。此外还需要医疗中心，配备有常用的医疗设施。

地面设施的布置考虑了日后可扩展为处置库的需要。在现阶段，地下实验室地面设施部分均按非放设施考虑，在布置上分为前区和后区。

前区设有综合楼，宿舍楼、医疗中心、停车场和人员入口。

后区设有材料制造车间、运行控制中心、排风中心、设备工具间、土石暂存库、实验室、辅助厂房、进风中心、维修厂房、停车场和设备车辆入口。

## 3.3.6 地下实验室地下设施[35]

我国地下实验室的地下设施的主体结构为竖井加平巷的形式,如图 22。

地下实验室有两个竖井可供进出地下设施:一个是主竖井,直径为 5 m,可通过竖井内的提升装置来输送人员、设备和开挖土方;另一个是辅助竖井,直径为 5 m,主要作为通风井,同时还作为应急安全通道。

地下实验室设置两层水平巷道,中间实验平巷道设置在竖井的中下部位置,即−300 m,主实验平巷道设置在竖井的底部,即−500 m 处,见图 23。另外两竖井之间还有多条连廊相通,以备在应急时方便人员和设备的撤出。

中间实验平巷道和主实验平巷道均为环形设置,以方便车辆、设备在巷道中的行驶和输送。平巷与两个竖井相接的区域分别为主竖井大厅和辅助竖井大厅,便于通过竖井运来的大型设备部件在此进行组装,然后在巷道中行进或作业;或者,在此拆卸设备,将各部件通过竖井运出到地面上。两层水平巷道中还各设有两个避难室,以备应急。

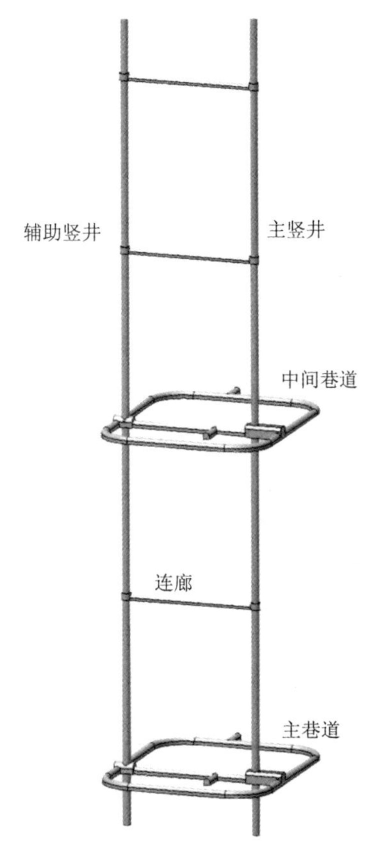


图 22 地下实验室地下设施的三维示意图

本概念方案仅考虑前图所示主要井巷,未来的实验钻孔、硐室等结构将根据日后计划安排。

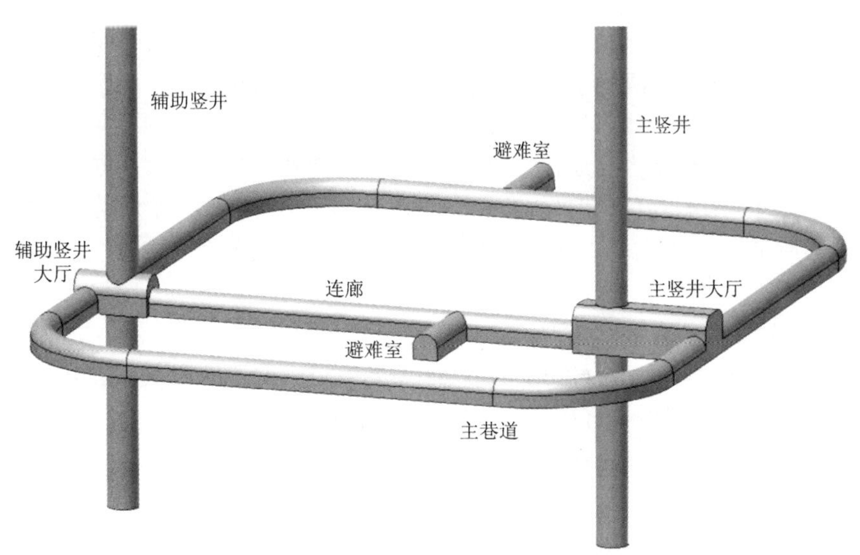


图 23 地下实验室地下设施的主巷道三维示意图

## 3.4 地下实验室的建设周期及经费分析

### 3.4.1 地下实验室的建设周期

中国高放废物地质处置地下实验室拟于 2020 年建成，地下实验室的建设周期见表 8。

**表 8 地下实验室的建设周期**

| 阶段 | | 时间 | 任务 |
|---|---|---|---|
| 地下实验室 | 场址特性评价及场址确定 | 2006—2015 | 确定地下实验室的场址，并完成收集地下实验室设计建造所需的各类数据和资料 |
| | 地下实验室设计 | 2011—2015 | 地下实验室的结构、布局、建造工程技术的设计、试验巷道的布置、地下实验室各系统之间的协调安排及有关开挖设备的研制 |
| | 地下实验室的工程施工 | 2016—2020 | 地面设施的建造、交通巷道、通风巷道、试验巷道、辅助巷道等地下设施的开挖 |

### 3.4.2 地下实验室的经费分析

地下实验室的经费主要由两方面组成(不包括运行维修费)：

**(1) 地下实验室的土建经费(约 2.7 亿元人民币)**

按照前述我国高放废物地质处置地下实验室建设方案，工程静态总投资约为 2.7 亿元，其中：工程直接费用 21 000 万元；工程设计、管理等费用 3 500 万元；预备费 2 500 万元。

**(2) 地下实验室初期拟开展的试验及经费(约 2.5 亿元人民币)**

1) 岩体力学及工程特性研究

研究目标：评估深部岩石长期性状，建立处置库工程稳定性及长期稳定性评估体系；建立岩体节理几何-机理系统模型，实现深部岩体节理 3D 模拟；建立高放废物处置库围岩岩体质量评价体系；建立三维岩体可视化系统。

研究内容：开展岩体室内和原位试验，研究岩体蠕变特征及其在多尺度条件下的演化过程；进行岩体节理裂隙调查，研究岩体节理裂隙系统的分布和扩展，研究巷道和处置坑开挖的 EDZ；进行原位地应力测试；开展 TBM 无扰动岩体开挖技术研究；进行岩体稳定性和岩体尺寸效应研究。

主要试验：岩体原位强度和变形模量测试；

开挖扰动区试验(Zone of Excavation Disturbance Experiment)；

岩柱稳定性试验(Pillar Stability Experiment)；

废物罐及缓冲材料放置试验(Demo Test)；

原型处置试验(Prototype Repository)；

水平放置试验(Horizontal Deposition)；

废物罐回取试验(Canister Retrieval)；

TBM 技术及无扰动开挖试验；

岩体节理调查及力学特性试验；

深部地应力测试。

仪器设备[36]：电液闭路伺服控制刚性岩石试验机，岩石中型剪力仪，30 t、300 t 压力机，200 点巡回检测仪，数显式测斜仪，地质力学模型试验设备，载荷试验设备，MIP 孔隙分析仪，探地雷达测试系统，岩石渗流试验机，钻孔成像仪，岩体超声波探测仪，深部岩体钻孔弹模测试仪，地应力测量仪，多通道浅层地震仪，滑动测位计，应力传感器，应变传感器，变形监测仪，声发射仪，声波检测仪。

需开发的设备：最小 EDZ 的钻进开挖设备，高精度的节理构造系统的地球物理探测设备。

2）THM 多场耦合研究

研究目标：揭示深部岩体在复杂应力环境(高温、高压、强渗透)下的强度特性及其损伤演化特征；揭示裂隙岩体中的流速、流量、变形与应力对渗透性的影响规律；建立系统的岩体加温实验技术、地下水测量方法及耦合效应评估理论；开发评价近场岩体 THM 耦合特性的方法和模型。

研究内容：在不同温度、不同强度渗透压下，开展多场耦合效应的岩石力学实验方法及实验研究；研究北山花岗岩在复杂应力环境下的强度特性及其损伤演化特征。通过室内真三轴渗流实验，开展节理岩体在不同裂隙连通性、开度、充填情况等几何特征情况下的渗透试验，研究裂隙岩体渗流的流速、流量、变形与应力对渗透性的影响；研究节理岩体在不同裂隙连通性、开度、充填情况等几何特征的渗透特性。

主要试验：大规模加热试验；

大尺寸工程屏障试验；

巷道尺寸效应试验。

仪器设备[36]：加热系统(电加热装置、温差电偶、电热调节器、隔温装置以及各种温度传感器)；地下水模拟系统(湿度传感器、水样采集设备、气体采样设备等)；变形监测系统(多点式钻孔变形测定器、应变计，巷道横向位移测定计、应力传感器等)；辅助设备(X 射线成像仪、中子测井仪、地质雷达、声发射装备、红外线成像设备等)。

需开发的设备：长期恒温加热系统，长期稳定的传感器。

3）地下水、水文地质研究

研究目标：揭示多重裂隙含水介质的结构特征、水理特性、变化规律及水力学机制；揭示多尺度裂隙系统中地下水分布及相互关系；揭示多重裂隙岩体中地下水流动特征；查清非均质裂隙岩体结构特征，初步建立区域地下水流动模型；建立多尺度裂隙系统中地下水流动与溶质运移预测模型；模拟和分析多种因素对裂隙水循环和核素运移规律；全面了解围岩体的水文地质特性，建立完善的水文地质模型。

研究内容：对小尺度裂隙，开展室内裂隙渗流与示踪试验，并利用现代地球物理成像法研究低渗透岩体的水理特性；对大尺度裂隙，利用示踪剂和同位素技术研究不同尺度含水介质中地下水之间的水力联系与动态响应；开展水文地质试验和水力参数监测。

主要试验：两项流试验(Two Phase Flow Test)；

单钻孔和多钻孔的抽水压水试验、取水样试验；

钻孔注水试验、现场尺度的地下水流动模型试验；

钻孔水力干扰试验、长期的地下水位监测；

钻孔中的水压力监测、巷道中的水流监测；

巷道中的温度、湿度以及气压监测。

仪器设备[36]：水力钻探设备、水泵、水力封隔器、水位监测仪、孔隙水压计、湿度测定器、流速仪以及测定水力梯度和地下水电导率的设备组成。另外还有一些辅助的设备，如数据采集处理系统、压力室等。

4）工程屏障系统研究

工程屏障系统主要由废物罐和缓冲回填的膨润土组成，研究主要围绕这两个系统以及它们与围岩体的相互作用展开。

研究目标：确定废物罐及缓冲回填材料所处环境的物理化学特性；查明废物罐及缓冲回填材料在处置环境中发生的物理化学反应；获得缓冲/回填材料-围岩接触界面效应对处置库长期稳定性的影响规律；揭示放射性核素在工程屏障介质中的迁移机理。

研究内容：研究地下水中的矿物成分以及与缓冲材料所发生的化学反应；研究汽水两相的转化对工程屏障的影响；研究长期内缓冲材料中微生物的生长情况；研究核素在工程屏障中的迁移；研究废物罐在处置坑环境中的腐蚀反应；研究缓冲材料和废物罐在热、水、力和化学条件下的物理力学行为；研究工程屏障系统与围岩体的相互作用。

主要试验：回填和堵塞试验（Backfill and Plugging Test）；

缓冲材料长期性能试验（Long Term Test of Buffer Material）；

膨润土温度特性试验（Temperature Buffer Test）；

缓冲回填材料的 THMC 耦合试验。

仪器设备[36]：THMC 耦合试验系统、温度传感器、水压传感器、应力传感器、湿度传感器、湿度计、电阻系数探测仪、变形测量仪、水力传导性测量仪。

5）水文地球化学、放射化学研究

研究目标：揭示关键核素从固化体中的浸出机制；建立水-岩体系中核素化学形态分布的研究方法，确定核素在地下水溶液中的赋存状态，揭示地下水化学成分在特定自然、地质条件下的形成机制；确定核素在深部岩体中的渗透迁移和吸附动力学行为；确定地质和工程介质的高温稳定性和长期耐腐蚀能力；揭示地下水系统中水-岩作用机制及其对核素迁移的影响和控制机制，确定关键核素的分布及迁移规律。

研究内容：研究关键核素物化性质、介质条件和地下水环境对核素从玻璃固化体浸出行为的影响；研究岩体深部的地下水溶液化学，即核素的溶解、浸出，水解、络合、价态、氧化还原、核素形态等；测定镎、钚、锝等关键核素在特定地质环境中的地下水中的溶解度、价态、扩散系数，在围岩中的吸附分配比、扩散系数等；研究核素与地质介质和工程介质之间的相互作用对核素化学行为的影响，研究核素与地质介质和工程介质的相容性；研究关键核素在深部岩体中的化学反应和物理作用，利用示踪剂和同位素技术研究不同尺度含水介质中地下水之间的水力联系与动态响应；将地下水数值模型技术、同位素测年技术与地下水流动分析相结合，建立多重裂隙岩体中地下水流动与核素运移的高仿真模型，分析和研究多种因素对水循环和核素运移的影响，模拟预测中长时间尺度下地下水流动与核素运移的变化规律。

主要试验：巷道中地下水的电导率以及地下水化学监测；

大型注气试验(Large Scale Gas Injection Test);

胶体试验(Colloid Project);

核素滞留试验(Radionuclide Retention Experiment);

示踪剂滞留试验(Tracer Retention Understanding Experiments);

核素长期扩散试验(Long Term Diffusion Experiment);

岩石基质流体化学试验(Matrix Fluid Chemistry Experiment);

氧化还原作用试验(Redox Experiment in Detailed Scale)。

仪器设备[36]:气相色谱仪;离子色谱仪;气相色谱-质谱联用系统;电化学系统分析仪;NETZSCH STA 449C 热分析仪;周浸腐蚀实验机;电化学综合测试系统;FJ—2101 型双道液体闪烁计数器;SHZ—82 型水浴恒温振荡器;Phs—3C 型数字酸度计;RS—20Ⅲ型(日产)TOMY 全自动冷却离心机;BH1216 型低本底 α、β 测量装置;RS—20Ⅲ型高速离心机;氩气气氛低氧工作箱;HI8424 型 Ph-mV 计;LS—6000LL 型低本底液闪谱仪;FH408 型自动定标器;MAT—262 型热电离同位素固体质谱仪;Delta+同位素气体质谱仪;EA—1100 型元素分析仪; Rb-Sr,Sm-Nd,U-Pb,Re-Os 和 U 系同位素分析化学超纯度系统;H,O,C 和 S 同位素分析化学制样系统;矿物低温化学合成装置;同位素数据处理微机系统。

## 3.5 开展国际合作研究必要性的分析

国际上在地下实验室中进行了大量的研究,在许多方面渐趋成熟,成为可以转让且值得我们借鉴的技术。对地下实验室研究相关的所有工作都从头做起是完全没有必要的。通过国际交流与合作,邀请国外专家来讲学和考察,开展与我国地下实验室研究进程相适应的技术讲座,可以推进我国地下实验室的研究进程,并提高相关的工作水平,避免国外走过的一些弯路。通过国际交流与合作,有计划地派出研究人员参与国际地下实验室的研究工作,可以掌握世界上其他国家地下实验室研究的总体规划及技术路线和实施方案等具体细节,这将为我国的地下实验室研究提供良好的研究基础。通过国际合作,可以提升我国的科研人员的技术水平,为今后的深入工作奠定人才基础。参与国际原子能机构的技术合作项目,可以使我们获得急需的关键设备。通过国际合作可以获得大批资料,可以与 IAEA 和其他国家的高放废物地质处置管理和研究机构及有关专家建立比较稳定的工作联系,为今后进一步的合作研究奠定基础。总之,我国的研究起步晚、资金投入少,通过国际合作与交流,参与和跟踪国外地下实验室的研究工作,既可以在较短的时间掌握相关技术和方法,又可以节约大量的经费。

我国已经与国际原子能机构及美国、日本、韩国、法国、德国等国签订有相关合作协议,开展了多种形式的国际合作和交流。另外,目前我们开展的国际合作和技术交流还处于低水平,国际上一些大型多边地下实验室国际合作项目由于需要较大的经费投入,我国从未参加过。在今后的国际交流与合作中,应首先制定详细的国际合作与交流规划,然后开展多种形式的国际合作与交流,具体有:

(1) 定期举办关于高放废物地质处置和地下实验室研究的国际学术研讨会;

(2) 争取 IAEA 的合同研究项目和技术合作项目;

(3) 参加国际上相关的学术组织,参与国际上的大型合作研究项目;

（4）积极参加高放废物地质处置的国际会议和IAEA的技术咨询会议；

（5）邀请国外专家举办技术讲座、进行学术考察；

（6）组织国内专家出国考察国际上的研究进展并宣传我国的成果与经验。

# 4 结论与建议

## 4.1 结论

通过对国外地下实验室研究进展分析，可得如下结论：

（1）地下实验室是为了解决未来处置库的各个阶段中可能遇到的科学技术和工程问题而建造的。因此，地下实验室在处置库的选址和评价过程中、在进行概念库的设计过程中、在处置库的运行过程中以及处置库关闭后的阶段中都起到了十分重要的作用，是高放废物地质处置不可缺少的重要环节。

（2）不同国家根据国情及研究经费不同，通常采用普通地下实验室和特定场址地下实验室两种形式。普通地下实验室仅进行方法学的研究，与处置库场址没有直接联系。而特定场址地下实验室是在选定的高放废物处置库预选场址上建造的地下设施，具有方法学研究和场址评价双重作用，从中所获的数据可直接用于处置库设计和安全评价。特定场址地下实验室在条件成熟时可直接扩建成处置库。例如：芬兰选定了符合本国实际情况的实施方案，即“场址选择—特定场址地下实验室—处置库”；俄罗斯直接指定科拉（KOLA）半岛作为处置库场址；美国1982年开始运行的WIPP实验室，1999年3月起改扩建用作废物库；美国尤卡山地下实验室等。

（3）国外专门兴建的地下实验室的主体结构形式大部分为多竖井加多层平巷，瑞典的地下实验室为1条斜坡道加3个竖井的结构形式，美国ESF为2条斜坡道加2条平巷的结构形式。我国地下实验室地下设施的主体结构形式可采取竖井加平巷和斜坡道加竖井两种。

（4）鉴于我国对高放废物地质处置所投入的经费有限，我国又是核大国，高放废物地质处置的需求十分紧迫，同时为了能达到我国21世纪中叶建成地质处置库的发展目标，建议在现有的研究基础，在加强国际合作与交流的基础上，进一步加快地下实验室选址、设计及建设工作。

## 4.2 建议

（1）国外在地下实验室的研究方面积累了大量的研究经验，在方法论及许多关键技术上也积累了丰富的研究经验。这些是我们开展该项工作的良好基础。从我国的建库时间倒推，以及从技术研发需求等方面考虑，我国必须尽快开始地下实验室选址、设计等工作。

（2）根据国外地下实验室建设的经验，建议我国地下实验室采用两个竖井加水平实验巷道的模型。主竖井为设备和人员等的通道，辅助竖井为通风井和应急疏散通道，竖井直径为5 m。中间实验平巷道（－300 m）和主实验平巷道（－500 m）均为环形设置。

(3) 我国与国际原子能机构及美国、法国、加拿大、日本、韩国、瑞典、瑞士、比利时和芬兰等国在地下实验室研究方面,开展了大量的国际合作和技术交流,对促进我国的地下实验室研究水平的提高起到了积极作用。但我们在这方面的积累的技术基础还很薄弱,地下实验室还没起步,这些工作机制也没有建立,离达到我国高放废物地质处置的要求甚远。因此,今后应建立更好的机制,加大投入,统筹规划,相互协调,突出重点,同时进一步加强国际合作。

## 参考文献


1 王驹,范显华,徐国庆,等. 中国高放废物地质处置十年进展. 北京:原子能出版社,2004.

2 香山科学会议筹备组. 高放废物地质处置. 第260次香山科学会议文集,北京,2005.

3 国防科学技术工业委员会. 国防科工委高放废物地质处置研讨会论文集. 北京,2005.

4 国防科工委,科技部,环保总局. 高放废物地质处置研究开发规划指南. 北京,2006.

5 核工业第二研究设计院. 我国高放废物深地质处置地下研究实验室初步构想. 北京,2006.

6 Read R S, et al. 20 years of excavation response studies at AECL's Underground Research laboratory. International Journal of Rock Mechanics & Mining Sciences, 2004, 41: 1251-1275.

7 Annual Report 2004. Äspö Hard Rock Laboratory. Technical Report, TR-05-10(SKB).

8 Paul Bossart, et al. Geological and hydraulic characterization of the excavation disturbed zone in the Opalinus Clay of the Mont Terri Rock Laboratory. Engineering Geology, 2002, 66: 19-38.

9 Chin-Fu Tsang, et al. Geohydromechanical processes in the Excavation Damaged Zone in crystalline rock, rock salt, and indurated and plastic clays—in the context of radioactive waste disposal. International Journal of Rock Mechanics & Mining Sciences, 2005, 42: 109-125.

10 Autio J, et al. Effect of excavation damaged zone on gas migration in a KBS-3H type repository at Olkiluoto. Physics and Chemistry of the Earth.

11 Paul Bossart, et al. Structural and hydrogeological characterisation of the excavation-disturbed zone in the Opalinus Clay. Applied Clay Science, 2004, 26: 429-448.

12 Mechanical Degradation and Seismic Effects. Technical Basis Document No. 4. June 2004.

13 David Arcos, et al. Behaviour of bentonite accessory minerals during the thermal stage. Technical Report, TR-00-06(SKB).

14 Fairhurst C, et al. Nuclear waste disposal and rock mechanics: contributions of the Underground Research Laboratory (URL), Pinawa, Manitoba, Canada. International Journal of Rock Mechanics & Mining Sciences, 2004, 41: 1221-1227.

15 Eva Widing, et al. Strategy for design of the Swedish deep repository for spent fuel. 2006 International High-Level Radioactive Waste Management Conference April 30—May 4, 2006, Las Vegas, USA.

16 Rummel F, et al. Rock stress measurements with hydraulic fracturing and hydraulic testing of pre-existing fractures in borehole KFM01A, KFM01B, KFM02A and KFM04A. P-04-312( SKB).

17 C Derek Martin, et al. Rock stability considerations for siting and constructing a KBS-3 repository. Technical Report, TR-01-38(SKB).

18 Curtis P, et al. Visualization of structural geological data covering the Simpevarp peninsula, Ävrö and Hålö. P-03-86(SKB).

19 Matz Sandström. Comparison of three test methods for determination of water absorption and wet density of intact rock. P-04-93(SKB).

20 Anders Fredriksson, et al. Rock mechanics site descriptive model—theoretical approach R-05-22 (SKB).

21 Paul Bossart, et al. Analysis of fracture networks based on the integration of structural and hydrogeological observations on different scales. Technical Report, TR-01-21(SKB).

22 Karl-Erik Almén, et al. Characterisation methods and instruments. Technical Report TR-05-11(SKB).

23 Jan Hernelind. Coupled thermo-hydro-mechanical calculations of the water saturation phase of a KBS-3 deposition hole. Technical Report, TR-99-41(SKB).

24 Puigdomeneck. Hydrochemical stability of groundwaters surrounding a spent nuclear fuel repository in a 100,000 year perspective. Technical Report, TR-01-28(SKB).

25 Lennart Börgesson, et al. Studies of buffers behaviour in KBS-3H concept. R-05-50(SKB).

26 Anders Winberg. Final report of the TRUE Block Scale project. Technical Report, TR-02-16(SKB).

27 Tsang Y W, et al. Yucca MountainSingle Heater Test Final Report Yucca MountainSite Characterizationproject. Ernest Orlando Lawrence Berkeley National Laboratory. LBNL-42537.

28 Sonnenthal E, et al. Approaches to modeling coupled thermal, hydrological, and chemical processes in the drift scale heater test at Yucca Mountain. International Journal of Rock Mechanics & Mining Sciences, 2005, 42: 698-719.

29 Mukhopadhyay S, et al. Uncertainties in coupled thermal-hydrological processes associated with the Drift Scale Test at Yucca Mountain, Nevada. Journal of Contaminant Hydrology, 2003, 62-63: 59.

30 Ray E Finley, et al. The Yucca Mountain Project Drift Scale Test. Paper Number: USA-328-4.

31 Flavio Lanaro, et al. Rock mechanics characterisation of borehole KSH01A and B, KSH02, KSH03A and B, KAV01 and KLX02. R-05-20(SKB).

32 J Christer Andersson, et al. Äspö Pillar Stability Experiment Geology and mechanical properties of the rock in TASQ. R-04-01(SKB).

33 Luis Moreno. Impact of the water flow rate in the tunnel on the release of radionuclides. Technical Report TR-00-03(SKB).

34 Kristoffer Gokall-Norman, et al. Forsmark site investigation Hydraulic interference test Boreholes KFM02A and KFM03A. P-06-09(SKB).

35 Nils Rahm, et al. Oskarshamn site investigation Hydraulic injection tests in borehole KSH03A, 2004 Sub-area Simpevarp. P-04-290(SKB).

36 Jan Sundberg, et al. Thermal modeling Preliminary site description Laxemar subarea—version 1.2. R-06-13(SKB).

中国工程院咨询项目

# 高放废物地质处置战略研究

## 处置化学研究

# 目　录

# 1 处置化学研究的对象和范围

## 1.1 处置化学研究的对象及特点

处置化学研究的对象是：在废物体、工程屏障（包装容器内充填物、包装容器、防护物、缓冲材料等）、天然物质及屏障（近场岩体、远场岩体、近场地下水、远场地下水、入侵水、近地表地层、近地表水、土壤、生物圈）中与放射性核素释放、化学反应、物理化学作用（如吸附、界面反应）、载带、迁移有关的化学和物理化学过程（热力学、动力学、反应阈值、影响因素、不同反应的相互关联、过程的物理模型、过程的数学模型等）。重点研究对人类及自然环境可能造成重大影响效应的关键放射性核素的反应、阻滞作用、迁移历程及其长期的物理、化学过程和效应。

处置化学研究的特点如下：

### (1) 对核素迁移的安全评价时空跨度大

1）核素迁移路径曲折漫长

放射性核素的迁移过程是曲折漫长的。核素迁移经过近场（废物体＋工程屏障＋受废物辐射及热影响的地质介质）——远场（地质体）——近地表土壤层（包气带）——生物圈，其历程包括在废物体、近场、远场、水体、植物、动物、微生物中的浸出、迁移扩散、转移转化等过程，在大的时间跨度里可能在水体、植物、动物、微生物之间多次循环往返，其迁移路径是曲折漫长的。

2）安全评价时间跨度大

处置的目的是使处置库中的放射性核素随着时间推移衰变成为无害物，国际上许多专家以自然界客观存在的天然铀矿的水平作为无害化标准。通过计算认为，“为使废物的放射性毒性降低到天然铀矿水平，乏燃料直接处置需要几十万年；后处理后的高放废物（除去99.75％铀钚），需要 4 万年”。[1]麻省理工学院交叉学科研究课题组在其研究报告《核电的未来》中引用尤卡山废物处置库最终环境影响报告（2002 年 2 月）的结论指出：“在尤卡山特征的氧化条件下，长期照射风险的主要贡献者是$^{237}Np$和$^{99}Tc$。在第一个 7 万年内$^{99}Tc$是前期主要贡献者；在 10 万～100 万年之间主要贡献者是$^{237}Np$，顶峰剂量发生在 40 万年，客观上废物无害化需要几十万年。”美国国家环保署依据 2004 年 7 月 9 日哥伦比亚地区上诉法庭的裁定，于 2005 年 8 月就尤卡山处置库的安全标准，签署了具有双重辐射防护规范的议案，1 万年的最大剂量为 15 mrem/a（1 rem＝$10^{-2}$ Sv），100 万年的最大剂量为 350 mrem/a[2]；《国外核新闻》2005 年第 9 期也报道了美国 EPA 正在修改制定百万年工作寿期的安全标准。

### (2) 处置化学研究涉及的核素种类众多

1) 处置化学研究涉及的核素的 4 个来源

① 燃料芯块中的锕系元素核素及其衰变子体(约 74 种);② 燃料芯块中的裂变产物核素(约 130 种),包括了元素周期表中的绝大部分元素[3];③ 反应堆构件材料、燃料元件包壳及辅助材料的活化产物;④ 后处理及玻璃固化时由化学试剂及材料磨损、腐蚀引入的化学元素(含核素几十种)。以上 4 个来源合计约 200 种核素。

锕系元素核素及其衰变子体主要有:$^{206}$Tl,$^{207}$Tl,$^{208}$Tl,$^{209}$Tl,$^{210}$Tl,$^{206}$Pb,$^{207}$Pb,$^{208}$Pb,$^{209}$Pb,$^{210}$Pb,$^{211}$Pb,$^{212}$Pb,$^{214}$Pb,$^{209}$Bi,$^{210}$Bi,$^{211}$Bi,$^{212}$Bi,$^{213}$Bi,$^{214}$Bi,$^{210}$Po,$^{211}$Po,$^{212}$Po,$^{213}$Po,$^{214}$Po,$^{215}$Po,$^{216}$Po,$^{218}$Po,$^{215}$At,$^{217}$At,$^{218}$At,$^{218}$Rn,$^{219}$Rn,$^{220}$Rn,$^{222}$Rn,$^{221}$Fr,$^{223}$Fr,$^{223}$Ra,$^{224}$Ra,$^{225}$Ra,$^{226}$Ra,$^{228}$Ra,$^{225}$Ac,$^{227}$Ac,$^{228}$Ac,$^{227}$Th,$^{228}$Th,$^{229}$Th,$^{230}$Th,$^{231}$Th,$^{232}$Th,$^{234}$Th,$^{231}$Pa,$^{233}$Pa,$^{234}$Pa,$^{153}$Eu,$^{232}$U,$^{233}$U,$^{234}$U,$^{235}$U,$^{236}$U,$^{238}$U,$^{237}$Np,$^{238}$Pu,$^{239}$Pu,$^{240}$Pu,$^{241}$Pu,$^{242}$Pu,$^{241}$Am,$^{243}$Am,$^{242}$Cm,$^{244}$Cm等 74 种[1,4]。

裂变产物核素主要有:$^{3}$H,$^{73}$Ge,$^{74}$Ge,$^{76}$Ge,$^{75}$As,$^{77}$Se,$^{78}$Se,$^{79}$Se,$^{80}$Se,$^{82}$Se,$^{81}$Br,$^{82}$Kr,$^{83}$Kr,$^{84}$Kr,$^{85}$Kr,$^{86}$Kr,$^{85}$Rb,$^{87}$Rb,$^{88}$Sr,$^{89}$Sr,$^{90}$Sr,$^{89}$Y,$^{90}$Y,$^{91}$Y,$^{90}$Zr,$^{91}$Zr,$^{92}$Zr,$^{93}$Zr,$^{94}$Zr,$^{95}$Zr,$^{96}$Zr,$^{94}$Nb,$^{95}$Nb,$^{95}$Mo,$^{96}$Mo,$^{97}$Mo,$^{98}$Mo,$^{100}$Mo,$^{99}$Tc,$^{100}$Ru,$^{101}$Ru,$^{102}$Ru,$^{103}$Ru,$^{104}$Ru,$^{106}$Ru,$^{103}$Rh,$^{106}$Rh,$^{104}$Pd,$^{105}$Pd,$^{106}$Pd,$^{107}$Pd,$^{108}$Pd,$^{110}$Pd,$^{109}$Ag,$^{110}$Cd,$^{111}$Cd,$^{112}$Cd,$^{113}$Cd,$^{114}$Cd,$^{116}$Cd,$^{115}$In,$^{116}$Sn,$^{117}$Sn,$^{118}$Sn,$^{119}$Sn,$^{120}$Sn,$^{122}$Sn,$^{124}$Sn,$^{126}$Sn,$^{121}$Sb,$^{123}$Sb,$^{125}$Sb,$^{125m}$Te,$^{125}$Te,$^{126}$Te,$^{127m}$Te,$^{128}$Te,$^{129m}$Te,$^{130}$Te,$^{127}$I,$^{129}$I,$^{130}$Xe,$^{131}$Xe,$^{132}$Xe,$^{134}$Xe,$^{136}$Xe,$^{133}$Cs,$^{134}$Cs,$^{135}$Cs,$^{137}$Cs,$^{134}$Ba,$^{136}$Ba,$^{137}$Ba,$^{138}$Ba,$^{139}$La,$^{140}$Ce,$^{141}$Ce,$^{142}$Ce,$^{144}$Ce,$^{141}$Pr,$^{142}$Nd,$^{143}$Nd,$^{144}$Nd,$^{145}$Nd,$^{146}$Nd,$^{148}$Nd,$^{150}$Nd,$^{147}$Pm,$^{147}$Sm,$^{148}$Sm,$^{149}$Sm,$^{150}$Sm,$^{151}$Sm,$^{152}$Sm,$^{154}$Sm,$^{152}$Eu,$^{153}$Eu,$^{154}$Eu,$^{155}$Eu,$^{155}$Gd,$^{156}$Gd,$^{157}$Gd,$^{158}$Gd,$^{160}$Gd,$^{159}$Tb,$^{160}$Dy,$^{161}$Dy,$^{162}$Dy,$^{163}$Dy,$^{164}$Dy 等 140 多种,其中长寿命的有:$^{79}$Se,$^{85}$Kr,$^{87}$Rb,$^{90}$Sr,$^{93}$Zr,$^{94}$Nb,$^{99}$Tc,$^{106}$Ru,$^{107}$Pd,$^{126}$Sn,$^{129}$I,$^{135}$Cs,$^{137}$Cs,$^{144}$Ce,$^{147}$Pm等 70 余种[1,4]。

反应堆材料、燃料元件材料、冷却系统的活化产物有:$^{14}$C,$^{36}$Cl,$^{55}$Fe,$^{59}$Ni,$^{60}$Co 等。

后处理及玻璃固化时由化学试剂及材料磨损、腐蚀引入的化学元素主要有:H,B,C,N,O,Li,Na,K,Cl,F,Ca,Mg,Al,Si,P,S,Fe,Cr,Ni,Mn,Zr,Ti 等(含几十种核素)。

以上 4 种来源共 200 多种核素中有约一半是原生短半衰期核素,对地质处置影响小;另外一半是原生长半衰期核素(如$^{99}$Tc,$^{129}$I,$^{237}$Np 等),或次生的核素子体(如$^{226}$Ra,$^{220}$Rn,$^{222}$Rn,$^{231}$Pa 等),它们在处置化学研究和地质处置的各种情景中有各种程度不同的影响。

2) 关键核素因情景不同而变化的示例

在处置化学研究中重点考虑的是一些关键核素,它们的半衰期长、毒性大、化学性质(价态、形态)各异,且在特定条件下的迁移行为十分复杂。在处置库运行及封闭之后的万年(百万年)期间,处置库会受到地震、气候变迁等因素作用,而改变废物体周边的化学、物理环境,不同的情景下会找出对剂量贡献最大的一些核素,我们就称之为关键核素。不同情景下往往会得出不同的关键核素(组)。

下面以瑞士 NAGRA 和瑞典 SKB 组织的 KBS-3 评价报告中的事例情景,说明关键核素因情景不同而变化的情况。

瑞士 NAGRA 发表的一份安全分析报告[3,5]在大量简化假设的基础上得出了众多放射性核素的影响可以忽略的重要结论,大大缩小了处置化学的研究范围。该安全分析报告做了以下几点假设：① 25 cm 厚的铸钢桶 1 000 年后失效；② 钢桶失效后废物玻璃中的各种核素每年以总量的 $10^{-5}$ 向地下水中均匀释放；③ 处置库的水流量为 4 200 L/a，平均 0.71 L/(桶·a)，且保持不变；④ 地下水在膨润土、桶及其腐蚀产物的化学缓冲作用下保持还原性，pH 为 7～8.5。在此假设下做了以下的计算：① 比较了各种核素由释放量计算的核素浓度 $A$ 和由溶解度计算出的核素浓度 $B$。显然，每种核素在实际地下水中的浓度只能是取 $A$ 和 $B$ 中较小的值；② 计算核素在液相浓度/固相浓度的比值，即核素的吸附分配系数 $K_d$；③ 再由固相孔隙率 $\varepsilon$ 和密度 $\rho$ 把 $K_d$ 值换算成固相阻滞系数 $R$；④ 由 $R$ 和核素衰变常数 $\lambda$ 计算释放速率 $\omega=\lambda R$；⑤ 将各核素的释放速率 $\omega=\lambda R$ 与放射性天然本底浓度进行比较，把低于 10 Bq/L 的核素列入“可以忽略”的行列，其中裂变产物和活化产物有 $^{147}Sm$，$^{94}Nb$，$^{10}Be$，$^{41}Ca$，$^{93}Mo$，$^{14}C$，$^{59}Ni$，$^{129}I$，$^{93}Zr$，$^{137}Cs$，$^{90}Sr$，$^{108m}Ag$，$^{151}Sm$ 和 $^{121m}Sn$，而高于 10 Bq/L 的裂变产物和活化产物核素只有 5 个：$^{135}Cs$，$^{79}Se$，$^{107}Pd$，$^{99}Tc$，$^{126}Sn$。

瑞典 SKB 组织的 KBS-3 评价，也是采用确定论方法[3,5]。他们做了一些很保守的假设：① 乏燃料容器铜桶寿命为 10 万年（腐蚀计算寿命为 1 000 万年）；② 远场有一个 100 m 长的单裂隙，与一个较大的垂直裂缝相通，水流可把流出近场的核素直接快速地带入生物圈，也就是说远场对核素毫无阻滞作用；③ 近场假设了 A（中心还原情景）、B（在 100 年有一个桶先坏的还原情景）、C（氧化情景）、D（胶体情景）、E（还原情景一近地表是泥炭沼泽）五种情景。计算结果是：① 最大个人剂量按从大到小的次序是：C 为 $10^{-2}$ mSv/a，D 为 $4\times10^{-3}$ mSv/a，A 和 E 同为 $4\times10^{-4}$ mSv/a，B 为 $10^{-5}$ mSv/a（没想到，有一个桶在 100 年时先坏，其最大个人剂量反而更小，可能是铁及其腐蚀产物提早发挥吸附、还原等阻滞作用所致）。这些最大个人剂量值比瑞典的天然辐射水平 1 mSv/a 低 2～5 个数量级，比推荐的个人剂量限值 10 mSv/a 低 3～6 个数量级，可见是安全的。② 氧化条件与还原条件相比：U 向生物圈释放增加 1 000 倍，Np 向生物圈释放增加 10 000 倍，Tc 向生物圈释放增加 100 倍。③ 胶体转移情景 D 中 $^{231}Pa$（$^{235}U$ 的子体）明显增加，是产生剂量的主导核素。④ 还原条件情景（A 和 D）中：U，Np 和 Tc 在氧化带前沿沉淀；1 000 万年以前 $^{129}I$ 和 $^{135}Cs$ 控制着剂量；1 000 万年以后 $^{226}Ra$（$^{238}U$ 的子体）则是剂量的主要贡献者。瑞典的这些结论对我们了解各种核素的行为有很好的参考价值。

这种通过确定论方法评价筛选出来的关键核素比仅凭感性指认的做法要可靠一些，对我们刚刚起步阶段的工作有很好的借鉴意义[5]。

**(3) 关键核素价态、形态复杂多样，影响因素众多**

如钚的价态有＋3 价到＋6 价 4 种，即 $Pu^{3+}$，$Pu^{4+}$，$PuO_2^+$ 和 $PuO_2^{2+}$。镎有＋3 价到＋7 价 5 种，即 $Np^{3+}$，$Np^{4+}$，$NpO_2^+$，$NpO_2^{2+}$ 和 $NpO_5^{3-}$，在近中性的天然水中，超铀离子极易水解，很不稳定，除 5 价外，所有氧化态的溶解度都较低（浓度＜$10^{-6}$ mol/L），超铀元素发生的所有反应主要取决于超铀元素的氧化态；锝通常以 $TcO_4^-$ 形式存在于水溶液中，但在不同条件下，锝也能表现－1～＋7 的所有氧化态及某些分数氧化态。一般情况下，碘在水溶液体系中以 $I^-$ 和 $IO_3^-$ 形态存在，它的氧化态有－1，0，＋1，＋3，＋5 和＋7。在复杂的地质处置条件下，由于氧化还原、配合反应等，其价态和形态都在不断的变化[6]。

**(4) 核素的浓度很低甚至超低浓**

在水溶液中核素的浓度一般为 $10^{-8}$～$10^{-11}$ mol/L。低浓度下的核素化学行为与常量的化学行为差异很大，特别表现在胶体化学和界面化学行为上，大大地增加了研究的难度，对分离，分析测量技术要求很高[6]。

**(5) 处置条件复杂，场址的差异性大，不确定因素多**

如围岩的不同，同种围岩由于场址不同其组分也不同，不同场址的地下水组成也不同以及工程屏障如缓冲/回填材料的差异等均会直接或间接影响核素价态和形态的变化，这种变化的规律可能有共同之处，但变化的结果会因处置条件的差异而不同，因此，必须针对每个具体处置场址而开展相关的处置化学研究[6]。

**(6) 处置化学研究贯穿处置系统工程的全过程**

由于关键核素的环境行为与许多因素(包括废物体/地质介质的物理、化学和矿物学性质)密切相关，而且这些性质在数百万年内并不是一成不变的，需要开发一些途径以预测关键核素的长期行为。因此从选址到处置库建成，运行直至关闭后的长期监护都离不开核素的化学行为研究[6]。

## 1.2 处置化学研究的范围

核素在整个迁移过程中的化学行为是十分错综复杂的，它涉及核素与各介质之间的相互作用，其中有物理的、化学的、生物的和辐射的、氧化/还原的、配合作用的、吸附/解吸的、离子交换的、沉淀/溶解的、扩散和弥散的等，这些反应和相互作用是互相制约的、综合的。例如：Np，Pu，Am，Tc 的关键核素价态和形态变化明显地受处置环境中多种因素的影响，可能生成沉淀如 $Np(OH)_4$ 和 $Pu(OH)_4$，7 价锝 $TcO_4^-$ 在亚铁或辉锑矿和锑赭石等作用时就生成 4 价锝 $TcO_2$ 沉淀。这些沉淀物的性质(如溶解度)在很大程度上决定了这些核素的迁移能力。在复杂体系中，还原反应的动力学取决于还原物质的性质和浓度以及核素本身的浓度，而且还不同程度地受体系中的 pH，Eh 和其他离子强度的影响。由于地下水中含有大量的各种离子，这些离子的存在，特别是阴离子如：$OH^-$，$HCO_3^-$，$CO_3^{2-}$，$H_2PO_4^{2-}$，$HPO_4^{2-}$，$PO_4^{3-}$，$SO_4^{2-}$，$F^-$ 和 $Cl^-$ 等的存在。它们可与溶液中多种放射性核素发生配合反应，从而改变了这些核素的形态和核素在地质环境中的化学性质和迁移行为。在大多数地下水中都存在胶体。而在近场处置条件下，还有多种途径形成胶体：废物体浸出液中有胶体存在；废物包装容器腐蚀产物会形成胶体；回填材料在地下水体系中也会产生胶体。

综上所述，处置化学研究的范围是：与处置库环境(在安全评价期 1 万～100 万年)有关的各种天然的、人为的因素(含慢过程及突发事件的快过程)所造成的处置库近场、远场的化学和物理化学性状发生显著变化的主要情景(S)、特性(F)、事件(E)和过程(P)。美国尤卡山安全评价分析了在 1 万年里的 1 700 多种过程[7]，从中分解、提取出大量处置化学的研究工作，可见处置化学的研究任务是多么的繁重。

影响核素迁移中化学行为的因素很多：核素本身的性质；固化体的特性(机械强度、抗浸出性能、抗辐照性、热稳定性等)；固化体的包装材质的性能(材质的组成、耐腐蚀性等)；缓冲/回填材料的特性(材料的种类，组成，物理化学特性)；主岩的特性(组成、种类、机械及蚀变特性等)；地下水的性质(组成、pH、Eh、离子种类和强度，胶体的种类和浓度，有机物和微生物及温度等)，以及外部环境对它们的影响，都是处置化学所要研究的因素。

## 1.3 处置化学研究的地位和作用

处置化学研究的地位：高放废物地质处置是一项以放射性核素的包容、阻滞为核心内容，以多重屏障为主要手段，以万年以上公众健康和环境保护为安全目标的系统工程。其深部的地质介质是天然屏障，废物体、包装容器和缓冲回填材料是工程屏障。正因为有极毒的放射性核素，才需要多重屏障手段；而多重屏障手段的引入只是为了包容、阻滞放射性核素这个核心内容。要在处置工程、处置地质、安全评价的全面合作下，靠处置化学研究工作摸清极毒的放射性核素的反应和迁移规律，再反馈回处置工程、处置地质、安全评价，这样多次迭代反复，才能完成在工程上包容、阻滞关键放射性核素这个核心任务。简而言之，处置化学研究在放射性核素的包容、阻滞和迁移这项核心任务中处于关键性地位。

处置化学研究的作用：摸清工程屏障、天然屏障、处置近场环境、远场环境、生物圈在各种天然的、人为的因素（含慢过程、突发事件）诱发的情景（S）、特性（F）、事件（E）、过程（P）中对关键放射性核素包容、阻滞、迁移的规律，提供尽可能减少关键核素向生物圈迁移的条件和建议，为高放废物地质处置库的安全评价和工程建造创造条件。

## 1.4 处置化学研究的内容

处置化学研究的内容相当丰富，它涉及近场核素迁移和远场核素迁移相关的所有化学问题和物理化学问题[6]。

在处置化学研究中考虑核素由于水分的侵蚀而向环境释放的主要可能途径是：地表水↔浸入主岩↔侵蚀缓冲/回填材料↔侵蚀废物包装容器↔侵蚀固化体↔被浸出的核素↔含被浸出核素的地下水↔被侵蚀的废物包装容器（含被浸出核素）↔被侵蚀的缓冲/回填材料（含被浸出核素）↔主岩（含被浸出核素）↔地表水（含被浸出核素）↔生物圈（含被浸出核素）↔放射性核素危害公众和环境。显然这是一个漫长而十分复杂的过程。

气体也会载带放射性核素向环境释放。金属腐蚀、有机物微生物降解、水及有机物的辐射分解都会产生气体，因此气体将在近场积聚并使压力增高最后通过工程屏障、穿过岩石圈、释放到地表环境。美国 DOE 和尤卡山的报告曾指出：以 $^{14}CO_2$ 形式释放的大量 $^{14}C$ 可能违反 EPA 原先关于总居里释放量的标准。德国、比利时等研究了气体产生的机制、速率，开展了三维气体迁移实验（MEGAS），开发了气体和/或气一液两相通过地质构造的模型。

因此处置化学研究的内容主要归纳为以下 5 个方面的工作：① 核素的性质：主要是处置环境下的水溶液化学，即核素的溶解、浸出，水解、配合、价态、氧化还原、核素形态等；② 介质的物理化学行为：主要指地下水、围岩、包装材料、回填/缓冲材料、固化体等的物质组成和物理化学性能，如固化体及包装材料的高温稳定性及长期抗腐蚀能力等；③ 核素与介质的作用：包括地质介质（围岩）及工程介质（废物包装容器、回填材料等）与核素的物理、化学反应；④ 特殊作用：高放深地处置中有许多特殊作用，如辐射分解作用，胶体、微生物、有机质、气体的作用，极低浓界面化学作用等；⑤ 核素迁移研究：最有用也最有说服力的研究是在处置库现场进行的核素迁移实验，它是包含了上述 4 项反应的实际的综合作用的结果。在地下实验室开展的一些大型综合实验如热—水—力—化学耦合实验中，其中主要观测的内容也是核素的迁移。

## 1.5 处置化学研究的方法

(1) 处置场址野外调查。主要研究处置场址的区域地球化学背景,查明地质材料类型、分布和基本特性,区域水文地球化学特征等,并采集有关的样品供实验研究[8]。

(2) 实验室研究。通过实验室分析测试查明处置场址各种地质材料的矿物组成、化学成分和地下水成分变化,通过可控条件的实验研究,获取必要的参数。这些参数包括(但不限于)有关配合物的稳定性、有关核素的溶解度、胶体类型及其稳定性、有关化学反应的过程、速率和产物等。同时,也为有关化学屏障的设计和评价提供实验依据。为了预测放射性核素的长期行为和工程屏障的有效性,通过实验研究查明各种工程和地质屏障材料对放射性核素的阻滞机理也是至关重要的工作。

(3) 理论模拟。由于高放废物地质处置研究需要预测核废物、各种工程和地质材料以及放射性核素的长期行为,查明各种过程对放射性核素迁移和阻滞的综合影响,因此必须在实验室研究和处置场址评价的基础上建立有关的理论预测模型。这些模型可分为:① 具体反应的热力学和动力学模型;② 多种反应耦合模型;③ 多场耦合模型。具体反应的热力学和动力学模型是基础,也是实验和理论研究工作的主要内容。在不能预测具体反应的速率、机理、方向和限度的情况下,不可能建立满意的多场耦合模型。

(4) 天然类似物研究。如何根据实验资料外推预测处置库的长期行为是高放废物地质处置研究中最有挑战性的问题。许多发生在自然界中的过程与处置系统中的某些过程具有很大的相似性。通过对这些天然系统和过程进行深入研究,可以使我们对处置系统的特征有更深入的了解,帮助我们建立处置系统的概念模型、确定影响处置系统性能的关键因子,为处置系统设计和提高系统性能提供科学依据。此外,其研究结果可用于校正有关的化学和地球化学预测模型。

(5) 野外试验研究。这些研究工作主要在地下实验室进行,具体的研究工作和拟解决的科学和工程问题应在前期研究工作的基础上确定。因此,在进行此项工作之前,必须有大量的研究积累,提出一些关键性的科学和工程问题。

# 2 国外处置化学的研究进展

美、德等国家从20世纪六七十年代就开展了研究工作,先进国家积累了丰富的经验。

## 2.1 关键核素的性质及化学形态

尽管乏燃料元件或高放玻璃中含有40多种元素上百种核素,但只有不多的几种关键核素的迁移对环境影响较大。受人力、物力的限制,我们应该集中精力先研究关键核素。

综合国际多数看法,关键核素的判据是:① 半衰期足够长(U,Np,Pu,Am,Cm,Zr,Tc,Pd,Sn,I,Cs);② 岩石和土壤中有无天然同位素稀释($^{14}C$,$^{36}Cl$,$^{129}I$,$^{135}Cs$);③ 是否形成单价离子并通过水扩散到生物圈(如$^{14}C$,$^{36}Cl$,$^{99}Tc$,$^{129}I$,$^{135}Cs$,$^{237}Np$);④ 衰变子体对环境有重大影响(如$^{238}U$的子体$^{226}Ra$);⑤ 对钚的态度,是作燃料还是作废物。具体到某个处置库,万年(百万年)的安全评价可以做出许多设想的情景,比如氧化情景、还原情景、胶体情景、大断裂情景等,不同的情景下各个核素的释放、迁移以及对环境剂量的贡献会有很大的差别,因此不同的情景下会找出对剂量贡献最大的一组核素,我们就称之为关键核素。不同情景下往往会得出不同的关键核素(组)。

目前国际上多数研究报告中研究得较多的关键核素是:① 次锕系中$^{237}Np$,$^{241}Am$($^{243}Am$,$^{244}Cm$,$^{245}Cm$),$^{231}Pa$,主要是前两个;② 裂变产物中$^{14}C$,$^{99}Tc$,$^{129}I$,$^{135}Cs$,$^{126}Sn$,$^{107}Pd$,$^{79}Se$,$^{59}Ni$等;③ 锕系中$^{239}Pu$,$^{238}U$(子体如$^{226}Ra$有重要影响)。

麻省理工学院交叉学科研究课题在其研究报告《核电的未来》中指出:长寿命裂变产物[例如$^{14}C$,$^{99}Tc$,$^{129}I$($1.7\times10^7$ a)]作为长期照射风险源而言要比大多数锕系元素更重要[9]。在已发表的评价报告中我们还见到了有较大影响的其他一些核素,如$^{231}Pa$,$^{230}Th$,$^{227}Ac$,$^{135}Cs$($3\times10^6$ a),$^{126}Sn$,$^{107}Pd$,$^{79}Se$($6.5\times10^4$ a),$^{59}Ni$等,它们各自是在某种特定假设的条件下才显现影响的。国际的评价报告给了我们很好的借鉴。

举一个例子。$^{99}Tc$的半衰期($2.13\times10^5$ a),在近地表的氧化环境中7价锝以-1价高锝酸根形式存在($TcO_4^-$),它的地球化学活性大,不易被土壤、岩石阻滞。它的生物转移活性也大,有人形容$^{99}Tc$可以在陆地上植物中“流动”。它是第一个人造元素,自然界没有天然存在的同位素。美国橡树岭国家实验室对(LWR+燃料循环)的长期安全评价中,$^{99}Tc$的健康效应(健康效应/Gwe. a)是4.7,占总健康效应5.16的91%[10]。

锕系元素是核废物的重要组成部分,美国环境保护署(EPA)提出了一个在高放废物处置场址的环境中放射性核素浓度的标准,按此标准已将废物中的核素以它们潜在的危害(毒性、半衰期、可能的迁移能力)排队,Np,Pu和Am等明显具有长期危害,同时这三种元素进入环境中的量也是最大的。从普通反应堆取出并冷却10年以后的乏燃料可以向环境释放10.4 kg的Pu,0.48 kg的Np和0.16 kg的Am。许多锕系同位素具有相当长的半衰期[如:$^{237}Np$($2.14\times10^6$ a)、$^{241}Am$(433 a)、$^{243}Am$($7.37\times10^3$ a)、$^{245}Cm$($8.3\times10^3$a)],可以认为它们在核废物中将存在几十万年甚至几百万年。因而进入天然水中的各种不同来源的放射性核素中,Np,Pu和Am等超铀元素受到特别关注。

关键核素的性质主要是处置环境下的水溶液化学,即核素的溶解、浸出,水解、配合、价态、氧化还原和核素形态等。目前关于核素性质的地球化学模型很多,如SUPCRT,PHREEQE,WATEQ,EQ3/6,MINTEQ,GEOCHEM,ECHEM,HYDRAQL和Geochemist's Workbench等,以EQ3/6为例,该程序软件包数据文件的主要特征如表1所示:

**表1 EQ3/6软件包数据文件的主要特征**

| 文件名 | Data0. com | Data0. sup | Data0. nea | Data0. hmw | Data0. piz |
|---|---|---|---|---|---|
| 来源 | GEMBOCHS(LLNL) | SUPCRT92 | NEA92 | HMW84 | PITZER79 |
| 活度系数形式 | EDH | EDH | EDH | Pitzer | Pitzer |
| 温度范围/℃ | 0～300 | 0～300 | 0～300 | 25 | 0～100 |
| 化学元素个数 | 78 | 69 | 32 | 9 | 52 |

续表

| 文件名 | Data0. com | Data0. sup | Data0. nea | Data0. hmw | Data0. piz |
| --- | --- | --- | --- | --- | --- |
| 基本存在形式 | 147 | 105 | 50 | 13 | 62 |
| 水溶相形式 | 846 | 315 | 158 | 17 | 68 |
| 纯矿物数 | 891 | 130 | 188 | 51 | 381 |
| 固溶体种类 | 13 | 0 | 0 | 0 | 0 |
| 气体形式 | 76 | 16 | 76 | 3 | 38 |

对于超铀元素在天然水环境中化学行为的研究与普通实验室或化学工业上的研究过程截然不同，主要区别有：在近中性的天然水中，超铀离子极易水解，很不稳定，除5价外，所有氧化态的溶解度都较低（浓度$<10^{-6}$ mol/L）；天然水中存在的一些重金属元素，其浓度几乎接近于超铀元素的溶解度浓度，这些物质的存在可与超铀元素发生多组分竞争反应；天然水中存在的$CO_3^{2-}$等无机阴离子及腐殖酸、富里酸等有机多电子聚合物，与超铀元素发生配合反应，而后者还影响超铀元素在地下水中的价态。另外超铀元素可在地下水中形成胶体或假胶体，从而使超铀元素在地下水中的行为发生变化。所有这些反应主要取决于超铀元素的氧化态，每种氧化态的稳定性受到特定水环境性质的影响，存在的形态多种多样。

理解关键核素的化学形态是研究关键核素化学行为的基础，也是研究关键核素在地质介质中迁移行为的基础。在环境研究中，元素化学形态的定义目前还没有统一的认识，但就“形态”的含义可归纳为两种类型：化学形态（Chemical Species/Speciation）是指某一元素在环境中以某种离子或分子存在的实际形式，如汞可以$Hg(OH)_2$，$HgCl_4^{2-}$，$CH_3Hg^+$等形态存在，这种形态一般具有明确的化学组成；存在形式（Forms of Occurrence）是指某一元素在环境中以某种特征（物理的、化学的或地学的）存在的实际形式。如金在水溶液中可能以溶解态、胶体或悬浮颗粒态存在，这种形态一般不具有明确的化学组成，它常常不是单个的化学形态，而是一组具有类似特征的形态组合。《中国大百科全书》环境科学中指出：污染物的形态（Form of Pollutants）是指环境中污染物的外部形状、化学组成和内部结构的表现形式，它随环境条件的变化而转化。汤鸿霄提出：“所谓形态，实际上包括价态、化合态、结合态和结构状态4个方面，有可能分别表现出不同的生物毒性的环境行为”。周天泽指出，形态一词包括状态、形式和物种或种形的意思，其特性是指各种形态形成的化学基础以及形成该形态的主要反应性能。对于溶液中金属形态分析，将不能通过0.45 μm孔径滤膜的称为颗粒态金属，能通过的称为溶解态金属，后者又进一步区分为稳定态与不稳定态、离子态与胶体态、配合态与非配合态、无机态与有机态等。由此可见，化学形态与化学形态分析的内涵是很广泛的。

超铀化学形态的研究范围主要包括4个方面的内容，即氧化态、化合物及其组成、胶体及其分布、配合物及其组成。关键核素化学形态的研究方法[11]可以分为直接方法和间接方法两类：由于元素在水溶液中以多种化学形态存在，各种化学形态不断发生转化，更增加了化学形态分析的困难。随着化学形态分析方法的不断完善与进步，用各种方法直接分析元素化学形态的范围将不断拓宽，分析的结果越来越准确可靠；但要直接鉴定复杂体系中所有元素的各种化学形态是非常困难的，甚至是不可能的。因此，根据热力学平衡与模式来计算化学形态的间接研究方法，也是获取与了解有关元素价态、配合态等化学形态及其分布信息的重要途径。但模式的建立需要直接研究方法提供基本的热力学数据，直接研究方法是其基础。

传统的关键核素化学形态的直接研究方法是利用溶剂萃取法、离子交换法、共沉淀法等分离技术将化学形态不同的核素分离开来，再结合超过滤、超离心技术，用分光光度法、辐射测量等方法对其化学形态进行分析测定。但溶剂萃取法、离子交换法、共沉淀法等分离技术对不同化学形态的核素进行分离时可能会破坏核素在天然水中存在着的平衡状态，测定结果可能不能正确反映核素在天然水中的真实化学形态，对我们准确认识核素在水溶液中的行为带来不利影响。

近 20 年以来，国外陆续开发出了关键核素化学形态研究的一些新方法[11]。用这些新方法对核素化学形态进行研究可做到对样品的非接触和非破坏分析，可以不扰乱和打破核素在天然水中存在着的化学平衡，因而可能实现对水溶液中核素的化学形态的实时(real time)、在线(in situ)研究。新方法可同时对核素的价态、配合情况、胶体行为等化学形态方面的信息进行测定，灵敏度比通常采用的普通分光光度法要高 2～3 个数量级。这些新方法包括：激光诱导光声光谱法、激光诱导分解光谱法、时间延迟激光荧光光谱法、激光致光透镜光谱法等。激光诱导光声光谱法(LIPAS)是以脉冲激光为激发源，利用样品受激后发生无辐射弛豫，将所吸收的光能以热能的形式释放出来，从而在样品和介质中产生与被测物质化学形态和浓度相关的声脉冲信号或压力，这些信号用麦克风或压电传器接收，就可得到与样品中物质的化学形态和量相关的信息。近 10 年来，该方法得到较大发展，Russo 等用 85 m 光纤将脉冲激光束导入手套箱里的样品池中，用激光诱导光声光谱法对 $Pr^{3+}$ 溶液进行测试，发现该法能将 Beer 定律的适用范围推广到 $8\times10^{-6}$ mol/L[12]。激光诱导分解光谱法(LIBD)是利用高强度脉冲激光照射到胶体上产生高温等离子体，这些等离子体在冷却和消失的过程中放出的能量激发胶体中的原子产生具有特征波长的光信号或冲击波，探测这种光可以获得溶液中胶体的定性和定量信息，因激光能量集中，单色性好，所以该方法能达到很低的检测限，是研究胶体的有力工具。激光致热透镜光谱法(LTLS)的原理是：来自波扫描体系的一束激光聚焦在吸收介质上，产生一个局部温度梯度，从而形成一个折射率梯度。折射率的空间重新分布使得吸收介质表现为一个薄光学透镜的替代物，这一替代物可被探测激光束的发散度变化或其散焦观测到。这一方法在最近几年得到了很大的发展。时间分辨激光荧光光谱法(TRLFS)用光学光谱可直接测量放射性弛豫，即荧光发射，该方法较用非放射性弛豫法容易。荧光发射中包括两个光谱学参数：松弛时间和荧光波长，两个参数之结合即为时间分辨激光荧光光谱法(TRLFS)。其他用于形态测量的方法还有液核波导法(Liquid Core Waveguide)、毛细管电泳(CE)与 ICP-MS 结合法[13]等。

### 2.1.1 U

高放废物地质处置中之所以要研究铀的迁移主要是因为：① 被处置的乏燃料中含有大量铀；②虽然铀本身属中等毒性，但在其迁移过程中铀衰变成许多种子体继续迁移，如 $^{231}Pa$，$^{234}Th$，$^{226}Ra$ 等，它们有的属极毒或高毒，有的很容易迁移，造成对人类的危害；③ 铀的迁移往往改变处置环境的 Eh、pH、配合环境状况，影响其他核素的迁移行为。

铀是一个有 3 种天然同位素(99.27%$^{238}U$，0.70%$^{235}U$，0.03%$^{234}U$)的放射性元素，$^{238}U$(半衰期 $4.9\times10^{9}$ a)和$^{235}U$(半衰期 $7.13\times10^{8}$ a)是放射性衰变系列的母体，且$^{234}U$是

$^{238}U$的蜕变物。铀和子体核素如镭(Ra)、钍(Th)、氡(Rn)和氡子体都是放射线发射体，尤其对饮用水而言，即使它们浓度很低，高能量的 α 辐射也是很危险的。目前有关铀毒性资料证明，铀所有的毒性主要取决于它的化学特性。因此几个国家正在讨论铀在国际标准中$(1\sim20)\times10^{-9}$范围内的 MCL(最大污染浓度)。目前美国环境保护署(EPA)建议饮用水中铀的质量分数为 $20\times10^{-9}$，但它只考虑了铀的放射毒性，应当有所调整。德国放射保护委员会则建议 $300\times10^{-9}$ MCL($20\times10^{-9}$)[14]。在自然界中铀的重要配合物有：在 pH 为 4～8 的范围内，铀酰-碳酸配合物被认为是最重要的物质。但是在有的矿区由于各种人为活动或自然原因使矿区的硫酸浓度很高(如 Koenigstein 矿区)，在 pH 为 2～5.5 时，$UO_2SO_4$ 和 $UO_2(SO_4)^{2-}$ 配合物为主要物质[14]。

在 U 核素的形态研究方面，采用激光诱导光声光谱法对 $NpO_2^+$ 与 $UO_2^{2+}$，$Th^{4+}$，$PuO^{2+}$ 等形成的阳离子-阳离子型配合物进行了测定[15]，发现了 $PuO^{2+}\cdot UO_2^{2+}$ 型配合物，并测定其在溶液中(离子强度为 6.0 mol/L)的平衡常数为 $2.2\pm1.5(mol/L)^{-1}$，这与常规的吸收光谱法和拉曼光谱法的测定结果符合得很好；另外，还用激光诱导光声光谱法测得 $NpO_2^+\cdot Th^{4+}$ 和 $NpO_2^+\cdot UO_2^{2+}$ 两种配合物的平衡常数(离子强度为 6.0 mol/L)分别为 $1.8\pm0.9$ 和 $2.4\pm0.2(mol/L)^{-1}$。激光诱导光声光谱仪经过改进[16]，降低了激光信号的波动性，以优化光声信号；提高了仪器的稳定性，用于对锕系元素的价态、沉淀作用、动力学等方面进行研究；用改进后的仪器对 Np(Ⅲ)和 U(Ⅳ)溶液进行测定，探讨了 $U(C_2O_4)\cdot6H_2O$ 的沉淀机理。激光致热透镜光谱法(LTLS)能测出 $4\times10^{-6}$ mol/L 的溶解在硝酸中的铀酰[17]。目前已经知道了 $UO_2^{2+}$，$Am^{3+}$ 和 $Cm^{3+}$ 的荧光特征，时间分辨激光荧光光谱法(TRLFS)可望给出较吸收光谱更具体的信息，从而增加溶液中的形态研究能力。用TRLFS进行的形态实验表明了这种方法可用于研究发射荧光的锕系离子的地球化学的形态，用 $UO_2^{2+}$ 离子进行实验的工作正在德国的 Munich 技术大学开展，该项工作表明这一离子的探测灵敏度低至$2\times10^{-12}$ mol/L，LPLS 和 TRLFS 的结合提供了一种强有力的光谱学形态研究方法，该方法为锕系核素迁移研究提供了一个更可靠的新方法。据报道，TRLFS 对几种元素的探测限如表 2[18] 所示：

**表 2 TRLFS 对几种元素的探测限**

| 元素 | 浓度探测限/(mol/L) | 形态检出限/(mol/L) |
|---|---|---|
| 铀(Ⅵ) | $10^{-12}$ | $10^{-8}$ |
| 锔(Ⅲ) | $10^{-12}$ | $10^{-8}$ |
| 镅(Ⅲ) | $10^{-9}$ | $10^{-8}$ |
| 镧(Ⅲ) | $10^{-12}$ | $10^{-8}$ |

## 2.1.2 Np

### (1) 溶解度

许多学者对关键核素在水介质中的溶解度从理论方面进行了计算和推测，并通过实验进行了测定，对可能的影响因素进行了探讨。在进行计算和模拟之前，需要一些与环境中主要固相的形态和溶解度有关的热力学数据，这些数据通常是为特定环境条件下可溶关键核素的浓度设置一个上限。

美国[19]尤卡山场址 J13 井和 UE-25P 号井地下水中测定了 Np，Pu，Am 的溶解度和价态分布，并用相近 pH 值的高氯酸钠[20]溶液作对比实验，研究结果表明，随着温度升高和

pH 值增大，Np 的溶解度降低，可溶解的 Np 为 5 价；5 价 Np 与 $CO_3^{2-}$ 的配合随着 pH 增大而增强，控制溶解度的固相为 $Na_{0.6}NpO_2(CO_3)_{0.8}\cdot 2.5H_2O$ 和 $Np_2O_5$；模拟处置场地下水中 Np 的溶解度研究结果表明，对 $NpO_2OH$ 来说，当溶液的 pH 由 8.5 提高到 10 左右时，其溶解度略有下降，当溶液的 pH 继续提高到 13 时，其溶解度急剧下降，这反映了该种核素发生水解反应的不同 pH 区间，且水解使溶解度降低[21]。

(2) 浸出

近几十年来，人们通过各种模拟方法研究各种因素对超铀元素浸出行为的影响，包括浓盐水、去离子水、重碳酸盐地下水、模拟地下水等各种水介质中 Np，Pu，Am 等核素从玻璃固化体中的浸出行为。

在玻璃的浸出实验中发现黏土的存在强烈地影响玻璃的腐蚀和浸出液放射性核素的浓度，Np 的浸出与玻璃的腐蚀速率有关。对 Boom 黏土的影响研究表明，处于可迁移形式的 Np 浓度仅为浸出总量的 5%，浓度为 $10^{-7}$ mol/L，当浸出液中加入 $Fe_2O_3$ 腐蚀产物后，核素的浓度变得很低。浸出实验的氧化还原条件变化，对 Pu 和 Np 等核素的浸出行为影响较大。文献[22]研究了含 Np 的玻璃在两种黏土介质中的浸出，一种为氧化型黏土，另一种为加入了黄铁矿、$Fe_3O_4$ 和不锈钢粉等微量还原成分的 Boom 黏土，浸出结果表明在氧化型黏土中 Np 的浓度高于还原型黏土中的浓度。因此在还原条件下，从玻璃中浸出的 Np(Ⅴ)被还原为不易溶解的 Np(Ⅳ)，被黏土吸附或沉淀在黏土中。浸出液中有机或无机配体的存在，影响核素的浓度和存在形式，锕系元素的迁移率与浸出液中存在的阴离子种类有关[23]，Np 在不同浸出液中的溶解形式是一样的。对玻璃中 Np 的浸出结果表明在 $5\times10^{-3}$ mol/L 的碳酸盐浸出液中，有 45% 的 Np 吸附在玻璃界面膜上，而在磷酸盐和硫酸盐浸出液中，Np 吸附在玻璃界面膜上的量分别为 94% 和 67%，在碳酸盐溶液中，Np 的主要存在形式为 $NpO_2(CO_3)_n^{1-2n}$ ($n=1,2,3$) 配合物，而在硫酸盐溶液中，$NpO_2(OH)_n^{1-n}$ 配合物为主要存在形式。

(3) 配合、水解反应

配合反应是发生于地下水中的非常重要的化学反应之一。根据超铀元素自身的电子结构特点，无论在还原性的地下水中，还是在氧化性的地下水中，对于单价态的超铀元素来说，一方面发生水解反应，同时与地下水中存在的无机阴离子如 $CO_3^{2-}$ 等发生配合反应；另一方面地下水中存在的有机多电子聚合物（如腐殖酸）不仅能与部分高价锕系元素（如 Np，Pu）发生还原反应，而且也发生配合反应。

水解反应是超铀元素在地下水中发生的最主要的反应，价态不同的超铀元素在地下水中可能的水解产物有：

$M^{3+}$　$MOH^{2+}, M(OH)_4^-, M_2(OH)_2^{4+}, M_3(OH)_5^{4+}$

$M^{4+}$　$MOH^{3+}, M(OH)_2^{2+}, M(OH)_3^+, M(OH)_4^0, M(OH)_5^-$

$MO_2^+$　$MO_2OH$

$MO_2^{2+}$　$MO_2OH^+, MO_2(OH)_2, (MO_2)_2(OH)_2^{2+}, (MO_2)_3(OH)_5^+$

对应的水解稳定常数示于图 1，由图 1 看出价态不同的超铀离子水解能力强弱顺序为：$An^{4+} > AnO_2^{2+} > An^{3+} > AnO_2^+$。

高价的超铀元素 An(Ⅴ)和 An(Ⅵ)在地下水中可生成带负电荷的水解产物[24]，

An(Ⅲ)、An(Ⅳ)及 An(Ⅵ)可生成多核配合物[25]，低价态超铀元素 An(Ⅲ)及 An(Ⅳ)水解可生成 $An_y^{m-y}$($y>m$)的报道，实际上是生成了碳酸盐配合物，特别是在高 pH 时，水解反应已被碳酸盐配合反应所湮没。在无配合剂存在的中性溶液中，An(Ⅲ)，An(Ⅳ)及 An(Ⅵ)可生成单核、多核水解产物以及胶体。总之，超铀元素的水解反应抑制了它在地下水中的溶解度，同时它又促进了超铀元素真、假胶体的生成。

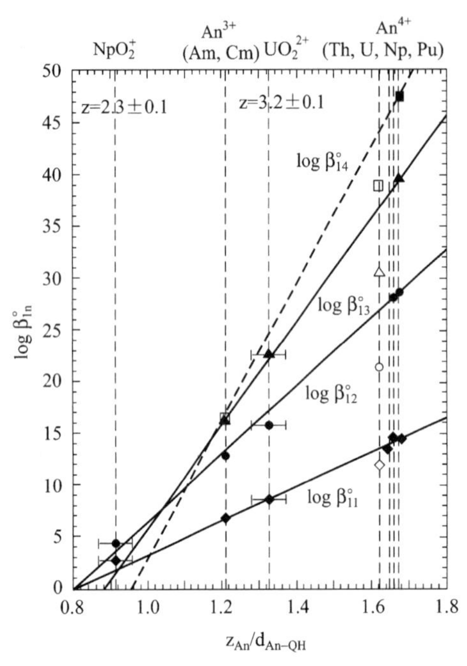


图 1 锕系元素水解常数

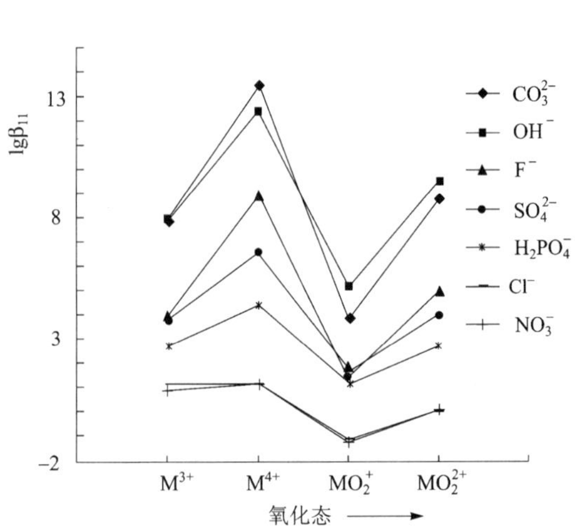


图 2 不同氧化态的超铀元素与地下水存在的无机阴离子的配合稳定常数

超铀元素与无机配体的配合反应：超铀元素与无机含氧配体(如氢氧化物、硝酸盐、碳酸盐、硫酸盐及磷酸盐)及含氟化合物有强的配合能力，而与硫及卤素(除氟外的)等配体的配合能力较弱。地质环境中的天然水含多种无机配合离子，如：$OH^-$，$HCO_3^-$，$CO_3^{2-}$，$H_2PO_4^-$，$HPO_4^{2-}$，$PO_4^{3-}$，$SO_4^{2-}$，$F^-$ 及 $Cl^-$ 等。综合有关超铀离子的配合反应研究报道，将超铀元素的各种离子与地下水中常见的几种配位体的一级配合稳定常数之间的比较绘制于图 2 中，稳定常数的值参见文献[24,26-31]。

由图 2 看出：对氧化态单一的超铀元素，配合物稳定常数被分为三组，这些阴离子与超铀元素的配合能力大小顺序为：($CO_3^{2-}$，OH)>($F^-$，$SO_4^{2-}$，$HPO_4^{2-}$)>($Cl^-$，$NO_3^-$)；对于某一阴离子，超铀元素不同氧化态的配合能力为：4+>3+≈6+>5+。

地下水中碳酸根的浓度随着 pH 以及气相中 $CO_2$ 的分压 $P_{CO_2}$ 的变化而变化，如在美国尤卡山处置场评价(TSPA)中[32]，以气相中 $P_{CO_2}$ 来控制水相中重碳酸根和碳酸根的浓度。

文献[24]认为在与上述反应条件相同的状况下，Am(Ⅲ)和 Np(Ⅴ)是最稳定的存在形式，由于溶液中高碳酸根浓度的影响，对 Np 水解行为及 Ksp 的测定结果需要修正。总之，由于碳酸根离子在地下水中具有相对较高的浓度，超铀元素离子在地下水中的稳定性很大程度上决定与碳酸盐配合物的稳定性。

(4) 氧化还原

对于以多价存在的超铀离子，特别是 Np 和 Pu，地下水的 Eh 大小决定他们的存在形态，大部分深层地下水的 pH 为 6～9，Eh 值为 −400～400 mV[33]，在这个 pH 及 Eh 的范围内，由于歧化和还原反应，Np 可以多种价态存在。

文献[34]详细研究表明，溶液中超铀离子的价态对溶解度的影响极大，在氧化性水中，Np 主要以 Np(Ⅴ)存在，碳酸盐配合物的生成将明显改变超铀元素的氧化还原电位，聚合物或胶体的生成也可抑制超铀元素发生歧化和还原反应的能力。此外，超铀元素自身的 α 辐射作用也可使不同氧化态的超铀离子发生歧化和还原反应。

(5) 核素形态

研究人员[35]曾用激光诱导分解光谱法(LIBD)对低浓度的 Np(Ⅳ)溶液中镎胶体的形成过程作了观察，发现在给定 pH 条件下，当溶液中 Np(Ⅳ)的浓度超过 $Np(OH)_4$的溶解度时，Np(Ⅳ)的吸收带在 723 nm 和 900 nm 范围内的降低原因不应归咎于单核的 $Np(OH)^{3+}$的形成，而应是镎的多核物种和胶体形成所致。

## 2.1.3 Pu

(1) 溶解度

研究发现，pH 增大，对 Pu 溶解度几乎无影响[19]，控制 Pu 的溶解度固相为无定型的 $Pu(OH)_4$及 $Pu(OH)_4$与碳酸盐配合物，水相中 Pu 主要以Ⅴ，Ⅵ价存在，且随着 pH 增大，Pu(Ⅴ)浓度增大，Pu(Ⅵ)浓度降低。在模拟了处置场地下水，系统研究了 Np，Pu，Am 等的化合物在近场的溶解度随溶液 pH 的变化后[21]，研究结果表明，当溶液的 pH 由 7 升至 8.5 时，$Pu(OH)_4$的溶解度急剧下降，而当 pH 继续提高到 13，$Pu(OH)_4$的溶解度基本保持不变。这反映了该种核素发生水解反应的不同 pH 区间，且水解使溶解度降低。钚的研究结果表明[24]，在 0.1～5 mol/L 的 NaCl 溶液中，当 pH 由 3 升至 7 时，$^{239}PuO_2$的溶解度呈下降趋势；在 pH 为 6～10 时，实验点基本落在离子强度为 1 mol/L 的 $HCO_3^-/CO_3^{2-}$ 溶液中 $^{238}PuO_2$的溶解度曲线上。对于玻璃固化体中的 $^{239}PuO_2$ 来说，它在 0.1～5 mol/LNaCl 溶液、蒸馏水及地下水中的溶解度随 pH 值增大而稍有下降。

在研究了 $PuO_2(s)$在 $HCO_3^-/CO_3^{2-}$ 溶液[24]、1 mol/L $NaClO_4$溶液中的溶解度及模拟高放废物玻璃固化体在 NaCl 溶液、重蒸水和几种地下水中的浸出行为后，认为锕系元素在水溶液中的溶解度不能简单的用热力学数据推测，因为这些数据中没有考虑胶体的影响，特别是由 α 辐射作用产生的粒度极小的胶体颗粒。总之，由于无法对产生的胶体定量，使得锕系元素在地下水中的溶解平衡无法简单地用热力学的方法进行描述。

地下水中存在的可溶性有机物，在处置场条件下由于化学作用或 α、β、γ 辐射作用而发生降解，影响放射性核素在近场地下水中的释放。通过制备不同分解条件下的有机物浸出液，并利用这些浸出液进行 Pu 的溶解度测定实验，结果表明，不同有机物含量及分解条件可使 Pu 的总溶解度由 $5\times10^{-10}$ mol/L 提高 1～3 个数量级[36]。

(2) 浸出

许多学者[37-39]研究了浓盐水、去离子水、重碳酸盐地下水、模拟地下水等各种水介质中 Np,Pu,Am 等核素从玻璃固化体中的浸出行为,研究结果表明,浸出液中 Pu 的浓度为 $4\times10^{-8}$ mol/L,其中 90%的 Pu 以胶体形式存在。

浸出液中一些固体物质的存在,引起核素的浓度变化。R7T7[40]玻璃静态浸出实验表明,当固体物质如沙子、花岗岩、膨润土、蒙脱石、伊利石和 Boom 黏土被加入到浸出液中时,浸出液的化学成分和玻璃腐蚀速率均发生变化,Np 和 Pu 被吸附的量各不相同。蒙脱石、伊利石和 Boom 黏土能很好地吸附 Pu,而对 Np 的吸附能力较弱,被玻璃界面和所加固体吸附的 Pu 总量比 Np 大。通过过滤,移去浸出液中大部分颗粒,发现在沙子、花岗岩、膨润土中 Pu 以相同的比率存在,而在蒙脱石、伊利石和 Boom 黏土中比率变化较大。实验室实验[40-41]也发现,较高 pH 体系中 Pu 的浸出浓度很低($10^{-10}\sim10^{-12}$ mol/L),并强烈地被金属物质吸附。

浸出实验的氧化还原条件变化,浸出液中有机或无机配体的存在,对 Pu 和 Np 等核素的浸出行为影响较大,影响核素的浓度和存在形式,研究结果表明,在还原条件下,Pu 在不同的浸出液中 Pu 吸附在玻璃界面层上的量是不相同的,同样条件下的实验结果为,在碳酸盐浸出液中 Pu 浓度为 $2\times10^{-8}$ mol/L,在磷酸盐浸出液 Pu 浓度为 $2\times10^{-10}$ mol/L,在纯水中 Pu 浓度为 $5\times10^{-9}$ mol/L[39]。

(3) 配合

在高碳酸根浓度的溶液中,Pu(Ⅴ)的碳酸盐配合物十分稳定,既不会发生歧化反应,也不会发生还原反应[24,42-43]。

(4) 氧化还原

地下水 pH 和 Eh 是影响超铀离子氧化还原反应的关键参数[44],由于歧化和还原反应,Pu 可以多种价态存在。在一系列不同地质体系的地下水(包括湖水和海水等天然水)中 Pu 的价态研究表明,溶液中超铀离子的价态对溶解度的影响极大,尤其是 Pu 的情况,在氧化性水中 Pu 以 Pu(Ⅴ)和 Pu(Ⅵ)存在;在尤卡山 J13 井地下水中,Pu 主要以 Pu(Ⅴ)和 Pu(Ⅵ)存在;天然水中 Pu 主要以 5 价存在[45],在 Eh 值为 0.5 V 时,溶液中 Pu 的存在形式主要为 Pu(Ⅴ)和 Pu(Ⅳ);在 Eh 值为 0.2 V 时,Pu(Ⅳ)是主要的存在价态,存在的 DOC 能明显地将 Pu(Ⅳ)还原为 Pu(Ⅲ);Eh 值约为−0.2 V 时,Pu(Ⅲ)是主要的存在形式。腐殖酸还原 Np(Ⅵ),Pu(Ⅴ,Ⅵ)的研究工作也已有报道。

(5) 核素形态

使用 1 m 液核波导法(LCW),结合 UV-Vis 光谱仪对不同价态的钚离子[Pu(Ⅲ),Pu(Ⅳ),Pu(Ⅴ),Pu(Ⅵ)]进行了形态测定[46],发现该方法对 4 种离子的探测限分别为:$8\times10^{-6}$ mol/L,$5\times10^{-6}$ mol/L,$1.5\times10^{-5}$ mol/L,$7\times10^{-7}$ mol/L,比用 1 cm 比色池灵敏度提高了 18~33 倍。

### 2.1.4 Am

(1) 溶解度

研究发现,pH 增大,对 Am 溶解度几乎无影响,控制 Am 的溶解度固相为 $Am(OH)CO_3$;

Am 以 3价存在；对于 $Am(OH)_3$来说，当溶液的 pH 由 7 提高到 13 时，它的溶解度呈稳定的下降趋势。这反映了该种核素发生水解反应的不同 pH 区间，且水解使溶解度降低。

胶体的生成是伴随着超铀元素溶解过程的另一重要反应，通过水解反应，超铀元素可生成真胶体或与水中的天然胶体作用而生成假胶体，使实验测得的溶解度数据与理论计算结果差别较大。Am 在含盐和不含盐两种地下水中的溶解度[24]研究表明，不含盐的地下水中生成的真、假胶体对 Am 溶解度的影响各占一半，假胶体的生成增大了 Am 的溶解度，在含盐地下水中，由于 Am 含氯配合物的生成，增大了它的溶解度。

(2) 浸出

玻璃固化体在各种水介质(浓盐水、去离子水、重碳酸盐地下水、模拟地下水等)浸出液中，大部分 Am 以被吸附的颗粒形式存在。较高 pH 体系中 Am 的浸出浓度很低($10^{-10}$～$10^{-12}$ mol/L)[40-41]，并强烈地被金属物质吸附。

黏土的存在强烈地影响玻璃的腐蚀和浸出液放射性核素的浓度。对 Boom 黏土的影响研究表明，大部分 Am 被黏土强烈地吸附，仅有很少部分留在水相，此时水相中$^{241}$Am 的平均浓度为 $10^{-11}$ mol/L。

研究发现可迁移形式的 Am 浓度是独立的，不受 Np 和 Tc 浓度增大的影响；实验持续进行 4 年后表明，处于可迁移形式的 Am 浓度仅为浸出总量的 0.2%，当浸出液中加入 $Fe_2O_3$腐蚀产物后，这些核素的浓度变得很低。

(3) 配合

由于碳酸根离子在地下水中具有相对较高的浓度，超铀元素离子在地下水中的稳定性很大程度上决定与碳酸盐配合物的稳定性[24]。

地下水中存在的可溶性有机物(主要为腐殖物质)与超铀元素的配合作用，因超铀元素的氧化态不同而不同。腐殖物质是多电子有机高分子聚合物的混合物，它们的浓度分布随着地质环境的差异(气候、介质的酸碱度、介质本身的特性)而不同。在土壤中，腐殖物质的浓度为 0～10%；在水中腐殖物质的浓度最高可达到 50 mg/L，从不同深度(100～700 m)的结晶岩水中取样分析，可溶物(有机碳)的浓度范围为 0.1～8 mg/L。图 3 为文献中报道的腐殖酸和 Am(Ⅲ)，Th(Ⅳ)，U(Ⅵ)的配合稳定常数与腐殖酸电离度($\alpha$)及 pH 的关系。

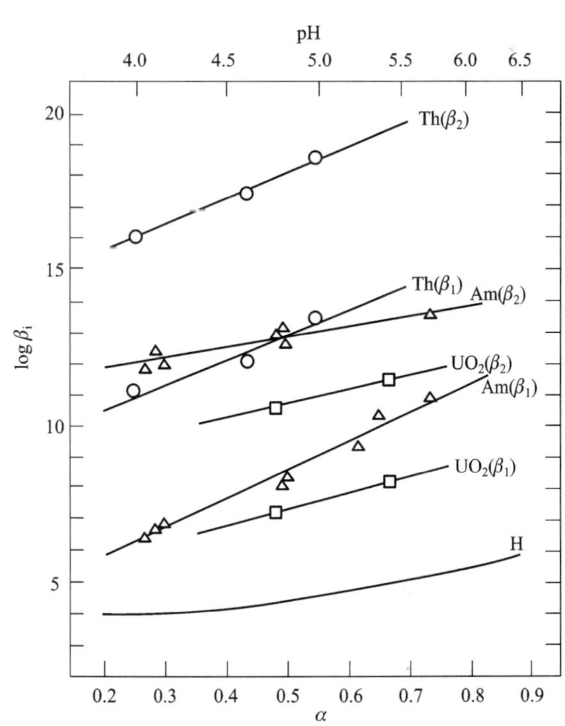


图 3 腐殖酸和 Am(Ⅲ)，Th(Ⅳ)，U(Ⅵ)的配合稳定常数与腐殖酸电离度($\alpha$)及 pH 的关系

(4) 氧化还原

Am在一系列不同地质体系的地下水(包括湖水和海水等天然水)中的价态研究[34]结果表明,溶液中超铀离子的价态对溶解度的影响极大,在氧化性水中Am以+3价存在。

## 2.1.5 Tc

锝是第一个人工合成的元素,它是在1937年由Carlo Perrier和Emilio Gino Segre用氘核辐照Mo耙时发现的,1949年被国际化学会命名为Technetium(Tc)。核裂变产物$^{99}Tc$是高放废物的主要成分之一,$^{99}Tc$属中等放射毒性核素,通常以带负电荷的$TcO_4^-$形式存在于水溶液中,很难被一般的矿物或岩石所吸附,易于随地下水迁移进入生物圈而造成环境污染,在核废物长期储存的过程中,裂变产物$^{99}Tc$会对环境产生极大的危险,其原因在于:

① $^{99}Tc$是高放废液(1 AW)的重要组成成分之一,在后处理工厂,>50%的$^{99}Tc$存在于高放废物(HAW或HLW)中,$^{235}U$裂变生成$^{99}Tc$的产额为6.07%～6.13%,对于一个燃耗为685 GJ/kgU的反应堆,大约产生$^{99}Tc$ 0.2 g/kgU,一个现代化的1 000 MW的核电站,每年约产生30 kg $^{99}Tc$。

② $^{99}Tc$的半衰期长($T_{1/2}=2.1\times10^5$ a),且通常以$TcO_4^-$形式存在于水溶液中,很难被一般的矿物或岩石所吸附,易于随地下水迁移而进入生物圈,造成环境污染。

③ 锝的化合物中锝能表现-1～+7的所有氧化态及某些分数氧化态,不同氧化态的锝的溶解度及吸附、扩散行为不同,导致了锝的复杂的迁移行为,锝在地下水溶液中存在水解、配合、氧化还原作用,使得对锝在地质条件下的迁移机理研究带来了困难。

(1) 溶解度

目前国外关于Tc(Ⅳ)的溶解度研究工作已有文献报道[47],EQ3/6程序的计算结果表明,还原剂Fe,Sn,Cu,Mn,V和$SnCl_2$可极大地降低Tc的溶解度及从地质处置库迁移的速度[48],低价态Tc的化合物具有低的溶解度,可更多地被吸附在地质矿物上[49],因此还原条件可大大地降低Tc的溶解度,使吸附比增大。由于降低溶解度可阻滞Tc的迁移,故人们研究了不同条件下Tc的化合物的溶解度[50]。Tc(Ⅳ)的氧化物[氧化物通过电还原或用肼还原Tc(Ⅶ)的方法制备]在NaCl和HCl溶液及pH为0～10的合成地下水中溶解性[51]研究表明,在pH为4～10时,溶解度为$7.5\times10^{-9}\sim5\times10^{-8}$ mol/L,其中大部分在$(1\sim2)\times10^{-8}$ mol/L,且在酸溶液中,Tc(Ⅳ)的氧化物的溶解度随pH的降低而增加;在碱溶液中,溶解度随pH的增加而稍微增加;在中性溶液中溶解度最小,水合氧化物的分子式为$TcO_2\cdot nH_2O$($n=1.63\pm0.28$)。但有其他研究人员发现改变pH,得到的氧化物的溶解度变化很小[52]。利用水解和氧化还原数据得出在结晶岩石深地下水中,Tc在还原条件下(Eh<0.27-0.06pH,V)能形成Tc(s)[53],溶液中Tc的总浓度可能会降低到$10^{-9}$ mol/L或更低;在中等还原条件下(0.27-0.06pH<Eh<0.45-0.06pH,V),Tc的溶解度为$10^{-5}$ mol/L,这时溶液中的主要化学形态为$TcO_2$(s)或$TcO(OH)_2$(s);在更高的氧化还原电势下(Eh>0.5-0.06pH,V),$TcO_4^-$是主要存在形式,在大部分天然水中$TcO_4^-$没有溶解度极限。

1987年美国对锝在处置库盐水中的固体形态,包括$TcO_2\cdot nH_2O$,$TcS_2$以及$Tc_2S_7$等进行了进一步的溶解度研究，感兴趣的溶液形态是与溶解度测量和诸如磷酸根和碳酸根等配体有关的形态。

(2) 浸出

黏土的存在强烈地影响玻璃的腐蚀和浸出液放射性核素的浓度。对 Boom 黏土的影响研究表明，处于可迁移形式的 Tc 浓度仅为浸出总量的 4%，浓度为 $10^{-6}$ mol/L，当浸出液中加入 $Fe_2O_3$ 腐蚀产物后，核素的浓度变得很低。氧化还原条件变化，对 Tc 的浸出行为影响较大。含 Tc 的玻璃在两种黏土介质中的浸出结果表明，在氧化型黏土中 Tc 的浓度高于加入了黄铁矿、$Fe_3O_4$ 和不锈钢粉等微量还原成分的 Boom 还原型黏土中的浓度；在氧化型黏土中 Tc 不被黏土吸附，以 $TcO_4^-$ 形式存在浓度达到了 $10^{-4}$ mol/L 以上；在还原介质中，Tc 的浓度小于 $3\times10^{-7}$ mol/L，从玻璃中浸出的 Tc(Ⅶ)，被还原为不易溶解的 Tc(Ⅳ)，被黏土吸附或沉淀在黏土中[22]。

废物固化体中放射性核素的浸出机制主要有溶解、离子交换和生成化学反应层。氧化还原条件及浸出液的性质影响玻璃固化体中 $^{99}Tc$ 的浸出，硫化物的加入对 $^{99}Tc$ 的固定有积极影响[54]；在 200 ℃，30 MPa，含 Tc0.7 mg/g 玻璃、液固比为 10 的浸出实验中，向液体中加入玄武岩后，$^{99}Tc$ 的浸出速率降低[55]，这可能是由于玄武岩的加入，使溶液中 Eh 值降低而形成了 $^{99}Tc$ 的低价态固体化合物；在 90 ℃及氧化条件下[56]，在含盐地下水中 $^{99}Tc$ 从模拟凝灰岩玻璃中的浸出并不比玻璃中其他组成元素快，随 pH 的升高，浸出率增大；模拟高放废物玻璃中的 $^{99}Tc$ 在 $NaHCO_3$ 溶液中的浸出速率最高[57]，在饱和盐水和去离子水中的浸出速率最低，$^{99}Tc$ 的可能浸出形式是 $TcO_4^-$[58]，核素迁移实验中假定浸出形式为 $TcO_4^-$，由于 $TcO_4^-$ 在地质介质中易迁移，因此所得结果是保守的。

(3) 氧化还原

锝基态的外围电子结构为：$4s^2 4p^6 4d^6 5s^1$，锝的重要氧化态是 +4 和 +7 价，在一些稳定的螯合物里，锝可以表现为 +5 和 +3 价，+5 和 +6 价氧化态通常容易歧化为 +4 和 +7 价氧化态。+4 和 +7 价氧化态的 Tc 主要是以 $TcO_2$ 和 $TcO_4^-$ 的形式存在，碱性条件下，$TcO_4^-$ 可被 Fe 等还原剂还原而水解为 $TcO_2\cdot 2H_2O$，而 $TcO_2$ 易被过氧化氢等氧化剂氧化为 $TcO_4^-$，Tc 的还原反应式及标准电位列于表 3。

**表 3 Tc 的还原反应式及标准电位**

| 反应式 | 标准电位/V |
|---|---|
| $TcO_4^- + 4H^+ + 3e = TcO_2(s) + 4H_2O$ | 0.736 |
| $TcO_4^- + 8H^+ + 7e = Tc(s) + 4H_2O$ | 0.472 |
| $TcO_2(s) + 2H^+ + e = TcO^+ + H_2O$ | 0.319 |
| $TcO_2(s) + 4H^+ + 2e = Tc^{2+} + 2H_2O$ | 0.144 |
| $TcO_2(s) + 4H^+ + 4e = Tc(s) + 2H_2O$ | 0.272 |
| $TcO^+ + 2H^+ + e = Tc^{2+} + H_2O$ | −0.031 |
| $TcO^+ + 2H^+ + 3e = Tc(s) + H_2O$ | 0.256 |
| $Tc^{2+} + 2e = Tc(s)$ | 0.400 |

(4) 配合反应

有机配体影响 $^{99}Tc$ 的迁移。研究发现[59] EDTA，DTPA 和柠檬酸配体从土壤中解吸下很少一部分被还原吸附的 Tc，然而相同条件下，仅有少量的 Tc 的 EDTA，DTPA 和柠檬酸配合物被土壤吸附，但 EDTA 不会影响矿物对 Tc(Ⅶ)的吸附[60]。Tkac，P. 等发现在 0.5 g/L 腐殖酸钠溶液中，土壤对 $TcO_4^-$ 的吸附比小于在纯水中的吸附比。$TcO_4^-$ 被还原后可与多种配体反应形成配合物。在 $PO_4^{3-}$ 存在下，pH = 7 时用 $SnCl_2$ 还原 $TcO_4^-$ 可生成

Tc(Ⅳ)与 Tc(Ⅲ)配合物的混合物，pH=9 时这种还原则只生成稳定的可溶于水的 Tc(Ⅲ)配合物[61]；在柠檬酸存在下，pH<10 时 $Sn^{2+}$ 还原 $TcO_4^-$ 可生成 Tc(Ⅴ)，(Ⅳ)，(Ⅲ)配合物[62]；在 EDTA 存在下，用 $SnCl_2$、肼或 $Fe^{2+}$ 还原 $TcO_4^-$ 可生成$[Tc(OH)(EDTA)]^{2-}$，$[TcO(EDTA)]^{2-}$ 和$[TcO(OH)(EDTA)]^{2-}$ 的配合物[63]；可溶性的 Tc(Ⅳ)与葡萄糖[64]、腐殖酸[65]、$SO_4^{2-}$[66]也能生成配合物。

$TcO_4^-$ 是地下水中 Tc 的重要存在形式，它可在较大的 pH 范围内稳定存在。$TcO_2$ 可溶于含氧化剂(如 $H_2O_2$ 或 $Ce^{4+}$ 盐)的酸溶液中，当 $TcO_2 \cdot 2H_2O$ 溶解在浓 NaOH 或 KOH 溶液中时，会形成 $Tc(OH)_6^{2-}$。$TcO_4^-$ 与 Zn/HCl 发生还原作用而水解生成溶解度极低的 $TcO_2 \cdot 2H_2O$ 或 $Tc(OH)_4$ 或 $TcO(OH)_2$。$TcO_4^-$ 与浓 HCl 在肼或 $SnCl_2$ 作用下很快生成 $TcCl_6^{2-}$，$TcCl_6^{2-}$ 在碱性、中性或弱酸性溶液中发生水解，生成 $TcO_2 \cdot 2H_2O$，在稀 HCl 溶液中水解生成$[TcCl_5(OH_2)]^-$，$[TcCl_4(OH_2)_2]$ 和 $[TcCl_3(OH_2)_3]^+$。$TcO_4^-$ 与 $Sn^{2+}$ 在 pH≤2 时的还原产物带 2 个正电荷，即为 $TcO^{2+}$ 或 $Tc(OH)_2^{2+}$，它们在 pH≈2.7 时均被水解为 $Tc(OH)_4$，在 pH=3～4 时形成 $TcO_2 \cdot 2H_2O$[67]，Tc 的化合物的部分水解常数列于表 4。

**表 4 Tc 的部分化合物的水解常数或反应常数**

| 反应式 | lg*K* |
|---|---|
| $TcO_4^- + M^+ = MTcO_4$ | $-2$¹⁾ |
| $TcO^{2+} + OH^- = TcOOH^+$ | 12.6 |
| $TcO^{2+} + 2OH^- = TcO(OH)_2$ | 24.6 |
| $TcO^{2+} + 2OH^- = TcO_2(s) + H_2O$ | $-28.9$¹⁾ |

1）溶度积

**(5) 核素形态**

用 $NH_2CSNH_2$ 为 $^{99}Tc^{3+}$ 的显色剂，用激光诱导光声光谱法对 $^{99}Tc$ 进行了测定，发现在 488 nm 处该配合物 $Tc(tu)_6^{3+}$ 有最大吸收峰，且该法探测限达到 $10^{-8}$ mol/L，为通常显色法灵敏度的 1 000 倍[68]，并以 $NCS^-$ 为 $Tc^{4+}$ 的显色剂，用激光诱导光声光谱法对其进行测定，发现在 500 nm 处该配合物$[Tc(Ⅳ)(NCS)_6]^{3+}$ 有最大吸收峰，且该法灵敏度达到了 $10^{-9}$ mol/L[69]。

## 2.1.6 I

碘元素位于元素周期表的ⅦA 族。目前知道的碘同位素共有 33 种，质量数从 110～142，有 27 种半衰期小于 1 d，稳定同位素仅 $^{127}I$，$^{129}I$ 是唯一的长寿命天然同位素。短寿命同位素 $^{131}I$(8.04 d)，$^{132}I$(2.3 h)和 $^{133}I$(20.8 h)能在核爆炸时监测到。

天然的 $^{129}I$ 主要来源于 $^{238}U$ 的自发裂变，$^{235}U$ 的热中子诱发裂变，上层大气层中 Xe 的散裂反应。人工 $^{129}I$ 主要来自 $^{235}U$ 和 $^{239}Pu$ 等的裂变。每次 $^{235}U$ 裂变产生 0.005 74 原子的 $^{129}I$，每次 $^{239}Pu$ 裂变产生 0.015 4 原子的 $^{129}I$。在裂变过程中(人工)同时也产生稳定同位素 $^{127}I$，$^{129}I$ 总是被稳定同位素稀释 20%左右。

碘是一个负电性元素，有相当大的离子半径(0.22 nm)，在水溶液中它的氧化态有−1，0，+1，+3，+5 和+7 价等，在环境中最多的状态是−1，0，+5 价。碘最常见的形态有 $I^-$，$IO_3^-$，$I_2$，$I_3^-$，IOH 和 $IO^-$。一般情况下，碘在水溶液体系中以 $I^-$ 和 $IO_3^-$ 形态存在。

$I^-$ 和 $IO_3^-$ 与碘的其他氧化态的关系及相应的 Eh 值如下：

$6OH^- + I^- = IO_3^- + 3H_2O + 6e^-$　　Eh=1.09−0.059 2pH

$2OH^- + I^- = IO^- + H_2O + 2e^-$　　Eh=1.32−0.059 2pH

$2I^- = I_2(s) + 2e^-$　　Eh=0.536−0.059 2pH

在很强的碱性溶液中，碘发生歧化反应：$I_2 + 6OH^- = IO_3^- + 5I^- + 3H_2O$

在酸性溶液中又可发生逆反应：$IO_3^- + 6H^+ + 5I^- = 3H_2O + 3I_2$

在酸性溶液中，$I_2$和多碘阴离子很重要，$I_2$与阴离子 $I^-$ 结合形成 $I_3^-$ 增加了稳定性，这些多碘离子能与某些大的阳离子（如 $Cs^+$）形成稳定的盐。不稳定的+1 价碘，次碘酸 IOH，存在于水溶液中，它是由 $I_2$分子的水解产生的：$I_2 + H_2O = IOH + I^- + H^+$，$K = 6.24 \times 10^{-13}$

IOH 在碱性溶液中分解：$IOH = IO^- + H^+$，$K = 10^{-11}$

IOH 可以很容易转变到 $I_2$或与有机化合物反应形成有机碘分子，海水里 IOH 的寿命可能只有几分钟到几小时。

$^{129}I$ 是重要的裂片核素之一。它具有高毒性、长寿命（$t_{1/2} = 1.6 \times 10^7$ a）的特点，在地质环境中主要以阴离子形态存在，具有很高的活动性，还能在人体的重要器官富集，对人类具有较大的潜在危害性[70]。$^{129}I$ 一部分经乏燃料后处理最终进入高放废液，另一部分则是集中在各种核设施的过滤器中，以固体废物的形式存在。在 $10^3 \sim 10^4$ a 期间，$^{129}I$ 对人类的辐射剂量贡献值很高。

文献[71]曾用另一安全指数来比较各种核素的危害程度，其综合考虑了放射性核素的活度和其毒性，其定义如下：

$$HM = Q/RCG$$

式中：RCG——推荐浓度值，$Ci/m^3$（$1\ Ci = 3.7 \times 10^{10}$ Bq）；

$Q$——放射性核素的活度，Ci。

HM 的单位是 $m^3$空气或 $m^3$水，这是一个需要将放射性核素浓度减低到最大可允许水平的体积。用 HM 这一安全指数对关键核素做毒性评价的结果表明，$^{129}I$ 排第二位，仅次于 $^{237}Np$。

美国研究人员也曾对地质处置有潜在危害的放射性核素做过毒性评价，其毒性指数定义为：

$$HA = \log[(Q)(TF)/MPC]$$

式中：$Q$——目前放射性核素的活度，Ci；

TF——核素的迁移因子；

MPC——饮用水中核素的最大允许浓度。

研究人员用 HA 这一安全指数对 34 种关键核素所做毒性评价的结果表明（见表 5），$^{129}I$位于首位[67]，因而其在环境中的迁移行为受到高度重视。

**表 5　一些关键核素毒性指数的排列顺序**

| 排序 | 核素名称 | 毒性指数 | 排序 | 核素名称 | 毒性指数 |
|---|---|---|---|---|---|
| 1 | $^{129}I$ | 11.1 | 18 | $^{241}Am$ | 7.1 |
| 2 | $^{99}Tc$ | 10.0 | 19 | $^{235}U$ | 6.6 |
| 3 | $^{226}Ra$ | 9.8 | 20 | $^{229}Th$ | 6.6 |

续表

| 排序 | 核素名称 | 毒性指数 | 排序 | 核素名称 | 毒性指数 |
|---|---|---|---|---|---|
| 4 | $^{237}Np$ | 9.6 | 21 | $^{14}C$ | 6.5 |
| 5 | $^{239}Pu$ | 9.6 | 22 | $^{230}Th$ | 6.3 |
| 6 | $^{210}Pb$ | 9.4 | 23 | $^{245}Cm$ | 6.2 |
| 7 | $^{79}Se$ | 8.9 | 24 | $^{227}Ac$ | 6.0 |
| 8 | $^{126}Sn$ | 8.9 | 25 | $^{135}Cs$ | 5.9 |
| 9 | $^{240}Pu$ | 8.6 | 26 | $^{231}Pa$ | 6.2 |
| 10 | $^{234}U$ | 8.5 | 27 | $^{93}Zr$ | 5.0 |
| 11 | $^{107}Pd$ | 8.1 | 28 | $^{241}Pu$ | 4.9 |
| 12 | $^{243}Am$ | 7.9 | 29 | $^{238}Pu$ | 2.7 |
| 13 | $^{242}Pu$ | 7.9 | 30 | $^{63}Ni$ | 2.3 |
| 14 | $^{59}Ni$ | 7.8 | 31 | $^{242}Cm$ | 2.1 |
| 15 | $^{238}U$ | 7.6 | 32 | $^{151}Sm$ | 1.9 |
| 16 | $^{236}U$ | 7.5 | 33 | $^{90}Sr$ | 1.5 |
| 17 | $^{233}U$ | 7.3 | 34 | $^{137}Cs$ | 0.9 |

在处置库盐水中还没有确定碘的哪一种固体形态是重要的，最感兴趣的碘的形态是 $I_2$ 水解为 $I^-$ 以及 $IO_3^-$，还包括三卤化物离子和 HOI。

## 2.2 介质的化学行为

本部分归纳的介质的化学行为包括地下水、围岩、包装材料、固化体的高温稳定性及长期抗腐蚀能力，以及地质介质蚀变产物、工程屏障腐蚀产物等的化学行为。

### 2.2.1 地下水组成

所谓地下水是地质空隙中存在的水，地表以下，1 500 m 以上存在的水都可列入地下水的范围。地下水的主要成分有如下几种：

阳离子：$Na^+$，$K^+$，$Ca^{2+}$，$Mg^{2+}$，$Fe^{2+}$，$Fe^{3+}$，$NH_4^+$；

阴离子：$HCO_3^-$，$CO_3^{2-}$，$SO_4^{2-}$，$Cl^-$，$H_2PO_4^-$，$HPO_4^{2-}$，$F^-$，$SiO_3^{2-}$，$NO_3^-$；

溶解气体：$CO_2$，$N_2$，$O_2$。

其中 $Na^+$，$K^+$，$Ca^{2+}$，$Mg^{2+}$，$Cl^-$，$HCO_3^-$，$CO_3^{2-}$，$SO_4^{2-}$ 是地下水中浓度最高的 8 种离子，约占水中离子总量的 95%～99%。

在天然水系中，尽管各地的地球化学条件各不相同，但是 pH 和 Eh 是影响超铀离子氧化还原反应的关键参数。图 4 为世界几百个地方测得的自然水的 pH 和 Eh 范围[44]。从图 4看出自然环境中天然水的 Eh 范围大多在+0.8～−0.4 V，pH 范围大多在 2～9。

目前关于地下水化学研究的内容主要集中于 pH，Eh 和 $Cl^-$，$CO_3^{2-}/HCO_3^-$，$SO_4^{2-}$，$Mg^{2+}$ 等方面。

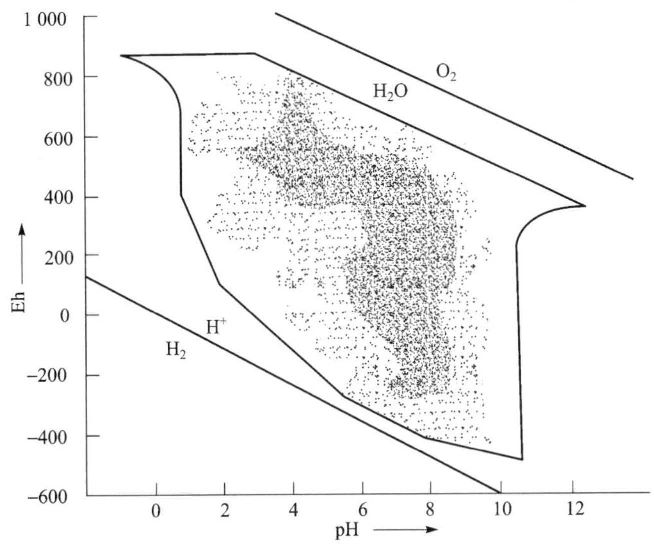


图4 自然环境中水的 pH 和 Eh 范围

## 2.2.2 处置条件下玻璃固化体的腐蚀研究[72]

实验室的测试方法主要有:MCC-1 静态浸出试验(西北太平洋实验室的材料性能中心建立),PCT(the Product Consistency Test);ANL 蒸汽水合测试(Argonne 国家实验室建立的一种静态试验方法);缓冲溶液/pH-盐测试;Soxhlet 测试;定期补充测试;毒性浸出程序(TCLP,由美国环境保护局建立)。

影响玻璃固化体的浸出和腐蚀的因素主要有:① 包装容器及其腐蚀产物的影响[73-74];② 温度和辐照的影响[75-76];③ 黏土的影响[77-78];④ 有机物的影响[79-80];⑤ 无机盐的影响[81-82];⑥ 界面层的影响[83-84]。这里就不详细介绍了。

## 2.2.3 包装容器材料抗腐蚀性能研究

美国[85]采用隔离和富集 YM 地区细菌、监测微生物的活动、极化电阻测定微生物腐蚀速率、测定微生物增长速率等方法,研究微生物对候选废物包装容器材料的腐蚀;采用 MING 模型(微生物对近场地球化学环境影响模型),根据微生物计量公式模拟计算 100 万年内产生微生物营养限和能量限值,最终确定尤卡山近场环境中可以产生微生物的总量[86];采用热重分析仪器研究碳钢在温度 60~90 ℃,相对湿度 0~99%条件下的短期腐蚀行为[87];根据应力公式 $K=\beta\sigma(\pi a)^{1/2}$,$K=\alpha\beta\sigma[\pi(a_{\mathrm{pit}}+\xi a)]^{1/2}$,$K=\beta K_{\mathrm{t}}\sigma(\xi a)^{1/2}$,$K_{\mathrm{t}}=1+2^{*}a/c$,研究腐蚀材料(A516 碳钢)和抗腐蚀材料(CFZh4)(合金 625 和 C22)的焊接和碱金属材料形成的废物包装容器界面长期暴露在外界环境中发生应力腐蚀裂隙[88],结果显示加在这些焊接点上的应力强度因子大于这些材料的应力 $K$ 限值时,应力腐蚀裂隙就会在这些腐蚀点发生,一般情况下应力腐蚀裂隙将不会在焊接金属材料上发生。采用移动溶解/薄膜断裂模型预测裂隙增长速度[89],研究处置于尤卡山放射性废物处置库的高放废物包装容器的穿透的时间;采用电化学循环动电位偏振实验[90],研究几种候选的高质量废物包装容器材料在可能地下处置库水环境中对局部腐蚀的敏感性能;采用传导和辐射耦合热传递的两维模型评价包装容器中两种用于 DOE 铝包壳乏燃料的废物处理形式(直接处置和熔融稀释),在可能热负荷范围内和边界条件下的热性能[91]。结果显示,在参考边界条件下,根据燃料温度最高值 $T_{max}<350$ ℃,直接处置和熔融稀释处置的包装材料结构都达到目前废物包装容器设计可接受的标准。德国[92]通过包装容器材料长期浸泡实验,电化学/放射化学以及低应力速度实验,及其在岩盐,黏土和花岗岩介质中应力腐蚀裂隙实验,研究合金 Ti99.8-Pd 和不锈钢材料的腐蚀参数,基本腐蚀机理。美国的 Bechtel SAIC Company [LLC][93]开发建立了有关相不稳定,干氧化,常规腐蚀,微生物腐蚀影响,溶解盐溶液腐蚀,局部腐蚀(点腐蚀和裂隙腐蚀)以及应力腐蚀裂隙的模型,对合金 22 在处置条件下常规、局部以及应力腐蚀裂隙过程中的退化进行了评价。

### 2.2.4 界面化学研究

#### (1) 高放玻璃固化体—水界面

在总结过去 20 多年玻璃(SON68)腐蚀机理的研究成果后发现,腐蚀过程中玻璃的溶解速度会逐渐降低,经过一段时间后,溶解速度降低到一个很小的值,如果硅在腐蚀界面凝胶层能够得到充分扩散、吸附,这些机理模型都能够与一组数据拟合得很好,然而,若用不同组的数据,玻璃的溶解参数必须与浸泡条件和环境相关联,这说明,玻璃的腐蚀不是热力学问题,而是动力学问题[94],玻璃的溶解的动力学由腐蚀界面的凝胶层控制;玻璃腐蚀后,界面形成一层保护层,可使玻璃腐蚀速度降低 1 000 倍,硅在该层的饱和和硅羟基的聚合是玻璃腐蚀速度降低的主要原因[95]。玻璃界面腐蚀层的形貌、厚度等研究表明[96],该层的结构受到固体界面积/液体积比的影响。文献[97]研究了玻璃界面凝胶层对 Eu(Ⅲ),Th(Ⅳ),U(Ⅵ)和 Am(Ⅲ)的吸附情况,在水中,这 4 种核素的吸附由 pH 和它们的电荷决定:pH<5 时,吸附等温线为 Langmuir 等温线,随着 pH 的增加,玻璃界面形成了一层 Eu(Ⅲ),Th(Ⅳ),Am(Ⅲ)双配位基沉积物;pH 在 4~6 时,可以探测到胶体;在 NaCl 溶液中,Th 和 U 的吸附量与在水中的吸附量相当,而在 $MgCl_2$ 溶液中,Eu(Ⅲ),Th(Ⅳ),Am(Ⅲ)在凝胶层中的吸附量小于在水和 NaCl 溶液中的吸附量。掺杂 U 的玻璃体在去离子水中静态浸泡后[98],用光学显微镜和扫描电镜研究玻璃界面,用 ICP 和原子吸收光谱仪研究浸泡液中离子浓度,研究显示,U 没有出现在玻璃腐蚀层外界面,热力学分析和试验结果表明,U 在浸出液中的浓度由 $UO_2(OH)_2$ 的溶解度决定。用原子力电镜研究玻璃(SON68 和另外两种)在腐蚀条件下界面腐蚀层的演变和发展状况[99]发现,腐蚀进行时,凝胶层的密度增加,但凝胶层体积等于原来玻璃所占据的体积。文献[100]研究了古代火山玻璃界面的凝胶层,其目的是用天然类比的方法推测高放玻璃(硼硅酸盐玻璃)的稳定性。此外,当天然玻璃和高放玻璃进行快速静态腐蚀实验时,它们具有相同的行为——首先溶解速度很快,之后,溶解速度很快下降,只有最初溶解速度的 1/5~1/3。天然玻璃界面腐蚀层的厚度与时间关系也验证了静态腐蚀机理:玻璃的长时间溶解速度很低——这样低的腐蚀速度与主要元素的种类和它们在界面腐蚀层的扩散有关。用 X 反射仪和 $N_2$ 比界面积测量装置研究 SON68 界面腐蚀层[101]发现,腐蚀开始时,贫钠层形成,之后出现孔状凝胶层,随后凝胶层变密实,空变大,层变薄,这一层密实层构成了核素扩散的屏障。文献[102]研究了 R7T7 玻璃在 $MgCl_2$ 溶液腐蚀,玻璃界面腐蚀层的成分组成、结构以及腐蚀层与试验条件的关系。界面腐蚀层由

综合参数 $S/V\times t$ 决定，所谓综合参数等于固体比界面积/溶液体积之比乘以浸泡时间。当综合参数较低时，界面腐蚀层较薄，其组成主要是氢氧化铁粒子和水合云母结晶体；综合参数处于中值时，其组成为水合云母结晶体、绿泥石和皂石；综合参数高时，其表层成分为皂石、钼钨钙矿、重晶石和方钸矿的固溶体。从玻璃中浸出的95%以上的U、98%以上的Nd都沉积在其界面层。表层中86%的Nd存在于钼钨钙矿固溶体中，其余的则存在于皂石固溶体中，U仅存在于皂石中。高综合参数与实际处置条件相似——有利于将锕系核素固定在腐蚀产物内。俄罗斯的Radon与英国的University of Sheffield合作，开展了真实的玻璃固化体的界面腐蚀研究，该玻璃固化体固化了Kursk反应堆出来的中放废物，固化体含有约16%的$Na_2O$，与美国的Hanford玻璃固化配方类似。该固化体埋于沙质黏土层12年之久。研究发现，腐蚀层为非化学均匀层，此外，其厚度和结构也不均匀。

**(2) 胶体—液体—气体—固体界面**

文献[103-104]用309 nm的聚苯乙烯乳胶粒子模拟胶体粒子，固体为裂隙花岗岩，研究了胶体在固体界面上的吸附，研究发现，不管固体成分如何，固体界面总是存在两种吸附点——强吸附点和弱吸附点，强吸附点为固体界面的粗糙部分。离子强度增加，胶体吸附量增加并可以用DLVO理论进行很好的定量描述。他们还研究了胶体粒子在玻璃界面上的吸附。采用RBS分析测试技术研究胶体粒子在花岗岩界面的吸附行为[105]显示，胶体在花岗岩界面上的扩散比可溶性物质扩散得慢；扩散系数随着胶体粒子的直径增加呈指数降低；阻滞时间与胶体粒子直径成反比。文献[106]制作了透明的微型单元以模拟空隙固体，该微型单元的空隙尺寸与实际的空隙尺寸同样大，其目的是研究空隙尺寸和胶体粒子直径对胶体粒子扩散的影响，采用成像分析技术研究胶体粒子的运动轨迹、停留时间和扩散系数。研究发现，空隙几何尺寸和胶体粒径决定了胶体粒子的扩散，胶体粒径越大，扩散系数越小。

**(3) 界面辐照**

利用2 GeV的质子束轰击重水—金属界面，研究了界面化学反应[107]。研究显示，轰击开始后，界面产生了气泡，从气体中检测到了$D_2$，$H_2O$和$O_2$，其中氢气与氧气质量比为1∶10，水的pH由6.13升到6.55，Ni离子浓度由0.11 mg/L升到0.21 mg/L，金属界面出现了明显的坑蚀。用800 MeV的质子研究了金属在水中的腐蚀[108]，在纯水中在照射条件下，304L SS，316L-NG SS，Alloy 718和金属Ta的腐蚀速率小于1.2 μm/a，而在杂质水中，金属铜和钢的腐蚀速率要比其他金属高出1～3个数量级。用回旋加速器将α粒子打在$UO_2$/水界面上，研究了α粒子造成的水解反应和$UO_2$界面的腐蚀[109]，并分别测试了水溶液和$UO_2$界面的变化，所用水为去离子水。在水溶液中，随着α粒子通量的增加，$UO_2^+$和$H_2O_2$浓度增加，pH降低。X衍射表明，在$UO_2$界面，形成了一层新的过氧化铀($UO_4\cdot 2H_2O$)，过氧化铀是由水解产生的，$H_2O_2$和铀酰离子结合而沉淀在$UO_2$界面。用真实的高放玻璃和模拟高放玻璃研究了β,γ辐照对玻璃腐蚀凝胶层的影响[110]。研究发现，由于β,γ辐照作用，真实高放玻璃固化体界面的凝胶层对玻璃的腐蚀的保护作用小于模拟玻璃的凝层。文献[111]等研究了在γ辐照下，玻璃固化体在水中腐蚀时，其中碱金属离子的离子交换机理。在每种剂量下，存在一个临界温度，高于临界温度，离子交换速度增加的不明显；在每一个温度下，存在一个临界辐照剂量，低于这一临界辐照剂量，离子交换速度增加的不明显。低于临界温度和高于临界辐照剂量下，离子交换速度增加的很明显。文献[112]等用

1.8 MeV 电子束对三种碱金属(Na,Li,K)的硼硅酸盐玻璃分别在 1 和 3GGY 下进行了辐照,氧气分子是由 β 对玻璃界面辐照产生的。此外,经过辐照后,玻璃的聚合性在整个样品体积增加。辐照后,在整个样品内 Si—O—Si 键角减小,这种键角减小在整个样品内是均匀的。氧原子在辐照作用下迁移到玻璃界面,不会造成玻璃骨架的破坏,氧和碱金属原子的迁移可能是通过渗透通道进行的。

(4) 回填材料界面

为了克服直接测量核素(Np,Pu,U)在膨润土空隙中的溶解度的困难,研究了水—膨润土界面作用,应用活度矫正系数,计算了核素的溶解度,计算结果发现,考虑和不考虑水—固界面相互作用两种情形下,计算出的溶解度差别较大,考虑界面作用的计算值较理想[113]。

## 2.2.5 玻璃腐蚀对近场化学的影响

水存在的条件下,高放废物地质处置库的近场可能发生复杂的化学过程,pH、废物体的组分、回填和包装材料对关键核素化学行为有较大的影响,其中被溶解的玻璃组分对核素迁移有着重要影响。法国的 Cogema 型罐可装 150 L(大约 400 kg)玻璃,焊接一个盖子用以密封后,还大约剩余总体积 10%的空隙。冷却后由于热应力而造成的裂隙使玻璃的界面积增加了大约 10 倍(使总几何界面积为 17 $m^2$)。数百万的这些固化体最终被处置在地质环境(岩盐、黏土和花岗岩)的处置库中,在处置库运行阶段结束后,将回填和密封所有的人工空穴。在"后运行阶段"开始时,在密封处置库中将产生几十 MW 的热量,这可能会在钻孔的界面形成较高的温度[114](如在黏土中温度可达 95 ℃,在花岗岩中温度可达 110～125 ℃,在岩盐中温度可达 200 ℃),在大约 1 000 年内,温度会降低到放射性废物处置前的环境温度。如果核素不被工程和天然屏障(多层屏障概念)阻止,那么核素就会向环境中迁移。硼硅酸盐玻璃被认为是第一层屏障,处置库是第二层屏障,周围的地质区域即远场是第三层也就是最后一层屏障。放射性从玻璃中的浸出和运动将意味着水会接触并腐蚀玻璃,而此时玻璃中也含有水。当周围温度高时,玻璃腐蚀在初期较快;当温度降低时,长久看来玻璃腐蚀速度降低;根据火山玻璃在海底于低温下(0～3 ℃)经数百万年的腐蚀过程推断,即使在低温下腐蚀过程也不会停止[115]。

在处置库的玻璃腐蚀过程中涉及的大量玻璃和少量水形成了一个近场。相对于远场化学,近场化学总是发生变化,最初水的成分和溶解的玻璃组分(放射性的和非放射性的)形成了一个独特的环境,在这个环境中会发生化学反应,但在整个屏障系统的其他部分不会发生化学反应。在任何时刻,关键核素的浓度以及温度很可能在近场最高。玻璃腐蚀和溶液的组分相互影响,一方面溶液组分取决于反应过程(例如取决于玻璃溶解的数量和玻璃的组成),然而玻璃腐蚀速率以及与玻璃组分形成的固体产物类型也取决于溶液的组成。

(1) 近场的化学反应

图 5 是近场组成的示意图,包括硼硅酸盐玻璃、添加剂如铅(比如 Vitromets 就是嵌入到铅基质中的玻璃珠)[116]、不锈钢罐、回填材料、周围的岩石材料和气相,其中气相主要是来自处置库运行阶段的空气。在水环境下这些起始材料的化学性质是不稳定的,因此水一到达近场化学反应就开始了,在反应过程中会形成新物质,这些新物质包括罐和玻璃的腐蚀产物、变化了的添加剂和回填材料、变化了和/或溶解了的岩石以及气相,最终这些新产物会

代替那些人们引入到处置库中的初始物质。在化学转化过程中，部分元素是可运动的，比如呈溶解态和/或胶体态的元素，它们会被从近场运输到远场。这类反应产物和反应速率可能受玻璃中衰变核素产生的热量以及 α，β 和 γ 辐射的影响，这些影响是暂时的，且在长期的时间内（>1 000 a）也是不显著的。在长期的时间内，玻璃界面附近的 α 粒子及其反冲粒子继续对溶液起辐射作用，并对溶液化学具有辐射影响。给定水相的初始组分取决于地质环境，花岗岩环境中的地下水是低离子强度溶液，且它们的组成彼此相同（特殊情况下除外）；岩盐环境下的水溶液（通常称为盐溶液）浓度很高，通常卤离子至少是饱和的（在浓氯化镁溶液中，离子强度约达 17），它们的组成经常发生较大的变化[117]，这取决于近场盐矿的化学组成以及所闯入溶液的组成。溶液相与岩盐处置库近场中的周围岩石发生的化学反应对溶液化学的重要性比花岗岩处置库中岩石/水反应对溶液化学的重要性要大得多。

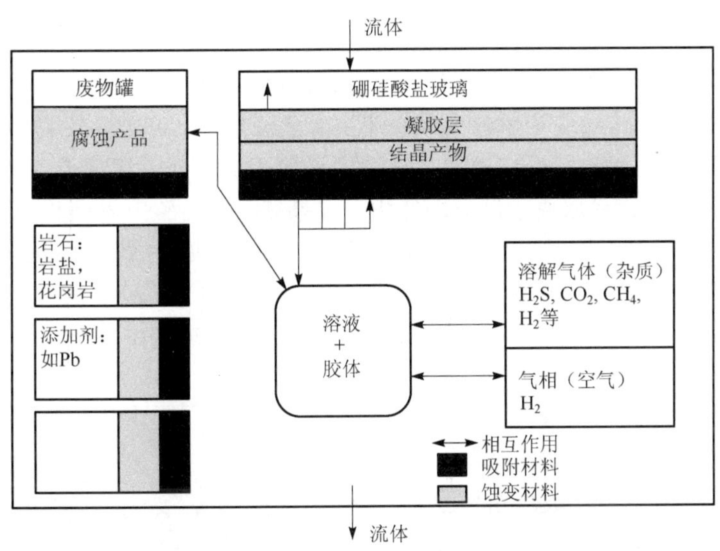


图 5　近场组成的示意图

通常在多重屏障系统中罐不会对废物体的长期保护起很大作用，然而必须考虑罐对近场化学的贡献。化学腐蚀能穿透罐，从而形成多种多样的固体反应产物，例如 FeOOH，$Fe_3O_4$ 和不锈钢合金中的其他相似成分。

硼硅酸盐玻璃的化学腐蚀会使玻璃组分和放射性核素进入水溶液中，并在玻璃界面形成一层反应产物，有时叫做凝胶层，因为它包括无定形和/或非结晶物质。在反应进行过程中，各种新形成的结晶相将沉积在凝胶层界面，这些过程在各种地下水中均会发生，但反应产物的化学组成会随溶液组成的变化而变化，这种第二结晶相也会沉积在其他界面（例如容器壁）上。

辐照反应改变初始的气相（空气），从而会产生 $NO_x$，$NO_x$ 会形成硝酸并影响溶液的 pH[118]，但是人们认为气体量很少，因此辐照对溶液 pH 的影响是有限和暂时的。然而如果有辐照发生，其他像 $H_2$，$CO_2$，$H_2S$，$CH_4$ 等的气体组分也会出现在气相中，大量的这些气体被包含在岩盐中[119]，并在近场中受热逸出，其他像 $H_2$ 这样的气体是由于与铁发生反应产生的，这些组分对溶液化学特别是对氧化还原电势的影响是不容忽视的。为了研究近场中的协同效应，进行了现场[120]和实验室[121-122]中的物质反应实验，然而这种方法并不非常成功，可能是由于涉及了太多的成分或者一些主要参数难以控制。由于大部分实验是在非放玻璃中进行的，因此还没研究辐照的影响。如在下面的部分所叙述的那样，单一影响的定量评价为进一步研究提供了有趣的结果和指导。

### (2) 单一影响

1) pH 的影响

水相的酸度是描述玻璃周围近场化学环境的最重要变量之一，在描述近场条件的细节时，应对 pH 做一些初步标记。在低离子强度的溶液中（如花岗岩和黏土环境的地下水中）pH 的测量是直观的，可以用校准的玻璃电极准确地测量出 pH；但是在高离子强度的溶液中，对所测 pH 数据的解释是复杂的[123]，pH 测量数据（表观 pH）都要通过 ΔpH 进行校正，如在 $MgCl_2$ 浓度很高的溶液中这些校正值可以高至 ΔpH=1.9[123]。

玻璃腐蚀的增加对 pH 的影响取决于好几个参数，pH 变化的原因之一是由于钠离子从玻璃界面浸出来，结果溶液变为碱性。碱金属主要是硼硅酸盐和玻璃废物中的钠和锂，除了其他的变量外（下面将讨论），反应速率与玻璃的界面积成正比。因此对于组成和界面积一定的玻璃，pH 增加的速率取决于溶液的体积。如果在一个实验中界面积（S）与溶液的体积（V）之比高（$S/V$=1 000～10 000 $m^{-1}$），那么在 90 ℃时很快（一个月）就能达到较高的 pH，对于高碱度和低氧化硼含量的玻璃，pH 能高达 12。抗腐蚀玻璃含有足够的氧化硼以使溶液的 pH 缓冲为 8～10。在这种条件下，当许多过渡金属从玻璃中溶解下来时，就会形成大量难溶的过渡金属氢氧化物和/或碳酸盐。

现场存在的或水闯入处置库而形成的浓盐溶液中确实含有镁，镁的浓度 0.02～4.5 摩尔质量不等[123]，由于玻璃溶解这些溶液会渐渐变为酸性[117]，酸性的原因是由于锰硅酸盐（例如像皂石和蒙脱土的黏土矿物以及沸石就能形成锰硅酸盐）的形成[123]。在腐蚀产物形成的过程中，$H_3O^+$ 会留在溶液中。pH 不仅取决于 $S/V$，还取决于溶液中镁的数量。例如图 6 表示了三种不同盐溶液的 pH 是反应过程中溶解玻璃浓度的函数[117]。在镁浓度高的溶液中（大于 4 摩尔质量镁——盐溶液 1 和盐溶液 2），测得的 pH 可低至 3.8，如果溶液中镁的浓度低（0.02 摩尔质量镁——饱和 NaCl 溶液 3），则在玻璃的腐蚀过程中这种元素被完全用光[123]。在图 6 这种情况下，pH 在开始时降低，但一旦镁被用光，pH 就会升高，这是由于碱金属从玻璃中浸出来了，这就是镁含量少的溶液到达近场以及周围的盐是无镁盐时的情况。然而如果固体盐中包含镁，那么通过溶解，镁的供给就能足以使溶液的 pH 保持在酸性范围，结果过渡金属元素的氢氧化物

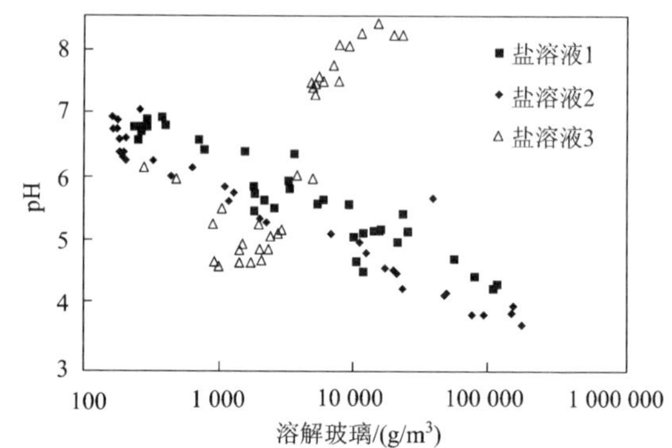


图 6 在三种不同的盐溶液中用法国 Cogema 玻璃 R7T7 进行腐蚀实验所测得的 pH 值（25 ℃）、校正的 ΔpH（190 ℃，$S/V$=10～10 000 $m^{-1}$）

盐溶液 1—镁浓度高；盐溶液 2—镁和钙浓度高；盐溶液 3—钠浓度高（精确的化学组成见文献[124]）

和碳酸盐就不能形成，相应元素的浓度就很高。然而在这些系统中可能还有其他的原因限制了某些关键核素的浓度，那将在下面描述。

2）玻璃元素对放射性核素基相形成的影响

就像在前一部分描述的那样玻璃腐蚀明显地改变了水溶液的环境，这部分的目的是讨论能形成放射性核素基相的化学反应。大量的文献研究表明，几乎所有的玻璃组分都参与了固相的形成，在大部分情况下，只有像硼这样非常易溶的元素才能被完全溶解。在被浓盐溶液腐蚀的玻璃上发现了放射性核素（包括诸如钍，铀，镅，锔这样的锕系元素）的各种基相[117,125]。目前的困难是确认这些基相的结构和精确的化学组成以便能够合成这些基相并能确定它们的溶解度，大部分基相是以 $\mu$m 或亚 $\mu$m 大小的晶体形式存在的，很难分离和分析它们。

惰性裂变产物钼由于形成各种难溶的矿物相而在浓盐溶液中起着非常有趣的作用[117,125]。在玻璃腐蚀过程变为酸性的溶液中，钼形成了具有下列组成的难溶固体溶液（$Ca_xNa_yLn_{\sum z}MoO_4$，其中$\sum z$＝Nd＋Pr＋La＋Ce＋Y），$x$，$y$，$z$ 的值随溶液的组成而变化，但是 Ln 的分数$\sum z$ 很高（0．25～0．5），这些物质被认为能固定存在于水溶液中的某些锕系元素，其他已经被确定的锕系基相包括方铈矿、水硅铀矿等，大部分关于玻璃腐蚀的实验都是用非放玻璃做的，因此还没有确定一系列诸如铈、锝、镎、钚等长寿命核素的固体反应产物，然而证据[126]表明形成了这种反应产物，这些作者发现添加了镎和钚的玻璃发生了腐蚀现象，并报道说溶液中这些核素的浓度可能被一种固体反应产物控制，该固体反应产物目前还没有被确认，这些事例表明有必要做进一步的实验以表征长寿命裂变产物和锕系元素的重要基相。

3）废物罐组成和回填材料的影响

① 铁和其他金属

近场中铁的氧化会产生固体反应产物（如高比界面积的磁铁矿），溶液里的物种会被吸附而因此被从溶液中去除掉，被吸附的物种之一是硅石[127-130]，硅石的吸附对玻璃的腐蚀速率有影响，因为腐蚀速率取决于溶液中硅的浓度。溶液中硅的浓度越低，玻璃腐蚀速率越高。相对于磁铁矿存在时来说，在磁铁矿不存在时，溶液饱和硅石越快，腐蚀速率就会迅速降低到较低值，因此系统中与玻璃和溶液接触的大量的铁会加速玻璃相的变化，也会增加核素的浸出，核素在铁及其腐蚀产物上的吸附仅在少数几种情况下被研究过，研究发现 20 ℃、存在不锈钢时，$TcO_4^-$ 的浓度（经过 1.8 nm 过滤）降低了 5 个数量级[131]。

金属铁对玻璃腐蚀速率也有影响。在腐蚀实验中，向花岗岩地下水中加入铁以后，元素硼的浸出（表明玻璃结构的溶解程度）增加了[127]，在盐溶液中发现了同样的影响结果[132]，这种影响结果可以用形成了硅酸铁胶体来解释，因为硅酸铁胶体降低了溶液中硅的化学活性[127]。

诸如玻璃质的废物体含有大量的铅，铅存在时比铅不存在时所测得的玻璃腐蚀速率降低了 2 个数量级[133]，虽然人们还没有详细地理解这种影响，但是人们建议用形成硅酸铅和在玻璃界面上发生了化学吸附来解释。铅对玻璃腐蚀速率影响的程度取决于玻璃的组成，这种影响归因于在玻璃界面形成了或多或少铅化合物的保护层[134]。氧化铅和金属铅也降低玻璃腐蚀速率，而铜、锡和钛对玻璃腐蚀的影响较小，目前还没有详细地研究更深的机理。

② 黏土类型的回填材料

黏土类型物质(压缩的或未压缩的)在许多处置库概念中被用作回填材料[135-136],这些材料为近场提供了额外的密封和阻滞性能,这些性质包括膨胀性、压缩度、可塑性和离子交换率。然而当黏土与溶液接触时,黏土并不是化学惰性的,例如某些膨润土会向溶液中释放大量的硅和钠,而其他类型的膨润土(如蒙脱石)能从溶液中去除硅。

许多作者[137-139]研究了可能的回填材料与硼硅酸盐玻璃的反应,文献[137]等进行了详细的研究,这些作者研究了包括蒙脱石、膨润土和伊利石在内的 9 种黏土类型的回填材料,溶液的 pH 固定在 4.4～10.2,每种黏土都悬浮在水溶液中,比界面为 400 $m^{-1}$,但是溶液的 pH 由于玻璃的缓冲作用而使最终 pH 在 8.5～10,在黏土不存在时,玻璃(R7T7 玻璃)/二次蒸馏水反应的最终 pH 为 9.6,因此相对于玻璃对含镁溶液 pH 的影响来说,黏土类型的回填材料对 pH 的影响好像更小,然而随着膨润土/水比例的变化,黏土对 pH 的影响可能会变化[138]。

由于黏土浸出或吸附硅而对玻璃腐蚀的影响取决于黏土的溶解度,当与玻璃接触时,这些材料可能是硅的来源也可能是使硅浓度降低的原因,这取决于溶液的平衡硅浓度,如果与黏土平衡的硅浓度低于玻璃中硅的饱和浓度,那么黏土就对玻璃具有有害的影响,只要硅浓度超过了临界值[$(20\sim40)\times10^{-6}$],像伊利石、蒙脱石和高岭土这样的黏土就会在碱性介质中(pH=8)吸附硅;在 pH=9.6 时,对于玻璃本身来说,硅的平衡浓度是 $76\times10^{-6}$[136]。黏土对玻璃腐蚀影响的分析表明,不能仅仅通过硅来解释所有情况下玻璃腐蚀速率的变化,人们发现像伊利石这样的黏土比单独的黏土对玻璃腐蚀有更大的影响,但是在黏土的溶度积中还没有考虑涉及的其他元素(比如铝、锌、钙等)[136]。

综上所述,对玻璃周围近场中每种化学过程的定量描述是对固定核素的数量进行计算和预测的前提;应该更加详细地强调辐射的影响;核废物玻璃和水相的化学反应在很大程度上决定了近场中核素的运动。即玻璃决定了溶液的 pH,该值在 3～12 变化,因此玻璃溶解影响氢氧化物或碳酸根化合物的溶解度;玻璃为长寿命核素形成不溶基相(矿物)提供了必要的元素,重要的基相是钼酸盐和硅酸盐;应该从合成、溶解度、结构和其他可测性质方面来表征基相。

## 2.3 核素与介质的相互作用

核素与介质的相互作用包括地质介质(围岩)及工程介质(废物包装容器、回填材料等)与核素的物理、化学反应。

废物体至生物圈之间的空间范围分为近场和远场两个区段。近场是指废物体本身及废物包装体、回填材料等屏障,近场强烈地受到核衰变热和从废物释放出的化学物质的作用。远场是指废物库外的地质材料,如花岗岩、玄武岩、页岩、岩盐等,以及更深远的地层,远场制约着放射性核素向生物圈迁移的过程。核废物处置库周围的地下水与废物固化体、废物容器材料、回填材料之间的相互作用,称为近场作用,近场作用有放射性核素的释放现象,也有短距离的核素迁移现象。围岩和土壤是影响放射性核素远场迁移的最重要因素,它们对阻滞废物中放射性核素向生物圈迁移和屏蔽废物的辐射线等起决定作用。

固液比、液相的组成、pH、矿物的种类、Eh、比界面、价态、接触时间等影响分配系数的大小。扩散法是核素迁移的基本研究方法之一，利用扩散实验能够了解核素通过水饱和膨润土或岩石的迁移过程，另外在低渗透性介质中扩散可能是最重要的迁移机制之一。影响核素扩散的参数包括扩散物种的电荷、离子大小、偶极矩和极化度[140]，根据地质介质的孔隙率、曲率、孔结构和几何形状[141]，指出在孔隙介质中扩散现象是非常重要的。

## 2.3.1 超铀元素与地质材料的相互作用

所谓超铀元素与地质材料的相互作用是指超铀元素以地下水为介质与地质材料之间的作用，这种作用包括氧化还原反应、配合反应及吸附作用、成矿作用等。但在这 4 种作用中，吸附是影响地下水中锕系元素迁移的关键，其他 3 种影响吸附的微观过程。

目前在地质处置方面，超铀化学已经引起人们广泛的注意，因为超铀元素是极毒的并且它的同位素都有很长的半衰期，在放射性废物和乏燃料的评价中它们是重要的元素。日本学者根据迁移会议和国际会议中关于超铀元素地质处置的研究进展，确定了各种元素(包括超铀元素)在不同类型的岩石、土壤和矿物中的扩散系数，通过收集关于吸附和吸附模型的以前的数据建立了吸附数据库，这些数据可以用来解释环境水中的离子行为，特别是重金属粒子的行为。

文献[25,142-143]总结了 U，Np，Pu 和 Am 等锕系元素在地质体系中的吸附行为与 pH 和 Eh 的关系，在大多数环境条件下，低价锕系元素易吸附在地质材料上，一般在溶液中主要是在生成中性氢氧化物形态的 pH 值范围内观察到最大吸附，而生成阴离子配合物(如与 $CO_3^{2-}$ 离子配合)使吸附减少；除主要是非水解形态[静电作用或固相具有特殊配合性质(化学吸附，如 $CO_3^{2-}$ 离子)]之外，固体的性质(如交换容量)和水相总的盐浓度(阳离子和非配合阴离子)对吸附影响不大。

超铀元素在地质材料中的吸附行为受价态、pH 和 Eh 值等因素的影响较大，比大部分裂片产物复杂。不同地质材料的种类和特性对放射性核素吸附的影响主要表现在不同矿物组分与放射性核素的相互作用上，如静电结合、配合、氧化还原、离子交换、界面沉淀等；地下水的 Eh 值对核素吸附的影响主要是通过改变核素的价态，pH 的影响表现为水解作用；DOC 的影响主要是氧化还原和配合[28-29,36]；地下水的组成对吸附的影响可能与选择性吸附及离子交换有关。

## 2.3.2 裂变元素与地质材料的相互作用

回填材料中掺入还原性物质($Fe^{2+}$，C)，可在一定程度上改变处置库及其附近地下水的性质和成分，由氧化性变为弱还原性，从而减弱地下水对废物容器的侵蚀强度。回填材料及地下水的性质和氧化还原电位影响$^{99}$Tc 在回填材料中的迁移。文献[144]建议把活性炭、无机氧化物和其他物质[如 Fe(0)]作为回填材料的添加剂以固定或吸附$^{99}$Tc，辉锑矿、黄铁矿、方铅矿和 $FeAs_2$ 等含 $Fe^{2+}$ 及金属硫化物的矿物也是$^{99}$Tc 良好的吸附剂[145]。根据 $TcO_4^-$ 在粉碎的花岗岩中的流出曲线[146]，研究发现氧化条件下，$TcO_4^-$ 未被吸附；还原条件下，$TcO_4^-$ 被粉碎的花岗岩中的铁还原为 $TcO_2 \cdot nH_2O(s)$ 而迅速被花岗岩吸附。实验测定[147] $^{99}$Tc 在氧化膨润土、黏土及伊利石—蒙脱石上的表观扩散系数 $D_a$ 分别为 $10\times10^{-12}$，$16\times10^{-12}$，$110\times10^{-12}$ $m^2/s$；还原条件下(黏土中混有 0.5%的铁粉)，Tc 在回填材料(黏土与碎花岗岩的质量比为 1/3)中的表观扩散系数 $D_a<0.01\times10^{-12}$ $m^2/s$。研究[148]发现混有

1%Fe(0)的被压缩的膨润土可使高氧化态的 Tc(Ⅶ)还原到 Tc(Ⅳ),$D_a<2\times10^{-16}$ m²/s。

围岩的类型包括花岗岩、玄武岩、盐岩、凝灰岩、页岩,岩石中的磁铁矿、黄铁矿、绿泥石、黑云母等含 $Fe^{2+}$ 矿物,可促使高价放射性核素还原为难溶于水的低价状态,从而阻滞核素的迁移。锝在花岗岩及玄武岩中分配系数强烈地取决于锝的氧化态(氧化还原条件),花岗岩对 Tc(Ⅳ)的阻滞比对 $TcO_4^-$ 的阻滞高 50 倍[149];测得当花岗岩颗粒为 2 000~4 750 μm 时,$D_a\approx20\times10^{-12}$ m²/s[150],当颗粒<150 μm 时,$D_a\approx0.19\times10^{-12}$ m²/s,$D_a$ 值降低主要是因为花岗岩的颗粒越细,反应的界面积越大,Tc(Ⅶ)还原为 Tc(Ⅳ)的程度增加,随后还原产物被吸附在花岗岩中的 $Fe(OH)_3$ 上,还原剂可能为花岗岩中含 Fe(Ⅱ)的物质(如磁铁矿)。在模拟地质条件下,最初浓度为 $10^{-8}$ mol/L(0.62 Bq/ml)的 $^{99}$Tc 在氧化条件下,花岗岩和凝灰岩基本不吸附[151];还原条件下,Tc(Ⅶ)可能被弱还原性的地下水还原为 Tc(Ⅳ)而吸附在花岗岩上,$^{99}$Tc 的吸附是不可逆的。批式法研究发现[152],碎玄武岩吸附 $^{99}$Tc 的速率与百分数随温度的升高、液固比的降低而升高,85 ℃下,无氧时碎玄武岩在 7 d 内吸附了 87% 的 $^{99}$Tc,大气条件时,碎玄武岩 118 d 内也不能吸附 $^{99}$Tc。结果表明:玄武岩中的铁优先消耗氧,直到系统中所有的自由氧均被消耗了,铁才能还原 $TcO_4^-$,一旦氧被消耗了,铁对 $TcO_4^-$ 的还原是很快的。由于不同的地区土壤性质不同,故实验结果差异很大[153-154],但还原条件有利于土壤对 $^{99}$Tc 的吸附[155],选择活性炭和还原铁粉为添加剂,用批式实验法研究发现,氧化条件下除格列土外的所有土壤对 $^{99}$Tc 只有小的分配系数[156],而人造土壤对 $^{99}$Tc 有高的分配系数,且分配系数随人造土壤中添加剂及接触时间的增加而增大。

碘离子有相当大的离子半径,不能置换岩石中像 F—和 OH—这样的小基团,因此岩石中的碘含量很少,仅在地质化学条件特殊的地方发现有含碘矿物,其中主要是碘与重金属的化合物。碘很难被一般的矿物和岩石所吸附,远场地质构造对碘的阻滞很小,一个较好的阻滞 $^{129}$I 迁移的办法是在近场滞留 $^{129}$I。与原生岩石中碘含量相对比,土壤中碘的浓度要大得多。很多研究认为,这其中大部分是从大气中吸收和被植物保留的。在土壤溶液中,无机碘主要以 $I^-$ 存在,但在干燥的碱性土壤中 $IO_3^-$ 占主要部分。在一般条件下,碘只有一小部分以水溶性形式存在。研究表明:有时土壤中碘的含量与土壤中有机物(如腐殖质)的含量有正比关系。澳大利亚铀矿中 $^{129}$I 与 U 的比例说明了 $^{129}$I 随地下水在多种岩石中的吸附规律,由此得到的碘的 $R_d$ 值比实验室测得的要大 100 倍。

### 2.3.3 回填材料与关键核素的相互作用

1980—1990 年美国人研究了 Pu 在压缩的、被盐水饱和的膨润土中的扩散行为,发现 Pu 在干密度为 $1.8\times10^3$ g/m³(这个密度是在 650 m 深的岩盐处置库中的 150 MPa 压力下的密度)的压缩膨润土中的表观扩散系数为 $10^{-15}\sim10^{-14}$ m²/s,表观扩散系数为 $10^{-15}\sim10^{-14}$ m²/s 的膨润土,即使 5 cm 厚的膨润土都能使核素的浸出速率降低 4 个数量级,表明了膨润土作为废物隔离工程屏障的有效性。

1990—2000 年瑞典和日本合作研究了温度和 pH 对 Np(Ⅴ)在日本的 Kunigel V1 膨润土中吸附行为的影响,表明 pH 为 3~12 时,分配系数迅速上升几个数量级,高温可能会增加 Np(Ⅴ)的吸附,实验结果表明,当温度升高时有更多的界面正电荷点;地质化学形态表明,随着 pH 的增大,分配系数增大,此时碳酸盐镎氧负离子是溶液中的主要形式。

进入 21 世纪以来,对膨润土作为回填材料的研究在国际上日益受到重视。瑞士研究了在被压缩的 Na-bentonite(Kunigel V1)中测得表观扩散系数与通过吸附实验的分配系数而计算得到的表观扩散系数的区别。瑞典通过切片法研究了 Tc 在膨润土中的迁移和浸出行为,表明向膨润土中添加铁粉可将 Tc 还原为低价态。日本人研究了微生物对膨润土中 Pu(Ⅳ)和 Np(Ⅴ)等锕系元素行为的影响,发现微生物能把 Np(Ⅴ)还原为 Np(Ⅳ)而增加 Np 的吸附,螯合剂能和 Pu(Ⅳ)配位而降低 Pu 的吸附。

## 2.4 特殊作用

高放深地处置中有许多特殊作用,包括辐射分解作用,胶体、微生物、有机质、气体作用、极低浓界面化学作用等。

### 2.4.1 气体的作用

在过去的 20 年中,在高放废物处置库中气体的产生问题已经变成了一个人们日益关注的问题,虽然气体的产生是非常慢的,但是人们努力寻求适当的工程屏障和围岩以有效地限制放射性核素并避免气体在介质中自由地溶解和扩散。在评价处置库寿期内,对可能产生的气体的来源和数量,以及评价这种气体产生可能造成后果的实验和模式的开发方面,人们已经做了许多重要的工作。法国、德国、比利时和西班牙等国家对高放废物处置库中气体的产生进行了详细的研究。

1982 年德国研究了岩盐样品中气体的产生和释放以及对在岩盐中进行高放废物处置的可能影响[157],初步研究结果表明:在 200 ℃高温以及 $10^7$ rad(1 rad$=10^{-2}$ Gy)辐射剂量的照射下,在岩盐中处置高放废物,产生的 $H_2S$,$CO_2$,$O_2$,$H_2$和 $CH_4$等气体会释放到放置废物的钻孔里,$H_2S$ 和 $O_2$能够腐蚀废物罐并可能与废物固化体发生反应,如果钻孔是绝对密闭的,那么 $H_2S$,$CO_2$,$O_2$,$H_2$和 $CH_4$等气体组分会在钻孔中产生压力,这种压力的升高会增加围岩裂隙的压力从而会导致气体组分更多的释放,为了避免腐蚀气体的破坏以及腐蚀气体与废物固化体的反应,并避免由于压力升高而引起的围岩破裂,漂洗钻孔直到大部分气体组分被释放出来可能是一个技术解决方法。西班牙的 ENRESA 致力于高放废物处置库中气体产生问题的研究[158],认为高放废物处置库中气体的产生是一个不可避免的过程,该过程的结果与系统的总安全有关,并且概念设计、使用的材料、废物形式、岩石类型以及工程屏障的行为等都将影响气体产生的数量、速度、机制以及气体从废物体经近场向岩石的聚集或扩散,西班牙的深地质处置库位于花岗岩中,在处置库中包含乏燃料棒的碳钢被放在由膨润土缓冲材料包围的水平巷道中。法国的研究人员[159]认为,产生的气体主要是由于金属腐蚀和水辐解而产生的氢气,细菌降解废物中包含的有机物也会产生 $CO_2$,因此处置库中形成气相有潜在的传统性质的(如矿井中发生火灾)或辐射性质的危险,从长期的角度来说它也会破坏工程系统,并会对释放的放射性提供一个迅速迁移的通道。在比利时黏土作为高放或中低放废物地质处置库的可能主岩,选择黏土是因为它具有很低的水力传导率($2\times10^{-12}$ m/s),因此在黏土的孔隙水中污染物的迁移是扩散控制的,而对流对迁移的总贡献可以忽略不计,溶解气体的迁移也是很有限的。比利时的研究结果主要概括了黏土中气体产生和迁移的实验证据、用于处理气体问题的方法并对气体的产生及可能的后果进行了评价[160]。德国的研究人员还认为气体的产生可以用好几种机制来解释,如腐蚀、围岩的除气作用(outgassing)、辐解等[161],在岩盐作为高放废物处置介质的情况下,围岩的除气作用可能对气体产生的来源贡献很大,然而在岩盐中发生的、由辐解反应引起的气体产生的贡献还没有被完全理解,岩盐的物理参数(例如渗透率、孔隙率、内界面和扩散率)决定了气体的迁移和一些实验数值。1992 年法国的研究人员概括了放射性废物深地质处置库中的主要的气体产生机制,并估计了产生速率和总气体体积,表明无氧腐蚀和废物辐解产生的氢气占优势[162]。

## 2.4.2 胶体行为

在许多安全评价情景中,胶体是核素由近场向远场迁移的主要载体。

美国能源部民用放射性废物管理办公室准备的技术基础报告[163]中进行了比较详细的讨论包括:胶体的稳定性、胶体的过滤以及胶体与溶解态放射性核素的分离;废物的类型以及废物罐中可能的胶体类型,放射性核素在胶体上的吸附,由商业和能源部乏燃料的腐蚀而产生的胶体,微生物和胶体;有机成分、温度对胶体的影响以及胶体在空气-水界面上的吸附,并提出了相应的数学模型,还专门提出了氢氧化铁胶体在高放废物处置中的重要性,胶体浓度、胶体的稳定性以及分离系数的不确定性;胶体在非饱和区、饱和区的迁移,并提出了数学模型;在处置库子系统中(废物罐、Invert、非饱和区、饱和区)胶体的形成、稳定性和迁移等。

超铀元素的胶体行为研究,主要涉及地下水中天然胶体、超铀元素真胶体和超铀元素假胶体。胶体的形成有多种途径:高放废物玻璃固化体或乏燃料元件的腐蚀产物可能形成胶体,固化体容器及包装容器腐蚀产物会形成胶体,回填/缓冲材料在地下水体系中也会产生胶体。所生成的胶体特点与生成胶核物种的自身和外界地球化学条件有关。

(1) 天然胶体

天然胶体在地下水中是普遍存在的,它的组成、结构和粒径差别都很大,与所在含水层体系的地球化学性质有关,是核素由近场向远场迁移的主要载体。在天然地下水中,无机胶体(如黏土、氧化物矿物等)、有机胶体(如腐殖物质、微生物等)以及无机物和有机物共同生成的胶体形成一个完整的封闭系统。一些学者研究表明,影响天然胶体稳定性的关键因素有:地下水的类型、pH,氧化还原电位,地下水的盐度和硬度,可溶解的有机碳及整个水系统的稳定性。研究发现在尤卡山邻近的地下水中有石英、长石、硅石、方英石、无定型的硅石、铝硅酸盐、层状硅石、沸石、斜长岩、碳酸盐、蒙脱石黏土、赤铁矿和针铁矿胶体存在[164],矿物胶体中以蒙脱石黏土为主,因为观测到的主要胶体为蒙脱石胶体,且能强烈吸附放射性核素。文献[165]研究了世界上 12 种地下水(包括地下水的类型、基岩等)中胶体分布,结果表明地下水中的盐($Na^+$ 和 $K^+$)浓度和总硬度($Ca^{2+}$ 和 $Mg^{2+}$)增大,天然胶体的稳定性降低。强凝聚剂(如 $Fe^{3+}$ 和 $Al^{3+}$)在地下水中是不溶解的,因此它们在水中的行为是有限的。部分学者认为,Ca 的影响与胶体界面电荷成反比,大部分在弱酸性氧化型水中,与带正电荷的铁氧羟基胶体结合在一起。研究[166]发现,在硅石和高岭石或腐殖酸胶体上吸附有 Na 或 Ca。有机物的存在和水体地球化学状态的改变增强了胶体的稳定性和迁移能力,细小微粒的黏土、硅酸、铁的氢氧化物、矿物或有机物都可形成天然胶体,这些微粒在溶液中能长时间的稳定存在而不沉降,并可随地下水迁移相当长距离。文献[167]研究了在一定条件下不同元素在某些胶体上的吸附情况,结果表明了下列元素的阳离子对胶体的亲合次序:Th＞Ce,

Eu>U>Co,Ni,Cs;矿石形成胶体的吸附容量大小次序为:蒙脱石>赤铁矿、硅石>高岭土、云母;吸附研究表明,在所研究的 pH 范围内,水解后的痕量的$^{237}$Np(Ⅴ)能定量地吸附到平均粒径为 20 nm 的氧化铝胶体上。

### (2) 超铀元素真胶体

超铀元素真胶体是指超铀离子水解产物或与地下水中其他一些配体形成难溶化合物的量很小,不足于形成沉淀,而形成一些微小的聚集体,分散在地下水中的特殊状态。价态不同的超铀离子水解倾向为:$An^{4+}>AnO_2^{2+}>An^{3+}>AnO_2^{+}$。其中 4 价超铀离子最不稳定,容易形成真胶体,一旦形成真胶体便很难复原为单核离子。

### (3) 超铀元素假胶体

假胶体的学说是居里夫人在 100 年前研究天然放射性元素时发现并提出的[168]。超铀元素假胶体一般是超铀离子自身或其水解产物通过界面配合、吸附等过程附着在其他活性胶体上形成的聚集体。活性胶体指地下水中存在的天然胶体,高放废物玻璃固化体或乏燃料元件的腐蚀产物形成的胶体,固化体容器及包装容器腐蚀产物形成的胶体,回填/缓冲材料在地下水体系中形成的胶体,以及腐殖酸等有机物形成的胶体的总称。超铀元素假胶体是超铀元素在地质介质中迁移的另一种载体,与不同氧化态的超铀离子的水解程度有关,另一方面也与活性胶体的界面性状有关。

放射性核素吸附到胶体的界面主要依赖静电力、离子交换、界面配合反应和共沉淀。Np 与 Fe(Ⅲ)的水解产物形成了假胶体[169],Np 被吸附的量随铁浓度而增加。铁硅石胶体、黏土胶体对 Np 的吸附行为,表明在两种胶体上表现了类似的吸附性质[170]。在乏燃料元件和核废物玻璃体的腐蚀试验中,已观察到浸出液中 U 胶体的形成,其粒径分别为20～50 nm 和 50～100 nm。已研究了 Np(Ⅴ)在 $Fe(OH)_3$,$SiO_2$[171]和腐殖酸上的吸附[172],这些研究结果表明,Np 是吸附在这些载体胶体上的。由于在环境水体中通常不具备 Np(Ⅴ)真胶体的形成条件,它的假胶体可能更重要。在德国 Gorleben 地区地下水中锕系元素胶体的形成研究表明[24],硅石、硅酸铝矿是形成胶体的首要矿物。对于不带电荷的胶体粒子来说,如果胶粒粒径小于微孔或裂隙尺寸,则胶粒会借助于对流和布朗运动扩散[167]。对于带电胶粒来说,情况就复杂了。但当胶体和孔界面电荷性质相同时,由于斥力作用会使胶粒运动加速。研究[171]考察了 Fe(Ⅲ)胶体的存在对 Np(Ⅴ)通过石英填充柱迁移的影响,实验发现,Fe(Ⅲ)胶体的存在对 Np(Ⅴ)的迁移有明显影响;无论在 pH=6.0 还是在 pH=9.5 时,首先流出柱的少量的、但可分辨的份额是 Np(Ⅴ)-Fe(Ⅲ)假胶体,其迁移速度比 HTO 快。其原因可能是由于形成了大的假胶体颗粒。另外,在 pH=9.5 时 Np(Ⅴ)-Fe(Ⅲ)假胶体的淋洗速度比在 pH=6.0 时快。文献[173]观察到了类似的现象。他们用花岗岩芯样品进行了小规模的实验,研究了在天然有机物(腐殖酸)存在时 Np 的迁移。结果表明,在此情况下 Np 的阻滞因子减小。他们也用粉碎的花岗岩填充柱进行了类似的实验,腐殖酸的加入导致了 Np 的快速穿透,与氚水几无差别。

文献[174]用柱试验评价了在腐殖酸胶体存在时,Np(Ⅴ)的迁移行为。他们的实验结果表明了负载在腐殖酸胶体上的镧系和锕系离子相对快的迁移。注入的离子在流出液中的回收率取决于地下水在柱中的流速,镧系和锕系离子的流出部分的阻滞因子近于 1。研究[175]评价了在蒙脱土胶体存在时$^{237}$Np(Ⅴ)在石英粉柱中的迁移行为,研究了不同 pH 和不同离子强度时，载有锕系元素的蒙脱土胶体的穿透现象。该工作的结论是当Np形成可分散的假胶体时，大部分Np(Ⅴ)穿过了柱子。Np可移动部分的阻滞因子等于或略小于1，这意味着Np假胶体的迁移速度等于或快于HTO，可能是Np胶体的界面电荷与石英粉界面电荷性质相同，产生了排斥作用。

另外，胶体迁移行为模式化方面，已有大量的文献报道[176]，它是在大量实验数据的基础上，建立数学模型，应用计算机进行大量计算，并预测了胶体迁移的程度和地下水中胶体的生成条件、稳定性和不稳定性。对两种类型的胶体-溶质相互作用开发了胶体和溶质在裂隙和多孔介质中的迁移数学模式，建立了一组耦合的一维方程，该方程涉及假胶体和溶质的对流、弥散、吸附/解吸以及在裂隙壁上的吸附过滤和放射性衰变。文献[177]对胶体存在时放射性核素的弥散做了更广泛的计算，也开发了多分散假胶体和溶质的传输模式[175]，在该模式中考虑了对流、弥散、吸附/解吸以及在裂隙壁上的过滤和放射性衰变。他们不仅求得了假胶体在裂隙中固相上的浓度分布和在液相中的存在情况，并且研究了迁移行为对各种参数的依从性，推荐了两个用于整个系统性能评价(尤卡山TSPA)的胶体加速迁移的模式[163]，即在胶体上的可逆吸附和非可逆吸附，当胶体的组成类似于岩石基体的组成时，可以合理地假定在胶体上发生可逆吸附过程，开发了描述这一可逆吸附过程的模式，这一模式是基于典型的溶质传输的对流-弥散模型，适合于TSPA计算的非可逆吸附模式[163]，耦合了两个对流-弥散方程，一个方程将核素描述成能吸附到岩石基体上的溶解态物质，而另一个方程是描述吸附在胶体上的核素的迁移。

放射性核素吸附到胶体的界面主要依赖静电力、离子交换、界面配合反应和共沉淀。研究表明，赤铁矿、针铁矿、蒙脱石和硅石生成的胶体可吸附$^{239}Pu$[178]，Pu(Ⅲ)和Pu(Ⅳ)比Pu(Ⅴ)和Pu(Ⅵ)对颗粒物有较强的亲和力[179]。

对Pu等水解产物形成聚合物的机理研究认为形成了真胶体，并对Pu水解产物形成的胶体粒度和密度进行了测定[166]，推荐了Pu生成胶体的粒度。研究结果表明，在适当的条件下，在pH=9或更高时，吸附了Pu的胶体会重新分配到水中，在这种情况下Pu很可能分散成真胶体，当pH大于9时胶体的平均粒径变小。

6价的超铀离子也有较强的水解倾向，也可形成胶体，文献报道了$AnO_2^{2+}$氢氧化物多核物的存在[180]，三价的锕系离子也可形成胶体。文献[181]综述了水溶液中放射性胶体的生成和性质，作为进一步研究地质体系中放射性胶体的生成和迁移的基础，他们用离心、电迁移和扩散实验研究Np，Pu，Am在不同条件下(如放置时间、温度、离子强度、核素浓度、pH)形成胶体的情况，在感兴趣的pH范围内(7～9)，Am和Pu均生成胶体颗粒(半径>20 nm)，但这些颗粒并不使迁移率有明显提高；在pH=5～9的溶液中，大部分Pu吸附在器壁上，pH>8时有能离心的Pu，可能是$Pu(OH)_4$的真胶体；在pH=6～9时，Np有小部分吸附在器壁上，pH>10时生成小部分能离心的、可能是$NpO_2OH$的真胶体。Pu在尤卡山地下水中生成胶体，且胶体量随pH的增大而增大，真胶体的形成使地下水中氢氧化钚、氧化钚的含量在相当宽的pH范围内比由热力学溶解度估算值高出了几个数量级。

在水/膨润土体系检测到的Am胶体量总是比水体系中多[182]，批试验表明，Am在该体系中的吸附是线性的，正比于水体积对膨润土质量比($V/M$)，这一现象可用假胶体的形成来解释。Am(Ⅲ)胶体的形成及其在水-碳酸盐-膨润土体系中的吸附，Am(Ⅲ)胶体受Am(Ⅲ)的水解影响很大，因此作者认为Am(Ⅲ)胶体是真胶体。高放玻璃固化体浸蚀研究表明[40]，在所试验的地下水中，几乎100%的Pu和Am富集于nm级的胶体粒子上。在pH>6的中性溶液中氢氧化镅的溶解形成了3价胶体，并可用1 nm孔径的超滤膜进行分离。在模拟地质体系中pH=7～11时，大部分Am的丢失是由于在器壁上的吸附；pH=3～8时能离心的那部分是Am的假胶体，即Am吸附在溶液中的杂质颗粒所致，pH>12时的颗粒可能是$Am(OH)_3$的真胶体[181]。

柱试验研究腐殖酸胶体存在时，Eu(Ⅲ)，Am(Ⅲ)与Np(Ⅴ)和Pa(Ⅴ)的迁移行为，实验结果[174]表明了负载在腐殖酸胶体上的镧系和锕系离子相对快的迁移，注入的离子在流出液中的回收率取决于地下水在柱中的流速。镧系和锕系离子的流出部分的阻滞因子近于1。文献[175]评价了在蒙脱土胶体存在时$^{241}$Am(Ⅲ)在石英粉柱中的迁移行为，研究了不同pH和不同离子强度时，载有锕系元素的蒙脱土胶体的穿透现象。该工作的结论是当Am形成可分散的假胶体时，大部分Am(Ⅲ)穿过了柱子。Am可移动部分的阻滞因子等于或略小于1，这意味着Am假胶体的迁移速度等于或快于HTO，可能是Am胶体的界面电荷与石英粉界面电荷性质相同，产生了排斥作用。

采用激光诱导光声光谱法观察到了Tc(Ⅳ)在浓度为$10^{-8}$～$10^{-4}$ mol/L之间形成胶体的情况，发现反应开始后的7 h，胶粒直径凝聚到了200 nm；经过120 h后，胶粒直径变为700 nm，但在此期间，胶粒的浓度却保持不变(为$4\times10^{-5}$ mol/L)，这个结果揭示了在此期间锝胶体主要是通过凝结的过程而形成的[183]。

### 2.4.3 微生物的作用

微生物影响放射性核素的物理化学行为和迁移。其作用原理/途径主要是：① 改变环境pH；② 改变氧化还原环境；③ 微生物代谢产物与放射性核素配合作用；④ 细菌细胞膜上的功能团与放射性核素反应(化学反应或物理化学吸附)；⑤ 细菌在放射性核素沉淀中起“成核”(或晶种)作用；⑥ 放射性核素被细菌“吃”进细菌细胞体内；⑦ 微生物的复杂作用使放射性核素呈聚合或胶体状态，改变核素的溶解和迁移行为[184]。

瑞典SKB检测Äspo-HRL的含水层里微生物浓度在$10^3$～$5\times10^6$/ml，其中硫酸还原菌(SRB)浓度在$10^3$～$2\times10^4$/ml。德国学者研究了瑞典Äspö-HRL的SRB细菌与$^{242}$Pu的反应，发现SRB使$^{242}$Pu处于混合价态的聚合状态，形成46%Pu(Ⅵ)-34%Pu(Ⅳ)的聚合胶体状态。当SRB与$^{242}$Pu接触24 h后，由于细菌的活性把Pu(Ⅵ)还原为Pu(Ⅴ)，SRB细胞膜上的功能团与Pu(Ⅵ)反应，并发现了Pu进入细菌细胞内的迹象[185]。

美国学者研究了微生物对Pu的溶解和迁移，发现细菌的代谢产物如褐藻酸、多聚糖(EPS)、半乳糖醛酸、柠檬酸等能与Pu配合引发了钚的迁移。他们认为，具有发酵能力的微生物可以使钚以胶体形式迁移[186]。

曾有报道称，1980年某次近地表包气带1年多的玻璃固化体现场(浸出-迁移)实验中，从玻璃固化体中浸出的$^{137}$Cs的迁移速度比用取自现场土壤样品(经过处理的样品)在实验室试验测得的迁移速度加快了一倍，有研究人员分析是嗜盐杆菌“吃”了Cs并带着Cs跑得更快所致，嗜盐杆菌平时嗜好吃Na(盐)，一旦遇到与Na同属碱金属一族的Cs就“误食”了它。

美国华盛顿州立大学和太平洋西北国家实验室深入研究了革兰氏阴性细菌分离、阻滞锕系元素的作用机理和热化学数据，该研究发现：革兰氏阴性细菌界面脂多糖外层(LPS)上有许多可以结合溶解阳离子的活性点位，正是在这些点位上通过链接结合阻滞，分离了锕系元素[187]。

美国地质调查局与英国曼彻斯特大学等合作研究了低氧化含水层中核素的迁移，他们从两口深井的沉积物中发现可以还原 Fe(Ⅲ)的 $\gamma$ 蛋白菌(假单胞菌)，它把迁移中的 U(Ⅵ)还原为 U(Ⅳ)从而被沉淀、沉积下来，对环境污染有延缓作用[188]。

洛斯阿拉莫斯实验室与泰国学者合作研究了用一种微生物海藻还原 $PuO_2^{2+}$ 和 $NpO_2^{2+}$[189]。俄罗斯与英国、挪威等国的学者合作研究了嗜热细菌还原固相上的 U(Ⅵ)[190]。日本研究了去铁敏含铁细胞与 An/R.E 的反应[191]，研究了发荧光的假单胞菌的生物降解作用[192]。德国研究了 U 与多种细菌链接的机制和特点及其与 pH 值变化的关系[193]。英国曼彻斯特大学研究了地质体中的硫还原菌还原 An 的机理[194]。

## 2.4.4 有机物的作用

有机物影响放射性核素的物理化学行为和迁移。其作用原理/途径主要是：① 有机物与放射性核素生成胶体；② 有机物与放射性核素配合作用；③ 改变环境 pH；④ 改变氧化还原环境；⑤ 有机物与放射性核素生成沉淀。

除了上一节中涉及的地质体中现实的“活的”微生物代谢产物的有机物之外，历史上已经“死了的”生物的代谢产物及其分解产物在地质变动后留在地质体内，如各种腐殖酸，也是有重要影响的有机物。国外研究的有机物主要有：腐殖酸物质(总称 HS，包括腐殖酸 HA 和富里酸 FA 等)、褐藻酸、多聚糖(EPS)、半乳糖醛酸、柠檬酸、甲酸、醋酸、苹果酸(羟基丁二酸)、氨基酸(半胱氨酸、富缩氨酸)、肽(GSH 还原谷胱甘肽、MPG)、植物螯合剂等，尤其以腐殖酸物质(HS，HA，FA)的研究最多。各国、各地的腐殖酸物质，由于物质来源、产生的历史过程、地质环境各异，其分子量、氧化还原性、pH、配合能力等物理化学性状差别很大。

德国研究了在无氧/pH(3.5～9)条件下各种不同功能特性的 HS(HA，FA)还原 Np(Ⅴ)到 Np(Ⅳ)的时间相关性，人工合成了具有较强还原功能的 HS(Cat-Gly，Hyd-Glu 类型)并将它们与天然 HS(Aldrich HA，Kranichsee FA)进行了比较。为了研究溶液中 Np 的价态和形态，采用了许多先进的分析检测手段，如激光诱导光声光谱(LIPAS)、NIR 吸收光谱、超滤和液-液萃取。研究发现：① 人工合成的 HA 比天然 HS 还原能力强得多；② 在还原反应中起决定性作用的是酚基酸性基团，在人工合成的 HA 中 OH 基团含量更高所以还原性更强；③ 试验中生成的 Np(Ⅳ)以 Np(Ⅳ)-腐殖酸盐的形式稳定地存在，Np(Ⅳ)4 价态可以保持数月不变[195]。

法国 CEA-Saclay 实验室发表了一篇高水平的论文[196]，选择生物环境常见的条件(pH7.4，离子强度 0.1 mol/L)，采用 ES-MS(电子溅射质谱)和 TRLIF(时间分辨激光诱导荧光)等方法，从细胞水平和分子水平上系统地研究了放射性核素与生物有机配位体所形成的物种形态。研究的对象有：氨基酸(特别是在蛋白质结合位上的那些结构)、肽(GSH 还原谷胱甘肽、MPG)、植物螯合剂(半胱氨酸、富缩氨酸)、U(Ⅵ)、Ln(Ⅲ)[作为 An(Ⅲ)的类似物]等。报告评价了所选体系的反应常数、熵、焓，为热力学数据库增添了新数据。

德国 Potsdam 大学用时间分辨发光光谱和断流荧光测量技术(Stopped-Flow Fluorescence Measurements)，利用 HS 的固有荧光和 Ln 离子的发光现象，研究检测了 HS 与放射性核素生成配合物的动力学过程及其聚合过程的信息。主要结果是：① HS 与放射性核素生成配合物的动力学过程包括两个阶段：首先是很快的假一级反应速度常数 $K_1 \geqslant 10^2\ s^{-1}$，第二个过程的速度常数 $K_2 \approx 10^{-1}\ s^{-1}$；② 金属离子配合使 HS 构型发生变化；③ 根据 Ln 元素之间的能量转移推算了 HS 上金属链接位置的分布[197]。

日本与美国合作用电化学方法研究了有机配位体柠檬酸、醋酸、苹果酸（羟基丁二酸）存在时 U 的氧化还原行为[198]，发现醋酸与 U(Ⅵ)的配合能力较弱（与在 $HClO_4$ 中相当），而柠檬酸、苹果酸（羟基丁二酸）与 U(Ⅵ)的配合能力较强，因此醋酸不影响 U(Ⅵ)的还原行为，而柠檬酸、苹果酸（羟基丁二酸）则明显地影响 U(Ⅵ)还原到 U(Ⅳ)的能力。

德国、法国学者研究了 Cm 和 Tb 与黑腐酸及富里酸形成的配合物的光动态过程（Photodynamic Processes）[199]。

德国与法国、瑞典的学者合作研究，新开发了电化学谱小室（Spectro-electrochemical cell），用扩展 X 射线吸收精细结构谱（EXAFS）观测水溶液中 U(Ⅳ)与某些有机物配合的形态[200]。

比利时研究人员用密度函数理论 DFT（Density Functional Theory）和扩展 X 射线吸收精细结构谱（EXAFS）技术研究了 Tc 配合物结构[201]。

瑞典皇家工艺学院（KTH）用多核 NMR（核磁共振）谱仪研究了 U(Ⅵ)与核苷配合物的结构[202]。

日本用“微量热法”测定某些有机酸与 Eu 配合物的热力学数据[203]。

俄罗斯研究了用风化褐煤 HA 及其醌化富集的衍生物还原 Pu(Ⅴ)和 Np(Ⅴ)[204]。

比利时在 $N_2/CO_2$（99.6%/0.4%）手套箱研究了 $^{75}Se$ 在各种还原性沉积物上的地球化学过程，用阴离子色谱和凝胶色谱分析了各种溶解的 Se 的形态，其中在用 HS 的试验里发现：$Se^{6+}$ 与 HS 在 90 d 里不发生反应；$Se^{4+}$-HS 间有反应，并在 200 d 里稳定地进行，形成 Se 的胶体，溶解的 Se 大部分以胶体形式存在，HS 提高了 Se 的溶解度[205]。

为了深入地研究腐殖酸的行踪，德国用 $^{14}C$ 标记天然 HS[206]；美国地质调查局和矿业学院用 $^3H$ 标记富里酸 FA[207]；法国 CEA 将 HA 进行碘化处理[208]；韩国研究了 HA 胶体对放射性核素 Cs 和 U 吸附的影响[200]。

## 2.4.5 辐射分解作用

高放废物所含的高比活度 α、β、γ 辐射，使近场环境温度升高，分解破坏周围的介质，其中最重要的辐射分解作用是辐射对水的辐射分解作用。水的辐射分解产生氧化性和还原性物种，其中分子态的有（$H_2$，$H_2O_2$），自由基态的有（OH·，H·，$O_2^-$·，$CO_3^-$·，水化电子 $e^-$·eq）。它们的反应性很强，往往是引发氧化或还原反应的源头。

法国 CEA 研究了水浸乏燃料 $UO_2$ 基质材料时 γ 辐射的影响[210]。他把浸取器置于260 Ci 钴源上方，用 $N_2O$ 作为电子清除剂研究了 OH·自由基的影响；用甲酸盐和 T-丁醇作为 OH·自由基的清除剂研究了 $O_2$·自由基的影响。试验所用乏燃料的燃耗为60 GW/tHM。研究结果发现：水辐射分解会引发（乏燃料 $UO_2$ 基质材料/$H_2O$）界面上的氧化反应并加快了乏燃料 $UO_2$ 基质材料的溶解。作者采用 Chemsimu Code 对水辐射分解建模。

瑞典在 Äspö-HRL 现场研究了水的辐射分解作用对膨润土中 Tc(Ⅳ)迁移的影响。试验是在地下 450 m 深处专门设计的钻孔实验室（钻孔 KJ0052F02）中用专用探测器 CHEMLAB probe 完成的。他们设计了两种试验方案：间接辐解作用方案和直接辐解作用方案。

直接辐解作用方案中 Tc(Ⅳ)与 α 辐射源直接接触,因此自由基和分子水的辐解产物都接触 Tc(Ⅳ)。试验结果显示:间接辐解作用方案中 Tc(Ⅳ)迁移很少,这主要由于水中 Tc(Ⅳ)被 $O_2$ 和 $H_2O_2$ 氧化反应速度很慢;直接辐解作用方案中 Tc(Ⅳ)很清晰地开始迁移,表明自由基 OH·和 $CO_3^-$·可能参加到氧化过程中。在地下现场 CHEMLAB 进行的试验结果与此前地上实验室的研究结果相符[211]。

法国 CEA 专门研究了水的 α 辐解效应对 $UO_2$ 基质材料腐蚀行为的影响,他在 $UO_2$ 基质材料里掺入 0.22%的 Pu,调节 Pu 的同位素 238/239 比例,以再现 47 GW/tHM $UO_2$ 乏燃料在不同里程碑时间(处置时间/冷却时间)的 α 活度:15,50,1 500,10 000,40 000 年。浸取试验分别在去离子水和 1.0 mmol/L $NaHCO_3$ 中进行,氩气($O_2 < 0.1 \times 10^{-6}$)或($Ar/30\%\ H_2$)混合气体气氛。结果显示:① 对于 15,1 500,40 000 年的批式浸取试验,α 活度与 U 的释放呈很好的正相关;② 当溶液中铀的浓度没达到溶解度时,U 的释放受动力学控制;③ 当溶液中铀的浓度达到了溶解度时,只要不发生沉淀,溶液达到平衡,铀的浓度就保持一个常数不变;④ 控制反应的因素有:辐射强度、气氛和 pH,Eh,$HCO_3^-$ 等[212]。

瑞典在 Ar 气氛中溶解乏燃料试验发现,用气体质谱仪分析氩气中的 $H_2$,开始时的产生速度是预计速度的好几倍,这是水的辐射分解作用产生的 $H_2$ 所致[213]。

## 2.5 核素迁移研究

核素迁移效应是核素的性质、介质的化学行为、核素与介质的作用、特殊作用 4 个方面的综合,如热—湿—力—化学耦合作用。

放射性废物地质处置的研究内容之一是预测核素在经过一定时间后,在某一位置处的浓度,即核素的迁移程度,这样就必须确定影响核素迁移的因素,并将这些影响因素通过一定的规律或定律建立起数学模式或计算机程序,通过求解数学方程来定量地确定放射性核素在地质介质中的迁移后果(核素浓度或数量),并通过剂量和风险数学模式或计算机程序计算对人类环境的影响。同所有传质过程一样,核素迁移过程也是推动力与阻力这两个对立因素共同作用的结果。核素迁移的主要推动力是作为核素传输载体的地下水的流动引起的弥散和核素浓度差引起的扩散。阻滞或减少核素迁移的作用则主要是来自地质介质与工程屏障介质对核素的吸附和核素在地质介质中的稀释作用。核素的迁移是受核素-地质介质相互作用与地下水水力学过程这两方面因素控制的,因此,核素迁移模式是由核素吸附模式和地下水水力学模式耦合而成的。如果给出地质介质中核素的迁移方程,求解此方程,即可得到在不同时间、地点,地质介质中地下水的核素浓度。通常用的核素在地质介质中的迁移模式考虑了地下水的对流作用、弥散(包括扩散)作用、核素的吸附作用和衰变作用,适用于孔隙介质。

### (1) 热—湿—力—化学耦合作用

通过对有关尤卡山处置库进行的热、湿、力和化学耦合过程的文献进行综述,主要是确定单独过程的耦合机制并评价它们的相对重要性,耦合机制重要性分为 3 等,即重要、可能重要、可以忽略。

在高放废物处置库的近场,将会发生热、湿、力和化学耦合过程,包括从玻璃固化体放出衰变热、地下水渗透进入膨润土、膨润土与孔隙水的饱和作用和化学反应而引起膨胀压等[214]。尤卡山处置场的特征之一是围岩是部分饱和的并且在水床上距离水床几百米的地方，而其他国家的处置场围岩都是水饱和的并且在水床之下，放射性废物放置在部分饱和的地质处置库中会对热(T)、湿(H)、力(M)、化学(C)过程造成很大的影响。化学过程控制着处置库近场天然和工程屏障的性能、稳定性以及降解速率，与近场有关的水文过程主要包括与流体迁移有关的过程[215]。日本主要开发了 THMC 耦合过程的数值实验程序以预测各种地质环境中近场(工程屏障和主岩)的长期性能[214]，主要是预测外包装腐蚀的近场化学和核素迁移以及由化学降解而引起近场长期性能的变化[216]。由于测量了加热和冷却阶段整块岩石的温度、湿度、孔隙压力、化学成分等，因此美国在大块岩石上进行的实验对测试和校准某些 TMHC 概念模型是很有利的[217]。进行该文献综述主要是确定单独过程的耦合机制并评价它们的相对重要性(耦合是重要的、可能重要的、可以忽略的)，考虑 THMC 耦合过程的重要性在于确定该过程是否影响处置库的设计和性能[218]。

(2) 耦合状态

一般人们认为耦合过程包括热、湿、力和化学四种过程。湿过程包括岩石裂缝的流体流动和污染物迁移；化学过程包括溶液中溶质的溶解和沉淀、溶质之间的反应而形成配合物或胶体以及溶质与裂缝界面和裂缝填充物的反应；力过程包括在裂缝尖端的膨胀、剪切、裂缝传播和破裂；热过程主要是指温度和温度梯度的变化[219]。

THMC 耦合过程表明，一种过程可能自始至终都会影响另一种过程，因此在耦合条件下不能仅仅考虑独立的每个过程来预测处置库的行为。“耦合现象”是指过程之间的一方或多方耦合，一方耦合过程反映了一个过程对其他过程的连续影响；两方耦合放映了两个不同过程之间的连续相互反应；三个或更多过程之间的一方或两方耦合被分别称为三方或更多方的耦合。在热、湿、力和化学四个过程中，有十二个一方(one-way)耦合，六个两方(two-way)耦合，四个三方(three-way)耦合和一个四方(four-way)耦合。

(3) 单一过程

1) 热对湿的耦合

高放废物在处置过程中放出的热量包括：放射性衰变热、放热/吸热的化学反应，由于锕系与裂变产物的衰变反应，与高放废物有关的放射性衰变热可能是非常显著的(见图 7)。温度场对湿的潜在影响可能是主要的，释热废物的放置会引起废物包附近温度以及温度梯度的升高，温度升高可能导致地下水的蒸发，水的蒸发

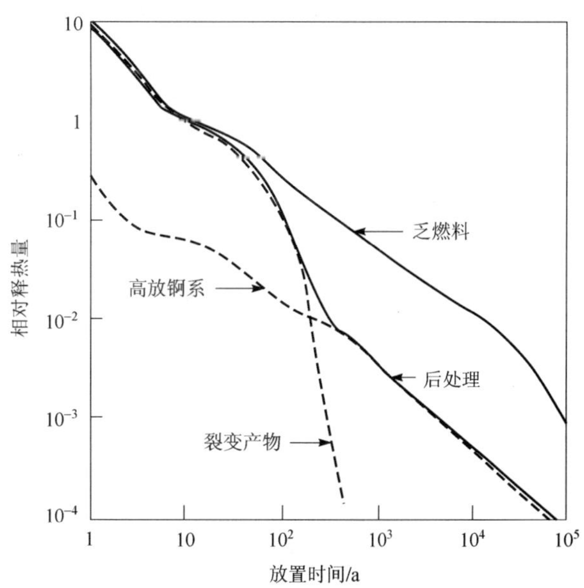


图 7　高放废物释热量与放置时间的关系
高放废物放出的相对热量表明：在短期内裂变产物的贡献大，在长期的时间内锕系元素的贡献大。

将会造成附近的岩石变干,温度梯度为水蒸气流向较冷的地方提供驱动力而使水蒸气在较冷的地方凝结,并在重力和毛细压力梯度的作用下流动,因此,蒸发、气体流动、凝结、液体流动可能是影响处置库近场水的主要过程。热对湿的耦合主要是了解温度场和相关的温度梯度是如何影响多孔裂隙介质中的液体饱和度以及相对湿度的,模拟热对湿耦合的计算机程序包括 TOUGH,VTOUGH,PORFLOW,FEHMN,NORIA 和 PETROS,FRAC-UNM,GEOTEER。

2) 湿对热的耦合

湿(液体流动)也能影响热(温度场),最主要的耦合机制是裂隙中重力驱动的冷凝物流动,但是它又强烈地取决于温度场和裂隙的位置,液体冷凝物会流到许多废物包附近,在那里温度保持近 100 ℃,耦合机制可能是不明显的,因此湿对热的耦合在尤卡山是不重要的。

3) 热对力的耦合

高放废物或乏燃料地质处置产生的热量将使岩石膨胀、热应力增加等。近场中与钻孔接近的岩石温度可能在前 100 年内升高到200 ℃[220],热引起的压力很可能比由应力场或由机械挖掘和地震事件造成的压力更大[221]。温度场对于力的影响也是很强的,应该在这一领域中开展更多的工作以评价现有的裂隙以及温度对机械特性和长期机械降解过程所带来的影响。能进行热力耦合分析的计算机模式包括:3DEC,SPECTROM-32,STRES3D,FLAC,MSC/NASTRAN,STEALTH,GPBEST3D,BEMY,ADINA 和 ANSYS。

4) 力对热的耦合

在许多文献中,力对热的耦合并不认为是重要的,在对尤卡山的考虑中很少被提到。热过程主要是认为通过改变裂隙的缝隙因此改变有效热传导率来影响热过程。实验发现裂隙对温度场有影响,测得的温度与预测的一致,温度的微小的变化主要是由于裂隙的存在与不存在而引起的,虽然发现了裂隙的影响,但是相对于总的温度场来说裂隙的影响是不显著的[219,222]。力可能会影响湿和/或化学过程,湿和/或化学过程然后又影响热,然而这是一系列的间接耦合而不是直接耦合。比如力改变了孔隙缝隙,孔隙缝隙可能影响冷凝物的排出,冷凝物的排出然后可能影响温度场,这是一个力影响湿,湿又影响热的耦合。在文献中几乎不讨论力对热的直接耦合,主要是因为还没有证据表明这种耦合是重要的。

5) 热对化学的耦合

地球化学系统是尤卡山天然屏障的重要部分,热力学和地球化学过程受环境温度的强烈影响,在计算地球化学平衡(平衡常数、自由能和活度系数)时用到的大部分热力学性质都是温度的非线性函数,温度也通过阿仑尼乌斯速率方程来影响反应速率。热力学、反应动力学和能量、质量、电荷守恒是模拟化学过程的基本工具[223-224],这些过程之间的基本区别在于:认为可逆的和足够快速的反应是平衡反应,认为慢速的和不可逆的反应是非平衡反应(见图 8),在平衡反应与非平衡反应的分类中,第二个主要特征是均相反应(单相)与非均相反应(多相),虽然在这些最终分类中有明显的重叠,但是非均相反应中界面过程(吸附和离子交换)和非界面过程(沉淀/溶解和氧化还原)是有明显区别的。地球化学程序通常用两种方法来解决化学形态:$\Delta G_R^0$ 最小化、质量平衡,这里列举的程序都用第二种方法,包括:SUPCRT,PHREEQE,WATEQ,EQ3/6,MINTEQ,GEOCHEM,ECHEM,HYDRAQL,Geochemist's Workbench,只有 EQ3/6 和 PHREEQE 等少数计算机程序能对反应过程进行完全的模拟,能对反应动力学与时间的关系进行模拟的计算机程序更少(如 EQ3/6),很多热力学数据,特别是许多关键核素的热力学数据只适用于低温情况,温度对系统化学性质的影响是显著的,在这方面应该做进一步的研究。

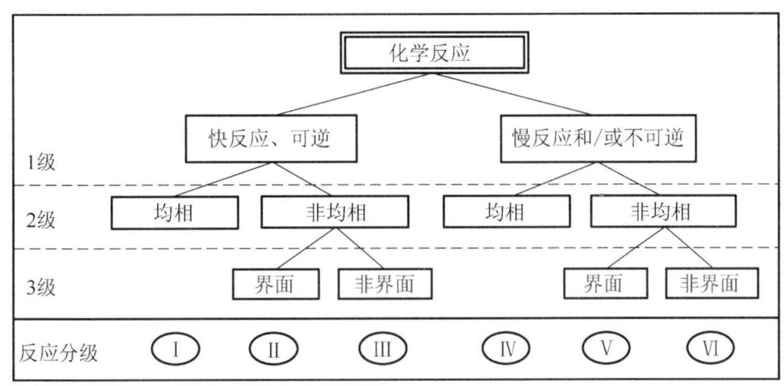


图 8　不同类型化学反应之间的区别[224]

6）化学对热的耦合

化学过程可能通过化学变化或岩石矿物的溶解/沉淀来影响孔隙介质的热容或导热系数;在岩石的水热蚀变过程中发生的溶解/沉淀反应可能会使给定系统的总平衡热量增加或降低,在尤卡山没有明显的证据表明化学过程对热过程的影响是重要的。许多模拟热对化学耦合的过程都能模拟化学对热的耦合过程。

7）湿对力的耦合

大块岩石中的压力与地下水流耦合,即使裂隙开口处的很小变化都能造成渗透性的很大变化,而渗透性的变化反过来又影响地下水流,因此对岩石造成压力。含有膨润土的黏土缓冲回填材料的膨胀性也会引起湿对力的耦合,这主要取决于膨润土的含量以及饱和度,适度膨胀对洞穴周围的岩石有积极的支持作用,并能造成较好的密封,然而太大的膨胀会引起岩石内部较大的拉力并导致岩石断裂。由于尤卡山下目前的水床深度(>200 m),人们认为流体对处置库的性能几乎没有影响,湿对力的耦合不如力对湿的耦合重要。用来模拟湿对力耦合作用的计算机程序包括:EAC,UDEC,ROCMAS 和 FEHMS。

8）力对湿的耦合

力对湿的耦合可能与裂隙孔径的变化有关,因为尤卡山的岩石基质对水来说基本上是不可压缩的。增大压力,岩石裂隙的孔径会降低,减小压力,岩石裂隙的孔径会增加,然而由于裂隙孔径、位置和传导率的不确定性,力对湿耦合的实际影响是不显著的,总的来说,力对湿的耦合机制在尤卡山是可以忽略的,只是力会引起洞穴附近有效水力传导率的变化。用来模拟力对湿耦合作用的计算机程序包括:ADINA,ANSYS,FLAC,UDEC,ROCMAS 和 FEHMS。

9）湿对化学的耦合

在预期处置库环境下,核素从工程屏障系统通过地质屏障迁移到环境的可能性是高放废物处置库性能主要关心的问题,湿对化学的耦合对于预测核素的释放和迁移是重要的,金属废物罐的腐蚀速率在干环境下比在湿环境下更低,通常湿环境下废物体溶解和运动的速率也会升高。通常认为核素迁移的主要途径是在液相中以溶解态的形式进行，在气相中$^{14}C$或$^{129}I$是以气体的形式进行，不论在液相还是在气相中迁移，湿对化学的耦合是非常重要的。用来模拟湿对化学耦合作用的计算机模式包括：JXDROGEOCHEM，DYNAMIX，CHEQMATE，TRANQL，FASTCHEM，CTM，CHEMTRN，CHMTRNS 和 MPATH。

10）化学对湿的耦合

通常认为化学过程直接通过如下几个方面影响湿：① 矿物沉积在裂隙界面；② 裂隙和孔隙的止漏作用；③ 化学渗透性；④ 液体性质的变化。矿物沉积在裂隙上，因此影响裂隙的性质以及水力传导率；实验室的实验已经证实了裂隙的止漏作用；化学渗透性是一种由于溶解物浓度梯度而引起的液体流动机制；化学渗透性也影响液体的性质（比如密度、蒸汽压和黏度）。比较重要的耦合机制是矿物在裂隙界面的沉积，裂隙的止漏作用在近场也是重要的，总之化学过程对裂隙界面和孔径的影响是重要的。许多能够模拟湿对化学耦合的计算机程序都能进行化学对湿的耦合计算。

11）力对化学的耦合

处置库环境中力对化学的耦合主要是指系统压力的变化影响系统的化学行为。人们已经确定了压力对化学平衡的影响并能够通过热力学数据进行计算，然而压力对非平衡过程的影响，人们理解较少，但是把非平衡过程假定为部分平衡过程则可以把反应过程模拟为压力的函数。除非在很高的压力下，通常认为液体和固体是不可压缩的，压力影响速率常数，然而在处置库的预期压力下，这种影响很小；在尤卡山，认为处置库的气体压力接近于1 atm（1 atm＝101 325 Pa），压力对化学过程的影响可能小于温度的影响。用来模拟力对化学耦合作用的计算机模式包括：SUPCRT 和 EQ3/6。

12）化学对力的耦合

在剪切力或张应力的作用下，裂隙的扩展将明显减少，这取决于裂隙存在的化学环境，通过某些化学过程，岩石中的某些矿物可能会发生改变（如长石变化为高岭石），矿物的这种改变能够明显地降低岩石的应力。然而由于尤卡山场址的部分饱和性以及废物放置而引起近场岩石的干燥，直到废物库的封隔和隔离阶段，化学对岩石力状态的影响才可能是重要的，由于废物包装体的完整性对于处置库的设计和性能非常重要，因此化学对力的耦合对处置库来说非常重要。力对化学耦合的计算机模式能够模拟化学对力的耦合过程。

### （4）三方耦合过程

有四个三方耦合过程 TMH，THC，TMC 和 MHC，由于 TMC 和 MHC 在文献中没有很多的讨论，因此这里只讨论两个三方耦合，即 THM 和 THC。

1）THM 耦合

在高放废物的放射性衰变过程中，温度场将产生热应力，热应力又将在基质内产生大量裂隙或张力，处置库附近地下水受热蒸发、蒸汽流动、凝结、冷凝液流动，因此耦合过程就变成了一个涉及热、湿、力的反应，裂隙岩石中，温度和孔隙流体的压力可能改变岩石裂隙的机械性能。许多可用来模拟 THM 耦合过程的计算机程序有许多局限性，能够模拟 THM 耦合过程的计算机程序包括：ROCMAS，GENASYS，THAMES，FEHMS，BAQUS，SANGRE，UDEC。

2）THC 耦合

THC 耦合包括化学反应以及大块岩石中的热和质量传递。矿物沉淀或溶解等化学反应可能会改变岩石对流体的渗透性能，由于构成介质基质的材料溶解，因此给定介质的孔隙率和渗透率可能会增加，相反沉淀可能会降低渗透率。矿物的溶解度强烈的依赖于系统的压力和温度，许多普通的矿物如石英、萤石、硬石膏和金属硫化物都随着温度的降低，溶解度降低；相反，在恒定的 pH 和 $p_{CO_2}$ 下，诸如方解石和白云石之类的碳酸盐随着温度的增加，溶解度也会降低。升高温度会使初始的矿物变为黏土或其他第二矿物，从而降低孔隙率和渗透率。沉淀和溶解也可能受动力学过程的控制，温度的影响只是控制矿物溶解度的一个因素，其他的关键参数包括溶液的 pH，$p_{CO_2}$，$p_{O_2}$ 和含盐量，高放废物地质处置产生的热量会使 $CO_2$ 进入气相，而使地下水的 pH 发生很大变化从而影响溶液的形态和矿物的溶解度[225]，温度增加也会使分子扩散系数增加，这时即使不存在明显对流也会使迁移增加。能够模拟 THC 耦合过程的计算机程序包括：CHMTRNS，THCC，Codell 和 Murphy，HYDROGEOCHEM，Cline，MPATH。

### (5) 四方耦合过程

这部分将讨论四方耦合过程并比较耦合的重要性，以便确定出最重要的耦合过程。可以分为三个明显的时间段对处置库进行讨论：运行、封隔和隔离阶段，运行阶段是指到永久关闭时的时间，封隔时间是指从关闭直到 300～1 000 年的时间，隔离时间是指从封隔时间末开始直到 10 000 年的时间。

表 6，7 和 8 比较了 THMC 耦合过程的重要性，发现三个阶段中，THMC 耦合在封隔阶段是最重要的；在运行阶段力特别重要，因为力与矿井洞穴的稳定性和可回取性关系密切；化学过程在封隔和隔离阶段最重要，因为化学过程与废物包装体的腐蚀、核素的浸出以及核素在整个地质介质中的迁移关系密切。

**表 6　高放废物处置库运行阶段，THMC 耦合过程重要性的评价**

| | 热(T) | 湿(H) | 力*(M) | 化学(C) |
|---|---|---|---|---|
| 热(T)⇒ | N/A | 1 | 1 | 1 |
| 湿(H)⇒ | 2 | N/A | 3 | 3 |
| 力(M)⇒ | 3 | 3 | N/A | 3 |
| 化学(C)⇒ | 3 | 3 | 2 | N/A |

**表 7　高放废物处置库回填阶段，THMC 耦合过程重要性的评价**

| | 热(T) | 湿(H) | 力(M) | 化学*(C) |
|---|---|---|---|---|
| 热(T)⇒ | N/A | 1 | 1 | 1 |
| 湿(H)⇒ | 2 | N/A | 2 | 1 |
| 力(M)⇒ | 3 | 2 | N/A | 2 |
| 化学(C)⇒ | 3 | 3 | 2 | N/A |

**表 8 高放废物处置库隔离阶段，THMC 耦合过程重要性的评价**

| | 热(T) | 湿(H) | 力(M) | 化学*(C) |
|---|---|---|---|---|
| 热(T)⇒ | N/A | 1 | 2 | 1 |
| 湿(H)⇒ | 2 | N/A | 3 | 1 |
| 力(M)⇒ | 3 | 2 | N/A | 3 |
| 化学(C)⇒ | 3 | 2 | 2 | N/A |

注：1 表示肯定重要；2 表示可能重要；3 表示肯定可以忽略不计。自耦合（如热对热的耦合、湿对湿的耦合、力对力的耦合以及化学对化学的耦合）没有被讨论并标注为不适用（N/A）。表 6，7 和 8 是根据对目前过程的理解和数据的不确定性而做出的，将随着新数据和新信息的出现而作出修改，受到影响最大的过程用 * 标出。

图 9 概括了表 6，7 和 8 中对耦合过程重要性的评价。最早的性能评价是在 1983 年进行的[226]，评价目标是核素迁移（见图 10），通过比较，得出结论：流体流动很可能对温度场有较小的影响（在图 10 中表现为一个小箭头），化学对力、力对温度以及化学对温度的耦合都是可以忽略的（在图 10 中表现为没有箭头），通过对表 7 和 8 的评价与文献[226]所提出的评价进行比较发现许多耦合是一致的，不同之处在于力对湿的耦合比化学对湿

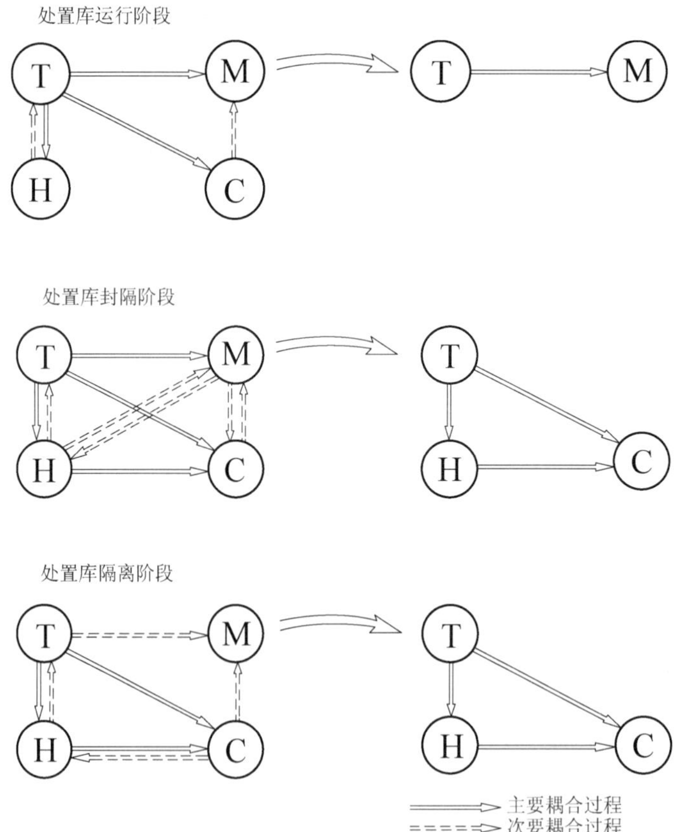


图 9 在处置库的运行、封隔和隔离阶段的预期过程和事件中，对重要过程和耦合的解释

（右面的一列只显示了主要的控制过程）

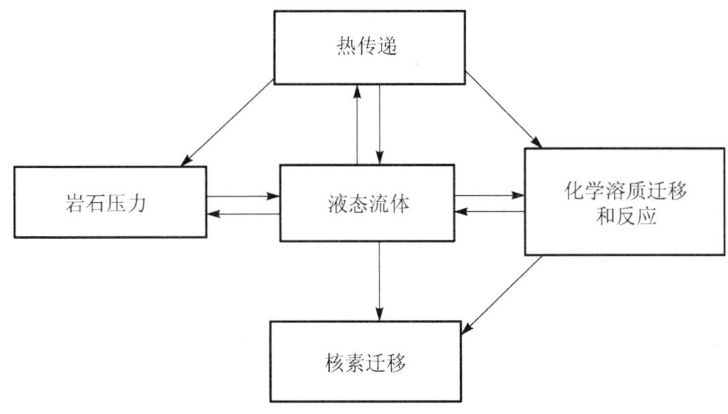


图 10　影响核素从地质处置库中迁移重要性的主要因素示意图

的耦合更加重要。

综上所述，由于一方耦合过程为两个、三个或更多过程的多重耦合提供了基础，因此确定单独过程的耦合机制并评价它们的相对重要性（耦合是重要的、可能重要的、可以忽略的）对处置库的设计和性能评价是非常重要的。

# 3　国内处置化学的研究进展

国内对高放废物地质处置工作起始于 1985 年，在原中国核工业部科技局领导的支持下，成立了中国高放废物深地质处置协调组，开始相关的基础研究工作，在“七五”到“十五”四个五年计划中主要从国防预研和军工废物治理专项安排经费。由于受条件限制，主要以方法学研究为主，包括核素迁移研究、处置库场址预选、场址评价、缓冲/回填材料研究、天然类比研究、安全评价研究等。在宏观方面主要研究放射性核素在不同地质材料中的吸附、扩散及机理的探索，同时开展了天然类比研究工作，大部分实验是在室内进行，部分实验是在野外地表和坑道中完成，实验的材料主要为花岗岩、黏土、土壤和其他矿物等，初步筛选出了对核素具有较强阻滞能力的回填材料，探讨了一些研究迁移机理的方法；在微观方面研究了 Np 和 Pu 的分析方法，Np(Ⅵ)，Pu(Ⅵ)和 Am(Ⅲ)等与腐殖酸的作用[227]，研究了 Np(Ⅴ)在水溶液中的存在形态及 Np(Ⅴ)，Tc 和 Am(Ⅲ)的胶体行为，获得了还原动力学方程、配合常数、存在形态、形成胶体条件等数据。

中国原子能科学研究院在处置化学方面作了大量的基础研究工作，主要有缓冲/回填材料的筛选、核素溶解度测定[228]、核素存在形态、配合物化学、胶体行为等方面的工作，同时建立了模拟深地质环境气氛的低氧工作箱等实验装置。近年来科研经费在逐年增大，实验条件逐渐向处置场的物化环境逼近，目前主要开展的工作为在低氧低浓条件下，紧密结合我国高放废物处置预选场址——甘肃北山，研究重要核素在甘肃北山真实样品中的化学行为，建立了部分相关实验装置：高温高压流动试验装置，模拟地下水制备装置，真实地下水储存、运输装置，核素在岩石中的扩散实验装置，地下水特征参数测定装置，超低本底液闪测量装置，超高速离心装置等，初步掌握了特定地质环境下模拟地下水的制备方法和实验方法。

西北核技术研究所20世纪70年代中期在国内利用核试验场地下核试验形成的强放射性爆心(玻璃体)率先开展了花岗岩区大尺度核素迁移原位观察试验,历时数十年,获得了宝贵的现场原位地下水中总β和$^{137}Cs$,$^{90}Sr$,$^{90}Y$,$^{238}U$,$^{3}H$,Pu等核素观测数据,这在国内是非常珍贵、独一无二的大尺度核素迁移原位观察数据,对我们研究核素迁移行为有重要的参考价值,同时西北核技术研究所还研究了$^{239}Pu$在泥岩、砂岩上的吸附分配比。

## 3.1 重要核素的性质[229]

"重要核素"是指我们开展处置化学研究时重点研究的核素。"重要核素"是根据我国具体情况和我们的认识,参考国外已发表的各种假设条件下的安全评价结果中的关键核素,初步筛选出来的核素,是我们研究的出发点。关键核素是对处置库在某假设条件下安全评价结果中对公众剂量或公众风险贡献最大的几个放射性核素。为了区分,我们采用"重要核素"这个名词。在这里,重要核素与关键核素的区别就在于重要核素是研究的出发点,而关键核素是对处置库在某假设条件下安全评价的结果。重要核素的性质主要是处置环境下的水溶液化学、胶体化学、界面化学、极低浓行为、辐射化学等,包括核素的溶解、浸出、水解、配合、价态、氧化还原和核素形态研究等。国内高放废物处置化学主要以U,Np,Pu,Am,Tc,I等重要核素作为研究对象,开展了大量的工作。

### 3.1.1 U

文献[230]用电位滴定法测定了从广东大亚湾红壤中提取的富里酸(FA)和胡敏酸(HA)与铀酰离子的配合形成常数。用两种不同作图法处理数据,结果表明随着溶液中铀酰离子的增加,形成常数增大;同时发现富里酸与铀酰离子的配合形成常数比胡敏酸的大。

### 3.1.2 Np

中国原子能科学研究院测定了模拟地下水、北山地下水、野外新鲜岩样的特征参数和成分。在水溶液化学方面,研究了Np的分析方法、Np(Ⅵ)与腐殖酸的作用,同时应用FT-Raman光度计研究了Np(Ⅴ)在水溶液中的存在形态,应用高速离心法获得了Np(Ⅵ)的还原动力学方程、配合常数、存在形态等。在低氧条件下,研究了Np在模拟地下水中的溶解行为、配合行为;测定了Np(Ⅳ)和Np(Ⅴ)在模拟地下水中的溶解度,讨论了溶液pH,Eh值变化对Np的溶解产物存在形态的影响;测定了Np(Ⅳ),Np(Ⅴ),Np(Ⅵ)分别与无机阴离子配合的配合常数和热力学常数,探讨了溶液pH变化对不同价态Np在水溶液中可能存在的配合物形态的影响;测定了Np(Ⅴ)与腐殖酸的配合常数以及溶液pH变化对配合常数的影响。获得了Np在北山地下水中的可能存在价态、溶解度的部分数据。

东华理工学院的学者在英国拉夫堡大学化学系做访问学者期间采用JCHESS地球化学模式和计算方法研究了放射性废物水力压裂处置中Np在地下水中的化学形态[231],计算分析了温度、pH、Eh值、$HCO_3^-$等对Np元素形态的影响。结果表明,地下水中Np的形态主要有5种:$NpO_2^+$,$NpO_2CO_3^-$,$NpO_2(CO_3)_2^{3-}$,$NpO_2(CO_3)_3^{5-}$,$NpO_2OH$。当$HCO_3^-$质量浓度高时,Np主要仍以$NpO_2CO_3^-$存在。pH和温度变化对Np形态的影响主要表现在5

种形态分布的相对比例及 $OH^-$ 与 $CO_3^{2-}$ 的竞争配合作用。Eh 值低于 0 V 时，Np 主要为 4 价；大于 1 V 时，6 价为主；介于其中时，Np 表现为 5 价。

### 3.1.3 Pu

中国原子能科学研究院在水溶液化学方面，研究了 Pu 的分析方法、Pu(Ⅵ)与腐殖酸的作用，获得了还原动力学方程、配合常数、存在形态等数据。获得了 Pu 在北山地下水中的可能存在价态、溶解度的部分数据。

### 3.1.4 Am

中国原子能科学研究院在水溶液化学方面，研究了 Am(Ⅲ)等与腐殖酸的作用，应用高速离心法获得了还原动力学方程、配合常数、存在形态等数据。

### 3.1.5 Tc[232]

中国原子能科学研究院通过研究模拟处置条件下 $^{99}Tc$ 的水溶液化学，用四苯砷氯-氯仿萃取法和 Tc 的 pH-Eh 图法研究 $^{99}Tc$ 的价态，讨论了溶液 pH，Eh 值变化对 Tc 存在形态的影响。四苯砷氯-氯仿(0.05 mol/L)几乎能够迅速、完全地萃取 $TcO_4^-$，溶液的 pH 和 $CO_3^{2-}$ 浓度基本不影响四苯砷氯-氯仿对 $TcO_4^-$ 的萃取，萃取后采取的不同处理方法(萃取后离心、萃取后静置 1 h、萃取后静置 1 d)基本不影响四苯砷氯-氯仿对 $TcO_4^-$ 的萃取；以氯化四苯砷-三氯甲烷为萃取剂通过萃取分离来区分溶液中的 4 价锝与 7 价锝，并与 Tc 的 pH-Eh 图所得的实验结果进行了比较，比较结果表明：萃取实验的结果和 pH-Eh 图的结果一致。用傅立叶变换拉曼光谱法研究了锝在成岩矿物及溶液中的存在价态[233]。$^{99}Tc$ 通常以 $TcO_4^-$ 形式存在于水溶液中，对于 $^{99}Tc$ 的氧化还原动力学研究主要集中于它在 Purex 流程中的行为方面，介质多是酸性介质[234]。而放射性废物地质处置的介质多为碱性介质，地质处置条件下对于 $^{99}Tc$ 的氧化还原行为研究少见报道。用萃取分离后液闪计数测定 $TcO_4^-$ 浓度的方法研究了 $TcO_4^-$，Sn(Ⅱ)，$OH^-$ 浓度和温度对 Sn(Ⅱ)还原 $TcO_4^-$ 反应速率的影响[235]。结果表明，$TcO_4^-$ 被 Sn(Ⅱ)还原为 Tc(Ⅳ)，Sn(Ⅱ)与 $TcO_4^-$ 发生氧化还原反应的计量式可表示为：3Sn(Ⅱ)+2Tc(Ⅶ)→3Sn(Ⅳ)+2Tc(Ⅳ)。碱性介质中 Sn(Ⅱ)还原 $TcO_4^-$ 的化学反应速率方程为：$-dc(TcO_4^-)/dt=k[c(TcO_4^-)][c(OH^-)]^{-0.478}[c(Sn(Ⅱ))]^{0.629}$，反应的活化能 $E_a=29.08$ kJ/mol。在低氧条件下，研究了 Tc 在模拟地下水中的溶解和配合行为。主要研究了 Tc(Ⅳ)在以甘肃北山花岗岩为基岩的模拟地下水和二次蒸馏水中的溶解行为，得到了大气与低氧条件下 Tc(Ⅳ)在模拟地下水和二次蒸馏水中的溶解度和氧化曲线以及不同价态的 Tc 在模拟地下水和二次蒸馏水中的分布。结果表明：大气条件下 Tc(Ⅳ)在二次蒸馏水或模拟地下水中的氧化速率为 $(1.49\sim1.86)\times10^{-9}$ $mol\cdot L^{-1}\cdot d^{-1}$，低氧条件下 Tc(Ⅳ)在二次蒸馏水或模拟地下水中不被氧化；无论在大气或低氧条件下、经 20 000 r/min 离心或截留相对分子质量为 10 000 的超滤膜超滤后，在相同 pH 时，Tc(Ⅳ)在模拟地下水或二次蒸馏水中的溶解度基本相同；在 pH<2 时，Tc(Ⅳ)的溶解度随 pH 的增加而减小，在 pH>10 时，其溶解度随 pH 的增加而增大，Tc(Ⅳ)的溶解度在 2<pH<10 时最小；$CO_3^{2-}$ 的存在增大了 Tc(Ⅳ)在模拟地下水或二次蒸馏水中的溶解度，Tc(Ⅳ)在模拟地下水或二次蒸馏水中的溶解度随溶液中 $CO_3^{2-}$ 浓度的增加而增大；低氧条件下 Tc(Ⅳ)和 Tc(Ⅶ)在模拟地

下水或二次蒸馏水中的分布与放置时间无关，且不随溶液 pH 的变化而变化。

## 3.2 介质的化学行为

介质的化学行为包括围岩、包装材料、固化体的界面化学、高温稳定性及长期抗腐蚀能力等。中国科学院金属研究所[236]认为，从腐蚀行为特征看，低碳钢、钛、铜、镍基合金以及不锈钢中，低碳钢和铜属于准耐蚀性金属，在地质处置中存在一定的腐蚀速度，但具有不易发生局部腐蚀的特征；钛、镍基合金、高镍基合金以及不锈钢等属于高耐蚀性金属，其界面可以形成高耐蚀性的钝化膜，在钝化膜完整的情况下不发生腐蚀，但存在点蚀和缝隙腐蚀等局部腐蚀问题。这些材料都是可以考虑用以制造地质处置中核废料隔离容器的材料；他们还在充分调研了各国已开展的最新研究基础上，提出了我国在该领域尚待解决的问题。东华理工学院[237]采用地球化学模式程序 EQ3/6 进行了青铜文物腐蚀过程的模拟研究，发现模拟的结果与测定结果相吻合，同时还揭示了现有的常规研究所不能揭示的腐蚀过程。

将高放废液中半衰期长、放射性水平高、生物毒性大的放射性核素分离出来，并按核素类别和放射性水平高低进行分类，对分离后所得的大体积中低放废物进行水泥固化，对小体积的高放废物可进行玻璃固化或人造岩石固化，这样将大大减轻处置负担，提高处置的安全性。研究玻璃固化体在地质条件下的浸出和腐蚀行为具有重要意义，我国也已经开展了这方面的研究工作，但总的来说，还处于比较落后的状况。

### 3.2.1 反液相分析方法在固体界面化学研究中的应用[238-243]

表征固体界面化学性能的分析方法很多，人们通过这些方法可以知道固体界面的化学成分组成，界面官能团。如果固体为晶体，人们还可以知道其界面的晶体结构等。然而，固体界面的物理化学性质，尤其是固体界面与其他物质的相互作用的性质是一项非常重要的性质，是界面化学的一项重要研究内容。为了研究固体界面的这种性能，人们开发了反气相分析方法(inverse gas chromatography)，其原理是将欲研究的固体装入色谱柱，然后向色谱柱注入探测分子，从而得到探测分子与固体界面相互作用的色谱图，利用气相色谱的基础理论和特征点分析计算理论(Characteristic Point)，得到探测分子和固体界面的相互作用。

然而，反气相分析方法也有其局限性，注入的探测分子应该容易气化。当我们想知道高分子或离子与固体界面之间的相互作用时，我们开发了反液相分析方法，本文是利用已知的探测分子 SQUALENE 和已知的界面物理化学特性的各种二氧化硅，建立了反液相分析方法。研究了 SQUALENE 与二氧化硅界面的相互作用，测试了二氧化硅的物理化学性能——探测分子与固体的等温吸附曲线和等温脱附曲线，亨利吸附常数和朗葛缪尔吸附常数，固体界面的形貌和固体界面的吸附能分布函数。并用反气相分析方法验证了新方法的正确性，同时新方法对固体界面物理化学性质有了新发现——当固体从均匀、平滑界面向微孔物质过渡时，会产生界面有疤痕的粗糙界面，这一方面证明了 BARTHEL 的研究成果，同时，从试验上证明了 BALARD 界面理论模型的正确性。

### 3.2.2 玻璃固化体的性能研究[244-245]

中国原子能科学研究院在模拟低氧地质处置条件下研究了玻璃固化体的浸出行为，对浸泡后样品作了分析测定，采用地球化学模型和蒙特卡罗法作了模拟玻璃固化体的浸出行为研究，并用自蔓延高温法包容锶，对固化体的性能做了测定。

浸出液分析结果表明，不论是玻璃固化体质量损失率，还是单一元素(B，Na，Si，Al 和其他元素)的浸出率先呈指数递减规律变化，达到平衡后，低氧条件的浸出率比大气体系中的浸出率低，达到[$10^{-4}\sim10^{-5}$ (g/$cm^2$ · d)]，表明低氧条件减缓玻璃固化体的腐蚀速率。X 射线衍射分析和扫描电镜测定表明，90 ℃条件下玻璃固化体界面没有明显的衍射峰；150 ℃条件下，182 d 后玻璃界面有微弱的衍射峰出现。能谱分析表明是 Ca-Si-Al-Fe-(P)混合物晶粒。玻璃固化体在 150 ℃和 90 ℃条件下的浸出不属于单纯离子扩散或网络溶解控制过程，而是两者或者更多因素共同控制的过程。玻璃体中主要元素 Si 在 90 ℃和 150 ℃条件下的浸出，也是离子扩散和网络溶解两者或更多因素共同控制的过程。Na 和 B 元素在 90 ℃条件下浸出属于离子扩散控制过程。

对玻璃固化体和富烧绿石在多种地质处置介质条件下的浸出行为进行了研究，样品质量损失率分析显示，富烧绿石样品在 5 种模拟地质介质中仍保持较低的浸出率，显现良好化学稳定性，花岗岩＋$Fe_3O_4$和膨润土＋$Fe_3O_4$两种模拟介质对固化体的浸出率的影响大于其他 3 种介质的浸出率，在这两种地质介质中，固化体样品的浸出率在开始半年内比它在其他介质中的浸出率明显偏高。矿相分析和界面形貌观察表明，$Fe_3O_4$介质有加速固化体样品腐蚀的作用。能谱分析结果表明，U 和 Ba 元素在固化体界面略有富集，Ca 和 Ti 元素在固化体界面略有贫化，而 Al 和 Zr 元素在固化体界面的含量基本没有变化。玻璃固化体样品分析结果显示，膨润土体系有增加玻璃腐蚀的倾向。能谱分析表明，在玻璃样品界面 Ca，Fe 和 Al 元素呈富集，Si 和 Mg 元素略有浸出，Na 元素基本完全浸出，这同其他浸出实验结果一致。采用地球化学模型 PHREEQC(version2.7)对玻璃固化体在低氧、温度为 150 ℃和 90 ℃、浸泡剂分别为去离子水和模拟地下水的 4 种实验条件下的浸出体系进行了研究。模拟计算了浸出液中主要元素的浓度和沉积相的生成，并将计算结果同实验结果进行了比较。比较结果显示，模拟计算得出的浸出液元素浓度同实验数据十分接近，模拟计算生成的沉积相的成分同分析结果较为一致。表明浸出液达到平衡后，溶液中浸出元素的浓度不仅同浸泡剂中离子浓度相关，而且同生成的沉积相密切相关。采用 PHREEQC 模型，从溶液化学平衡的角度，较好地对玻璃固化体浸出液浓度和沉积相生成进行了模拟计算，提供了研究玻璃固化体浸出行为的有效工具。

用蒙特卡罗法，设计了模拟玻璃固化体在水溶液中浸出行为的计算模型。采用这一模型对玻璃固化体的浸出行为进行了模拟计算，得出了玻璃固化体的腐蚀深度。这一计算结果同实验结果比较，前 14 天有较好的一致性。研究了含不同量 Si 的 5 种玻璃固化体的浸出行为，显示 Si 含量越多，玻璃固化体的耐腐蚀性越好。还研究了不同离子交换概率对玻璃固化体浸出行为的影响。结果说明，当离子交换概率低于逆向反应概率时，玻璃固化体的腐蚀程度降低；当离子交换概率高于逆向反应概率时，玻璃固化体腐蚀加快。蒙特卡罗法从微观角度上研究玻璃固化体的浸出行为，对玻璃固化体的浸出机理研究提供了有价值的方法。

对自蔓延高温法固化放射性废物进行了初步探讨。研究了自蔓延高温法固化锶，对得到的固化体进行了矿相分析，物理性质(硬度、孔隙率、密度等)和浸出率测定，研究了该种方法对锶的最大包容率。研究结果显示，自蔓延高温法可以较好的包容放射性废物 Sr，最大包容量质量分数可达到35%。固化体的物理性质和化学性质都能较好的满足固化放射性废物的要求，表明自蔓延高温法是一种有前途的固化放射性废物的方法。

采用低氧条件和多种地质介质，包括北山预选厂址的花岗岩、膨润土、水泥和 $Fe_3O_4$（容器腐蚀产物）作为浸泡介质，模拟地下水和去离子水作为浸泡剂，在90 ℃和150 ℃两种浸泡温度下，研究了模拟玻璃固化体的浸出行为；采用地球化学模型 PHREEQC（version2.7）模拟研究了玻璃固化体和浸出液中主要元素的浓度以及沉积相的生成；采用蒙特卡罗法建立了玻璃固化体的计算模型，对玻璃固化体的浸出行为进行了模拟研究；采用了自蔓延高温法固化锶。这些工作都是当前国际上比较前沿的研究课题，采用了先进的分析测试技术，并且做了大量计算，得出了理论上和实践上有意义的结果。

### 3.2.3 人造岩石的性能研究[246]

高放废液分离出的 $^{90}Sr$ 和 $^{137}Cs$ 构成了高放废物处置前1 000年最主要的释热危害。中国原子能科学研究院以从高放废液分离出的 $^{90}Sr$，$^{137}Cs$ 和 $^{90}Sr/^{137}Cs$ 混合核素为研究对象，采取不同的矿相组合对其进行系统的人造岩石固化研究。

对于Sr的固化研究，采用了钙钛矿（质量分数85%）、钙钛锆石（质量分数10%）和金红石（质量分数5%）的矿相组合，针对不同包容量，设计了10种人造岩石试验配方，并对所制备固化体进行了物理性能、矿相组合和化学稳定性研究。结果表明，所制备的固化体均具有高的体积密度和较小的显气孔率；固化体矿相组合与目标设计矿相一致，固化体中杂矿相较少；固化体的质量浸出率和元素归一化浸出率均较低，在Sr包容量为质量分数48%，即达到钙钛矿端员取代限度时，Sr的元素归一化浸出率为 $1.1\times10^{-2}$ $g\cdot m^{-2}\cdot d^{-1}$，其值仍比Sr在玻璃固化体中的浸出率低两个数量级。

对于Cs的固化研究，采用了碱硬锰矿（质量分数85%）、钙钛锆石（质量分数10%）和金红石（质量分数5%）的矿相组合，其中碱硬锰矿化学式为 $Ba_{1-x}Cs_{2x}(Al_{0.5}Ti_{1.5})Ti_6O_{16}$，按此化学式设计了8种不同包容量的人造岩石配方，并对所制备固化体进行了物理性能、矿相组合和化学稳定性研究。结果表明，所制备固化体具有较好的物理性能，且固化体矿相组合与目标设计矿相一致，但固化体中Cs包容量不宜过高，质量分数以4.5%～5%为宜，否则将导致Cs浸出率有较大的上升。

设计并制备了一系列不同Al含量的人造岩石固化体，对其进行了物理性能、矿相组合、微观结构和化学稳定性的研究。结果表明，Al元素对于Cs在碱硬锰矿中的固定有重要影响，人造岩石中Al元素含量较高时，将与Cs形成非稳态易溶性矿相 $CsAlTiO_4$，导致Cs浸出率升高；而过低的Al元素含量将导致碱硬锰矿相结晶困难，晶粒尺寸增大，并出现玻璃相，同样将影响Cs的抗浸出性能。研究发现，通过加大回转煅烧和热压阶段的还原气氛，引入 $Ti^3$ 离子，以 $Ti^{3+}$ 取代部分 $Al^{3+}$，可有效抑制易溶性矿相形成，同时可更好地将Cs包容于碱硬锰矿相中。

在以上研究的基础上，采用了碱硬锰矿（质量分数75%）、钙钛矿（质量分数15%）和金红石（质量分数10%）的矿相组合，对Sr/Cs进行人造岩石固化研究，其中碱硬锰矿化学式为 $Ba_{1-x}Cs_{2x}(Al_1Ti_1)Ti_6O_{16}$，按此化学式设计了4种不同包容量的人造岩石配方，并对所制备固化体进行了物理性能、矿相组合、微观结构和化学稳定性的研究。结果表明，所制备固化体结构致密，具有好的物理性能；固化体中矿相组合与目标设计矿相一致；矿相晶体发育良好,晶粒尺寸小(<1 μm),晶界窄,无玻璃相存在;包容量质量分数低于10%时,固化体中Sr,Cs的浸出率均低于文献参比值,从而将人造岩石Sr/Cs包容量质量分数由文献值8.1%提高到10%。

## 3.3 核素与介质的相互作用[229]

核素与介质的相互作用包括地质介质(围岩)及工程介质(废物包装容器、回填材料等)与核素的物理、化学反应。

### 3.3.1 实验方法

(1) 批式吸附实验

用吸附比 $K_d$(ml/g)描述吸附材料对核素的吸附能力,其计算公式为:

$$K_d = \frac{(I_0 - I_t)}{I_t} \times \frac{V}{M}$$

式中:$I_0$——液相中核素的起始放射性计数,$min^{-1}$;

$I_t$——平衡后液相中核素的放射性计数,$min^{-1}$;

$V$——液相体积,ml;

$M$——固体吸附剂的总量,g。

(2) 扩散实验

1) 静态背对背扩散

该法是将两个压实的圆柱体扩散材料夹住一个板状扩散源,示踪物背对背向两个相反的方向扩散(如图11所示)。

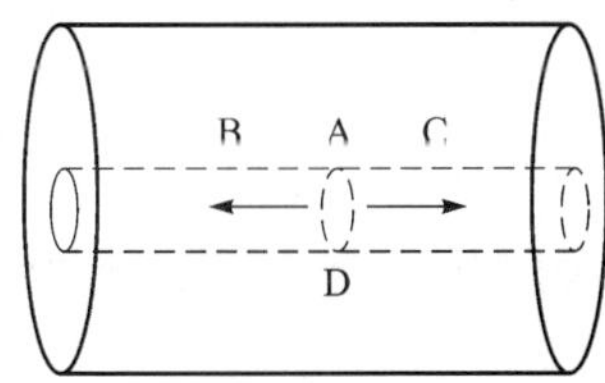


图11 背对背静态扩散示意图

A—扩散源;B,C—膨润土扩散柱;D—扩散室

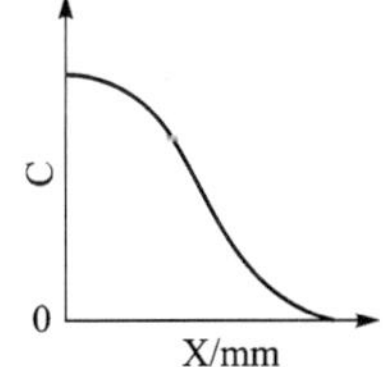


图12 静态扩散浓度曲线

扩散方程:

$$\frac{C}{M} = \frac{0.5}{\sqrt{\pi D_a t}} \cdot e^{-\frac{x^2}{4D_a t}}$$

式中:$C$——扩散物质浓度,$mol/m^3$;

$M$——单位面积扩散物质的总量,$mol/m^2$;

$x$——切片截面到扩散源的距离,m;

$D_a$——表观扩散系数,$m^2/s$;

$t$——扩散时间,s。

扩散一定时间以后，将膨润土柱取出，切成一定厚度的薄片，测量薄片的放射性计数率，根据到扩散源的不同距离与该距离处的放射性浓度作图(如图 12 所示)，如式：

$$\ln C = K - \frac{x^2}{4D_a t}$$

当扩散源和介质不变时，$D_a$ 和 $M$ 均为常数，当扩散时间 $t$ 一定时，作 $\ln C$-$x^2$ 曲线，由斜率可得表观扩散系数 $D_a$。

2) 动态扩散(恒定源扩散)

恒定源扩散实验原理如图 13 所示，也就是维持 $C_1 = C_0$ 恒定不变，$C_2$ 随时间 $t$ 而改变($C_{2,0}=0$)，变化曲线如图 14 所示。

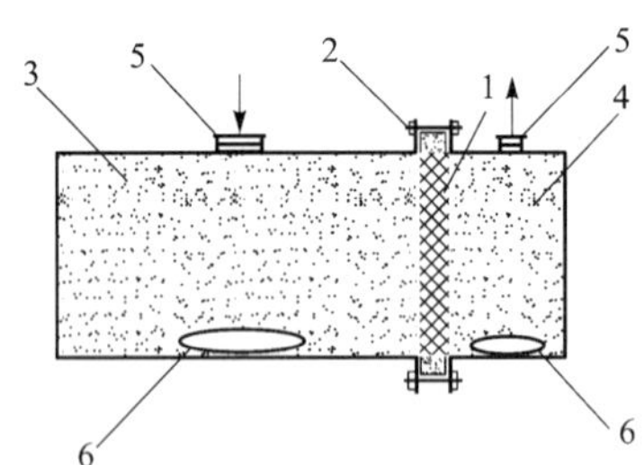


图 13　恒源通过扩散示意图

1—岩石片；2—连接两池的螺丝；3—源液池；4—取样池；5—密封盖；6—搅拌磁子

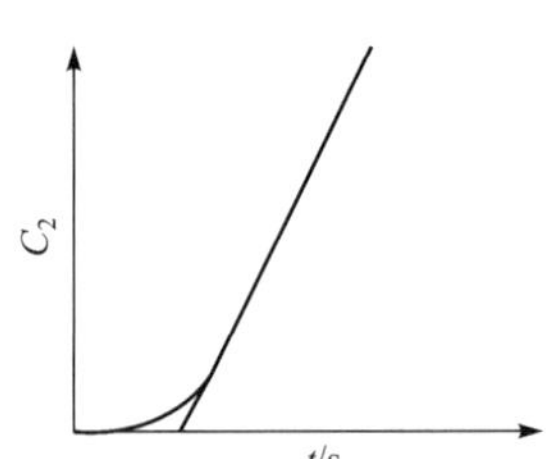


图 14　浓度随时间变化曲线

扩散实验的基本方程为：

$$\frac{\partial C}{\partial t} = \frac{D_e}{\alpha}\frac{\partial^2 C}{\partial x^2} \tag{1}$$

当 $t \to \infty$ 时，此方程的解为：

$$\frac{C_t VL}{AC_0} = \left(D_e t - \frac{\alpha L^2}{6}\right)_{t\to\infty}$$

如果使 $C_t/C_0$ 对时间 $t$ 作图，所得曲线的直线部分(当时间 $t$ 较大时)外推至时间轴，$D_e$ 和 $\alpha$ 可以分别由直线的斜率和截距而得到。斜率 $S = \frac{A}{VL}D_e$，在时间轴上的截距(穿透时间) $t_L = \frac{\alpha L^2}{6D_e}$。

## 3.3.2　铀元素与地质材料的相互作用

中国原子能科学研究院[247]采用柱迁移实验研究了铀在 NaCl 填充的盐柱的迁移行为，实验结果表明体系水溶液的 pH 对铀的回收率影响很大，$UO_2^{2+}$ 通过 NaCl 柱时，其化学回收率与 pH 的关系曲线呈“马鞍形”；pH≤2 或 pH≥8 时，化学回收率>84%；pH≈6 时，化学回收率仅为 9%。进料液或淋洗液中的配位剂影响铀在盐柱上的迁移。阻滞在盐柱上的大部分铀分布在距离进料口下端 2 cm 之内，铀易与 DBP 和 TBP 形成大分子配合物而被盐柱阻滞。文献[248]用流动色谱法测定了二氧化锰的比界面积及其对铀的吸附等温线，考察了吸附温度、溶液 pH 等因素对二氧化锰吸附铀的影响。结果表明，二氧化锰对铀(Ⅵ)的平衡吸附量随吸附温度的升高而增加。25 min 可达到吸附平衡，pH=6 左右平衡吸附量达最大值，吸附模型符合 Freundlich 吸附等温式。核废料地质处置库 $UO_2$ 的氧化及氧化过程中放射性核素的迁移直接关系到处置库的安全性，为此，许多研究者在实验室研究了 $UO_2$ 氧化行为。然而，短期的实验结果无法直接外推地质处置库中长期的氧化行为，天然类比研究为这种外推提供了可能。因此，$UO_2$ 氧化的天然类比研究已经引起了广泛的关注[249]。南京大学[250]对某花岗岩型铀矿中天然放射性核素和微量元素向围岩中的迁移特征进行了研究，以此来类比预测高放废物处置库中放射性核素的近场、远场迁移行为，为长期安全评价提供依据。研究发现充填裂隙的黏土矿物可有效阻滞放射性元素、核素沿岩石裂隙迁移，自该铀矿床生成以来，铀天然衰变系长寿命核素的局部迁移、沉积仅发生在 100 万年至今时距内，这可能表明，对于在 10 万～20 万年间（安全处置期）内即可衰变成无害的高放废物，若被处置在类似花岗岩则是安全的。北京大学[251-254]对 Tc，Pu，Np 和 Am 在黄土、花岗岩中的吸附和扩散等行为进行了研究，并有相关论文发表。

## 3.3.3 超铀元素与地质材料的相互作用[233,255-258]

中国原子能科学研究院于 20 世纪 90 年代研究了 Pu，Np 和 Am 在膨润土中的吸附行为，发现甘肃的 Mg-Na 型膨润土具有良好的吸附和阻滞性能。在大气与低氧条件下得到了 Np 在 Mg 型、Ca 型和混合膨润土中的分配系数，并研究了 pH 和 $CO_3^{2-}$ 浓度对分配系数的影响；同时用内扩散法研究了 Np 在膨润土中的扩散行为。同时应用 FT—Raman 光谱技术，对 Np 在岩石矿物中的吸附机制进行了探讨；应用批式法研究了 Np 在不同地质材料中的吸附行为，测定了吸附分配比，并筛选出了对 Np 具有较强阻滞能力的地质材料；研究了 Np 在压实膨润土及混合材料中的扩散行为，测定了扩散系数等重要参数。同时也测定了低氧低浓条件下，Np 和 Pu 在北山不同特征和不同深度岩样中的吸附分配比和扩散系数及弥散系数，并研究了 pH 和 $CO_3^{2-}$ 离子等因素对 Np 和 Pu 吸附分配比的影响。获得了低浓条件下 Np 和 Pu 在北山不同特征岩样中的弥散系数；获得了 Np 和 Pu 在特定地质环境下地下水中的自扩散系数和扩散活化能，并研究了模拟地下水、BS03 井地下水的温度、黏度、pH 和 $Fe^{2+}$ 离子浓度等因素变化对 Np 和 Pu 在模拟地下水中扩散系数的影响。

中国辐射防护研究院与日本原子力研究所合作用静态法通过切片研究了 Np 在不同密度膨润土和沙-膨润土中的扩散行为，扩散系数随压实膨润土密度的增加而增大，并用扩散实验的结果估计了 Np 在沙-膨润土中的吸附分配系数。

## 3.3.4 Tc 与地质材料的相互作用

原子能院应用 FT—Raman 光谱技术，对 Tc 在岩石矿物中的吸附机制进行了探讨，测定了低氧低浓条件下，Tc 在北山不同特征和不同深度岩样中的吸附分配比和弥散系数，并研究了 pH 和 $CO_3^{2-}$ 离子等因素对 Tc 吸附分配比的影响，获得了 Tc 在特定地质环境下地下水中的自扩散系数和扩散活化能，并研究了模拟地下水、BS03 井地下水的温度、黏度、pH 和 $Fe^{2+}$ 离子浓度等因素变化对 Tc 在模拟地下水中扩散系数的影响，应用批式法测定 $^{99}Tc$ 在 Na-膨润土及多种矿物（黄铁矿、磁铁矿、菱铁矿、辰砂、方铅矿、辉锑矿、锑赭石、灰锡汞矿）中的吸附分配系数，讨论了多种因素（阳离子、pH 值及核素的浓度）对吸附的影响，并就可能的吸附机制进行了探讨，结果表明，Tc 在 Na-膨润土及多种矿物中的吸附与核素的化学性质及所选取矿物的化学性质有关，Tc 在各种矿物中的吸附机制为还原反应或界面化学吸附，推荐辉锑矿、锑赭石及磁铁矿作为混合回填材料添加组分，以增强混合回填材料对 Tc 的阻滞能力。用静态扩散法和动态扩散法（恒定源扩散法）研究了$^{99}$Tc 在压实膨润土等不同材料中的扩散行为，用脉冲源法测定了粉碎型花岗岩的弥散度。中国原子能科学研究院[259]发现辉锑矿、辉铜矿、赤铁矿、黄铜矿、方铅矿和黄铁矿中$^{99}$Tc 在辉锑矿上的吸附比最高（2.0×$10^3$ ml/g），吸附是不可逆的。研究了锝在含锑成岩矿物上的吸附及其吸附机理，得出了锝在含锑成岩矿物上的吸附是氧化还原吸附的结论[233]。在大气与低氧条件下，用批式实验法研究了放射性 $TcO_4^-$ 在磁黄铁矿、辉锑矿、黄铁矿上的吸附行为，采用稀硫酸解吸法对锝在磁黄铁矿上的吸附机理进行了研究，对锝在辉锑矿上的吸附机理进行了初步的探讨[260-262]。在大气与低氧条件下，用批式法研究了$^{99}$Tc 在 Fe，$Fe_2O_3$，$Fe_3O_4$，高庙子 Ca-基膨润土和 Na-基膨润土中的吸附行为。研究了溶液 pH 和 $CO_3^{2-}$，$Fe^{3+}$，$Fe^{2+}$ 浓度以及添加剂的加入量对吸附分配系数的影响，$^{99}$Tc 在 Fe，$Fe_2O_3$，$Fe_3O_4$，Ca-基膨润土和 Na-基膨润土中的吸附行为均可用 Freundlich 吸附等温式描述[263-264]。在大气和低氧条件下，$^{99}$Tc 在甘肃红泉 3 种膨润土中的吸附行为[265]，使用的地质材料是甘肃红泉混合型、Mg-型、Ca-型三种膨润土，并研究了辉锑矿对$^{99}$Tc 扩散行为的影响，低氧条件下的扩散系数比在大气条件下的要小，膨润土混合 5%辉锑矿，$^{99}$Tc 的扩散系数降低了一个数量级，研究了膨润土的物理特性（矿物的酸碱度、pH、膜氏硬度、总比界面积、湿压强度、压实后孔隙率、压实后密度、脱色力）、矿物组成、氧化物组成及不同类型膨润土对锝的吸附能力大小。在大气和低氧条件下，研究了 Tc 在花岗岩上的吸附行为[266]。包括溶液的 pH、含铁矿物（还原铁粉、$Fe_3O_4$）、膨润土、阴阳离子的浓度（$CO_3^{2-}$，$Fe^{3+}$，$Fe^{2+}$）对 Tc 在花岗岩（石英、黑云母）上吸附 $K_d$ 值的影响；在解吸剂中加入 $H_2O_2$，对 Tc 进行解吸，探讨了其吸附的机理。在大气和低氧条件下，得到了 Tc 在花岗岩上的吸附 $K_d$ 值和表观扩散系数，花岗岩在低氧条件下对 Tc 的吸附与阻滞性能远优于大气条件下的性能。研究了在大气与低氧条件下，$^{99}$Tc 在甘肃北山花岗岩中的扩散行为，根据核素$^{99}$Tc 在甘肃北山不同深度花岗岩样品中的扩散曲线，得到了$^{99}$Tc 在花岗岩中的扩散系数，通过扩散实验获得了弱吸附性核素（$K_d$<1 ml/g）的吸附分配系数 $K_d$ 值，本扩散实验提供了一种获得弱吸附性核素吸附分配系数 $K_d$ 的好方法。结果表明由 $C_t/C_0$ 对 $t$ 作图得到的扩散曲线与理论穿透曲线一致；低氧条件下，$^{99}$Tc 在花岗岩样品中的表观扩散系数更小，$CO_3^{2-}$ 增大了$^{99}$Tc 在地下水中的迁移速度；$^{99}$Tc 在花岗岩中的表观扩散系数随花岗岩中还原成分的增加而减小，$K_d$ 值随花岗岩中还原成分的增加而增大。扩散实验结果对预选场址的确定和废物库的安全评价具有实际参考价值[267]。核素在岩石中随地下水流迁移的过程，伴随着 3 种物理化学作用，包括弥散、吸附和核素离子随地下水流的宏观迁移。弥散作用的程度可用弥散度（$\alpha'$）表示，它反映了地质介质的几何特性。花岗岩是我国高放废物处置库预选场址的主要地质构造，为了评价花岗岩作为高放废物深地质处置围岩的可行性，采用线性拟合的处理方法，以$^{99}$Tc 作指示剂，用脉冲源法对粉碎型花岗岩的弥散度和花岗岩对$^{99}$Tc 的阻滞因子进行了同时测定；HTO 作指示剂，用恒定源法测定了粉碎型花岗岩的弥散度，并对脉冲源和恒定源两种实验方法测得的弥散度进行了比较。结果表明通过脉冲源法与恒定源法测得的粉碎型花岗岩的弥散度基本相同，表明弥散度只是介质本身的特性[268]。实验中对 Tc 在真实地下水与模拟地下水、二次蒸馏水中的吸附分配系数作了初步比较，发现无论在大气与低氧条件下，对于同种吸附材料（Fe，$Fe_3O_4$，

$Fe_2O_3$和Ca-基膨润土、Na-基膨润土、石英、黑云母、花岗岩)，Tc在真实地下水中的吸附分配系数$K_d$小于在模拟地下水中的吸附分配系数$K_d$，Tc在二次蒸馏水中的吸附分配系数$K_d$小于在模拟地下水中的吸附分配系数$K_d$。在二次蒸馏水介质中，大气与低氧条件下Tc在石英上的吸附分配系数$K_d$接近于0，由于石英中不含还原性物质，二次蒸馏水中也不含还原性物质，即使在低氧条件下体系中的$TcO_4^-$也不会被还原为难溶的低价Tc。低氧条件下、二次蒸馏水介质中，Tc在石英上的吸附实验结果表明：如果没有还原剂而只具备低氧条件并不能明显增大吸附分配系数，因为此时溶液中的$TcO_4^-$未被还原为难溶的低价Tc；而同时具备低氧条件和存在还原剂可明显增大吸附分配系数。

Tc与地质材料相互作用的研究结果表明：地质条件下，影响Tc的浸出、迁移的主要因素是体系的氧化还原条件。氧化条件下，Tc易浸出、迁移；还原条件下，由于形成低溶解度的Tc的低价态化合物，Tc的浸出和迁移是比较慢的。

### 3.3.5 碘与地质材料的相互作用

中国原子能科学研究院[269]用$^{125}I$代替$^{129}I$对大气和低氧条件下$^{125}I^-$和$^{125}IO_3^-$在几种矿物上的吸附和解析行为进行了研究，得到如下结论：黄铜矿、方铅矿和辰砂对$^{125}I^-$都有较强的吸附能力，而黄铁矿和膨润土对$^{125}I^-$的吸附能力很弱。低氧条件下，方铅矿对$^{125}I^-$有较强的吸附能力，但黄铜矿对$^{125}I^-$的吸附能力很弱，这可能是由于铜离子的氧化性比铅离子的强，在低氧偏还原的气氛中，容易发生氧化还原反应，使得黄铜矿中吸附碘的有效成分遭到破坏，致使其吸附碘的能力显著下降。大气条件下，随溶液初始pH的增大，$^{125}I^-$在黄铜矿、方铅矿上的$K_d$值均呈减小的趋势。而在低氧条件下，随溶液初始pH的增大，$^{125}I^-$在方铅矿上的$K_d$值增大。这可能是由于在低氧环境中，随溶液pH的增大，$I^-$和其在方铅矿上形成的吸附产物的稳定性增加，有利于碘在其上的吸附。大气条件下，随体系固液比的减小，固相的量相对在下降，$^{125}I^-$在矿物材料上的$K_d$值减小；随材料的减小，材料的比界面积增加，$^{125}I^-$在矿物材料上的$K_d$值有所增加。大气和低氧条件下，随着混合材料中黄铜矿、方铅矿含量的增加，$^{125}I^-$在混合材料上的$K_d$值增大。大气和低氧条件下，黄铜矿、方铅矿对$^{125}I^-$的吸附能力比$^{125}IO_3^-$强。大气和低氧条件下，吸附在矿物材料上的$^{125}I^-$和$^{125}IO_3^-$都有一定程度的解吸；低氧条件下的解吸率小于大气下的解吸率；同种矿物材料，$^{125}I^-$的解吸率比$^{125}IO_3^-$小。碘在黄铜矿和方铅矿上的吸附有可能是化学反应、离子交换和物理吸附等综合作用的结果。恒定源扩散实验中，碘在由20%方铅矿、80%膨润土组成的经过压制成片的混合材料(含水率约17%)里的表观扩散系数为：$D_a=7.29\times10^{-12}\ m^2\cdot s^{-1}$，这种混合材料对碘的迁移具有一定的阻滞作用。中国原子能科学研究院用间歇平衡实验研究了浓盐溶液中$I^-$在水泥、氢氧化铁和天然岩盐中的吸附行为。有关研究认为黄铁矿、黄铜矿和活性炭可作为近场屏障碘的候选材料，曾继述等也对吸附碘的材料进行了筛选实验，发现灰硒汞矿、辰砂、砖坯藻土也是很好的吸附碘的材料[259,270]。

复旦大学[271]用间歇法和柱实验研究了放射性$^{131}I^-$和$^{131}IO_3^-$在花岗岩、页岩、凝灰碉中的吸附和迁移行为，结果表明碘基本不被吸附。北京大学[272]研究了在模拟地下水中，混凝土对碘的吸附规律和吸附等温线，研究了$^{125}I$在花岗岩和大理石中的扩散与渗透行为以及核素$^{129}I$在花岗岩中的迁移模型[273]，研究了$^{125}I$在花岗岩单裂隙中的迁移模型。天津大学对核素迁移模型的解析求解做了详细计算[274]。国内大量研究表明：碘在很多地质介质中的吸附很少，$R_d$ 几乎为零，只有一些特殊的矿物和化合物对碘有强烈吸附，远场地质构造对碘的阻滞很小，因此一个较好的阻滞$^{129}$I迁移的办法是在近场滞留。

## 3.4 特殊作用[229]

高放地质处置中有许多特殊作用，包括辐射分解作用，胶体、微生物、有机质、气体的作用和极低浓界面化学作用等。

中国原子能科学研究院应用高速离心法研究了 Np(Ⅴ)，Pu(Ⅵ)，Am(Ⅲ)的胶体行为，获得了形成胶体条件以及它们在北山地下水中胶体行为的部分数据。用超滤膜超滤、萃取分离和液闪计数等实验方法研究了 Tc(Ⅳ)的胶体行为。在酸性溶液中，用 $Sn^{2+}$ 还原 $TcO_4^-$ 获得了 Tc(Ⅳ)；在低氧条件下研究了 Tc(Ⅳ)在不同水样中的胶体行为；用超滤(截留分子量为 10 000)方法研究得到了 Tc(Ⅳ)胶体的形成条件和稳定性以及 pH 和离子强度对形成 Tc(Ⅳ)胶体的影响。实验结果表明：低氧条件下，Tc(Ⅳ)的溶解度越小越容易形成 Tc(Ⅳ)胶体；在同种介质中，Tc(Ⅳ)的起始浓度越高，则 Tc(Ⅳ)胶体的形成量越大；随着放置时间的延长，Tc(Ⅳ)胶体的稳定性增加；随着介质离子强度的增大，Tc(Ⅳ)胶体的生成量也增大。

## 3.5 核素迁移研究[229]

核素迁移是核素的性质、核素与介质的作用、特殊作用以及介质的化学行为 4 个方面的综合作用结果，是安全评价的依据。

求解迁移方程可定量地确定放射性核素在不同的时间、位置处的浓度，而通过用图示法表示出迁移方程的解可以更加直观、形象地了解核素在地质介质中的迁移规律。$^{99}$Tc 在地质介质中迁移程度的预测结果表明：在长期的地质处置过程中，如果迁移过程仅考虑核素在无裂隙花岗岩中的扩散，则$^{99}$Tc 的迁移速度很小；如果迁移过程考虑核素的扩散、地下水流速和水力弥散，则$^{99}$Tc 在地质介质中的迁移速度较大；相对于地下水流速来说，水力弥散系数和滞留因子是影响核素迁移的重要参数。

我国在处置化学计算模型方面，通过调研，引进了国外所使用的计算模型，并进行开发。如东华理工大学、中国辐射防护研究院、核工业北京地质研究院等单位先后引进了一些计算机程序，如 EQ3/6，PHREEQE，MINTAQ，GENII 等。文献[275]对 Np 和 Pu 在黄土地下水系统中的反应路径进行了模拟研究。东华理工大学[276]等研究了高放废物深地质处置系统核素的迁移模型，在综合分析国内外有关高放废物深地质处置研究成果的基础上，对高放废物深地质处置系统中核素迁移的模型与模拟问题进行了初步探讨。中国地质大学[277]参加了一个岩体裂隙网络及物质迁移数值模型国际对比项目，来自不同国家研究组的模型和软件求解相同的岩体裂隙网络及物质迁移问题，他们用自己开发的模型和软件(JOINT—OKY)研究了溶质在岩体裂隙网络中的迁移速度，然后与其他研究组的输出结果进行了对比分析。文献[278]在对我国南方某大型尾矿库库区水文地质条件概化的基础上，运用国际最新版本的三维地下水流动与污染物运移的模拟软件 Visual MODFLOW 建立了研究区 U(Ⅵ)在浅层地下水系统中迁移的反应-输运耦合模型，讨论了不同条件下 U(Ⅵ)在地下水中的迁移情况。模拟结果指示，在不治理的条件下，U(Ⅵ)对库区地下水污染严重；而在尾矿库治理条件下，由于地下水系统的自净作用，对于尾矿库在运营期间下渗的U(Ⅵ)，地下水系统完全可以“消化”。其运用的模拟手段对高放废物深层地质处置中核素在地下水中的迁移规律研究有借鉴意义。

在高放废物处置库的近场，将会发生热、湿、力和化学耦合等复杂的作用。如前所述，国外对此进行了较多研究，但国内相关研究开展较少。中国科学院武汉岩土力学研究所[279]总结了近年来我国在核废料储存裂隙岩体THM耦合研究中所取得的进展，包括高温作用下花岗岩基本力学性质实验、高温作用下弹脆性岩石和弹塑性岩石的损伤分析、岩石时温等效效应、裂隙岩体水热耦合迁移及其与应力的耦合分析等实验和理论分析、数值计算等方面成果，该所还于2004年加入了DECOVALEX第四期的国际合作计划，主要进行了DECOVALEX_THMC的Task_D子课题研究[280]，基于DECOVALEX给定的数据和规定研究步骤，开展了相应的核废料深地质处置围岩THM耦合效应的理论分析和模拟研究，并与DECOVALEX计划中其他研究小组的成果进行了比对。

西北核技术研究所20世纪70年代中期在国内利用核试验场地下核试验形成的强放射性爆心(玻璃体)率先开展了花岗岩区大尺度核素迁移原位观察试验，历时数十年，获得了宝贵的现场原位地下水中总β和$^{137}Cs$，$^{90}Sr$，$^{90}Y$，$^{238}U$，$^{3}H$，Pu等观测数据，这在国内是非常珍贵、独一无二的大尺度核素迁移原位观察数据，对我们研究核素迁移行为有重要的参考价值[281]，同时西北核技术研究所还研究了$^{239}Pu$在泥岩、砂岩上的吸附分配比[282]。

中国辐射防护研究院、日本原子力研究所在1995年8月—2001年8月期间在山西合作开展了超铀核素近地表迁移行为及其处置安全评价方法学研究，重点研究了核素在人工屏障、黄土包气带、含水层中的迁移规律及超铀核素的化学形态，这些成果对于高放废物地质处置的近地表核素迁移有重要参考价值[283]。

## 3.6 处置化学的研究阶段

高放废物处置是一项技术复杂，多学科，时间跨度大的系统工程，其整个过程通常是分阶段进行的。处置化学研究的方法主要包括实验室方法研究、模拟地下条件实验室研究、地下实验室阶段地下试验研究、原型处置库阶段现场试验研究、建立处置化学物理模型、建立处置化学计算机数学模型、建立处置化学计算机数据库、现场验证模型和数据库等。因此，作为处置系统工程的重要组成部分的处置化学也应相应划分阶段，各阶段的研究内容和重点也不一样，大体分4个阶段：

### (1) 实验室研究(选址阶段)

该阶段主要是从事实验室规模、基础性的方法学研究，掌握处置化学研究的一些基本方法；包括实验装置的建立、工艺条件控制、分离和分析方法和测量手段的建立，获取和评价研究结果的可信度。在模拟处置条件研究的基础上，结合选址时的真实主岩地下岩芯和地下水开展关键核素相关参数测定，为处置库选址提供科学依据。

### (2) 地下实验室研究

世界上已有十几个国家建立了地下实验室。地下实验室又分为普通地下实验室和特定场址地下实验室。普通地下实验室是指为研究和试验目的，获取支持地质处置的试验，将来不打算用作处置废物的设施，而特定场址地下实验室是指将来要作为废物处置库址或作为废物处置库的一部分开发的设施。在地下实验室研究阶段，处置化学研究的主要内容：研究工程屏障(如模拟高放废物体，包装容器，缓冲/回填材料等)的化学性能；现场示踪放射核素迁移实验，了解核素在深部围岩裂隙和基质中迁移的扩散规律以及胶体、微生物、地下水等对核素迁移的影响。开展热力学—水力学—岩体力学—化学(T—H—M—C)耦合作用研究。探索不同开挖方法(隧道掘进机法和常规钻爆法)对开挖扰动区的影响。

### (3) 原型处置库研究

以 1∶1 规模开展真实高放废物处置试验，如美国尤卡山地质处置库允许用 10 t 乏燃料作原型库研究。验证处置库全系统的整体性综合功能，提供真实废物在处置条件下的处置化学测试数据，获取关键数据，并将所得数据与地下实验室研究获得的数据进行比较，为最终确定处置库址提供最有说服力的数据。原型处置库的独特作用是毋庸置疑的，正像研制战斗机的最后空中试飞一样，它是全系统(或整机)综合性能的集成试验和技术、战术指标全面测试的最终环节。美国 NRC 在颁发尤卡山许可证之前 10 多年(1996 年以前)，就特别批准了可以放置 10 t 乏燃料于尤卡山专门设计、建造的原型处置库中，以便在场址特性评价阶段进行各种原型处置库综合实验，其目的就是检验全系统整体的综合性能。之所以把“原型处置库验证阶段”有别于“地下实验室研究阶段”，单独分列出来，有 3 条明显的理由：① 原型处置库设施是专门设计、单独建造的，往往与“地下实验室”不在一起，即便在同一块场区也是分开构筑、相互分隔的；② “地下实验室阶段”研究内容是“零件”、“部件”和“分系统”级的单项的和综合的试验研究，不具备“全系统”或“整机”试验的条件；③ 作为装备和设施研制的一般规律，全系统或整机的综合性能最终试验和测试，总是单列为一个阶段的，以表明其重要性和特殊意义。瑞士联邦能源办公室提出了“三合一”的“长期监测地质处置”新概念[284]。长期监测地质处置库包括一个试验设施(特定场址地下实验室)、一个主设施(处置库)、一个中间设施(原型处置库)，所有这些都建在一个合适的主岩中。试验设施(特定场址地下实验室)是最先建造的部分，开展场址特性研究。废物中有代表性的废物将在中间设施(原型处置库)中放置(处置)，其目的是用监测仪表网络长期监测工程屏障和近场的变化，验证用于预测处置库长期行为的模型。大部分废物将处置于主设施(处置库)中，它的建造应该使回取简单可行。看来，“三合一”的“长期监测地质处置”新概念，也许是解决 IAEA 总干事巴拉迪提出的关于核保障要求的一种新思路。

### (4) 处置运行阶段和关闭后研究

跟踪研究放射性核素的迁移行为和在迁移过程中的化学形态，野外测定弥散参数和基体扩散参数，进行围岩和地下水化学性质的测定，核素阻滞参数的测定。验证和评估此前获得的处置化学数据的可靠性与偏差，为处置库的最终安全评价和近场(甚至远场)核素释放模式的有效性进行修正而提供真实的现场数据。

# 4 现状和问题

## 4.1 处置化学研究开发的现状和问题

我国高放废物地质处置的处置化学工作，经过了 21 年(1986—2006)的研究开发，目前的现状和问题可以归纳为以下几点：

(1) 政府安排经费，但经费数量有限。

(2) 大部分时间由政府部门直接管理。

(3) 有规划指导，但偏宏观、不具体。

(4) 研究开发取得初步成果，总体处于技术准备阶段的前期。

21 年来在重要核素的性质、介质的化学行为、核素与介质的相互作用、特殊作用、核素迁移研究 5 个方面，以及试验设备建设、队伍建设、国际合作交流等方面取得初步成果，例如研究了 U，Np，Pu，Am，Tc 等的放化性质；建立了模拟深地环境的低氧工作箱；完成了 I，Tc，Pu，Np 和 Am 与膨润土和(或)北山花岗岩相互反应的一批试验研究，初步探讨了反应机理；利用核试验场地下核试验形成的强放射性爆心(玻璃体)开展了花岗岩区大尺度核素迁移原位观察试验，历时数十年，获得了宝贵的现场原位观测数据。

该时期的主要特点是：

① 管理人员、科技人员没经验，正处于学习过程中；② 没有具体工程牵引的实实在在的动力，没有概念设计，不能产生自上而下的、严密的研究开发网络计划；③ 各学科根据自己的理解，学习掌握方法，以方法学研究为主提出项目，申请经费，得到批准后开展研究，研究和管理工作的流程是典型的学科发展推动型的："报—批—研"。

(5) 缺乏研发工作的顶层设计，研究开发工作散、乱、不平衡。

研发工作分散。因为没有明确具体的近期目标、中期目标，更没有形成各学科交织在一起协同作战的网络计划。

由于没有研究开发整体深入的计划，没有规范的决策程序，缺乏管理上的程序性规定，研发工作有一些混乱现象。如一些试验几家低水平重复做，没做设计就分头干，没订标准规范就选址，预选区域没做好就做地段，没做地面详勘仅凭大比例的图件就选钻孔打钻等不按科学规律办事的现象。

各学科发展不平衡。地质人力多，经费多，进展就快。设计院人力紧张，经费少，进展很慢。安全评价和处置化学也有人力少、投入少的问题。

(6) 研究队伍小、力量弱，条件建设差距大。

处置化学研究人员只有 10 多人(地质研究人数相对较多，约几十人；安全评价人员只有 10 人左右；处置工程研究人员只有几人)，队伍小，力量弱，与任务需求极不相称。

处置化学研究需要建设一些设备和仪器，早期因投入少而无力安排，近两年略有改善。

研究队伍还存在一些认识问题，如对形势和任务认识不到位，有的有急躁心理急于求成，学科之间交流少，相互了解不够，团结协作还有待加强。特别是对处置化学工作有一种误解，以为处置化学是纯基础研究，以为只要引进国外的数据就可以了，国内不必自己研究。

## 4.2 影响处置化学研究工作的宏观因素

**(1) 核电大发展,废物数量剧增,布局变化,处置任务更加繁重**

当前核电正步入大发展时期,2020 年建成 40 GW,在建 18 GW 的规模将产生几十倍于军工高放废物的核电高放废物。军民共建(中国第一座高放废物地质)处置库,处置对象的主体是民,其投资主体应该是核电站法人,而且核电高放废物主要分布在东部沿海地区。废物源项的多元化,投资主体的多元化,带来管理的复杂性。由于高放废物(和/或核乏燃料)承载着核材料和核安全、辐射安全等敏感内容,高放废物地质处置只能也必须置于国家(议会、政府、国家元首)严密管控之下。我国高放废物地质处置的研究、开发和建设、运营,也应该是置于国家严密管控之下,具体选择何种模式、布局如何等都有待研究。

**(2) 国家管理力度不够,有待尽快加强**

国家管理力度不够表现在法规缺位、管理缺位、资金缺位。

法规缺位。上位法《国家原子能法》迟迟没有出台。《核废物法》是否要搞还没有考虑。《放射性污染防治法》原则规定了对高放废物和 α 废物要实行地质处置,但谁管、谁操作、谁监督,以及执行中的诸多问题(如标准、规范)没有法律规定,管理执行机构仍然缺位,迫切需要制定《核(燃料)废物法》予以规定。

2006 年 2 月 14 日原国防科工委与科技部、原国家环保总局联合发布[285-286]了《高放废物地质处置研究开发规划指南》,并与财政部会同前国防科工委制定了《核电厂乏燃料处理、处置资金管理暂行规定》,正在征求意见。原国家环保总局也在考虑安排处置库选址规范的制定工作。

由于国家的处置工作刚刚启动,缺位现象在所难免,但应该尽快补上。

**(3) 废物的主要生产者——核电站对高放处置关注少**

谁产生的废物谁治理,这个政策原则还没能经法律、法规和管理以及经济等手段,把高放处置的压力传递到核电企业身上。核电企业还没交付乏燃料处理处置资金,尚未直接感受到乏燃料出路的压力,因此到目前还没有一家核电企业主动提出要关注高放处置的信息。但这只是眼前的情况,相信随着后段资金筹集规定的实施,核电站的关注会迅速提升,届时他们必将扮演更积极、更活跃的角色。

今天核电站(在高放处置中)的缺位,没发表意见,不等于今后就没有意见,由于他们是投资的主体,他们必然会发表很多很重要的意见,这是我们今天做规划时应当予以注意的。

**(4) 实施主体缺位**

瑞典 SKB(私营公司)、法国 ANDRA(政府所属公司)、美国 OCRWM(政府专设办公室),都是该国专设的实施主体,都是机构庞大的实体。有了实体,就有人专职细致地研究问题、铺展工作。像中国现在这样,仅靠原国防科工委兼管是难以为继的。目前最重要的工作是尽快筹备组建专职的处置公司。处置公司到位后由处置公司去组织全国力量,包括中核集团、科学院、地质部门、科研院所、高校,以及设计和工程力量,政府部门就可以摆脱烦琐的召集、组织、协调等事务性工作,而集中力量去考虑政策、监管等政府职能分内的事。

综上所述,我们当前面对的任务和形势是:

1）核电大发展，废物数量和来源布局有很大变化，处置任务更加繁重；

2）但由于国家的处置任务刚刚启动，百事待兴，许多工作有待部署和建设，目前暂时还处于六缺位的状况（法规缺位、管理缺位、资金缺位、主要出资者缺位、实施主体即责任主体缺位、顶层设计缺位）。

# 5 结论和建议

## 5.1 结论

**（1）处置化学研究在放射性核素的包容、阻滞、迁移这项核心任务中处于关键性地位。先进国家开展了大量、系统、全面的研究工作，成果丰硕**

处置化学研究的作用是：在各种天然的、人为的因素（含慢过程、突发事件）、诱发的情景（S）、特性（F）、事件（E）、过程（P）中，摸清工程屏障、天然屏障、处置近场环境、远场环境、生物圈包容、阻滞关键放射性核素的规律，提供尽可能减少关键核素向生物圈迁移的条件和建议，为高放废物地质处置库的安全评价和工程建造创造条件。

处置化学研究在放射性核素的包容、阻滞、迁移这项核心任务中处于关键性地位。

先进国家几十年来投巨资，在关键核素的性质、介质的化学行为、核素与介质的相互作用、特殊作用、核素迁移研究 5 个方面获取了大量研究成果，集中体现在可直接为处置库的安全评价和工程建造服务的处置化学数据库和物理模型、计算机程序数学模型。这些研究成果为 WIPP 的成功运行，尤卡山处置库的研究开发，以及瑞典、瑞士、加拿大、法国、德国等国的发展规划作出了重要的贡献。

**（2）我国处置化学研究取得了初步成果，建立了队伍，建立了一些研究设备和方法，但队伍小、力量弱，条件建设差距大**

21 年来在重要核素的性质、介质的化学行为、核素与介质的相互作用、特殊作用、核素迁移研究 5 个方面，以及试验设备建设、队伍建设、国际合作交流等方面取得初步成果，例如研究了 U，Np，Pu，Am，Tc 等的放化性质；建立了模拟处置环境的低氧工作箱；完成了 I，Tc，Pu，Np 和 Am 与膨润土和（或）北山花岗岩相互反应的一批试验研究，初步探讨了反应机理；利用核试验场地下核试验形成的强放射性爆心（玻璃体）开展了花岗岩区大尺度核素迁移原位观察试验，获得了宝贵的 $^{3}H$，$^{90}Sr$，$^{137}Cs$，Pu 等的现场原位观测数据。但总投入少、队伍小、力量弱，条件建设差距大、宏观条件落后（法律法规、管理体系、运行机制、筹资机制，以及执行主体责任主体的缺位，缺乏顶层设计）等严重制约了处置化学研究工作的进展。

**（3）加大投入，加强队伍建设，加快宏观条件的转轨变型，是顺利开展处置化学研究开发工作必不可少的前提条件**

经费投入是经济基础，国外为了研究迁移速度较快的放射性胶体、核素形态以及固-液界面反应采用了大量的高精尖仪器设备，耗资巨大。外置化学研究开发需要庞大的高水平研究队伍，几年前美国尤卡山项目把废物容器材质腐蚀试验的部分任务交给中国科学院沈阳金属所就是广招国际人才的一个例子。我国处置化学 21 年总投入约七八百万元人民币

(相当预计高放废物处置总投入 4 000 亿元的十万分之二)。我国目前处置化学投入的研究人力每年只有十几个(人·年),队伍小,力量弱,与任务需求极不相称。投入少、力量弱已成为我国处置化学研究开发的重要"瓶颈"。

我国的国家高放废物地质处置任务刚刚启动,百事待兴,许多工作有待部署和建设,目前暂时还处于六缺位的状况(法规缺位、管理缺位、资金缺位、主要出资者缺位、实施主体缺位、顶层设计缺位),过去 21 年宏观条件的惯性影响仍然严重地影响着当今的工作。对照国外的成功经验和失败教训可见:我国高放废物地质处置管理方面落后的上层建筑,已经严重地制约着研究开发工作的进展,急需转轨变型,使六缺位变为六到位(法规到位、管理到位、资金到位、主要出资者到位、实施主体即责任主体到位、顶层设计到位),为我国高放废物地质处置走上快速发展的轨道作出贡献。

## 5.2 建议

### (1) 加强处置化学研究手段建设

国外外置化学研究中采用了大量高精尖仪器设备,如时间分辨激光荧光光谱仪(TR-LFS)、微量热计、多核核磁共振谱仪、激光诱导光声光谱仪(LIPAS)、NIR 吸收光谱、超滤、总频振动谱非线性光学技术、ICP-QMS(四极质谱仪)、扇形场耦合 ICP-HPMS 高分辨质谱仪、CE-RIMS(毛细管电泳-共振电离质谱)、DAD(二极管阵列探测器)、ES-MS(电子溅射质谱)、EXAFS(扩展 X 射线吸收精细结构谱)等。这些设备有的是研究固-液界面反应用的,有的是研究化学反应热力学、动力学以及核素形态用的。我们应根据自己研究的急需,视财力支持情况,选择用途较多、使用频度较大的仪器设备,有步骤地分期引进。有的可以利用国内院校已有条件协作解决,如 EXAFS 可利用高能物理所的同步辐射加速器开展研究工作。

### (2) 国际合作引进处置化学模型和数据库

模型和数据库往往是研究成果的精华体现,花适当资金引进模型程序和数据库可以提高我们的研究起点,有的还可能用于我们的计算或设计中。例如法国 CEA 的 C. Jegou 用 Chemsimu Code 程序对水的辐解作用建模,ANDRA 建立了适用于大多数元素 $K_\alpha$ 值的模型,阴离子扩散的模型等。

在众多的模型中,哪些有用,哪些好用,只有通过合作交流才能知道。国家在安排研究经费时应该考虑适当的引进费用,引进合适的程序能达到事半功倍的效果。

### (3) 特别关注国际上处置化学中特殊作用的研究进展

OECD/NEA 发表的 10 年进展报告中列举了 9 项"尚有问题的领域",其中包括一些特殊作用。特殊作用包括微生物、有机质、气体、胶体、辐解作用和极低浓化学作用等。这些作用以前研究得不多,但地质处置时又无法回避。近年来美国、法国对处置库内气体释放的影响予以了更多的研究就是一例。关注跟踪国际上的进展,可以给我们提供研究方法、研究设施及仪器设备的信息,使我们今后少走弯路。

### (4) 加强处置化学研究队伍建设

处置化学研究任务繁重,许多研究领域目前还没触及,要扩大研究队伍,吸引有条件有实力的院校参与研究。

OECD/NEA,IAEA 等国际组织以及一些外国公司和实验室,经常举办培训班,应该在政策和经费上为研究人员参加国际培训创造条件。

国内也应有计划地举办一些学术活动,请国内外学者讲学,加快队伍的业务建设。比如可以针对关键核素的命题召开有准备、有分析的研讨会,促进关键核素的研究工作。

(5) 近、中期处置化学需重点研究的内容

有关核废物,特别是高放废物处置化学的研究在国内只是近 20 年来才兴起的,由于种种原因,目前该方面的工作仍处于起步阶段。因此,系统地研究以下问题是十分必要的:

1) 关键核素的水溶液化学,特别是中性或近中性溶液中低浓度条件下锕系元素和重要裂变产物元素的化学行为,包括它们与无机或有机配体的配合行为、溶解行为、胶体行为、氧化还原反应等。

2) 关键核素在地质材料和工程屏障材料(预选处置场围岩及成岩矿物、废物包装容器材料及腐蚀产物、候选缓冲/回填材料)中的迁移(吸附、扩散)行为,热—水—力耦合作用下核素在典型回填材料、不扰动围岩岩心中的迁移行为。

3) 界面化学行为研究,主要包括:关键核素在地质材料、工程屏障材料及其腐蚀或蚀变产物的界面的化学反应、氧化还原反应、配合反应、胶体颗粒界面的化学行为等。

4) 地质处置环境中气体释放、微生物、有机质、辐解作用等的研究:研究地质处置环境中气体释放、微生物、有机质、辐解作用等产生的机制,与废物体及周围介质的反应;研究它们对核素迁移的影响。研究预选场地下水中有机物的提取、有机物的表征参数测定、有机物与关键核素的化学行为等。

5) 高放废物、乏燃料及 α 废物的性能研究:研究高放废物、乏燃料及 α 废物在各种处置条件下的性能,包括化学稳定性、热稳定性、辐照稳定性,参与(热—水—力—化学)耦合作用研究等。

6) 包装材料长期化学稳定性研究,研究乏燃料及高放废物的内、外包装材料在处置条件下的腐蚀行为等长期稳定性,以及腐蚀产物在 1 万年以上时间里的变化,研究它们对固化体或乏燃料性能的影响。

7) 建立高放废物地质处置化学模式及处置化学数据库:采取引进和自主研制相结合,在深入了解、比较国外成果的基础上,争取引进先进、合用的模型和数据库;自主配套研制有针对性的模型和数据库,形成系统、完整的体系。

(6) "四个加强"为转轨变型和创建新体制服好务

"十一五"是处置研发运行方式转轨变型的过渡期,完成立法、管理体制等上述 4 项任务需要 5 年甚至更长的时间,在这个过渡期里,头等重要的任务就是确保转轨变型和创建新体制的顺利进行。

一要加强软课题研究。研究乏燃料治理的各种战略方案,研究各国的相关法律、法规、组织构架、标准、规范、政策、措施,为方法、管理结构建设提供有价值的意见。

二要加强处置工程学科的力量和工作。任何一项工程总是以设计为龙头。处置工程学科里,应当充分发挥具有从事放射性工程设计资质单位的作用。从废物源项调查开始,搞好概念设计、工程研究开发网络进度设计,推动以建造国家处置库为最终目标的研究开发计划

的顶层设计，唯有做好这项顶层设计才能形成自上而下的“设—网—研”的工作秩序。只有这样，地质、化学和安全评价工作才能做到有的放矢、紧扣总目标，同时又不断将信息反馈到设计和顶层设计中，形成多学科的交织，不断更新不断前进。处置工程学科在这里起到龙头和中心枢纽的作用，当前投入的力量不够，迫切需要加强。

三要加强国际信息跟踪。国际上欧、美、日等国走在中国前面，有许多成功的经验和挫折教训，迄今世界上还没有一座高放废物处置库成功实施的经验，随着科技进步和时代变迁，国际上各种思路和想法不断出现、发展、变革，我们要紧密跟踪，了解、比较、反复，深化我们的认识和理解，把中国的工作做得更好。要特别关注具有(或者有可能发展成)一票否决性的信息。例如国际岩石力学学会前任主席 C. Fairhurst 教授[287] 2004—2005 年多次致信中国同行，反复强调“裂隙花岗岩中地下水的渗流规律很难搞清”，“较难对其场址进行评价”，“我所评价过的黏土场址性能都极好”，他强调了黏土岩的 self-sealing(自封闭性)的极大好处，建议中国在黏土岩中选址。瑞士 1996 年报告中在比较了北方白色黏土岩和南方花岗岩之后也发表了类似的观点作为放弃花岗岩的理由[288]。最近法国在比较了花岗岩和黏土岩后停止了在花岗岩中建造地下实验室的计划，改为只建黏土岩地下实验室[289]。以上三件事给我们提供了强烈的信息，对这种信息我们应该高度重视，继续跟踪。此外，IAEA 总干事强调的公众接受、核保障要求、可回取性等重要信息也应继续予以关注。

四要加强研究队伍内的沟通交流和队伍建设。多学科联合攻关是我们获胜的重要保证。

加强队伍业务和思想建设，通过沟通交流加深各业务领域的相互理解，克服片面性、局限性和急躁情绪、急于求成的心理，准确认识国际国内的研发形势，准确认识我国当前研发的阶段性特征，准确认识自己研究的领域与其他学科的关系，团结合作，携手共进。

过去 20 年的工作，用原国防科工委张华祝副主任总结的话：是“技术准备阶段的初期”，特别在最初几年，管理者和研究人员都不懂怎么做，管理等上层建筑也没上轨道，长期以来无论是管理者还是研究者只是把它当作中、长期预先研究任务、细水长流地安排，钱多时多安排，钱少时少安排，没有肯定的保障。这种状况是“以跟踪学习为目标”的“技术准备阶段的初期”的基本特征，在没有启动国家计划的情况下，是很正常的。

自从 2005 年 8 月 1 日，原国防科工委召开了大会，颁布了“以研究和开发为先导，以建造一个国家处置库为最终目标”的“国家级高放废物地质处置研究开发规划”指南，新的形势、新的任务，必须对过去 20 年“技术准备阶段的初期”的运行体系进行“脱胎换骨”的“转轨变型”，在法规、执行、审管、监督、融资等建设上，建立一套面向未来、面向市场、面向公众，适应这项涉及国家战略安全任务的全新的管理体制，把运作流程从学科发展推动型的自下而上的“报—批—研”，转变为工程需求牵引型的自上而下的“设-网-研”(概念设计-网络计划-研究开发)，真正实现以工程为目标的管理方式。对于国家高放处置库的研究开发工作这样一项投资上千亿元、历时几十年、关系到国土和公众安全万年大计的庞大的系统工程，不可能也不应该靠政府部门来“兼管”，必须要按照《中共中央关于制定国民经济和社会发展第十一个五年规划的建议》[290]的要求，在吸收消化国外经验教训的基础上，自主创新地建立专门的适合我国国情的新体系来运作。

而为了构建新的管理体制，必须要建立强有力的、完整的核废物管理法规体系作保证。

国家新近颁布了一些政策和规划[291-292]是我们工作的依据；美国、法国等核能先进国家新近也公布了一些有利于核能发展的新政策、新计划[293-303]，可以作为我们有益的参考借鉴。我们认为，对影响处置化学的“上层建筑”未来的工作，用一句形象的话表达就是“绘一幅蓝图，建一条铁路”。绘蓝图——绘制“中国21世纪先进核燃料循环”蓝图；建铁路：一根铁轨是——构建以《核（燃料）废物法》为核心的核（放射性）废物管理法规体系；另一根铁轨是——构建以执行机构、审管机构、监督机构、顾问咨询机构、筹融资机制为核心的管理体系。我们已经作了20年的步行者，我们现在要绘蓝图、建铁路，为的是不久之后登上快速列车顺利前进。

## 参考文献

1 Wydler P, Baetsle L H. Closing the Nuclear Fuel Cycle: Issues and Perspectives. Actinide and Fission Product Partitioning and Transmutation, 6th Information Exchange Meeting, Madrid, Spain, 11-13 December 2000, 31-49.

2 Luther J Carter, Thomas H. Pigford: Nuclear Waste: Proof of Safety at Yucca Mountain. Science, 2005, 310(5747): 447-448.

3 N. A. 查普曼，I. G. 麦金利. 核废物的地质处置. 北京：原子能出版社，1992.

4 M. 本尼迪克特，T. H. 皮格富德，H. W. 利瓦伊. 核化学工程. 北京：原子能出版社，1988.

5 郑华铃. 浅谈确定论、概率论的概念与应用. 中国核学会放射性废物处理与处置学术交流会，安徽，黄山，2005.

6 范显华. 浅谈处置化学研究中的几个问题. 国防科工委高放废物地质处置研讨会，北京，2005.

7 罗嗣海，李金轩，钱七虎. 高放废物地质处置性能/安全评价中的不确定性. 国防科工委高放废物地质处置研讨会，北京，2005.

8 陈繁荣. 私人通信. 2005年10月21日.

9 麻省理工学院交叉学科研究课题组. 核电的未来. 秦山第三核电有限公司编译，2004.

10 郑华铃. 深地质处置中放射化学问题的思考. 在潘自强、钱七虎等八位院士主持召开的高放废物地质处置研讨会上的报告，北京，2004.

11 尹虹，邓勃. 水体中重要污染元素化学形态分析研究方法及其进展. 干旱环境监测，1995，9(4)：205～215.

12 Russo R E, Rojas D, Robouch P, et al. Remote photoacoustic measurements in aqueous solutions using an optical fiber. Rev. Sci. Instrum. 1990, 61(12): 3729-3732.

13 Kuczewski B, Marquardt C M, Seibert A, et al. Anal. Chem. 2003, 75: 6769.

14 Merkel B. 地下水中铀的反应运移模拟. 地球科学-中国地质大学学报，2000，5.

15 Nancy J Stoyer, Darleane C Hoffman, Robert J Silva. Cation-cation complexes of $PuO_2^+$ and $NpO_2^+$ with $Th^{4+}$ and $UO_2^{2+}$. Radiochimica Acta. 2000, 88: 279-282.

16 Claire Mesmin, Danièle Roudil, Alain Hanssens, et al. A spectroscopic study of the hydrolysis, coloid formation and solubility of Np(Ⅳ). Radiochimica Acta. 2001, 89: 439-446.

17 Saito A. Separat Ion of Actinides in Different Oxidat Ionstates from Natural Solutions by Solvent Extract Ion. Amal. Chem. 1983, 55: 24541.

18 Moulin C. On the use of time-resolved laser-induced fluorescence(TRLIF) and electrospray mass spectrometry (ES-MS) for speciation studies. Radiochimica Acta. 2003, 91:651-657.

19 Nitsche H, Gatti R C, Standifer E M. Measured solubilities and speciations of neptunium, plutonium, and americium in a typical groundwater (J-13) from the Yucca Mountain region. Los Alamos National Lab. NM. LA-12562-MS(1993).

20 Nitsche H. Effects of Temperature on the Solubility and Speciation of Selected Actinides in Near-Neutral Solutions, Inorg. Chim. Acta. 1987, 127:121.

21 Ewart F T, Howse R M, Thomason H P, et al. The Solubility of Actinides in the Near-Field, in: Scientific Basis for Nuclear Waste Management Ⅸ (Werme L O. ed), Materials Research Society Symposium Proceedings, September 9-10, 1985, Stockholm, Sweden, 701 (1985).

22 Pirlet V,Lemmens K, Iseghem P. Van. Leaching of Np and Tc from Doped Nuclear Waste Glasses in Clay Media: The Effects of Redox Conditions. Scientific Basis for Nuclear Waste Management XXV, Edited by B. Peter McGrail and Gustavo A. Cragnolino,(Mat. Res. Soc. Symp. Proc. Vol. 713, Warrendale, PA, 2001). 563-570.

23 Jegou C, Gin S, Larche F. Alteration Kinetics of a Simplified Nuclear Glass in an Aqueous Medium: Effects of Solution Chemistry and of Protective Gel Properties on Diminishing the Alteration Rate. Journal of Nuclear Materials, 2000, 280:216-229.

24 Kim J I. Chemical Behavior of Transuranic Elements in Natural Aquatic Systems. In: Handbook on the Physics and Chemistry of the Actinides, vol. 4 (Freeman A J,Keller C. eds), Elsevier Science Publishers, New York 1986.

25 Allard B, Olefsson U, Torstenfelt B. Environmental Actinide Chemistry, Inorg. Chim. Acta, 1984, 92: 205.

26 Buffle J. Complexation Reactions in Aquatic Systems: An Analytical Approach. Ellis Horwood, 1988.

27 Choppin G R, Mathur J N. Hydrolysis of Actinyl(Ⅵ) Cations, Radiochim. Acta 52/53, 25(1991).

28 Allard B, Karlsson Fred, Neretnieks I. Concentrations of particulate matter and humic substances in deep groundwaters and estimated effects on the adsorption and transport of radionuclides. Swedish Nuclear Fuel and Waste Management Co, Stockholm (Sweden). SKB-TR—91-50 (SKBTR9150), 1991.

29 Pettersson C, Ephraim J, Allard B, et al. Characterization of humic substances from deep groundwaters in granitic bedrock in Sweden. Swedish Nuclear Fuel and Waste Management Co. , Stockholm (Sweden). SKB-TR—90-29 (SKBTR9029), 1990.

30 Tait C D, Ekberg S A, Palmer P D, et al. Plutonium carbonate speciation changes as measured in dilute solutions with photoacoustic spectroscopy: Yucca Mountain Site Characterization Program Milestone report 3350. Los Alamos National Lab. , NM. , LA-12886-MS(1995).

31 Bennett D A. Stability constants important to the understanding of plutonium in environmental, Lawrence Berkeley Lab. , CA. , LBL-28963(1990).

32 In-Package Chemistry Abstraction For TSPA-LA. ANL-EBS-MD-000037 Rev 00, 2000.

33 Baas B, L G M, Kaplan I R, et al. Limits of the Natural Environment in Terms of pH and Oxidation-Reduction Potentials, J. Geology, 1960, 68(3): 243.

34 Cleveland J M, Rees T F, Nash K L. Neptunium and Americium Speciation in Selected Basalt, Granite, Shale, and Tuff Ground waters, Science, 1983, 221: 271.

35 Neck V, Kim J I, Marquardt C, et al. A spectroscopic study of the hydrolysis, coloid formation and solubility of Np(Ⅳ). Radiochimica Acta, 2001, 89: 439-446.

36 Gaudie S C, Greenfield B F, Spindler M W, et al. The Influence of Organic Waste Materials on the Near-field Source Term. Radiochim. Acta, 1988, 44/45: 251.

37 Pirlet V. Overview of actinides (Np、Pu、Am) and Tc release from waste glasses: influence of solution composition. Journal of nuclear materials, 2001, 298: 47～54.

38 Lemmens K, Aertsens M, Malengreau N, et al. Characterisation and Compatiblity with the Disposal Medium of Cogema and Eurochemic Reprocessing Waste Forms, R-3408, Progress Report, 2000.

39 Kim J I, Treiber W, Lierse Ch, et al. Solubility and colloid generation of plutonium from leaching of a HLW glass in sat solutions, Scientific Basis for Nuclear Waste Management Ⅷ, eds C. M. Jantzen, J. A. Stone and R. C. Ewing (Mater. Res. Soc., Pittsburgh). 1985, 359～368.

40 Bates J K, Gerding T J. Application of the NNWSI unsaturated test method to actinide-doped SRL 165 type glass. Argonne National Laboratory. Report ANL-89/24, 1990.

41 Ebert W L, Bates J K, Gerding T J. The reaction of glass during gamma irradiation in a saturated tuff environment. Part 4: SRL 165. ATM-1c and ATM-8 glasses at 1E3R/h and OR/h. Argonne National laboratory. Report ANL-90/13, 1990.

42 Kamizono H. Effects of carbonate and sulphate ions in synthetic groundwater on high-level waste glass leaching. Journal of Materials Science Letters. 1990, 9(7): 841-844.

43 Eiswirth M, Kim J I, Lierse Ch. Optical Absorption Spectra of Pu(Ⅳ) in Carbonate/Bicarbonate Media[J]. Radiochim. Acta, 1985, 38: 197.

44 Baas B, L G M, Kaplan I R, et al. Limits of the Natural Environment in Terms of pH and Oxidation-Reduction Potentials, J. Geology, 1960, 68(3): 243.

45 Choppin G R. Redox Speciation of Plutonium in Natural Water. Journal of Radioanalytical and Nuclear Chemistry, Article, 1991, 147(1): 109-116.

46 Richard E. Wilson Yung-Jin Hu, Heimo Nitsche. Detecdtion and quantification of Pu(Ⅲ、Ⅳ、Ⅴ、Ⅵ) using a 1.0-meter liquid core waveguide. Radiochimica Acta, 93, 203-206, 2005.

47 Tkac P, Kopunec R, Macasek F, et al. Sorption of Tc(Ⅳ) and Tc(Ⅶ) on soils. Influence of humic substances. J. Radioanal. Nucl. Chem. 2000, 246(3): 527-31.

48 Statler V, Tulenko J, Cloke P. Determination of a method to inhibit technetium migration at the repository. Transactions of the American Nuclear Society. 1990, 61: 66-7.

49 Meyer R E, Kelmers A D, Arnold W D, et al. Neptunium and technetium behavior in geological systems. NUREG/CP-0062. 1985.

50 Takeda Seiji. Analysis of americium, plutonium and technetium solubility in groundwater[R]. JAERI-Research-99-047. 1999.

51 Meyer R E, Arnold W D, Case F I, et al. Thermodynamics of technetium related to nuclear waste disposal: Solubilities of Tc(Ⅳ) oxides and the electrode potential of the Tc(Ⅶ)/Tc(Ⅳ)-oxide couple [R]. ORNL-6503. 1989.

52 Pilkington N J, Wilkins J D. Experimental measurements of the solubility of technetium under near-field conditions[R]. NSS/R-120. 1988.

53 Allard B, Torstenfelt B. On the solubility of technetium in geochemical systems[R]. SKBF-KBS-TR-83-60. 1983.

54 Kunze S, Neck V, Gompper K, et al. Studies on the immobilization of technetium under near field geochemical conditions[J]. Radiochim. Acta. 1996, 74: 159-63.

55 Coles D B, Apted M J. Behavior of $^{99}$Tc in doped-glass/basalt hydrothermal interaction tests. Scientific basis for nuclear waste management Ⅶ[M]. New York. Elsevier Science Publishing Company, Inc. 1984, 129-36.

56 Bibler N E, Jurgensen A R. Leaching $^{99}$Tc from SRP glass in simulated tuff and salt groundwaters [R]. CONF-871124-52. 1987.

57 Bradley D J, Harvey C O, Turcotte R P. Leaching of actinides and technetium from simulated high-level waste glass[R]. PNL-3152. 1979.

58 Lee S Y, Bondietti E A. Technetium behavior in sulfide and ferrous iron solutions[J]. Materials Re-

search Society Symposia Proceedings USA. 1983, 15: 315-322.

59 Martin L Y, Franz J A. Effect of organic ligands on the soil behavior of technetium-99. Transactions of the American Nuclear Society[J]. 1980, 35: 53.

60 Lieser K H, Bauscher C. Technetium in the hydrosphere and in the geosphere. Pt. 2. Influence of pH, of complexing agents and of some minerals on the sorption of technetium[J]. Radiochim. Acta. 1988, 44/45(pt. 1), 125-8.

61 Steigman J, Meinken G, Richards P. The reduction of pertechnetate-99 by stannous chloride. 2. The stoichiometry of the reaction in aqueous solutions of several phosphorus(Ⅴ) compounds[J]. J. Appl. Radiat. Isotop. 1978, 29(11): 653-660.

62 Russell C D, Speiser A G. Complexes of technetium with hydroxycarboxylic acids: gluconic, glucoheptonic, tartaric, and citric[J]. J. Nucl. Med. 1980, 21(11): 1086-1090.

63 Russell C D, Crittenden R C, Cash A G. Determination of net ionic charge on $^{99m}$Tc DTPA and $^{99m}$Tc EDTA by a column ion-exchange method[J]. J. Nucl. Med. 1980, 21(4): 354-360.

64 Alvarez J, Arriaga C, Maass R. On a New Radiopharmaceutical for Kidney Imaging[J]. J. Appl. Radiat. Isotop. 1974, 25: 283~284.

65 Geraedts K, Maes A, Vancluysen J. Transport behaviour of pertechnetate and technetium-humate complexes in Gorleben sand[R]. FZKA-6524. 2000.

66 Grassi J, Devynck J B. Tremillon. Electrochemical studies of technetium at a mercury electrode. Anal [J]. Chim. Acta. 1979(107): 47-58.

67 Owunwanne A, Marinsky J, Blau M. Charge and nature of technetium species produced in the reduction of pertechnetate by stannous ion $^{99m}$Tc[J]. J. Nul. Med. 1977, 18(11): 1099-1105.

68 Tsutomu Sekine, Masayuki Hiraga, Tsutomu Fujita, et al. Application of laser induced photoacoustic spectroscopy to the determination of $^{99}$Tc. Journal of Nuclear science and technology, 1993, 30(11): 1131~1135.

69 Tsutomu Sekine, Masayuki Hiraga, Hiraga H, et al. Determination of Techmetium by laser induced photoacoustic spectroscopy coupled with a wave-length shifter method. Radiochimica Acta, 1993, 63: 45-47.

70 Liu Yuanfang. Migration chemistry and Behavior of Iodine Relevant to geological Disposal of Radioactive Waste. PSI Report No. 16. Switzerland, 1988.

71 Barney G S, Wood B J. Identification of key radionuclides in a nuclear waste repository in basalt. RHO-BWI-ST-9. 1980.

72 刘丽君. 处置条件下玻璃固化体的腐蚀研究进展.

73 Satake-Kenji, Kamei-Gento, Tokai Works, et al. Influence of carbon steel and its corrosion products on the leaching of elements from a simulated waste glass. Research document, Mar 2002, 28.

74 Jain V, Pan Y -M. High-level waste glass dissolution in simulated internal waste packageenvironments, Center for Nuclear Waste Regulatory Analyses Southwest Research Institute.

75 Bakel A J, Ebert W L, Strachan D M, et al. Glass dissolution at 20, 40, 70 and 90 C: Short-term effects of solution chemistry and long-term Na release. Argonne National Lab., IL (United States). 98. annual meeting of the American Ceramic Society. Indianapolis, IN (United States). 14-17 Apr 1996. Funding organization: USDOE, Washington, DC (United States). 1996, 9.

76 Crawford C L, Bibler N E. Effects of temperature and radiation on the results of the nuclear waste glass product consistency leach test. 95. annual meeting of the American Ceramic Society. Cincinnati, OH (United States). 18-22 Apr 1993. Mellinger G B. (ed.). Ceramic transactions: Environmental

and waste management issues in the ceramic industry. Volume 39. Westerville, OH (United States). American Ceramic Society. 1994, 472: 303-312.

77 Van-Iseghem P, Lemmens K, Aertsens M, et al. Interaction between HLW glass and clay: experiments versus model. Nuclear Energy Agency, 75-Paris (France). Validation through model testing. Paris (France). Organisation for Economic Co-Operation and Development. 1995, 510: 203-217.

78 Curti E, Godon N, Vernaz E Y, et al. Enhancement of the glass corrosion in the presence of clay minerals: Testing experimental results with an integrated glass dissolution model. (Nuclear Regulatory Commission, Washington, DC (United States)); Pabalan R T. (Southwest Research Inst., San Antonio, TX (United States)). Scientific basis for nuclear waste management XVI. Pittsburgh, PA (United States). Materials Research Society. 1993, 959: 163～170.

79 Gin S, Godon N, Mestre J P, et al. Experimental investigation of aqueous corrosion of R7T7 nuclear glass at 90 degrees C in the presence of humic acids: A kinetic approach. (Catholic Univ. of America, Washington, DC (United States)); Van Konynenburg R A. (Lawrence Livermore National Lab., CA (United States)). Scientific basis for nuclear waste management XⅦ. Pittsburgh, PA (United States). Materials Research Society. 1994, 964: 565～572.

80 Teng H, Grandstaff D E, Murphy WM. Dissolution of basaltic glass: Effects of pH and organic ligands. (Southwest Research Inst., San Antonio, TX (United States)); Knecht D A. (Lockheed Idaho Technologies Co., Idaho Falls, ID (United States)). Scientific basis for nuclear waste management 19. Pittsburgh, PA (United States). Materials Research Society. 1996, 957: 249-256.

81 Gin S, Godon N, Vernaz E, et al. Effect of inorganic aqueous species on the long term behavior of nuclear glass. Fifth international conference on radioactive waste management and environmental remediation-ICEM'95: Proceedings. Volume 1: Cross-cutting issues and management of high-level waste and spent fuel. New York, NY (United States). American Society of Mechanical Engineers. 1995, 900: 599～603.

82 Feng X, Pegg I L, Macedo P B. Effects of pH on the leaching mechanism of nuclear waste glasses. Anon.-Annual meeting abstracts. Westerville, OH (United States). American Ceramic Society, Inc. 1991, 475, 146.

83 Feng X. Surface layer effects on waste glass corrosion. Argonne National Lab., IL (United States). Fall meeting of the Materials Research Society (MRS). Boston, MA (United States). 29 Nov-3 Dec 1993. Funding Organization: USDOE, Washington, DC (United States). 1993, 13.

84 Abraitis P K, McGrail B P, Trivedi D P, et al. The effects of silicic acid, aluminate ion activity and hydrosilicate gel development on the dissolution rate of a simulated British Magnox waste glass. Univ. of Manchester(United Kingdom) Scientific basis for nuclear waste management XⅫ. Materials Research Society symposium proceedings: Volume 556 Warrendale, PA (United States) Materials Research Society. 1999, 1355: 401-408.

85 Horn J M, Davis M, Martin S, et al. Assessing Microbiologically Induced Corrosion of Waste Package Materials in the Yucca Mountain Repository. Sixth International Conference on Nuclear Engineering, San Diego, CA, May 10-15, 1998.

86 Darren M Jolleya, Thomas F Ehrhornb, Joanne Horn. Microbial Impacts to the Near-Field Environment Geochemistry: a model for estimating microbial communities in repository drifts at Yucca Mountain, Journal of Contaminant Hydrology. 2003, 62-63: 553-575.

87 Gdowski G E. Humid Air Corrosion of YMP Waste Package Candidate Material, CORROSION NACExpo 98, March 22-27, San Diego, CA, 1998.

88 Jia-Song Huang. Stress Corrosion Cracking in Canistered Waste Package Containers: Welds and Base Metals, LLNL, March 1998.

89 Lu S C, Gordon G M, Andresen P L. Validation of Stress Corrosion Cracking Model for High Level Radioactive-Waste Packages, 2004 Framatome ANP.

90 Ajit K Roy, Dennis L Fleming, Beverly Y Lum. Effect of Environmental Variables on Localized Corrosion of High-Performance Container Materials, Fifth International Conference on Nuclear Engineering, May 26-30, 1997, Nice, France.

91 Si Y Lee, Robert L Sindelar. Thermal Performance Analysis of Repository Codisposal Waste Packages Containing Aluminum-Clad Spent Nuclear Fuel, ANS NURETH-9 ( Log ＃69: Computational and Mathematical Modeling-Session 16), October 3-8, 1999, San Francisco, California.

92 Wissenschaftliche Berichte, FZKA-6285 (April 99), Forschungszentrum Karlsruhe; INE. 1999.

93 Bechtel SAIC Company, LLC, Technical Basis Document No. 6: Waste Package and Drip Shield Corrosion, December 2003.

94 Vernaz E, Gin S, Jégou C, et al. Present Understanding of R7T7 glass alteration kinetics and their impact on long term behaviour modeling, Journal of Nuclear Materials. 2001, 298: 27-36.

95 Grambow B. First-order dissolution rate law and the role of the surface layer in glass performance assessment. Journal of Nuclear Materials. 2001, 298:112-124.

96 Devreau F, Barbou P. Numerical modeling of glass dissolution: gel layer morphology, Journal of Nuclear Materials. 2001, 298: 145-149.

97 Luckscheite B, Kienzler B. Determination of sorption isotherm for Eu, Th, U, and Am on the gel layer of Corroded HLW glass, Journal of Nuclear Materials. 2001, 298: 155-162.

98 Maeda T, Banba T, Sonada K, et al. Release and retention of uranium during glass corrosion, Journal of Nuclear Materials. 2001, 298: 163-167.

99 Donzel N, Gin S, Augereau F, et al. Study of gel development during SON68 glass alteration using atomic force microscopy. Comparison with two simpli. ed glasses, Journal of Nuclear Materials. 2003, 317: 83-92.

100 Jean-Louis Crovisier, Thierry Advocat, Jean-Luc Dussossoy. Nature and role of natural alteration gels formed on the surface of ancient volcanic glasses(Natural analogs of waste containment glasses), Journal of Nuclear Materials. 2003, 321: 91-109.

101 Diane Rebiscoul, Arie Van der Lee. Francois Rieutord, el al. Morphological evolution of alteration layers formed during nuclear glass alteration: new evidence of a gel as a di. usive barrier, Journal of Nuclear Materials. 2004, 326: 9-18.

102 Abdesselam Abdelouas,Jean-Louis Crovisier, Werner Lutze, et al. Surface layer on a borosilicate nuclear waste glass corroded in MgCl2 solution, Journal of Nuclear Materials. 1997, 240: 100-111.

103 Hirofumi Chinju, Yashio Kuno, Shinya Nagasaki, et al. Deposition behaviour of polystyrene latex particles on solid surfaces during migration through an artifical fracture in a granite sample, Journal of Nuclear Science and Technology, 2001, 38(6): 439-443.

104 Hirofumi Chinju,Yashio Kuno, Shinya Nagasaki, et al. Effects of Flow Field on colloid deposition in filtration process of polystyrene latex particles through columns packed with glass beads, Journal of Nuclear Science and Technology. 2001, 38(8): 645-654.

105 Ursula Alonso, Tiziana Missana. Colloide diffusion studies at the near/far field interface of a HLWR, Toronto, Cnada, 2004.

106 Maria Auset, Arturo A Keller. Pore-scale processes that control dispersion of colloids in saturated

porous media. Water Resources Research, Vol. 40, W03503, doi:10.1029/2003WR002800, 2004.
107 Lewis M B, Hunn J B. Investigations of ion radiation e. ects at metal/liquid interfaces, Journal of Nuclear Materials 265 (1999) 325-330.
108 Lillard R S, Pile D L, Butt D P. The corrosion of materials in water irradiated by 800 MeV protons, Journal of Nuclear Materials. 2000, 278: 277-289.
109 Sattonnay G, Ardois C, Corbel C, et al. Alpha-radiolysis e. ects on $UO_2$ alteration in water. Journal of Nuclear Materials. 2001, 288: 11-19.
110 Advocat T, Jollivet P, Crovisiert J L, et al. Long-term alteration mechanism in water for SON68 radioactive radioactive borosilicate glass, Journal of Nuclear Materials. 2001, 298: 55-62.
111 Michael I Ojovan, William E Lee. Alkali ion exchange in c-irradiated glasses,Journal of Nuclear Materials. 2004, 335: 425-432.
112 Ollier N, Boizot B, Reynard B, et al. Analysis of molecular oxygen formation in irradiated glasses:a Raman depth pro. le study,Journal of Nuclear Materials. 2005, 340: 209-213.
113 Toshiaki Ohe, Chiharu Kawada, Eri SANO. Numerical Analysis of Uranium Solubility in Compacted Bentonite by Applying the Activity Correction for Strong Interation between Liquid/Solid interface, Journal of Nuclear Science and Technology, 2002, 39(5): 582-585.
114 Pagis Summary. Commission of the European Communities, EUR 11775 EN. 1988, 44.
115 Werme L O, Bjorner I K, Bart G, et al. J. Materials Research. 1990, 5: 1130.
116 Lutze W, Ewing R C, eds. Radioactive Waste Forms for the Future. North-Holland, Amsterdam 1988.
117 Grambow B, Muller R, Rother A, et al. Radiochim. Acta 52/53, 501 1991.
118 McVay G L, Pederson L R. J. Am. Ceram. Soc. 1981, 64: 154.
119 Jockwer N. Scientific Basis for Nuclear Waste Management V, North-Holland Amsterdam, W Lutze, ed. 1982, 11: 467.
120 McMenamin T. Report EUR 12017 EN, Testing of high-level waste forms under repository conditions, Proceedings of a Workshop, Cadarache (France) 1988.
121 Marples J A C, Lutze W, Kawanishi M. Mat. Res. Soc. Symp. Proc. , V M Oversby, P W Brown, eds. , 1990, 176: 275.
122 Vernaz E Y, Godon N. Mat. Res. Soc. Symp. Proc. , T Abrajano Jr, L H Johnson, eds. , 1991, 212: 19.
123 Grambow B, Muller R. Mat. Res. Soc. Symp. Proc. , V M Oversby, P W Brown, eds. , 1990, 176: 229.
124 Lutze W, Muller R, Montserrat W. Mat. Res. Soc. Symp. Proc. , M J Apted, R E Westerman, eds. , 1988, 112: 575.
125 Rother A, Lutze W, Schubert-Bischoff P. MRS Symp. Scientific Basis for Nuclear Waste Management XV, Strassburg, Frankreich, Nov. 4-7, 1991, to be publ. in Mat. Res. Soc. Symp. Proc. 1992.
126 Schramke J A, Simonson S A, Coles D G. Mat. Res. Soc. Symp. Proc. , C M Jantzen, J A Stone, R C Ewing, eds. , 1985, 44: 343.
127 Pederson L R, Buckwalter C Q, McVay G L, et al. Scientific Basis for Nuclear Waste Management VI, Vol. 15, D G Brookins, ed. , North-Holland Amsterdam. 1983, 47.
128 McVay G L, Buckwalter C Q. J. Am. Ceram. Soc. 1983, 66: 170.
129 Bart G, Zwicky H U, Aerne E T, et al. Mat. Res. Soc. Symp. Proc. , J K Bates, W B Seefeldt,

eds. , 1987, 84: 459.

130 Grambow B, Zwicky H U, Bart G, et al. Mat. Res. Soc. Symp. Proc. , J K Bates, W B Seefeldt, eds. , 1987, 84: 471.

131 Coles D G, Simonson S A, Thomas L E, et al. Mat. Res. Soc. Symp. Proc. , C M Jantzen, J A Stone, R C Ewing, eds. , 1985, 44: 323.

132 Shade J W, Pederson L R, McVay G L. advances in Ceramics, Vol. 8, G G Wicks, W A Ross, eds. , J. Am. Ceram. Soc. , Columbus OH 1984, 358.

133 Buckwalter C Q, Pederson L R. J. Am. Ceram. Soc. 1982, 65: 431.

134 Barkatt Aa, Sousanpour W, Barkatt A, et al. Scientific Basis for Nuclear Waste Management Ⅶ, G L McVay, ed. , North-Holland Amsterdam, 1984, 26: 689.

135 Projekt Gewahr 1985, National Cooperative for the Storage of Radioactive Waste (NAGRA), Switzerland.

136 Godon N, Vernaz E, Thomassin J H, et al. Mat. Res. Soc. Symp. Proc. , W Lutze, R C Ewing, eds. , 1988, 127: 97.

137 JSS Project Phase Ⅳ, Final Report, No. 87-01. Swedish Nuclear Fuel and Waste Management Comp. (SKB), Stockholm 1987.

138 Van Iseghem P, Timmermans W, Neerdal B. Mat. Res. Soc. Symp. Proc. , V M Oversby, P W Brown, eds. , 1990, 176: 283.

139 Van lseghem P, Timmermans W, Neerdal B. Mat. Res. Soc. Symp. Proc. , V M Oversby, P W Brown, eds.. 1990, 176: 291.

140 Lever D A, Bradbury M H, Hemingway S J. Modelling the effect of diffusion into the rock matrix on radionuclide migration. Progress in Nuclear Energy UK. 1983, 12: 85.

141 Sharma H D, Oscarson D W. Diffusion of plutonium in mixtures of bentonite and sand at pH 3. AECL-10435, 1991.

142 Allard B, Olofsson U, Torstenfelt B, et al. Sorption of actinides in well-defined oxidation states on geologic media. Lutze W. ed. Scientific basis for nuclear waste management V. New York, NY. North-Holland. 1982. 775-782.

143 Allard B. Sorption of actinides in granitic rock. Svensk Kaernbraenslefoersoerjning AB, Stockholm. SKBF-KBS-TR—82-21, 1982.

144 Viani B E. Assessing materials ("Getters") to immobilize or retard the transport of technetium through the engineered barrier system at the potential Yucca Mountain nuclear waste repository[R]. 1999, UCRL-ID-133596.

145 Winkler R, Bruehl H, Trapp C, et al. Mobility of technetium in various of rocks and defined combinations of natural minerals[J]. Radiochim. Acta 1988, 44-45(Pt. 1):183-186

146 Cui D, Eriksen T. Reactive transport of Sr, Cs and Tc through a column packed with fracture-filling material[J]. Radiochim. Acta. 1998, 82:287-292.

147 Hume H B. Technetium diffusion in clay-based materials under oxic and anoxic conditions[R]. 1995, AECL-11419.

148 Albinsson Y, Christiansen Saetmark B, Engkvist I, et al. Transport of actinides and Tc through a bentonite backfill containing small quantities of iron or copper[J]. Radiochim. Acta. 1991, 52/53(pt. 1):283-286

149 Allard B, Kigatsi H, Torstenfelt B. Technetium reduction and sorption in granitic bedrock[J]. Radiochemical and Radioanalytical Letters Hungary. 1979, 37(4-5): 223-229.

150 Oscarson D W, Hume H B, Choi J W. Diffusion transport in compacted mixture of clay and crushed granie[J]. Radiochim. Acta 1994, 65(3): 189-194.

151 Amaya Takayuki, Kobayashi Wataru, Suzuki Kazunori. Absorption study of the Tc(Ⅳ) on rocks and minerals under simulated geological conditions[J]. Scientific basis for nuclear waste management 18. Materials Research Society. 1995, 690:1005-1012.

152 Wood M I, Ames L L, McGarrah J E. Tc behavior in the basalt-synthetic groundwater system as a function of temperature and initial oxygen content[J]. Scientific basis for Nuclear Waste Management X. Materials Research Society. 1987, 84: 695-702.

153 DelDebbio J A, Thomas T R. Determination of technetium and selenium transport properties in laboratory soil columns[J]. Scientific basis for nuclear waste management Ⅻ. Materials Research Society. 1989, 1001: 957-964.

154 Landa Edward R, Thorvig Lisa, Gast Robert G. Effect of selective dissolution, electrolytes, aeration, and sterilization on technetium-99 sorption by soils[J]. J. Environ. Qual. 1977, 6(2): 181-187.

155 Sheppard S C, Sheppard M I, Evenden W G. A novel method used to examine variation in Tc sorption among 34 soils, aerated and anoxic[J]. J. Environ. Radioact. 1990, 11(3): 215-233.

156 Takebe Shinichi, Xia Deying. Studies on sorption behaviour of technetium in soils[R]. 1995, JAERI-Research-95-024.

157 Jockwer-N. Gas production and liberation from rock salt samples and potential consequences on the disposal of high-level radioactive waste in salt domes. Lutze-W. ed. Scientific basis for nuclear waste management V. New York, NY. North-Holland. 1982, 467-475.

158 Santiago-J L, Cunado-A M. ENRESA strategy for the treatment of gas-related issues for HLW repositories sited in granitic and argillaceous settings. Organisation for Economic Co-Operation and Development, Nuclear Energy Agency, 75-Paris (France) Gas generation and migration in radioactive waste disposal Paris (France) Organisation for Economic Co-Operation and Development-Nuclear Energy Agency. 2001, 188: 169-171.

159 Besnus-F. Gas generation in high level waste geological disposal: elements for integration in a safety strategy. Organisation for Economic Co-Operation and Development, Nuclear Energy Agency, 75-Paris (France) Gas generation and migration in radioactive waste disposal Paris (France) Organisation for Economic Co-Operation and Development - Nuclear Energy Agency. 2001, 188: 131-137.

160 Volckaert-G, Mallants-D. The treatment of gas in the performance assessment for the disposal of HLW and MLW in boom clay. Organisation for Economic Co-Operation and Development, Nuclear Energy Agency, 75-Paris (France) Gas generation and migration in radioactive waste disposal Paris (France) Organisation for Economic Co-Operation and Development - Nuclear Energy Agency. 2001, 188: 125-128.

161 Brewitz-W, Moenig-J. Sources and migration pathways of gases in rock salt with respect to high-level waste disposal. Nuclear Energy Agency, 75-Paris (France). Gas generation and release from radioactive waste repositories. Paris (France). Organisation for Economic Co-Operation and Development. 1992, 437: 41-53.

162 Besnus-F, Voinis-S. Gas formation in ILW and HLW repositories, evaluation and modelling of the production rates and consequences on the safety of the repository. CEA Centre d'Etudes de Fontenay-aux-Roses, 92 (France). Dept. d'Evaluation de Surete.

163 Las Vegas, Nevade. Technical Basis Document No. 8:Colloids (Revision 2): Bechel SAIC Company.

2003.

164 Kingston W L, Whitbeck M. Characterization of Colloids Found in Various Groundwater Environments in Central and Southern Nevada. DOE/NV/10384-36. Las Vegas, Nevada: U. S. Department of Energy. TIC: 204789. 1991.

165 Degueldre C, Triay I, Kim J I, et al. Groundwater Colloid Properties: A Global Approach. Applied Geochemistry, 2000, 15(7): 1043-1051.

166 Triay I R, Rundberg R S, Mitchell A J, et al. Size Determinations of Plutonium Colloids Using Autocorrelation Photon Spectroscopy. Los Alamos National Lab., NM. LA-UR-89-3702. 1989.

167 Ramsay J D, Russel P J. Actinide Colloid Generation in Groundwater. AERE-R-13385, 1989.

168 郑华铃. 关于高放废物深地质处置中放射化学问题的思考. 中国高放废物地质处置十年进展,北京:原子能出版社,2004,131-134.

169 Inagaki Y, Saito R, Furuya H. Migration of plutonium in a simulated engineered barrier system consisting of waste glass and compacted bentonite. Wronkiewicz DJ, Lee J H. eds. Kyushu Univ., Fukuoka (Japan) Scientific basis for nuclear waste management Ⅹ Ⅻ. Materials Research Society symposium proceedings: Volume 556 Warrendale, PA (United States) Materials Research Society. 1999, 1355.

170 Shade J W. Geochemical behavior of radioactive waste. 1984, 68.

171 Nagasaki S, Tanaka S, Suyuki A. Influence of Fe(Ⅲ) colloids on Np(Ⅴ) migration through quartz-packed columns. Journal of Nuclear Science and Technology, 1994, 31(2): 143.

172 Kim J I. Actinide colloids in natural aquifer systems. MRS Bulletin, 1994, 19(2): 47.

173 Gutierrez M G, Mingarro E, Bidoglio G, et al. Experimental investigations of radionuclide transport through cored granite samples. Radiochim. Acta., 1991, 52/53: 213-217.

174 Kim J I, Delakowity B, Zeh P, et al. A column experiment for study of colloidal radionuclides migration in gorleben aquifer systems. Radiochim. Acta, 1994, 66/67: 165.

175 Nagasaki S, Nakatshuka T, Tanaka S. Impact of pseudcolloid formation on migration of nuclides within fractures. J. Nucl. Sci. Technol., 1994, 31(6): 623.

176 Chung J Y, Lee K J. Formation and transport of radioactive colloids in porous media. Waste Manag., 1993, 13(8): 599.

177 Grindrod P, Worth D J. Radionuclide and colloid migration in fractured rock: model calculations. SKI Technical Report TR91,11, Swedish Nuclear Power Inspectorate. 1991.

178 Lu N, Reimus P W, Parker G R, et al. Sorption Kinetics and Impact of Temperature, Ionic Strength and Colloid Concentration on the Adsorption of Plutonium-239 by Inorganic Colloids. Radiochim. Acta, 2003, 91: 713.

179 Nelson D M, Karttunen JO, Mehlhoff P. Influence of colloidal dissolved-organic carbon (DOC) on the sorption of plutonium on natural sediments. Argonne National Lab., IL (USA). ANL--81-85-Pt. 3 (ANL8185Pt3), 1982.

180 Kim J I, Bernkopf M. Hydrolysis reaction of Am(Ⅲ) and Pu(Ⅵ) ions in near neutral solutions. Acs. Symp. Ser., 1984, 246: 7.

181 Olofsson U, Allard B, Andersson K, et al. Formation and Properaties of Americium Colloids in Aqueous System, in S. Topp. (Ed) Scientific Basis for Nuclear Waste Management, Vol. 6, (Elsevier, New York).

182 Nagasaki S, Tanaka S, Suyuki A. Colloid formation and sorption of Americium in the water/bentonite system. Radiochim. Acta, 1994, 66/67: 207.

183 Tsutomu Sekine, Skiao Naito, Yasushi Kino, et al. Laser induced photoacoustic specftroscopy applied to a study on colloid formation processes. Radiochimica Acta, 1998, 82: 135-139.

184 Ohnuki T, Ozaki T, Yoshida T, et al. Accumulation Behavior of Ce(Ⅲ) by Mn(Ⅱ) Oxidizing Bacteria. Migration 2005. (PB4-4/0) Avignon, France, September 18-23, 2005.

185 Moll H, Merroun M, Selenska-Pobell S, et al. Interaction of Desulfovibrio äspöensis with Plutonium. Migration 2005. (B4-1) Avignon, France, September 18-23, 2005.

186 Diaz A D, Gillow J B, Honeyman B D, et al. 'Static Columns' for the Assessment of the Microbial Solubilization of Pu in Saturated Systems. Migration 2005. (B4-5) Avignon, France, September 18-23, 2005.

187 Clark S B, Felmy A R, Qafoku O, et al. Thermochemical Data to Describe Actinide Partitioning to Bacteria: A Mixed Solvent Approach. Migration 2005. (PA3-20) Avignon, France, September 18-23, 2005.

188 Davis J A, Curtis G P, Wilkins M J, et al. Transport of Uranium in a Suboxic Aquifer. Migration 2005. (B5-1) Avignon, France, September 18-23, 2005.

189 Reed D T, Rittmann B E, Songkasiri W, et al. Bioreduction of Plutonyl and Neptunyl by Shewanella Alga. Migration 2005. (PB4-6) Avignon, France, September 18-23, 2005.

190 Khijniak T V, Slobodkin A I, Coker V, et al. Hexavalent Uranium Reduction from Solid Phase by Thermophilic Bacterium Thermoterrabacterium Ferrireducens. Migration 2005. (PB4-10) Avignon, France, September 18-23, 2005.

191 Yoshida T, Ozaki T, Ohnuki T, et al. Interactions of Actinides and Rare Earth Elements with Bacteria in the Presence of Siderophore Desferrioxamine. T V Khijniak. Migration 2005. (PB4-16) Avignon, France, September 18-23, 2005.

192 Nankawa T, Suzuki Y, Ozaki T, et al. Effect of Eu(Ⅲ) on the Degradation of Malic Acid by Pseudomonas Fluorescens. Migration 2005. (PB4-15) Avignon, France, September 18-23, 2005.

193 Merroun M, Nedelkova M, Raff J, et al. Characterization of the Binding Mechanisms of Uranium to Different Isolated Bacteria in Function of pH. Migration 2005. (PB4-3) Avignon, France, September 18-23, 2005.

194 Renshaw J C, May I, Livens F R, et al. Mechanisms for the Reduction of Actinide Ions by Geobacter Sulfurreducens. Migration 2005. (PB4-12) Avignon, France, September 18-23, 2005.

195 Schmeide K, Geipel G, Bernhard G. Redox Stability of Neptunium(Ⅴ) in the Presence of Humic Substances of Varying Functionality. Migration 2005. (PA4-7) Avignon, France, September 18-23, 2005.

196 Lourenco V, Ansoborlo E, Cote G, et al. Speciation of Radionuclides With Bioligands Using Electrospray mass Spectrometry(ES-MS) and Time-resolved Laser-Induced Fluorescence(TRLIF) Migration 2005. (A3-3) Avignon, France, September 18-23, 2005.

197 Eidner S, Krüger T, Kumke M U. Investigation of Interactions Between Lanthanide Ions and Humic Substances Using Time-Resolved Luminescence Spectroscopy and Stopped-Flow-Fluorescence. Measurements. Migration 2005. (A3-2) Avignon, France, September 18-23, 2005.

198 Suzuki Y, Nankawa T, Yoshida T, et al. Redox Behavior of Uranium in the Presence of Organic Ligands. Migration 2005. (PA4-17) Avignon, France, September 18-23, 2005.

199 Claret F, Kumke M, Rabung T, et al. Photodynamic Processes in Cm(Ⅲ)/Tb(Ⅲ) Humic and Fulvic acid Complexes. Migration 2005. (PA3-2) Avignon, France, September 18-23, 2005.

200 Hennig C, Tutschku J, Palladino G, et al. Exafs Investigations of U(Ⅳ) Species in Aqueous Solu-

tions with a Newly Developed Spectro-Electrochemical Cell. Migration 2005. (PA3-5) Avignon, France, September 18-23, 2005.

201 Breynaert E, Bruggeman C, Maes A. Dft and Exafs, Mutually Enhancing Tools for Structure Elucidation of Tc Complexes. Migration 2005. (PA3-7) Avignon, France, September 18-23, 2005.

202 Z Szabó, I Furó. Structure of Uranium(Ⅵ)-Nucleotide Complexes Studied by Multinuclear NMR Spectroscopy. Migration 2005. (PA3-28) Avignon, France, September 18-23, 2005.

203 Kitano H, Ohnishi Y, Sato N, et al. Determination of the Thermodynamic Quantities of the Complexation Between Europium(Ⅲ) and Some Organic Acids by Microcalorimetry. Migration 2005. (PA3-24) Avignon, France, September 18-23, 2005.

204 Shcherbina N S, Kalmykov St N, Perminova I V, et al. Reduction of Pu(Ⅴ) and Np(Ⅴ) by Leonardite Humic Acids and Their Quinonoid-Enriched Derivatives. Migration 2005. (PA3-26) Avignon, France, September 18-23, 2005.

205 Bruggeman C, Vancluysen J, Maes A. Elucidation of Selected Selenium Geochemical Processes in Reducing Sediments. Migration 2005. (A4-1) Avignon, France, September 18-23, 2005.

206 Mansel A, Kupsch H. Labelling of Natural Humic Substances with $^{14}C$ and Their Use in Adsorption Studies. Migration 2005. (PB4-14) Avignon, France, September 18-23, 2005.

207 Tinnacherl R M, Honeyman B D, Leenheer J A. A New Method to Radiolabel Fulvic Acids with Tritium for the Purpose of Tracing Organic Matter Transport at Low Concentrations. Migration 2005. (PB4-2) Avignon, France, September 18-23, 2005.

208 Reiller P, Mercier-Bion F, Gimenez N, et al. Iodination of the Humic Samples from Hupa Project. Migration 2005. (PB4-5) Avignon, France, September 18-23, 2005.

209 Lee S Y, Baik M H, Cho W J, et al. Observation of Colloids Coated by Humic Acid and its Effect on Radionuclide Sorption. Migration 2005. (PB4-11) Avignon, France, September 18-23, 2005.

210 Jégou C, Muzeau B, Broudic V. The Dissolution of the Spent Fuel Matrix in Presence of Different Oxidizing Species. Migration 2005. (A4-2) Avignon, France, September 18-23, 2005.

211 Jansson M, Eriksen T E. Influence of Water Radiolysis on the Mobilization of Tc(Ⅳ) in Bentonite Clay: Results from Field Experiments ? sp? HRL. Migration 2005. (PA4-5) Avignon, France, September 18-23, 2005.

212 Muzeau B, Jégou C, Broudic V. Spent Fuel $UO_2$ Matrix Corrosion Behaviour Studies Through Alpha-Doped $UO_2$ Pellets Leaching. Migration 2005. (PA4-1) Avignon, France, September 18-23, 2005.

213 Cui D, Nilsson P, Lundstr? m T, et al. The Effect of Dissolved Hydrogen on the Spent Fuel Properties Observed During Leaching Under Argon Atmosphere. Migration 2005. (PA4-2) Avignon, France, September 18-23, 2005.

214 Ito Akira, Kawakami Susumu, Yui Mikazu. Code development for numerical experiments on the coupled thermo-hydro-mechanical and chemical processes. JNC-TN-8400-2002-022. Japan Nuclear Cycle Development Inst., Tokai, Ibaraki (Japan), 2002.

215 Apted M J. Survey and review of near-field performance assessment. Appendix A: Processes affecting the near-field environment. Disposal of nuclear wastes: chemical, thermal, mechanical and hydrological processes. Apted M J. ed. The status of near-field modelling. OECD Publications, 1993, 331-342.

216 Ito Akira, Kawakami Susumu, Yui Mikazu. Model and code development for numerical experiments on the coupled thermo-hydro-mechanical and chemical processes in the near-field of a high-level radioactive waste repository. JNC-TN-8400-2003-032. Japan Nuclear Cycle Development Inst., Tokai,

Ibaraki (Japan), 2003.

217 Lin W, Wilder D G, Blink J A, et al. The testing of thermal-mechanical-hydrological-chemical processes using a large block. High Level Radioactive Waste Management: Proceedings of the fifth annual international conference. Volume 4. American Nuclear Society, Inc. 1994 (1048): 1938-1945.

218 Manteufel R D, Ahola M P, Turner D R, et al. An assessment of coupled thermal-hydrologic-mechanical-chemical processes. High Level Radioactive Waste Management: Proceedings. Volume 1. American Nuclear Society, Inc. 1993(1115): 576-583.

219 Tsang C F. Coupled processes. Hydrological, chemical, mechanical, and thermal properties of rocks. Evans D D, Nicholson T J. ed. Proceedings of workshop 5: Flow and transport through unsaturated fractured rock-related to high-level radioactive waste disposal. 1993 (238): 142-146.

220 O'Neal W C, Gregg D W, Hockman J N, et al. Preclosure Analysis of Conceptual Waste Package Designs for a Nuclear Waste Repository in Tuff. UCRL-53595, 1984.

221 Bauer S J, Hardy M P, Lin M. Predicted thermal and stress environments in the vicinity of repository openings. Proceedings of the Intemtional High-Level Radioactive Waste Management Conference. 1991, 564-571.

222 Lin W, Ramiiez A, Watwood D. Temperature-Measurementsfrom a Horizontal Heater Test in G-Tunnel. UClU-JC-106693. 1991.

223 Mangold D C, Tsang C. A summary of subsurface hydrological and hydrochemical models. Reviews of Geophysics, 1991, 29(1): 51-79.

224 Rubin J. Transport of reacting solutes in porous media: relation between mathematical nature of problem formulation and chemical nature of reactions. Water Resources Research. 1983, 19(5): 1231-1252.

225 Murphy W M. Performance assessment perspectives with reference to the proposed repository at Yucca Mountain, Nevada. Proceedings From the Technical Workshop on Near-Field Performance Assessment for High-Level Waste. Sellin P, Apted M, Gago J. eds. 1990, 11-24.

226 Wang J S Y, Mangold D C, Spencer R K, et al. Internal Impact of Waste Emplacement and Sulface Cooling Associated with Geologic Disposal of Nuclear Waste. NUREGAX-2910, 1983.

227 章英杰,赵欣,魏连生,等. Am(Ⅲ)与腐殖酸配位行为的研究. 核化学与放射化学,1998,3.

228 章英杰,姚军,矫海洋,等. Np(Ⅳ)的溶解行为研究. 核化学与放射化学,2001,2.

229 王驹,范显华,徐国庆,等. 中国高放废物地质处置十年进展. 北京:原子能出版社,2004.

230 杜金洲,井琦,褚泰伟,等. 大亚湾腐殖酸与铀酰的配合形成常数测定. 辐射防护通讯,1994,04.

231 刘峙嵘,刘晓东,周利民,等. 水力压裂处置条件下核素镎的存在形态. 铀矿冶,2006(1).

232 刘德军. $^{99}Tc$ 在模拟地质条件下的吸附、扩散、弥散及水溶液化学行为研究. 中国原子能科学研究院研究生毕业论文,2004.

233 李敏. 放射性核素锝在成岩矿上的吸附及 FT—Raman 光谱研究. 中国原子能科学研究院研究生毕业论文,1999.

234 贾永芬,张丕禄,王方定,等. 盐酸介质中二价铁还原高锝酸盐的动力学研究[J]. 原子能科学技术,1998,32(suppl.): 130-135.

235 刘德军,范显华,章英杰,等. 碱性条件下 $Sn^{2+}$ 还原 $TcO^{4-}$ 的动力学研究. 核化学与放射化学,2005,27(2): 70-74.

236 韩恩厚,董俊华,柯伟. 高放射性核废料地层处置中的材料科学与工程问题. 国防科工委高放废物地质处置研讨会,北京,2005.

237 张展适,陈少华,陈璋如,等. 青铜文物腐蚀过程的模拟研究. 国防科工委高放废物地质处置研讨会,北京,2005.

238 Zhang Z T. etude par chromatographie liquide inverse de l'adsorption du squalene a la surface de silices. 博士论文.

239 Zhang Z T. Characterisation of a Precipitated Silica Surface by Inverse Liquid Chromatography -Part I, Kautschuk Gummi Kunststoffe 57, Jahrgang,Nr. 4/ 2004, 151-159.

240 Zhang Z T. Characterization of some Fumed Silica Samples by Inverse Liquid Chromatography using Squalene as probe -Part II, Kautschuk Gummi Kunststoffe 57, Jahrgang,Nr. 6/ 2004, 298-302.

241 Zhang Z T. Characterisation of some Trimethylsilylated Fumed Silica Samples by Inverse Liquid Chromatography using Squalene as Probe-Part Ⅲ, Kautschuk Gummi Kunststoffe, 2004, in press.

242 Zhang Z T. Characterisation of some Silica Samples modified with aluminium By Inverse Liquid Chromatography using Squalene as Probe-Part Ⅳ, Kautschuk Gummi Kunststoffe, 2004, in preparation.

243 Zhang Z T. The Surface Heterogeneities of silicas characterized by distribution function of adsorption energy of squalene by Inverse Liquid Chromatography, Part Ⅴ, Kautschuk Gummi Kunststoffe, 2004, in preparation.

244 张华. 高放固化体处置条件下的浸出和模型研究. 中国原子能科学研究院研究生毕业论文,2004.

245 张华,罗上庚. 高放废物玻璃固化体浸出行为模型研究概况. 辐射防护,2004,24(5):331-337.

246 赵昱龙. 人造岩石固化模拟$^{90}Sr$,$^{137}Cs$核素废物研究. 中国原子能科学研究院研究生毕业论文,2005.

247 叶玉星,等. 钍、铀和钚在盐环境中的迁移行为研究. 核化学与放射化学,1996,01.

248 樊耀亭,吕秉玲,徐杰,等. 水溶液中二氧化锰对铀的吸附. 环境科学学报,1999,01.

249 卢龙,陈繁荣,赵炼忠. $UO_2$氧化的天然类比研究:现状与展望. 地球科学进展,2005,20(7):746-750.

250 闵茂中,刘兰忠,孟昭武,等. 某花岗岩型铀矿床中铀系核素和类比元素迁移特征——高放废物处置库安全评价的天然类比研究. 地球化学,1997,04.

251 刘春立,王祥云,高宏成,等. $^{99}TcO_4^-$、HTO在花岗岩中的扩散研究. 核化学与放射化学,2003,4.

252 Liu Chunli,Yang Yuee, Wang Zhiming, et al. Influence of Humic Substances on the Migration of $^{237}Np$, $^{238}Pu$ and $^{241}Am$ in a Weak Loess Aquifer. Radiochimica Acta. 2001, 89.

253 Liu C L, Wang X Y, Li S S, et al. Diffusion of $^{99}Tc$ in granite: A small scale laboratory simulation experiment. Radiochimica Acta. 2001, 89: 639-642.

254 Liu C L, Wang Z M, Li S S, et al. The Migration of Radionuclides $^{237}Np$, $^{238}Pu$ and $^{241}Am$ in a Weak Loess Aquifer: A Field Column Experiment. Radiochimica Acta. 2001, 89.

255 章英杰. 处置化学研究进展. 国防科工委高放废物地质处置研讨会,北京,2005.

256 姚军. $^{237}Np$在膨润土中的吸附、扩散行为研究. 中国原子能科学研究院研究生毕业论文,1997.

257 姚军,苏锡光,龙会遵,等. $^{237}Np$(Ⅴ)在膨润土上的吸附行为研究. 核化学与放射化学,2003,2.

258 姚军,苏锡光,龙会遵,等. $^{237}Np$在膨润土中表观扩散系数的测定. 核化学与放射化学,2003,4.

259 Zhuang H, Zeng J, Zhu L. Sorption of Radionuclides Technetium and Iodine on Minerals[J]. Radiochim. Acta. 1988, 44-45:143-145.

260 沈东. 低氧和大气条件下Tc在磁黄铁矿、辉锑矿等矿物中的吸附行为和机理的研究. 中国原子能科学研究院研究生毕业论文,2000.

261 沈东,范显华,苏锡光,等. 锝在磁黄铁矿上的吸附行为和机理的研究. 核化学与放射化学,2001,2.

262 沈东,范显华,苏锡光,等. 大气与低氧条件下锝在辉锑矿上的吸附行为和机理研究. 原子能科学技术,2001,S1.

263 Liu D J, Fan X H. Adsorption Behavior of $^{99}Tc$ on Fe, $Fe_2O_3$ and $Fe_3O_4$ under Aerobic and Anoxic Conditions. Journal Radioanalytical and Nuclear Chemistry, 2005, 264(3): 691-698.

264 刘德军,范显华,章英杰,等. $^{99}Tc$在Ca-基膨润土中的吸附行为. 核科学与工程,2004,24(2): 144-

151.
265 任立宏，苏锡光，龙会遵. $^{99}Tc$ 在膨润土中的迁移行为研究. 中国原子能科学研究院年报(1997)，北京：原子能出版社，1998, 118-120.
266 汪冰. Tc 在北山花岗岩中吸附和扩散行为研究. 中国原子能科学研究院研究生毕业论文，2002.
267 Liu D J, Fan X H, Yao J, et al. Diffusion of $^{99}Tc$ in granite under aerobic and anoxic conditions. Journal Radioanalytical and Nuclear Chemistry, 2006, 268(3).
268 Liu D J, Fan X H. Determination of Dispersity of Crushed Granite. Journal Radioanalytical and Nuclear Chemistry, 2005, 264(3): 583-588.
269 谢武成. 碘在矿物上的吸附与扩散行为研究. 中国原子能科学研究院硕士研究生毕业论文，2001.
270 曾继述，夏德迎. 吸附放射性碘、锝材料的筛选. 中国核科技报告，CNIC-00632，1988.
271 陆誓俊，叶明吕，等. 放射性碘在地质材料中吸附和迁移的研究. 核化学与放射化学，1991, 13(2): 91.
272 江根林，黄燕，等. 裂片元素的迁移研究 I——混凝土对碘的吸附. 核化学与放射化学，1993, 15(1): 40.
273 温瑞媛，王祥云，等. 裂片元素在岩石中的迁移研究 III——纵向弥散系数以千计的测定和核素 $^{129}I$ 的迁移模型. 核化学与放射化学，1994, 16(3): 129.
274 王榕树，冯为. 放射性素在地质介质中的迁移研究. 核化学与放射化学，1994, 16(2): 117.
275 钱天伟，陈繁荣，陈家军，等. Np、Pu 在黄土地下水系统中的反应路径模拟. 核技术，2004，27(1): 76-80.
276 李金轩，钱七虎，罗嗣海. 高放废物深地质处置系统核素迁移模型. 国防科工委高放废物地质处置研讨会，北京，2005.
277 于青春. 溶质在岩体裂隙网络中的迁移速度. 国防科工委高放废物地质处置研讨会，北京，2005.
278 马腾，王焰新. U(Ⅵ)在浅层地下水系统中迁移的反应-输运耦合模拟——以我国南方核工业某尾矿库为例. 地球科学——中国地质大学学报，2000，5.
279 刘泉声，刘小燕，张程远，等. 核废料贮存裂隙岩体 THM 耦合研究进展与展望. 国防科工委高放废物地质处置研讨会，北京，2005.
280 刘泉声，张程远，刘小燕. DECOVALEX Ⅳ之 Task_D THM 耦合分析模拟专题中的研究进展. 国防科工委高放废物地质处置研讨会，北京，2005.
281 涂国荣，党海军，马锋，等. 爆炸空腔内放射性核素在地下水中迁移类比研究设想. 中国岩石力学与工程学会废物地下处置专业委员会首届学术交流大会论文集，北京，2006. 117-120.
282 于静，王旭辉，等. $^{239}Pu$ 在泥岩和砂岩上的吸附分配比. 中国岩石力学与工程学会废物地下处置专业委员会首届学术交流大会论文集，北京，2006，121-127.
283 李书绅，小川弘道，等. 超铀核素近地表迁移行为及其处置安全评价方法学研究总报告.
284 Dr Michael Aebersold，瑞士联邦能源办公室. 长期安全、长期保障、后代的权利：EKRA 对放射性废物长期管理选择的研究结果.
285 国防科工委，科技部，国家环保总局. 关于印发高放废物地质处置研究开发规划指南的通知. 2006.
286 国防科工委，科技部，国家环保总局. 高放废物地质处置研究开发规划指南. 2006.
287 Fairhurst C. 致《岩石力学与工程动态》主编傅冰骏的私人通信. 2004-12-21/2005-07-28.
288 McKinleyI G, McCombie C. High level radioactive waste management in SWITZERLAND: Background and Status1995. Geological Problems in Radioactive Waste Isolation September, 1996, 223-231.
289 IAEA. IAEA TECDOC-1323. A-6 France(54-59) December 2002.
290 中共中央关于制定国民经济和社会发展第十一个五年规划的建议 (2005 年 10 月 11 日中国共产党

第十六届中央委员会第五次全体会议通过). 新华社北京 10 月 18 日电.
291 中共中央国务院《关于实施科技规划纲要增强自主创新能力的决定》. 2006 年 1 月 26 日.
292 中华人民共和国国务院. 国家中长期科学和技术发展规划纲要 (2006—2020 年).
293 法国总统令. 关于放射性废物管理研究的法令(No. 91-1381). 1991 年 12 月 31 日.
294 法国国民议会法律草案. 放射性物质和废物管理纲要,2006 年 3 月 22 日. 清华大学译.
295 John Kelly, Carter Savage. Advanced fuel cycle initiative (AFCI) program plan DOE U. S. A. May 1, 2005.
296 郑华铃. 浅谈地质处置与先进核燃料循环. 核化工学会 2006 年全会贵阳学术交流大会上的报告, 2006.
297 尹忠红. 美国先进燃料循环计划概述. 核科技信息,2006(1).
298 美国先进核燃料循环启动计划 AFCI DOE-NE. 美国能源部核能科学与技术办公室,2005-05-01,清华大学译.
299 吴忠尧. 先进核燃料循环体系中的后处理与高放废物处置. 中国核学会核化工分会 2006 年年会论文集,2006.
300 王丽英. 美国全球核能合作(GNEP)概述. 核技术信息,2006(1).
301 顾忠茂. 解读美国能源部 GNEP 计划. 中国核学会核化工分会 2006 年年会论文集,2006.
302 AREVA集团对美国能源部的后处理再循环倡议做出响应. 核燃料,2006(4).
303 IAEA. IAEA-TECDOC-1467. Vienna, September 2005.